VINS DE
BOURGOGNE

Vins de Bourgogne

YuSen
訪味集
06

酒瓶裡的風景

布根地葡萄酒

Yu-Sen Lin 林裕森

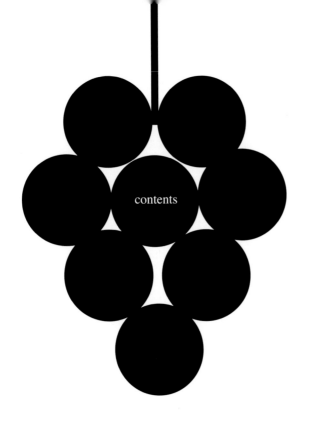

contents

傳統酒瓶裡的新風景

　　如年少時的初愛悸動，烙印般地記著一九九二年，用單車完成第一趟布根地旅行的鄉野風景。豐饒的平原、連綿的葡萄園山丘與恬靜的酒村，清晰地彷如昨日的記憶。二十年來，布根地成為生涯中最常造訪、停留最久的葡萄酒產區，酒窖裡存的，平時最常喝的，也大多是來自布根地的黑皮諾與夏多內。耗去最多的青春與金錢，卻帶來最多的困頓與疑惑，但布根地葡萄酒仍一直讓我樂此不疲，如此心甘情願，除了最愛，應該沒有別的了。

自二〇〇一年出版《酒瓶裡的風景》後，這是為布根地寫的第二本書，雖然保留了前書的章節架構，但更像是一本全新的著作，或者說，如同布根地的葡萄酒業，看似保存了最多的傳統與永恆價值，但同時卻又充滿創新與變動，有更多的流派，更多新進的酒莊，甚至於新的葡萄園，值得用新的視角與想法來重新認識。在最精英的金丘之外，也更詳細地探討北方的夏布利和南方的夏隆內丘與馬貢內區，甚至於還新增了更南方，與布根地看似分離卻糾結牽連的薄酒來。原本論及的百來家酒莊與酒商也增為三百餘家。雖知永遠無法窺得布根地的全貌，但這一回至少有較少的遺漏。

布根地位在法國東北部，因為天氣有些冷，葡萄不容易成熟，種植的面積僅及全球的0.3%，產的酒也不多，雖然知名，也還稱不上大宗和主流，但在葡萄酒世界中卻是一個極具影響力的地方，特別是布根地作為一個充滿歷史與地方感的葡萄酒產地，為全球的葡萄酒業標誌了一個影響深遠、建基在風土條件之上的葡萄酒價值體系。《酒瓶裡的風景》雖專門談論布根地葡萄酒，但是，讀者很快就會發現書中的內容更像是在談terroir，或者說，試著解讀影響葡萄酒風味的諸多因素，而布根地只是一個範本。

我常將terroir這個法文字翻成風土條件，英文中有時稱此為「地方感」——sense of place；都意指一個地區擁有獨特的自然與人文環境，得以生產具獨特風味的地方名物。布根地是最早將風土條件與葡萄酒風味串聯起來的地方。十一世紀在布根地夜丘區成立的熙篤會（Cîteaux）母院曾創立與經營歷史名園梧玖園（Clos de Vougeot）達六百多年，修士們發現在不同區塊的土地上，會釀出風格殊異的葡萄酒，他們仔細地研究，把風味特殊的葡萄園界定出來，有些還特別用石牆圈圍起來。這樣的傳統一直延續至今，當地的酒業千年來一直存在著以葡萄園為根基的釀酒信念。在布根地，如果無法釀出葡萄園的風味，即使酒釀得再美味可口，都是徒勞。

在面臨全球化的衝擊時，布根地依然堅定不移地執著於傳統與地方風土，可以自外於瞬息萬變的浪潮與變動，靠的正是反映地方感的信念。

我始終相信terroir是一把開啟葡萄酒大門的鑰匙，以自然風土條件為核心的布根地完美地體現了人、葡萄與土地彼此緊密相連相合才得以釀成的完美典範。在認識布根地的過程，一條通往其他葡萄酒產區的捷徑將豁然出現眼前。這一個源起自布根地，流傳近千年的釀酒理念與價值觀，啟發與鼓舞了無數新、舊世界的酒莊與釀酒者，他們也選擇釀造最能反應風土特性的葡萄酒風，而不是任意地跟隨流行風潮。

特殊的酒業傳統讓布根地即使園地小，卻有3,800家酒莊，當地許多聞名全球的名莊，酒尚未上市，就被預定一空，但他們卻仍維持著貼近土地的葡萄農酒莊面貌，由莊主與家人親自參與耕作與釀造，在越來越商業與專業分工的葡萄酒世界裡，保留了最後的真誠與手感人味，也讓我有足夠的理由說服自己相信除了美味與附庸風雅，葡萄酒還能如土地的靈魂般蘊含深意，真的可以稱得上是具有文化蘊涵的飲料。

布根地經常是一個複雜難解的美味功課，但是，再多的文字與陳述都比不上自酒杯中甦醒過來的布根地葡萄酒，它告訴我們的，絕對比三十多萬字的專書還多。只期盼這本書可以讓讀者在親身面對布根地時，能夠稍解困頓與疑惑，能更貼近地從酒杯中探看原產故鄉的迷人風景。

布根地
葡萄酒
由此進

複雜的細節，常是布根地葡萄酒最有趣的地方，但若就概要與原則來看，相較於法國其他產區，其實並不特別難以理解，甚至因為是接近法國葡萄酒理念的典範產區，反而顯得更清楚明白。以下是認識布根地葡萄酒最基本的五個概要，只是，跟複雜的法文文法一樣，有原則就一定會有許多特例。

單一葡萄品種

在法國，較為寒冷的氣候區，只要採用單一葡萄品種釀造即可達到優雅與均衡，但在南部較溫暖的產區，常須要混調多種品種才可釀成較為精緻的葡萄酒。布根地位居法國東北，已屬偏寒冷的氣候區，跟大部分法國北方的產區一樣，採單一品種釀造。紅酒大多採用以優雅細膩酒風聞名的黑皮諾，白酒則幾乎全是使用酒體豐厚飽滿的夏多內葡萄釀造。這兩個原產自布根地的葡萄，都是全球知名的明星品種，現在，全球許多產國都有相當大面積的種植，但布根地一直是這兩個品種的最佳產區。

侏羅紀的石灰質黏土

布根地的葡萄園特性變化多端，即使是相鄰的地塊都常有不同的土壤結構，但幾乎區內所有的葡萄園山坡都是由侏羅紀時期的岩層所構成，覆蓋著風化與沖刷的石灰質黏土。不同的只是分屬於不同侏羅紀年代的沉積物，黏土、石灰與砂質石塊的比例有所不同罷了，但即使如此，配合不同區的氣候、山坡角度與海拔高度，已經得以讓黑皮諾與夏多內變化出極為多樣的各式酒風。

葡萄農酒莊

跟法國其他產區一樣，獨立酒莊、酒商與釀酒合作社是布根地最重要的三個產酒單位，他們各有運作方式，也各有優點與不足。獨立酒莊只產自家葡萄園所產的酒，較容易保有葡萄園的風味及莊主的個人風格。酒商可採買葡萄釀造，或直接買釀好的葡萄酒，經培養後以酒商的名義裝瓶銷售。也有一些無法自行釀酒的葡萄農，將採收的葡萄繳交給加盟的合作社酒廠，統一釀造與銷售，因產量大，合作社常可供應更平價的布根地葡萄酒。

葡萄園常是布根地的中心，酒商雖擁有較大的海外市場，但自擁葡萄園的獨立酒莊卻受到更多的注意，最精彩的布根地葡萄酒也大多產自酒莊。有些酒商也擁有一些葡萄園，自種自釀的酒亦常是各酒商的最佳酒款。因葡萄園的面積不大，布根地酒莊的規模一般都相當小，常僅有數公頃的葡萄園，莊主和家人常常兼任包括耕作與釀造的所有大小事務，不輕易假手他人。因葡萄園面積小，且多位在鄰近村內，可就近照顧，小酒莊常比酒商的專業種植團隊更容易種出高品質的葡萄。在布根地，有好葡萄，不需要太複雜的技術與精密的設備，就能釀出精彩的葡萄酒。

精細分級的葡萄園

布根地所有的葡萄園幾乎全部屬於AOP法定產區等級，全區的葡萄園雖然不多，但卻分屬

於上百個的AOP。布根地的葡萄園全都依據園中的自然條件，詳細分成四個等級，雖然AOP產區與葡萄園的數量相當多，很難一一記得，但只有四個等級就很容易辨識，每一瓶布根地葡萄酒的標籤上都會註明，通常等級越高，生產的規定就越嚴格，產量越少，價格也就越高。

　　布根地的葡萄園分級是全法國，也可能是全世界最詳盡完備的典範。其發展有相當長的歷史淵源，他們將細分成的葡萄園稱為climat，各自具有不同的潛力，能釀成不同風味的葡萄酒。最常見的是地方性的法定產區，通常名稱都會有Bourgogne一字，有超過一半的葡萄園屬此最低等級，大多位在坡底、平原區、背陽或高海拔山區等條件不是特別優異的地帶。

　　一些地理位置好，產酒條件佳的村莊，因長年來就生產品質出眾的葡萄酒，則列為村莊級產區，釀成的葡萄酒直接以村莊為名。在村莊級產區內，有些村莊中，有一部分的葡萄園因產酒條件更佳，被列級為等級更高的一級園（premier cru），目前全布根地各村加起來共有六百三十五片，但面積卻只佔全區的10%而已。品級最高的稱為特級園（grand cru），僅有三十三片，不到2%的葡萄園列級，大多是條件最好的村莊裡的最精華區。這些特級園都各自成立獨立的AOP產區，而且僅單獨以葡萄園為名。

南北六個產區

　　布根地的葡萄園由南到北斷續排列，相差200多公里，又分成六個產區。因自然與人文環境的差異，即使採用同樣的品種，各區都有各自的獨特風味。位在最北邊的夏布利，因為氣候寒冷，只產白酒，夏多內出現酸度高、口感較為清淡的特色，並帶有特殊的礦石香氣。往南位在第戎市（Dijon）南邊的金丘區（Côte d'Or）是布根地最知名，也最精華的區段，葡萄園多位在朝東面的山坡上。北半部以酒業中心夜－聖喬治鎮（Nuits St. Georges）為名，稱為夜丘區（Côte de Nuits）。主要產紅酒，是全世界最佳的黑皮諾紅酒產區，有最多的名村、名園與名莊齊聚。

　　金丘區南段以最大城伯恩市（Beaune）為名稱為伯恩丘（Côte de Beaune）。紅、白酒皆產，除了較夜丘更柔美可口的黑皮諾，也是全球最佳的夏多內白酒產地，在厚實的酒體與充滿勁道的酸味中，常能保有別處少有的均衡與細緻。再往南是葡萄園較為分散，同時出產紅、白酒的夏隆內丘（Côte Chalonnaise）。最南邊則是馬貢內區（Mâcon），幾乎都是種植夏多內，釀成的白酒多一點甜熟與溫厚的口感，也更可口易飲一些。馬貢區南邊的薄酒來（Beaujolais）雖非直屬布根地，但屬大布根地產區（Grande Bourgogne）。雖主產紅酒，但採用的卻是加美葡萄，是全球最佳產地，除了產早喝易飲的薄酒來新酒，精華區的葡萄園位在北邊的花崗岩區，可釀成新鮮可口卻又耐久的美味紅酒。

布根地全圖

葡萄園等級

地方性 AOP

村莊級與一級園

Grands Crus 特級園

① CHABLIS & AUXERROIS 夏布利與歐歇瓦區

Bourgogne Côte Saint-Jacques

往Troyes市

往巴黎 Joigny

JOVINIEN

LIGNY-LE-CHÂTEL

VILLY MALIGNY

往巴黎 LIGNORELLES

LA-CHAPELLE-VAUPELTEIGNE

FONTENAY- PRÉS-CHABLIS

POINCHY RAMEAU

MILLY BÉINES FLEYS

COURGIS BERU

CHICHÉE

PRÉHY CHEMILLY-SUR-SEREIN

CHITRY POILLY-SUR-SEREIN

CHABLIS

ST-BRIS-LE-VINEUX FRANCY

VAUX

歐歇爾市

COULANGES-LA-VINEUSE

AUXERROIS

VAL-DE-MERCY CRAVANT

NITRY

VERMENTON

往第戎市

VÉZELIEN

VÉZELAY

TONNERRE

EPINEUIL

TONNERROIS

往第戎

NOYERS

② CÔTE DE NUITS 夜丘區

往Nancy市

第戎市

CHENÔVE

MARSANNAY

COUCHEY

FIXIN

GEVREY- CHAMBERTIN

HAUTES-CÔTES DE NUITS 上夜丘

MOREY-ST-DENIS

CHAMBOLLE-MUSIGNY

VOUGEOT

GILLY-LÈS-CÎTEAUX

FLAGEY-ÉCHÉZEAUX

往巴黎

VOSNE-ROMANÉE

Nuits-St-Georges

PREMEAUX-PRISSEY

COMBLANCHIEN

CORGOLOIN

PERNAND-VERGELESSES

ALOXE-CORTON

SAVIGNY-LÈS-BEAUNE

LADOIX

往Saulieu

CHOREY-LÈS-BEAUNE

③ CÔTE DE BEAUNE 伯恩丘區

往Mulhouse市

伯恩市

HAUTES-CÔTES DE BEAUNE 上伯恩丘區

POMMARD

VOLNAY

ST-ROMAIN MONTHÉLIE

AUXEY-DURESSES MEURSAULT

ST-AUBIN PULIGNY-MONTRACHET

CHASSAGNE-MONTRACHET

SANTENAY CHAGNY

DEZIZE-LÈS-MARANGES

SAMPIGNY-LÈS-MARANGES

CHEILLY-LÈS-MARANGES

BOUZERON

④ CÔTE CHALONNAISE 夏隆內丘區

往Dôle市

COUCHES

COUCHOIS

RULLY

MERCUREY

ST-MARTIN- SOUS-MONTAIGU

DRACY-LE-FORT

GIVRY

夏隆市

往Le Creusot

BUXY

MONTAGNY

JULLY-LÈS-BUXY

ST-VALLERIN

ST-GENGOUX-LE-NATIONAL

SENNECEY- LE-GRAND

⑤ MÂCONNAIS 馬貢內區

MANCEY

Tournus

CHARDONNAY

CRUZILLE UCHIZY

BRAY

MONTBELLET

ST-GENGOUX- DE-SCISSÉ LUGNY BURGY VIRÉ

AZÉ PÉRONNE

CLUNY IGÉ CLESSÉ SENOZAN

BERZÉ- LE-CHÂTEL

BERZE- LA-VILLE VERZÉ

往巴黎 SENNECÉ-LÈS-MÂCON

SOLOGNY LA-ROCHE-VINEUSE HURIGNY

N79 MILLY-LAMARTINE

BUSSIÈRES PRISSÉ

PIERRECLOS

VERGISSON

SERRIÈRES DAVAYÉ

SOLUTRÉ-POUILLY CHARNAY 馬貢市

FUISSÉ

CHASSELAS LOCHÉ 往Bourg en Bresse市

LEYNES VINZELLES

CHAINTRÉ

ST-VÉRAND CHÂNES

CRÈCHES-SUR-SAÔNE

⑥ BEAUJOLAIS 薄酒來

ST-AMOUR

BELLEVUE

JULIÉNAS LA CHAPELLE- DE-GUINCHAY

MONSOLS CHÉNAS

MOULIN À VENT

ST-SYMPHORIEN-D'ANCELLES

VAUXRENARD

AVENAS FLEURIE ROMANÈCHE-THORINS

LES ARDILLATS CHIROUBLES LANCIÉ THOISSEY

CHÉNELETTE LANCÉ

SAINT-DIDIER- SUR-BEAUJEU BEAUJEU VILLE-MORGON DRACÉ

MORGON CORCELLES-EN-BEAUJOLAIS

LANTIGNIÉ

RÉGNIÉ-DURETTE SAINT-JEAN-D'ARDIÈRES

QUINCIÉ- EN-BEAUJOLAIS CERCIÉ TAPONAS

MARCHAMPT BROUILLY Belleville

CÔTE DE BROUILLY

SAINT-ÉTIENNE- ODENAS CHARENTAY

LA-VARENNE

SAINT-ÉTIENNE- DES-OUILLIÈRES MONTMERLE-SUR-SAÔNE

LE PERRÉON SAINT-GEORGES-DE-RENEINS

VAUX-EN- BEAUJOLAIS

LAMURE-SUR- SALLES-ARBUISSONNAS-

AZERGUES EN-BEAUJOLAIS

ST-CYR- LE-CHÂTOUX BLACÉ

SAINT-JULIEN

MONTMELAS- ARNAS

CHAMBOST-ALLIÈRES SAINT-SORLIN

DENICÉ

SAINT-JUST-D'AVRAY RIVOLET Villefranche- Sur-Saône

CHAMELET LACENAS GLEIZÉ JASSANS-RIOTTIER

COGNY

LIERGUES LIMAS

LÉTRA SAINTE-PAULE JARNIOUX POMMIERS

POUILLY-LE- TRÉVOUX

ST-LAURENT- VILLE-SUR- MONIAL

D'OINGT JARNIOUX

TERNAND OINGT THEIZÉ ANSE

SAINT-CLÉMENT- MOIRÉ LACHASSAGNE

SUR-VALSONNE LE BOIS-D'OINGT FRONTENAS LUCENAY

SAINT-VÉRAND BAGNOLS ALIX MARCY

DAREIZÉ LEGNY MORANCÉ

TAKARE CHESSY-LES-MINES CHARNAY LES CHÈRES

SAINT-LOUP LE BREUIL CHAZAY-D'AZERGUES

CHÂTILLON SAINT-JEAN- CHASSELAY

PONCHARRA-SUR-TURDINE DES-VIGNES

LES OLMES SARCEY BELMONT-D'AZERGUES 往里昂市

France map:

巴黎市 ①

歐歇爾市

第戎市 ②

③

④ ⑤

⑥ 里昂市

Part I

自然與葡萄樹

Nature et Vigne

冰雪中的Vosne-Romanée村，黑皮諾葡萄正沉靜地冬眠中。

不只有在布根地，任何一處地方，都有其獨特的自然環境，但是，布根地經過兩億年積累的侏羅紀山丘，卻常暗藏著比別處更多的味覺深意。

跟全球所有葡萄酒產區一樣，關鍵的地理條件，常直接影響酒的風味，但在布根地，產生影響的不僅只是土壤質地或日夜溫差這些關鍵的因素，即使是陽光角度、風流方向與石塊大小等細微的自然變化，都會讓釀成的酒風有著截然不同的面貌。葡萄酒與自然的關係並非布根地所獨有，但位處葡萄的極限區，更不定的年分變化，種著對環境最敏感的黑皮諾與夏多內，釀成的酒，很少混調，不是同一村就是同一片葡萄園；這些，都讓布根地葡萄酒與原生的土地有著比別處更密不可分的牽連。

自然在布根地不只是最重要的美味根源，飲者還能像閱讀文本一般，從酒中讀出葡萄園的自然面貌。

chapter 1

自然
環境

寒冷的半大陸性氣候與侏羅紀岩層的山坡是布根地在地理上的兩大座標。

身處歐洲溫帶海洋與大陸性氣候交界拔河的地帶,造就了布根地的寒冷與乾燥,但卻又提供了剛好足夠的溫暖。讓葡萄差一點就不熟的臨界溫度,註定了布根地葡萄酒的北方特質以及優雅精巧的酒風。

上億年前,布根地淺海裡的海百合與牡蠣,數千萬年之後的珊瑚與海膽,以及四千萬年前開始的阿爾卑斯山造山運動,擠成現在成排的侏羅紀山坡,千萬年來的風雨侵蝕與沖刷,讓山坡上覆蓋著一層各式比例的石灰質黏土與岩塊。在漫長的歷史中,形成了一個專屬於黑皮諾與夏多內的人間樂土。

氣候

布根地位在溫帶海洋性氣候與大陸性氣候交界的區域,這樣的氣候環境決定了那裡該產什麼樣的酒。這不是葡萄酒的命定論,而是在這樣的自然布局裡並沒有為意外和偶然留下太多空間。葡萄該種在什麼地方,該選哪一個品種,該在何時採收,葡萄農並非像在地中海岸那般,隨心所欲就能種出美味的葡萄。

從布根地的最南邊沿著隆河谷往南到地中海約300多公里,往東跨越中央山地到大西洋岸則更遠,要500公里。至於北邊,已經和法國極北的葡萄酒產區——香檳,相連在一起了。布根地位在法國東部偏北的位置,地中海乾熱的氣候,最北也僅偶爾及於薄酒來南部,無法對布根地產生任何影響。但是,即使離得遠,還是有一些來自大西洋的溫帶海洋性氣候的影響。不過,布根地更接近極端的大陸性氣候,比其他主產紅酒的法國產區更寒冷也更乾燥,自然也更難讓葡萄在嚴寒的冬天來臨之前成熟。如此環境讓每一個氣候上的細節都環環相扣,而且,每一個都可能對釀成的葡萄酒產生巨大的影響。

溫度

布根地位在北緯46.1到47.5度之間,約跟中國的黑龍江省中部位在同樣的緯度上。如果在北美洲,大約是加拿大魁北克省,蒙特婁市北邊的地區。連接在布根地南邊的薄酒來則在北緯45.5到46.1度之間,大概跟庫頁島的最南端同緯度,比北海道還偏北一些。這些和布根地位在同樣緯度的地方,因為氣候嚴寒,幾乎完全無法種植葡萄。緯度偏高的西歐可以如此適合人居,釀造這麼多樣的葡萄酒,有一部分原因要仰賴墨西哥灣洋流為大西洋岸所帶來的溫和水氣。這個因源自墨西哥灣而得名的暖流,由佛羅里達海峽流入大西洋,先往北之後往東橫穿過北大西洋,在北緯40度與西經30度的地方分支成兩股洋流,南邊往南流向赤道,北支則流向歐洲西岸,進入北海,又稱為北大西洋暖流,像一個暖爐一般,為西歐帶來溫和的氣候,即使連

侏羅紀的石灰岩山坡上種著適應寒冷氣候的葡萄品種,是布根地最獨特的自然樣貌。

位在內陸的布根地仍受其利。

　　只是離海越遠，大西洋的暖流影響就跟著減弱。布根地所在的法國東部和西邊的大西洋海岸隔著一整個中央山地，來自大西洋溫和潮濕的水氣一部分在半途就被阻隔下來。海洋的影響不只帶來溫暖，而且，也讓日夜與冬夏之間的溫差減少。布根地一月分的均溫只有1.6℃，-10℃的低溫頗為常見，-20℃的超低溫也偶爾出現；而最熱的七月，均溫也只有19.7℃，但最熱時卻可高達38℃。偏向冷熱極端的大陸性氣候風格。整體來說，布根地的氣溫比更偏東北的阿爾薩斯稍微溫暖一些，但比香檳溫暖許多。如果是羅亞爾河產區，氣候比布根地不只溫暖而且溫差更小，更南邊，也更近大西洋的波爾多就更溫暖一些。

　　布根地的氣候已經接近葡萄成熟的臨界點，對釀造紅酒的黑葡萄而言，更是如此。雖說越接近高緯度的臨界點，葡萄越能表現細緻優雅的風格。不過，在這樣的區域裡葡萄很難到處種植，葡萄園的選擇更為嚴苛，而且，年分的差異也越大。除此之外，也因為氣候寒冷，布根地必須採用高密度的種植以減低每株葡萄樹的生產負擔。但即使如此，葡萄仍較難有足夠的糖分，在布根地，依規定葡萄農可以靠添加糖分來提高葡萄酒的酒精度。

　　溫度對葡萄的影響相當大，需有超過10℃以上的溫度葡萄才能發芽與生長，每年布根地超過10℃以上的時間約2,000小時，但地中海岸邊的產區卻多達3,000小時，有更充裕的時間讓葡萄成熟。溫暖的日子少，選擇種植比較早熟的葡萄品種便是布根地不得不的選擇。當葡萄進入成熟期，溫度越高，葡萄成熟得越快，但如果過熱也會造成葡萄停止成熟以自保，不過這在布根地反而少見，只在如98與03等較極端的年分出現。

　　到了秋天，再度出現低於10℃的氣溫時，葡萄樹也可能停止供應養分給葡萄，轉而儲存能量以保留來年所需的養分。此時，葡萄即使再晚收，也不會成熟，除非有強風蒸發水分而濃縮葡萄中的糖分。不過，隨著近年來的氣候變遷，因為氣溫過低而不成熟的情況已經不常見了，只出現在少數的地方和年分，如二〇〇四和二〇〇七年。

　　氣候變遷是一個相當複雜的議題，但是，對於歐洲葡萄酒業來說，確實已經出現明顯而直接的影響，布根地當然也不例外，特別是在溫度的改變上。自一九九〇年代至今，布根地的平均氣溫大約升高了1℃，達到15.9℃，在此之前，布根地的年均溫大約只有15℃。1℃的差距看似不多，但是，對於葡萄的成熟度卻會產生相當大的影響，現在布根地的年均溫已經跟一九六〇年代之前的波爾多一模一樣了。這並不一定意謂著布根地已經適合種植卡本內蘇維濃，但可以肯定的是，現在布根地在大部分的年分都可以讓黑皮諾和夏多內完全成熟，過去大概十年內只有三年可以達到，特別是黑皮諾，幾乎每年釀造時都須加一點糖才能達到足夠的酒精度，但現在加糖已經不是每年都必須做的事了。

陽光

　　陽光能提供熱能，溫度升高能加速葡萄的成熟，但不僅於此，陽光也能提供葡萄行光合作用所需的能量，以獲得生長發育必需的養分。葡萄葉子中的葉綠素在陽光的作用下，把經由氣孔進入葉子內部的二氧化碳和由根部吸收的水轉變成葡萄糖。陽光越多，葡萄樹就能生產越多

上：布根地的氣候過於寒冷，必須小心利用每一道陽光和自然優勢，才能讓葡萄在冬天到來之前達到成熟度。

左下：採用早熟的夏多內是布根地因應自然的對策。

右下：向陽山坡的高密度種植亦是布根地對寒冷氣候的解答。

的養分，長出越多的葉子，以累積養分，最後再將養分儲存在果實裡成為甜熟的葡萄。

因為雨量低，布根地的陽光還算充沛，每年有2,000小時的陽光，雖比香檳和阿爾薩斯各多了200和100小時，但是，和法國地中海岸區每年近3,000小時的日照相比，還是少很多，比波爾多也少了200小時。不過，布根地的日照有四分之三出現在四到九月的生長季，至少彌補了少日照的問題。布根地位在緯度較高的地區，而緯度除了影響氣溫，也影響了太陽的角度，跟直射的陽光相比，布根地日照的角度偏一些，日照的效果也變差一點，在這樣的環境裡，葡萄園是否位在向陽坡就特別重要，布根地條件最佳的葡萄園都位在朝東、東南和南邊的山坡，因為可以提早在清晨就開始接受陽光。

陽光除了光合作用，也可以增進葡萄皮中的酚類物質，特別是有助於轉色，讓原本紅色素就不多的黑皮諾顏色加深。另外也可以增加葡萄的香氣。布根地種植的黑皮諾皮較脆弱，容易曬傷（不過這狀況在布根地應該不太常見），除了喪失新鮮的果味，也可能讓皮中的單寧變得更粗獷，甚至失去酸味與均衡。夏多內因為是釀造白酒，也一樣要避免曬傷失去新鮮果味的問題。

雨量

因中央山地阻隔了來自大西洋，飽含著水氣的西風，布根地全年的雨量大約只有700公釐，比沿海的波爾多少100多公釐，也比地中海岸的一些區域還要少雨，在乾旱的年分，雨量甚至會低於450公釐。不過，還是比香檳和阿爾薩斯還要多雨。在布根地各區中越往南邊越多雨，夏布利的雨量最少，金丘次之，到了馬貢內和薄酒來地區年雨量都超過800公釐。

布根地的雨量雖不多，但卻相當平均，常飄小雨，少有暴雨，下雨的天數反而多。乾季和雨季並不明顯，五月、十月和十一月是全年最多雨的月分，二月、三月和八月最少雨。布根地偏低的雨量有益葡萄的生長，因為分布平均，也很少出現乾旱的問題，近三十多年來只有一九七六、一九八三、二〇〇三和二〇〇五年有一部分的葡萄園出現缺水的問題。

布根地的雨量平均，多小雨少暴雨，而且也較少出現乾旱。

下左：布根地最北邊的夏布利雨量最少，越往南越多雨。

下右：布根地的緯度相當高，太陽的角度較偏，山坡的角度便扮演重要的角色。

跟法國其他產區一樣，布根地的葡萄園除了少數特例，如新種的樹苗之外，禁止人工灌溉。自然的雨水於是成為葡萄唯一的水分供給來源，雨水的多寡跟時機分布便成為影響年分特性的重要指標。四月和五月葡萄開始發芽生長，需要較多水分，但六月開花季如果多雨，常會降低授粉與結果率，讓產量減少。成熟季和採收季如果太多雨會阻礙葡萄成熟，不過，如果過於乾燥，葡萄感受到乾旱威脅，也會突然中止成熟以保存生機，並且造成葡萄皮粗厚，內含粗獷未熟的單寧。當出現乾旱的年分，位在山頂較多岩石的葡萄園通常影響較大，而山底下較多壤土與黏土質的葡萄園反而較易釀出均衡的葡萄酒。

風

布根地位處不同氣候區的交界處，天氣常因為不同方向吹來的風而產生戲劇性的變化。不過，布根地離海較遠，且四周有山脈屏障，相較於其他產區，較少颱風且強風不多。來自大西洋的西風與西南風不只溫暖，還常帶來水氣，不過因中央山地的攔阻，不像海岸區的西風帶來那麼多的雨水，但無論如何，吹西風常常意謂著溫和但帶著陰霾的天氣。

地中海岸溫熱潮濕的馬林（Marin）風因地形阻撓，不及於布根地。但因大西洋低壓而起的南風，則相當乾且熱，四季都有，可以讓天氣溫暖一些，並加快葡萄的成熟，不過，南風之後常常引進不穩定的鋒面，帶來降雨。高聳的阿爾卑斯山橫亙在布根地的東南方，阻擋了來自東南邊的風，不過，在偶爾出現的強風影響下，越過阿爾卑斯山的風會變成非常乾熱的焚風（föhn），自東南邊吹往布根地，如二〇〇三年夏季。

拉比斯（La Bise）風是一種從東北方吹來，寒冷卻乾燥的風，因為水氣不多，有拉比斯風的日子，常常伴隨著陽光閃耀的大晴天。這樣的乾冷天氣，溫度和濕度都低，可以抑制葡萄園中的病菌生長，也可以保持葡萄果實中的酸味，陽光又能加速成熟，提高葡萄的甜度，讓葡萄皮顏色更深也更有味道。如果在採收季的時候吹起拉比斯風，常能為布根地帶來意外的美好年分。如一九七八、一九九六、二〇〇八和二〇一三等年分。

除了大範圍的風系，布根地的葡萄園多位於山坡，山風和谷風的效應也常出現在大部分的產區內。白天山坡受太陽照射，溫度較高，空氣沿山坡爬升，產生溫熱的谷風。日落後山區因地勢較高，散熱較快，於是氣溫迅速降低，冷空氣自山頂沿山坡下降形成較為寒冷的山風。布根地的葡萄園山坡經常為小背斜谷（combe）所切穿，山風常沿著小背斜谷進入平原區，讓小谷地周圍的葡萄園溫度驟降，成熟較慢，保有酸味，且較不易感染黴菌。

霜、寒害與冰雹

位處寒冷的氣候區雖然可以釀出優雅均衡風味的葡萄酒，但是卻有較多霜害與寒害的風險。不過，這兩個氣候災害只有在特殊的時機，以及特定區域的葡萄園才會真的對葡萄造成威脅。熱空氣向上，冷空氣往下，當出現低溫時，地勢較低，而且封閉不開闊的區域就會匯聚更低溫的空氣，當低於葡萄所能承受的溫度時，就很容易造成傷害。在布根地，受霜害與寒害的

上、中、下：布根地位處法國東部，離海遠，冬季常有低於-10℃的低溫，是法國最寒冷的區域之一。

大多是山坡底下的村莊級葡萄園，山坡中段的特級園反而較少受害。

　　葡萄樹在冬季進入休眠期時，可以抵抗非常低的溫度，即使比-20℃更低的溫度都不會帶來傷害，但是，在初冬或初春，葡萄還未完全休眠或已經開始甦醒的時刻就可能會被凍死。氣候變遷雖然讓年均溫升高，但同時，過冷或過熱的極端氣溫也越常見。布根地冬季出現超低溫凍死葡萄樹的情況都是出現在一月和二月，如一九五六和一九八五年都是如此，但二〇〇九年在十二月就提早出現-20℃的低溫，凍死許多尚未完全休眠的葡萄樹。

　　春季氣溫回升，在出現10℃以上的氣溫之後，葡萄樹就會開始發芽。但春季初生的嫩芽相當脆弱，只要在發芽後氣溫又降回-4℃的低溫就會出現春霜的危害。不過，在布根地，四月的發芽季很少出現0℃以下的低溫，只有在北部的夏布利偶爾出現。發生的時機也跟寒害類似，最常出現在清晨，受害的大多是容易積聚冷空氣的谷底或低坡處。不過，因氣候變遷使得氣溫提升，即使連經常發生霜害的夏布利產區也較少發生，最近發生的二〇〇三年和二〇一二年災害並不嚴重，當地大部分的酒莊已經不再經常為霜害做麻煩的防備工作。

　　現在，布根地最嚴重的氣候災害是比較常出現在夏季的冰雹，從薄酒來到夏布利都有可能發生。冰雹因旺盛氣流而形成，在對流雲中，水氣隨氣流上升遇冷凝結成小水滴，高度增加溫度降低，達0℃以下時，水滴凝結成冰，上升過程因吸附其他冰粒而增大，直到重量無法為氣流承載後往下降，若又遇更強大的上升氣流，再被抬升，如此反覆多次，其體積越來越大，直到重量大於空氣浮力往下降落即為冰雹。

　　在布根地，冰雹主要發生在四到八月間。而且，幾乎每年都會發生在某一小區，不過，通常受災的範圍不大，只集中在村中某一區域的葡萄園，但損害卻可能相當嚴重。顆粒較大的冰雹會打爛葡萄的芽、枝葉和果實，甚至連樹幹都會受傷而影響到隔年的收成。春季的冰雹影響較小，但如果在夏季採收前發生，則葡萄酒的品質必然受到影響。當葡萄為冰雹所傷，會分泌修補的汁液包覆破損的皮，這樣的汁液常帶著青草氣味，這種味道就是俗稱的冰雹味。而且流出的葡萄汁會讓葡萄更容易感染黴菌，枝葉嚴重受傷的葡萄也可能會中止成熟，甚至影響隔年的收成。

右頁：夜丘區已經接近黑皮諾葡萄的生長極限區，每一個微小的自然變化都會深深地影響葡萄的風味。

左：低溫雖讓葡萄的顏色較淺一些，但能保有較多的酸味。

中：地勢低平的葡萄園較常遇霜害，架設風扇可以吹走冷空氣。

右：在葡萄園點煤油爐加溫是夏布利保護葡萄芽免於凍死的方法。

微氣候

氣候決定了布根地可以成為絕佳的黑皮諾和夏多內產區，但微氣候（microclimat）卻決定葡萄園的風格與特性。營造特殊微氣候環境的因素相當多，包括山坡的角度、方位和高低，背斜谷的效應，土壤的顏色和結構，鄰近為森林或村莊，甚至環繞葡萄園的石牆以及葡萄園邊的道路，都可能為一片葡萄園帶來決定性的影響，至少，在布根地是如此。

山坡面向

因屬寒冷氣候區，布根地的葡萄園須位處向陽的山坡才能有較佳的成熟度，但向陽的山坡從面東北，轉面東，面南到面西，都有不同的日照效果。在布根地，面東的山坡被認為最佳，可以接收早上的太陽，讓葡萄園可以提早升溫，日照的時間也比較長，但卻不會有過熱的午後西照陽光。朝東稍偏南邊一點，葡萄的成熟度會更好，在寒冷的年分會有比較好的表現。在布根地，最好的葡萄園大部分都是面向東邊或東南邊。稍偏東北的葡萄園日照少一些，通常寒冷一點，葡萄成熟慢一點，酸味也比較高，能產具個性的白酒，特別是在過熱的年分也能保有均衡，如夏布利的一級園Les Lys，Meursault村的Les Vireuils。

全然向南的葡萄園可接收清晨與傍晚的太陽，直射的時間也比較長，有更多的陽光，幅射熱也讓溫度升高，可以種出成熟度更高的葡萄，但在炎熱年分可能較少酸味與細緻變化。夏布利的特級園Les Clos、Vosne-Romanée的一級園Aux Brûlées和一部分的特級園Corton-Charlemagne。布根地朝西南和面西的葡萄園比較少見，這一側的葡萄園，較晚接觸到陽光，早上較冷，但全天最熱的下午時段卻有最強的陽光直接照射，在乾熱的年分可能影響葡萄的均衡。夏布利的一級園Vaulorent、St. Aubin的一級園Les Champelots，和特級園Corton-Charlemagne的西半邊，都屬面向西南的葡萄園。

山坡高度

布根地的葡萄園大多位在200到400公尺之間，山坡都不算高，氣溫通常會隨著海拔高度遞減，200公尺內的海拔大約只有0.5℃的差距。但微小的溫差換成整個生長季，就會累積成很大的差異。例如高坡處的葡萄園在比較寒冷的年分，葡萄可能會無法完全成熟，但在溫暖的年分卻可有絕佳的均衡。例如Puligny-Montrachet村雖然只有200公頃的葡萄園，但在海拔高度上卻有180公尺的落差。村子位在220到230公尺，村中的特級園Bâtard-Montrachet位在239到248公尺間，Montrachet最高處達260公尺，Chevalier-Montrachet最高處更逼近300公尺，而一級園Sous le Puits甚至已經接近400公尺，專產酸瘦有力白酒。

朝東邊的山坡可以接收清晨較溫暖的陽光，有較均衡優雅的酒風。

傾斜角度

　　山坡的斜度也有關鍵的影響，太陡的山坡土壤沖刷嚴重，多石少土，通常排水佳但是貧瘠，潮濕年分較不易染病，但少雨年分則有乾旱的問題。除此之外，面東的陡坡也會有陽光較不足的問題。Vosne-Romanée村位在特級園La Tâche上坡處的Aux Champ Perdrix，最陡的地方坡度超過40%，夏季到了傍晚時，因為陡坡較難照到西照的陽光，每天會比隔鄰的La Tâche少1到2小時的陽光，即使與多處名園相鄰，看似位置優異，但卻只是村莊級的葡萄園。

背斜谷

　　布根地金丘區的面東山坡，由稱為combe的小背斜谷切分成不連貫的山坡。在金丘區，幾乎各村都有大小不一的背斜谷，也成為一些名園的名字，如Chambolle-Musigny村的一級園La Combe d'Orveau，或Gevrey-Chambertin村的一級園Combe aux Moines，而Puligny-Montrachet的一級園Les Combettes則是小背斜谷的意思。在伯恩丘甚至於有些酒村就直接位在背斜谷內，如Savigny-lès-Beaune和Auxey-Duresses。在夏布利，葡萄園山坡比較分散，但仍有許多背斜谷營造特殊的自然環境，許多名園如特級園Vaudésir，一級園Vaulorent和Vaucoupin等等，其字首的「Vau」便是當地對背斜谷的稱謂。

　　在金丘區，這些谷地常常是西部山區的山風吹往平原區的通道，位在谷地周圍的葡萄園通常比較通風，特別是大型谷地的夜間溫度常因山風吹過而驟降。不過，並非所有山谷邊的葡萄園都比較寒冷，許多背斜谷都是東西向切開金丘，在山谷的北邊形成向東南的山坡，因為可接收更多的日照反而在白天更溫暖一些。相反地，南側則成為朝東北的斜坡，較陰暗冷涼。Vosne-Romanée村在兩個特級園Richebourg跟Echézeaux之間有一個稱為Combe de Concoeur的小谷切過，北邊的面東南山坡為一級園Aux Brûlées，有火燒園的意思，走較濃且多酒精風格。南邊為Les Barreaux，少陽光，多風，常保留較多酸味，過冷的年分黑皮諾較難全然成熟，只是村莊級。

石塊顏色

　　表土或外露的石塊若顏色越深，在陽光的照射下，吸熱效果越好，有助於提升葡萄園的溫度，特別是深色的石塊更具有保溫的效果，在夜間慢慢地將白天吸收的熱能散發出來。不過，白色的岩石也另有功用，因為具有反射陽光的功能，因此可以提高葡萄樹的受光。布根地多石灰岩，大多為白色的岩塊，特別是高坡處的葡萄園，常布滿白色石塊，具有反射光線的效果。深色的岩塊比較常出現在薄酒來的特級村莊，當地雖然以粉紅色的花崗岩為主，但是在Côte de Brouilly跟Morgon的Côte du Py兩地山頂上的葡萄園布滿一種藍黑色的火成變質岩，極具吸熱效果，雖然並非唯一助因，但這兩處的葡萄園卻是以生產最圓熟濃郁的加美紅酒而聞名。

上：Chambolle-Musigny村南邊的Combe d'Orveau背斜谷，常為周邊的葡萄園帶來較涼爽的山風。

下：夏布利的特級園Vaudésir位在一S形的背斜谷內，夏季常有高溫的谷地效應。

採石場

金丘山坡除了產葡萄酒也生產石材，採石業在金丘區也一樣歷史悠久。例如Nuits St. Georges鎮內就有一處由熙篤會（Cîteaux）所開發的採石場，生產知名的玫瑰石，此種屬侏羅紀中期巴通階（Bathonien）的貢布隆香石灰岩（Comblanchien），因為含鐵質且略微大理岩化，有著美麗的粉紅色紋路。此採石場仍然存在，位在一片稱為Les Perrières，即「採石場」的一級園裡，因為多石少土，釀成的紅酒較為酸瘦。同樣稱為採石場的葡萄園也相當多，最知名的是Meursault村的一級園Les Perrières，以產多酸多礦石香氣的白酒聞名。其實，還有非常多的布根地名園是位在廢棄的採石場，例如特級園Corton中的Rognet，有一部分即種於填補的石坑，知名如Musigny或Bonne-Mares的特級園也都有一部分的葡萄園位在採石場遺址上。因為地形凹陷，較為濕冷，且通風不佳，較難釀成飽滿豐厚的紅酒。

道路

除了採石場，人為的道路也可能對微氣候造成影響，在山坡葡萄園上，一條從山坡橫越的公路就像一條攔水壩般影響葡萄園的排水，在寒冷的冬季或初春，甚至還會積聚冷空氣，造成寒害或霜害。歷史名園Clos de Vougeot雖為特級園，但最低處剛好與74號公路（現已改為D974）相接，因位於近坡底處，排水已經不佳，但墊高的74號公路像是超過1公尺的堤防，阻擋園內的水繼續往下坡流，也讓土壤更加黏密潮濕，不利葡萄的品質。74號公路同樣在Vosne-Romanée跟Morey St. Denis村帶來負面的影響，兩村中靠近公路東側的葡萄園，因公路阻擋下降的冷空氣，是布根地最常發生寒害與霜害的地方。

上：D122是布根地的特級園之路，常對道路兩旁的許多名園產生影響。

下：Corton特級園的Vergrenne以白酒聞名，是一片由採石場的廢岩塊堆成的小圓丘。

年分

一九七八年，布根地七〇年代最精彩的世紀年分。

　　對於葡萄來說，布根地的氣候較為寒冷，接近種植的極北區域，因為每年天氣變化而產生的年分差異會比南部的產區來得明顯，對酒的風格也常帶來決定性的影響，其重要性有時甚至超越葡萄園與酒莊，尤其是在氣候條件特別異常的年分，如一九七六、一九八五、一九九六、二〇〇三和二〇〇九年等等，大部分的酒莊都很難釀出不受年分風格影響的葡萄酒。布根地的產區範圍南北相隔200多公里，且有黑皮諾、夏多內和加美三個主要品種，在同一個年分中，各副產區以及各品種也會表現出不同的年分特性。

　　年分的變數，以溫度、陽光、雨量和濕度最為重要，在不同的季節，這四個要素的變化共同組合成每年年分的特性，因為變數太多，每一個年分都有自己獨一無二的個性。雖然高溫、多陽、少雨和乾燥似乎代表好年分的保證，但在布根地卻不全然如此。特別是對於需要保留酸味的白酒以及講究優雅風味的黑皮諾，比較冷涼或是多雨不一定就是品質不佳的年分，二〇〇八年布根地純粹乾淨的紅酒和酸味強勁的白酒就是最佳的典範。

　　酒評家常會對一個年分的整體酒質打分數，分出好壞年分，如果設定標準，確實能夠有好與壞之分，不過，在很多情況下，年分的好壞常常比較類似氣象預報，在裝瓶之後，年分風格隨著時間轉化，也常常變幻莫測。如一九九六年剛釀成時，大部分的媒體，包括我自己，都頗看好這個有不論紅、白酒都保有許多酸味的年分。但過了十多年之後，大部分的一九九六年分雖然已經發展出成熟的香氣，但酸味仍然讓酒相當堅硬封閉，不是特別迷人，於是已經有人開始懷疑是否會有變好的一天。

　　不過，更關鍵的並非分數而是年分特質。如二〇〇五和二〇〇九年同樣都被視為布根地紅酒的好年分，兩者的酒風卻差距相當大，前者以嚴謹堅實的酒體為特色，後者卻是豐厚圓熟的享樂式風格。兩個年分的差別關鍵在於二〇〇五年從七月到九月分都相當乾燥，缺水的壓力讓葡萄長出更厚的皮與更多的單寧。相反地，二〇〇九年雨量分配平均，乾濕穩定循環，屬風調雨順的年分，葡萄沒有缺水壓力，很容易就釀成均衡可口的美味風格。水分的供給在一些歐洲產國如西班牙以及大部分的新世界產區，可用人工灌溉的方式來補助自然的不足，在這樣的產區，其年分間的差距自然就不會像布根地這麼大。但在保有穩定品質的同時，卻失去了保存自然變化的珍貴機會。

　　布根地酒業公會、葡萄酒雜誌與酒評家會針對每個新年分提出關於天氣與葡萄生長狀況的年分報告。在這些報告中，有幾項重點可以窺探出一個年分的特性。首先，春天是否來得太早？如一九八五年，春季溫度升太快，葡萄提早發芽，回降低溫後會凍死葡萄芽。霜害有時會降低產量，但品質不一定較差，甚至可能變好，一九八五年即是一例。春天如果來得太晚會延後葡萄的生長季，如一九八三、八四跟八六年，葡萄發芽晚，在寒冷的天氣到來前才勉強成熟。不過，這樣的情況近年來已經比較少見。

　　開花季的天氣對年分，尤其是產量的多寡，有關鍵性的影響。如果在五月底到六月的開花季少風雨，也沒有出現低溫，開花與結果順利完成，通常就會有高產量。葡萄收成太好在布根

地通常都代表有品質不佳的風險，一九三四和一九九九年是少數產量高卻還能有高品質的好年分（也許有人會覺得一九八九和二〇〇九年也是）。開花不順，除了產量降低外，開花的時間不均，花期拖延太久，也會造成將來同一串葡萄粒成熟不均，無法同時採收到完全成熟的葡萄串，讓採收日期的決定更加困難。同樣地，開花季遇上低溫或不穩定的氣溫，也可能會讓果粒大小不均，或長出稱為millerandage的無籽小果。出現較多millerandage的葡萄串會降低整體產量，不過，有時卻也可以提高品質，小果粒不僅甜度高，也含有較多的單寧與紅色素，可增添更濃縮的風味，如一九九〇、二〇〇五和二〇一〇年。

六月開花後通常約一百天就可採收，七、八兩月的天氣狀況對年分的影響相當關鍵，有時甚至超過九月採收季的天氣。布根地葡萄農常說：「八月成就葡萄汁（août fait le moût）。」意思是葡萄酒的成熟與均衡在八月就決定了。採收季的天氣條件與葡萄的健康狀況常常被媒體用來評斷一個年分的好壞，實際的年分特性其實更為複雜，不過，透過種植技術，葡萄農確實可以修正一部分的年分特性，譬如開花順利的多產年分，如二〇〇四年，葡萄農可以在七月進行綠色採收，剪掉一部分的葡萄，降低總產量而不會為高產量所累。

七月時主要影響的是枝葉的生長以及果實的增大，七月如果寒冷多雨，枝葉儲備的能量不足，之後要趕上就相當困難，二〇〇七年即是典型的例子，即使八月底之後有好天氣，但仍無法達到完全的成熟度，這樣的條件對黑皮諾也許比較困難，不過，對於夏多內來說，反而是強勁酸味的保證。八月則直接影響葡萄的成熟進度，特別在月中葡萄轉色之後更為重要。此時溫度高葡萄成熟順利，如二〇〇九年，持續低溫卻會影響葡萄的成熟度，如二〇〇六與二〇〇八年。但過高卻也可能讓葡萄暫時停止成熟，如一九九八年。高溫，也會降低酸味，持續高溫會有酸味過低的風險，影響口感的均衡，也較不耐久存，如一九九七年的白酒和紅酒。高溫也會增進黴菌的生長而影響葡萄的健康，二〇〇七年雖然有許多黴菌，但布根地氣溫較低，受害情況沒有波爾多那麼嚴重。

夏季雨量的分配也是年分風格的重要指標，在少雨水的乾旱年分，如前述的二〇〇五年外，一九九三、一九七六甚至一部分的二〇〇三年都出現了葡萄皮增厚，多澀味的乾旱年分風格。夏季冰雹是布根地最常見的自然災害，雖然受災範圍不大，但幾乎每年都會發生，如二〇一一年的Santenay，二〇〇四和二〇〇八年的Volnay跟Pommard，二〇〇一年的Mercurey跟Rully等等。受夏季冰雹傷害的葡萄會分泌帶著青草氣味的汁液包覆破損的皮，釀成酒之後，會在酒中留下冰雹味。冰雹的傷害也可能讓葡萄停止成熟且容易染病。夏季陽光也扮演重要角色，陽光充裕的年分，葡萄成熟快，也讓黑葡萄的顏色變深。但和高溫不同，陽光不會增加病菌的滋長，也不會讓酸度快速降低，反而可以讓葡萄均勻緩慢地成熟，如一九九六和一九七八年。

雖然有時採收會提早到八月底，但大部分的時候，布根地的採收季主要在九月，有時會延到十月結束。原本條件不佳的年分，如二〇〇四、二〇〇六、二〇〇七和二〇〇八年，因為採收季乾燥多陽的好天氣，讓葡萄在最後一刻挽回一些不足的成熟度。不過，好年分的採收季卻不一定要有好天氣。二〇〇五年因為九月的一場及時雨讓葡萄樹免於因為乾旱而停止生長的風險。二〇〇三年分雖然許多酒莊在八月底就已經採收，但在九月下雨且轉涼之後，晚採收的葡

遭受冰雹傷害的夏多內會分泌汁液修護表皮，造成較多的草味，形成多冰雹年分的特色。

左上：產量大的年分通常品質較差一些，但一九九九年卻是例外，質與量均佳。

右上：生長季末的好天氣常會改變年分的特性，一九六六年即是一例。

下：紅、白酒在同一年分的好壞表現常常相異，但一九六九年是紅、白酒皆佳的世紀年分。

萄卻有更好的均衡感與保有較多的細緻風味。

　　近採收期，葡萄通常有較多糖分，酸味日漸減少，會有更多病菌生長的風險。此時如果自東北方吹來拉比斯風，因水氣不多，常常伴隨著陽光閃耀的大晴天，便會有寒冷多陽的乾燥環境。在布根地，這樣的乾冷天氣可以抑制葡萄園中的病菌，保持葡萄果實中的酸味，陽光又能加速成熟，提高葡萄的甜度，讓葡萄皮更有味道。如果在採收季的時候吹起拉比斯風，常能為布根地帶來意外的美好年分。如一九七八和一九九六兩個年分，因受惠於拉比斯風，而成為極佳且耐久的經典布根地年分。新近則有二〇〇八，九月分開始吹起拉比斯風，一個原本將成為二十一世紀最悲慘的酸瘦年分，意外地得以成為新鮮純淨的優秀年分。特別是在布根地北部，受拉比斯風影響最多的夏布利產區。

　　一年之間的冷熱晴雨，常會刻劃出相當不同的風味，除了好與壞之分，最迷人的，是各年產的酒，都有著一份獨有的面貌與個性，這些，在葡萄採收與釀造的時刻，常常就如命定一般，已經被烙印進葡萄酒裡，成了永遠抹不掉的痕跡。條件完美的好年分確實有其獨特之處，對於害怕冒險的人，可以比較安全地買到精彩的葡萄酒。不過，即使是多災之年，如乾旱、酷暑、強風、冰雹等，因葡萄遭逢極端天氣的生存壓力，相較於條件完美的年分，常常有特出的個性。甚至並不隨著時間而隱去，如因乾旱而極度粗澀的一九七六年，現在即使稍有軟化，卻仍常閉鎖。一樣多雨寒冷的一九八六或一九七九年，雖已成熟適飲，但仍然冷調多酸。要不是因為比較便宜，少有人會想買這些不完滿的葡萄酒，不過，這些所謂的不佳年分卻常能帶來意外的驚喜。布根地的葡萄農常說，偉大的葡萄酒大多誕生在壞年分。

左：一些原初不是特別優秀的年分，常常會被遺忘在酒窖深處，但卻最常在半個世紀之後帶來意外的驚喜。

中：開花期遇雨常會結無籽小果，降低產量，但能讓葡萄酒的濃度提高。

右：二〇〇七年有許多柔和、多果香的紅酒，但白酒卻藏著如刀鋒般的銳利酸味。

不同年代的岩層

夏隆內丘區西邊的三疊紀岩層。

雖然這裡產葡萄酒的歷史只有兩千年，但布根地葡萄酒的故事，其實應該從兩億年前恐龍主宰著陸地的侏羅紀時代開始談起。包括布根地在內的整個西歐，曾經陷落成為一片海洋，歷經六千多萬年，或冷或熱，或生物繁茂，各式各樣的海中生物在以花崗岩為主的火成岩塊之上，堆積出厚達上千公尺，不同時期的侏羅紀岩層。這些以石灰岩和泥灰岩為主的各式岩層是布根地葡萄酒風味的重要源頭。

三疊紀岩層（Trias）

大部分布根地的葡萄園都位在中生代的侏羅紀岩層，但是在產區的邊陲地帶，如金丘區南端、夏隆內丘南端及南部的馬貢內區，以及偏西的Couchois等產區內，有些葡萄園卻位在同屬中生代，但比侏羅紀早上數千萬年的三疊紀岩層上。這一時期的岩層比較貧瘠，介於火成岩和結晶岩以及侏羅紀的沉積岩之間，以頁岩為主，常混合著來自結晶岩風化或沖刷作用產生的物質，碎裂的雲母頁岩和紅色砂岩是最常見的兩種。由於年代較早，在金丘等產區大多深埋在百公尺以下的地底，對葡萄樹很少帶來影響，如果往山區走，橫切金丘區的峽谷內經常可以看見這些較古老的岩層。夏隆內丘的Montagny村內有一些葡萄園有含高黏土質的三疊紀土壤，生產清淡、帶礦石與香料味的夏多內白酒。不過，一般而言，夏多內和黑皮諾都不太適合這種土質，只有加美有比較好的表現。

侏羅紀早期（Jurassic inférieur）

Montagny村內，侏羅紀早期的里亞斯岩層。

地層的陷落由巴黎盆地開始，接著布根地也逐漸為海洋所淹沒，一直到侏羅紀結束，布根地和歐洲大部分的地區一樣，幾乎全都泡在海底。此時期稱為里亞斯（Lias）時期，主要是由牡蠣等沉積物所形成的藍色石灰岩，也有一些含高比例石灰的泥灰岩。岩層中經常可以找到巨型菊石和箭石的化石，和牡蠣同為此時期本地最常見的生物。布根地葡萄酒產區的岩層以侏羅紀中期和晚期為主，早期屬里亞斯的岩層，主要分布在較偏西部的台地區，在伯恩丘南邊Santenay和Maranges村內的普通村莊級葡萄園也可找到。種在這種土壤中的黑皮諾會釀出風格較粗獷的紅酒，夜丘區則多位於Gevrey-Chambertin村附近的坡底處。夏隆內丘南邊以產白酒著名的Montagny區內也有不少里亞斯土質。上夜丘與上伯恩丘區內也偶爾可見。

侏羅紀中期（Jurassic moyen）

在這一時期，地球開始進入溫暖的週期，高溫潮濕的氣候讓海中繁衍了大量的生物，海百合、牡蠣、貝類等死後沉積於海底而形成巴柔階（Bajocien）與巴通階兩個侏羅紀中期的岩

層，分別是今日夜丘區與伯恩丘區最重要的土質來源。

在巴柔階早期最典型的岩層是海百合石灰岩（calcaires à entroques）。這種當時生長於淺海的棘皮動物，數量非常龐大，斷落的觸手殘骸積累成質地堅硬的石灰岩層，不僅是本地重要的建材，也是夜丘區山坡中、下段主要岩層，更是區內許多頂尖葡萄園地底最重要的岩質，非常適合黑皮諾的生長。最著名的包括Chambertin、Clos de Vougeot、Grand Echézeaux等夜丘特級園，都是位在這樣的土地上。

巴柔階晚期的岩層較為柔軟、黏密，含有許多泥灰質，並且也有不少小型牡蠣（ostrea acuminata）化石。這一時期的岩層僅厚8至10公尺，以泥灰質石灰岩為主，由於質地軟，具透水性，可以積蓄水分。這一時期的岩層在布根地葡萄園裡也扮演相當重要的角色，是種植黑皮諾的極優質土壤，主要還是以夜丘區為主，山坡中段的精華區多位在此岩層之上。如Morey St. Denis村的特級園Clos de la Roche、Clos St. Denis等名園，以及其他像Musigny、Romanée-Conti、La Romanée等名園也都包含在內。在伯恩丘區，主要集中在南部的Santenay村和Chassagne-Montrachet村南邊。馬貢內區的Solutré和Loché等村也很常見。

地層不斷下陷落使海水逐漸加深，海中生物不如淺海時期繁茂，到了巴通階時期，沉積物已較少見豐富的牡蠣、螺貝或海百合等淺海生物，也較少含黏土質的泥灰岩，開始出現較為堅硬的純石灰質岩。首先巴通階年代最早，位在最底層的是質地細密，含有矽質的培摩玫瑰石（rose de Prémeaux），因為有大理岩化，是布根地採石場的重要石材，除了在夜丘區頗常見，伯恩丘區的Chassagne-Montrachet村內的採石場也產同樣年代的岩石。這種石灰岩層在夜丘區的山坡中段很常出現，如Vosne-Romanée村的特級園Richebourg。包括Musigny、Chambertin Clos de Bèze等名園的上坡處也都位此岩層上。

緊接著覆蓋之上的，是碳酸鈣粒間雜著其他化石堆積成的白色魚卵狀石灰岩（oolithe blanche），因為質地粗鬆，較容易風化為土壤。此時期的沉積物變多，岩層厚達數十公尺。夜丘區各村莊，特別是在北部幾個村莊的上坡處常有魚卵狀石灰岩，通常下面都緊貼著培摩玫瑰石。伯恩丘區在Volnay和Meursault兩村的交接處也有許多這樣的巴通階石灰岩，包括Clos des Chênes及Santenots等一級園都是，出產較強硬的黑皮諾紅酒。夏隆內丘區的Mercurey村也有類似的同期岩層。

最後，在巴通階晚期，堆積出堅硬的貢布隆香石灰岩，由於有些大理岩化的變質岩，在侏羅紀各岩層中質地最堅硬，是布根地最佳的建材，伯恩市Place de Monge廣場的人行道即鋪著這樣的石塊。在夜丘區山頂上貧瘠的硬石層多半都是由貢布隆香石灰岩構成。在伯恩丘南部自Meursault村以南，位於較高坡處也有許多巴通階時期的岩層，如布根地最知名的白酒特級園Chevalier-Montrachet以及Montrachet的上坡處。

侏羅紀晚期（Jurassic superieur）

到了一億五千萬年前，隨著沉積的增加及地層的上升，海水逐漸消退，布根地海又回到原初淺海的狀態，生意盎然的海中生物又再度繁衍。最早期的Callovien岩層，以珍珠石板岩

左上：巴通階最早期的Premeaux 玫瑰石。

右上：侏羅紀中期的紅色泥灰岩 與白色石灰岩。

左下：巴柔階早期的海百合石灰 岩。

右下：夜丘特級園上坡處頗常見 的白色魚卵狀石灰岩。

（dall nacree）為代表，這種由大量的貝類殘骸所積累成的岩層，因含有許多貝殼內部的珍珠質而發出美麗的光澤。在伯恩丘區，這是下坡處主要的岩層，許多村莊內位在較山腳下的村莊級及一級園都在此岩層上，如伯恩丘市的Les Boucherottes、Les Gréves及Pommard村的Epenot等一級園。另外更著名的是在Puligny-Montrachet村內的特級園Bâtard-Montrachet，在表土之下即是珍珠石板岩。

覆蓋在珍珠石板岩之上的是含有高比例鐵質的紅色魚卵狀石灰岩（oolithe ferrugineuses），有時混雜著泥灰質和菊石化石，岩層本身很薄，只及數公尺。在伯恩丘內很常見，直接位於珍珠石板岩上，如Pommard村的Pouture及特級園Corton的下坡處。這兩種Callovien岩層在夏隆內丘區及馬貢內區也都相當常見。

過了Callovien時期，開始進入以泥灰岩沉積物為主的Argovien（又稱為Oxfordien）時期。大量的淺色泥灰岩和泥灰質石灰岩構成了厚達上百公尺的Argovien岩層。這是伯恩丘區中坡段精華區的主要地下岩層，許多精彩的葡萄園如特級園Corton-Charlemagne和Corton，Volnay村的Clos des Ducs、Les Caillerets，Pommard村的Les Rugiens，以及Meursault村的Les Perriéres等等。Argovien岩層因各地沉積物質的不同，質地相差很大，有泥灰岩也有石灰岩或兩者的混合。其中伯恩丘區最常見的玻瑪泥灰岩（Marne de Pommard）和佩南泥灰岩（Marne de Pernand）等屬於質地黏密，較多黏土質的泥灰岩相。

接續Argovien的是Rauracien時期，因為氣候更為溫暖，讓布根地海的淺海區生長了許多的珊瑚與海膽，死後的屍骸混和著魚卵狀石灰質積累成堅硬的石灰岩層，伯恩丘山頂上的硬磐，經常由這種珊瑚岩所構成，質地太堅硬，無法種植葡萄。Corton山頂上的樹林區是最典型的代表。大部分布根地葡萄酒產區的侏羅紀地下岩層到Rauracien之後就已經結束，更晚近的侏羅紀岩層全集中在歐歇瓦區的夏布利產區內。單獨位在西北邊的夏布利離金丘區100多公里，產區內的主要岩層雖然也是屬侏羅紀晚期，但是卻完全不和布根地其他產區重疊。

Kimméridgien的年代較早，主要位在山腰處，屬於含白堊質的泥灰岩，質地軟，含水性佳，間雜著石灰岩和小牡蠣（ostrea virgula）化石，適合夏多內葡萄的生長。在夏布利地區，只要是品級較高的葡萄園全都位於Kimméridgien岩層上。年代較晚的Portlandien，以石灰岩為主，所以質地堅硬，主要位在高坡處，常是構成山頂硬磐的主要岩質，產自Portlandien的夏多內白酒比較清淡多果味。

布根地海在一億四千萬年前的Portlandien晚期，又逐漸消退，露出海底，結束長達六千萬年的侏羅紀。但沒隔多久，在白堊紀（Cretacerous）時期布根地與歐陸又再度為海水所覆蓋，堆積成顏色純白、質地粗鬆的白堊岩，現今布根地葡萄酒產區內並沒有留存這個時期的岩層，法國的白堊土質主要位在北方的巴黎盆地及香檳區內。

新生代第三紀（Tertiaire）

在新生代第三紀的漸新世（Oligocene），距今四千多萬年前左右，阿卑斯山的造山運動造成地表上升，海水再次逐漸消退，讓原本陷落的布根地海底又慢慢冒出海面。地表板塊的擠

左：侏羅紀晚期的Kimméridgien岩層讓夏布利的夏多內釀出獨特的海味礦石風味。

中：侏羅紀中期的Ostrea Acuminata常出現在夜丘特級園中坡處。

右：不同質地的侏羅紀岩層為布根地提供不同特性的土壤元素。

壓又將這片剛升起的侏羅紀岩層推向西面的中央山地。岩質較為柔軟的沉積岩碰上由硬質花崗岩構成的中央山地時，開始在交界處形成幾道隆起的皺褶，最後擠壓成呈南北向平行排列的山脈，推擠的過程也形成了數道讓岩層碎裂、山脈陷落的斷層。這片沉積岩山區最東面的第一道隆起山脈即是現今布根地的金丘、夏隆內丘及馬貢內的前身。造山運動讓地勢升起，同時也讓侵蝕的速度加快，風和雨水蝕刮山上的岩層，並帶到山下來，在谷地形成堆積作用。金丘區的斷層帶造成的地層陷落也由碎裂的岩石和沖積物慢慢地堆出一片面東的山坡。現在布根地接近山腳下的葡萄園裡，有許多都堆積著這一時期沖刷來的土壤和石塊。

新生代第四紀（Quaternaire）

距今兩萬年前，進入新生代第四紀，因氣溫降低，地球進入冰河時期，布根地因位處冰凍區的邊緣地帶，夏季短暫的融冰加上第四紀五次的冰河期的大融冰，對本地的侏羅紀山坡，進行了大舉的侵蝕與沖刷作用，形成更為和緩的山坡，並在山坡上侵蝕出內凹的背斜谷，向外堆積成沖積扇，不只將山頂的岩石帶往山下，也形成特殊的微氣候。植物根系也對岩層產生侵蝕破壞的作用，將岩層表面化為土壤，往山下沖刷。累積第三紀與第四紀的堆積作用，形成了土壤深厚、肥沃平坦的布烈斯平原，今日布根地葡萄酒產區的大致面貌就在此時完成。

從岩層到土壤

　　葡萄的根部可以向下扎得相當深，常達數公尺，不僅穿過表土和底土，甚至可穿透岩層，有關葡萄園土質的研究重點不僅僅是在表土及底土，也著重對地下岩層的認識，畢竟土壤本身其實也是由岩層蛻變而成。侏羅紀各時代的岩層雖然按照年代沉積，但布根地種植葡萄的區域剛好位居斷層帶上，因為受到板塊擠壓，造成岩層的扭曲與傾斜，斷層的錯動更讓兩側的岩層垂直位移，使得葡萄園內的地下土質錯綜複雜。

　　伯恩丘的特級園Montrachet和Chevalier-Montrachet就是最好的例子，一條南北向的斷層橫過這兩個葡萄園的交接處，讓下坡處Montrachet的岩層往下陷落成Callovien岩層，位居上坡的Chevalier-Montrachet則相對向上拉升，出現較古老的巴通階岩層。這個斷層意外地讓Montrachet葡萄園同時擁有夜丘和伯恩丘的土質，成為相當複雜的組合。除了斷層，歷經上億年的自然侵蝕，包括風、雨、溫差、酸鹼變化及植物根部的作用等等，岩石崩落，碎裂成小石塊，一些較為脆弱的泥灰岩也轉化為土壤，經年累月由雨水往山下沖刷，在岩層上慢慢堆積成土壤。

　　由於較大的岩塊比較不容易被帶到山下，所以上坡處通常坡度較陡峭，表土淺，石多土少，排水效果特佳，但無法蓄積水分，而且土地貧瘠，很難提供足夠的養分。下坡處則剛好相反，匯集了來自山上各種不同岩層的土質與石塊，坡度和緩，土壤較深，土質肥沃，不過結構黏密，排水稍差。其實布根地大部分品質最好的葡萄園都位在山坡中段，除了氣候因素，也因為地質條件比較均衡。葡萄園土壤的多寡和地下岩層的質地有關，若為堅硬的石灰岩，不僅土少，也很難讓葡萄樹根往下伸展，但若是泥灰岩，即使是位於高坡處也有含水的功能，葡萄根也容易穿透岩層。

　　除了自然的力量，人為的改造也讓土壤產生變化，布根地的葡萄種植已有近兩千年的歷史，已經讓地貌產生重大改變，單獨地種植同一種作物，而且每公頃高達1萬株葡萄樹，讓土壤內的養分與礦物質逐漸枯竭。此外，許多葡萄農曾自山區運來土壤，以改善葡萄園的種植條件，最出名的是十八世紀中，Vosne-Romanée村內的莊主Philippe de Croonembourg，自上夜丘山區搬運四百輛牛車的紅土以改善歷史名園Romanée-Conti的土質。不過，現在葡萄酒法已經禁止這樣的行為。重型機械也被用在葡萄園的整地上，碎石機把堅硬的地下石灰岩層絞碎，加深土壤的深度，讓原本土淺貧瘠的土地條件更適合種植葡萄，但是，現在也禁止使用以保有葡萄園原本的特性。

　　這樣的技術也曾用在全新闢建的葡萄園，在布根地的山丘上有許多地帶因為岩層過於堅硬，岩床甚至外露，完全無法種植葡萄，因多位於高坡處，除了土壤的問題，其他條件都算優異，透過碎石機磨碎岩床，也可以改造成不錯的葡萄園，如Morey St. Denis村的Rue de Vergy，Meursault村的Chaumes des Narvaux等等，其中甚至還包括一些一級園，如Puligny-Montrachet村的Sous le Puits。無論如何，這些人工改造的葡萄園大多石多土少，需要更長的種植時間為土地帶來更多生命以營造均衡的土壤環境。

坡頂的葡萄園石多土少（上），坡底則土多石少，常釀出不同風格的葡萄酒。

布根地岩層分布表 （以百萬年為單位）

年代	時期			岩層	特性	分布
1.8之後	新生代	第四紀				波爾多
1.8-67		第三紀				南隆河、普羅旺斯、西南部、蘭格多克。
67-137	中生代	白堊紀 Cretace		白堊土	純白、質地粗鬆，含水性佳。	巴黎盆地及香檳區。布根地區內非常少見。
137-195		侏羅紀 Jurassic	侏羅紀晚期	Portlandien	以石灰岩為主，質地堅硬。	主要全集中在夏布利(Chablis)產區內高坡處，常是構成山頂硬盤的主要岩質。
				Kimméridgien	屬於含白堊質的泥灰岩，質地軟，含水性佳，間雜著石灰岩和小牡蠣化石。	全集中在夏布利產區內，主要位在山腰處，夏布利特級葡萄園全屬這種岩層。
				Rauracien	珊瑚與海膽死後的屍骸混合著魚卵狀石灰質積累成堅硬的石灰岩層。	伯恩丘(Côte de Beaune)山頂上的硬磐，經常由這種珊瑚岩所構成，質地太堅硬，無法種植葡萄。
				Argovien	淺色泥灰岩和泥灰質石灰岩。	伯恩丘區中坡段精華區的主要地下岩層。如高登－查理曼(Corton-Charlemagne)和高登(Corton)，渥爾內(Volnay)的Clos des Ducs、Les Caillerets、玻瑪村的Les Rugiens以及梅索村(Meursault)的Les Perrières等。
				Callovien 紅色魚卵狀石灰岩 Oolithe ferrugineuses	含高比例鐵質，有時混雜著泥灰質和菊石化石。	伯恩丘玻瑪村的Pouture及高登下坡處。在夏隆內丘區(Côte Chalonnaises)及馬貢區(Mâcon)也都相當常見。
				珍珠石板岩 Dall nacrée	由大量的貝類殘骸所積累成的岩層，因含有貝殼內部的珍珠質而有美麗的光澤。	伯恩丘區，這是下坡處主要的岩層，伯恩市(Beaune)的Les Boucherotte、Les Grèves及玻瑪村的Epenot，蒙哈榭和巴達－蒙哈榭(Bâtard-Montrachet)。
			侏羅紀中期	巴通階 Bathonien 貢布隆香石灰岩 Comblanchien	大理岩化的變質岩，質地堅硬。	在夜丘區(Côte de Nuits)山頂上貧瘠的硬石層。伯恩丘南部自梅索村以南高坡的岩層。如歇瓦里耶－蒙哈榭(Chevalier Montrachet)的上坡處。
				白色魚卵狀石灰岩 Oolithe blanche	碳酸鈣粒間雜著其他化石，質地較粗鬆，較容易風化為土壤。	夜丘區各村莊上坡處。伯恩丘區在渥爾內村和梅索村交接處包括Clos des Chénes及Santenots夏隆內丘的梅克雷村(Mercury)。
				培摩玫瑰石 Pierre rosée de Premeaux	質地細密，含矽質。	在夜丘區的山坡中段很常出現，如蜜思妮、李其堡(Richebourg)、香貝丹－貝日莊園(Chambertin Clos-de-Bèze)等名園的上坡處。
				巴柔階 Bajocian 小型牡蠣化石 Ostrea acuminata	以泥灰質石灰岩為主，質地軟，具透水性，是種植黑皮諾葡萄的最優土質之一。	以夜丘區為主，山坡中段的精華區。如羅西莊園(Clos de la Roche)、聖丹尼莊園(Clos St. Denis)、蜜思妮(Musigny)、侯馬內－康地(Romanée-Conti)、侯馬內(La Romanée)等特級葡萄園。伯恩丘內主要集中在南部。馬貢區的Solutré和Loché等地也很常見。
				海百合石灰岩 Calcaires à entroques	質地堅硬的石灰岩層。	夜丘區山坡中、下段主要岩層，非常適合黑皮諾葡萄的生長。如香貝丹(Chambertin)、梧玖莊園(Clos de Vougeot)、Grands-Echézeaux等特級葡萄園。
			侏羅紀早期	里亞斯 Lias	混著牡蠣的藍色石灰岩，以及含高比例石灰的泥灰岩。	包括伯恩丘南邊Santenay和Marange村，夜丘區的哲維瑞－香貝丹村坡底處，夏隆內丘的蒙塔尼村(Montagny)及上夜丘與上伯恩丘區。
230-195		三疊紀 Trias			比較貧瘠，介於火成岩和結晶岩以及侏羅紀的沉積岩之間，以頁岩為主。	伯恩丘區南端、夏隆內丘南端及南部的馬貢區，以及偏西的Couchois等產區。
230之前	古生代				火成岩。	中央山地及薄酒來等地，在布根地並不常見。

土壤中的元素

由侏羅紀各時期岩層演變而來的布根地土壤，因內含不同土質，讓土壤表現出獨特的質地和結構，對生長其上的葡萄樹也帶來不同的影響。布根地的土質雖複雜，但其實都是以海積石灰岩和泥灰岩為主的侏羅紀岩層轉變而來的，所以土壤基本上都是不同比例的石灰質黏土。經數千萬年的沖刷與混合，許多土壤很難辨別來自那一岩層，不過，每一處的土壤中，所含各種物質的比例卻決定了土壤的特色。每一種構成土壤的元素都有其優缺點，不同的比例組合便構成了不同的生長環境，影響之後釀成的葡萄酒風味。

黏土

黏土質是布根地土壤中重要的成分，只要雨天走一趟葡萄園就可以親身體驗，鞋底下必定黏著一層厚厚的黏土。位於山坡中段的頂級莊園如Montrachet、Clos de la Roche、Chambertin等等，黏土含量都高達30－40%，坡度較平緩的Bâtard-Montrachet甚至高達50%。布根地的黏土來自裂解風化的石灰質沉積岩，質地細滑，卻又黏密，保水能力強，但是乾燥時容易結成硬塊，排水和通氣性都很差，對喜好乾燥的葡萄有不良的影響。黏土質中含有礦物質，且常帶有正、負離子，產生的離子交換有助葡萄根部吸收養分。即使黏土在物理結構上並不特別適合葡萄的生長，但卻提供其他更重要的環境與元素。

一般而言，黏土質可以讓生長其上的黑皮諾含有更多的單寧，釀成帶有更多澀味的紅酒，有比較強烈的個性，但口感質地傾向於粗獷風格，較少細緻表現。夏多內的表現也頗為近似，酒體更厚實，也常有更強更有力的酸味，較少能有輕巧質地。在布根地，許多葡萄農認為多黏土的地方較適合種黑皮諾，多石灰質的地方則種夏多內，不過，這似乎只是一種出自習慣的說法。無論如何，在比較乾燥的年分，黏土較多的葡萄園比較不會出現乾旱的問題，反而保有較佳的均衡感。甚至在較熱的年分也能讓夏多內保留較多的清新酸味，應該也是很適合夏多內的土壤。也有認為黏土地釀成的葡萄酒較不易氧化，可以承受較長的橡木桶培養，或使用較高比例的橡木桶。

砂質土

和黏土特性相反的是砂質土，土質粗鬆而不相連，排水性及通氣性佳，但肥分和水分都非常容易流失，法國因為禁止灌溉葡萄園，砂質土較易出現乾旱的問題。生長於砂地上的葡萄樹，生長容易，成熟快，釀成的酒大多柔和可口，但比較簡單直接。黏土中如果含有一些沙子可以讓土壤的結構較鬆散一些，提高排水透氣的效果。在布根地高比例的砂質土並不多，倒是在薄酒來北部的許多葡萄園裡有許多風化的花崗岩砂。這些砂質土主要是由堅硬的粉紅色花崗岩經崩裂、侵蝕與風化而成，通常只有薄薄一層位在岩床之上，間雜著雲母和長石，有機質相

上：不同的土壤結構會影響葡萄的生長環境，自然會生成不同風味的葡萄。

中：Mercurey村的灰黑色黏土讓黑皮諾不易開根，常長出風味粗獷的厚皮葡萄。

下：粗鬆的沙質土壤排水佳，也透氣，但較難保有水分與養分。

上：布根地主要的土壤都含有石灰質，是極佳的葡萄種植土壤。

中：灰黑色板岩的多石土壤，營造出貧瘠乾燥的種植環境。

下：布根地的山頂上常由岩石硬盤所構成，完全無法種植葡萄。

當少，貧瘠且乾燥，屬微酸性土壤，是種植加美的最佳土壤之一。

石灰質

　　侏羅紀的岩層為沉積岩，幾乎都是石灰岩，布根地的土壤中自然也含有許多石灰質。這類土壤排水性佳，但又能保留水分，因內含碳酸鈣，為鹼性土壤。葡萄通常喜愛生長於中性的土壤中，有利吸收養分與礦物質。太酸或高鹼度的土地都不適合葡萄的種植。含有過多碳酸鈣的土壤有鹼度過高的問題，會影響葡萄吸收土壤中的鐵質，嚴重的話會造成葉子枯黃甚至掉落，亦即葡萄農所說的黃葉病（chlorose）。這在到處都有石灰岩的布根地確實是個問題，不過，因為根瘤芽蟲病（phylloxera）的關係，所有布根地的葡萄樹都嫁接在更耐碳酸鈣的美洲種葡萄上，而降低了黃葉病的發生。

　　布根地的土壤專家Claude Bourguignon認為，葡萄樹本身即可以中和石灰岩中的鹼，並不會影響黑皮諾或夏多內的生長，同時他也認為石灰岩土壤本身有利於菌根菌的生長，是非常優異的葡萄園土壤。菌根菌和葡萄樹的互利共生關係，有利葡萄樹獲取土壤中的養分。對他而言，含石灰質的土壤是釀造複雜多變的葡萄酒最關鍵的條件。他甚至認為有高比例的石灰岩地，是法國葡萄酒業在自然環境上的優勢。在他心目中，布根地的石灰質黏土地更是法國條件最佳的葡萄園，可以釀出最均衡且多變化的葡萄酒。

　　布根地曾經因為氮肥的過度使用而出現土壤酸化的問題，這些葡萄園所生產的葡萄酒常口味失衡，酸味不足，而添加碳酸鈣正是改善酸化土壤的方法之一。布根地的葡萄農認為鹼性土可讓葡萄保有比較多的酸味，所以習慣將夏多內種在比較多石灰質的葡萄園。也有人認為鹼性土可以讓黑皮諾跟夏多內在有壓力的環境下生長，較易種出個性強烈一些的葡萄，其中也包括較多酸味這一項。除了酸味，布根地的酒莊也普遍認為產自多石灰質土壤的黑皮諾常有優雅的風格，比多黏土的葡萄園來得細緻一些。

岩石

　　混雜在土壤中的石塊可以提高排水、透氣的功能。性喜乾燥的葡萄樹通常喜愛生長在多石的土中。在布根地幾乎毫無例外，所有頂尖的葡萄園內都含有相當比例的石灰岩塊。布根地葡萄園的黏土質多，但因多位居山坡，土中含有許多石塊，降低了土壤透氣性與排水性不佳的缺點，在土中留下較多間隙，除了透氣，也讓雨水滲入底土，不會直接順坡而下造成沖刷使土壤流失。但過高比例的岩石也有缺點，如缺乏土壤，有機質少，常會過於貧瘠，及保水性不佳，在比較少雨的年分則會有乾旱缺水的問題。長在多石區的葡萄必須將根扎到更深的地底才能保有均衡的水分供給。

　　產自多石葡萄園的黑皮諾或夏多內通常酒體比較細瘦，酸味也多一些，少見奔放果香，常被本地的酒莊歸為礦石系的葡萄酒，雖不一定有礦石香氣，但白酒較偏青檸檬而少蜜瓜，紅酒多野櫻桃而少黑櫻桃香氣。不過，因為多石的葡萄園通常位於山坡頂端，比較高的海拔位置更

加強了這樣的風味。另外，一些位在向南坡的多石葡萄園也可能因為石頭的吸熱效果，讓葡萄更成熟，酒體反而更豐滿。

微生物與腐植質

　　土壤中的腐植質來自葡萄園內腐敗的落葉或藤蔓等有機物質，但也可能來自人為添加的堆肥。腐植質分解產生的二氧化碳、蛋白質、氮、磷、鉀、鈣、鐵等物質都是葡萄樹養分的主要來源。雖然葡萄樹喜好貧瘠的土地，但仍需要適當的養分，土壤中的有機質可以增加細菌、昆蟲等土中生物與微生物的數量與活動力，維持土壤活的生態環境。位在山腳下的土壤通常含有較多的腐植質，特別是由淤泥構成的平原區，比例更高，土質常太過肥沃。含腐植質高的腐植土其保肥與保水性都不錯，很適合一般作物的種植，但對於喜好貧瘠土地的葡萄來說比例卻不宜過高。

　　土壤的微生物中，以和植物行共生關係的菌根菌影響最大。這些屬真菌類的細菌寄生在葡萄樹的根部，其菌絲會在樹根的皮層細胞內形成叉狀分枝的叢枝體，並且產生囊泡。菌根菌能使土壤中的腐植質分解，產生氮肥，並在土壤中吸收各種礦物質，以提供葡萄樹從根部吸收。而葡萄樹則提供菌根菌所需的糖分和碳水化合物。缺乏菌根菌的協助，葡萄很難從土壤中吸收生長所需的礦物質，化學肥料以及除草劑與殺菌劑等農藥的使用，會讓土壤失去均衡，微生物大量減少。不只菌根菌數量變少，菌種的多樣性也會降低，在這樣的土壤中即使施用更多的礦物質肥料也無法讓葡萄生長得更健康，釀出更多變的葡萄酒。

　　透過菌根菌，葡萄可以從土壤中吸收數十種礦物質，但是人工肥料卻僅集中於氮、磷和鉀肥的供應，無法真正滿足葡萄的需求，也很難釀造出複雜多變的葡萄酒。布根地有越來越多的酒莊採用有機或自然動力法來種植葡萄，這些農法是否能釀造出最精彩的葡萄酒也許有爭議，但至少可以確定這兩種農法能讓土壤更具生命力，保有更大量、種類更多樣的微生物和菌根菌。

礦物質

　　土中所含的多種礦物質，如氮、磷、鉀、鈣、氟、鎂、鐵等等，都是葡萄生長所需的重要物質，分別對葡萄提供各自的功能，如鉀有助葡萄莖幹的生長，磷有利葡萄果實的成熟，氮可使葉片生長茂盛，鎂有助葡萄糖分的增加與降低酸味。土中礦物質的來源有部分來自岩石本身，但也可能來自土中的腐植質、菌根菌、堆肥或人工肥料。和其他土中元素一樣，土壤中礦物質的含量必須均衡才能讓葡萄有最佳的表現，過多或不足都會帶來麻煩，布根地在一九七〇年代發生的鉀肥害即是一例。布根地的葡萄園已歷經一千多年的單一作物耕作，土中有許多種礦物質已消耗殆盡，得依賴人工添加，謹慎的酒莊會先進行土質分析，再計畫施用含不同礦物質的肥料來補充土壤的肥力。

上：除了礦物質，土壤中的微生物在葡萄養分的供給上，甚至扮演更重要的角色。

下：腐植質除了提供土壤養分，也增加土壤中的微生物。

從夏布利到薄酒來

上：夏布利的特級園大部分為Kimméridgien岩層，山頂上則多為年代更晚的Portlandien硬岩。

下：布根地北部最常見，有許多牡蠣化石的Kimméridgien岩石。

布根地的葡萄園南北延伸成一條細長，或斷續，或相連的帶狀。北起夏布利所在的歐歇瓦區，經夜丘區與伯恩丘區所組成的金丘區，再往南經夏隆內丘區，最南及於馬貢內區，南北相距200公里，葡萄園所在的地下岩層年代，橫跨侏羅紀最早到最晚期，相隔近一億年。如果把馬貢內南邊的薄酒來產區也包括進來，布根地的範圍往南更延伸了50公里，而岩層的年代也要再往前推進數億年。

歐歇瓦區（Auxerrois）

位在最北的歐歇瓦區，距離最近的布根地葡萄園金丘區有100公里之遠。但羅亞爾河上游，以寒冷氣候的白蘇維濃（Sauvignon blanc）聞名的松塞爾（Sancerre）和Pouilly-Fumée產區，卻不過50公里。由此往東20多公里即可到達香檳區南邊的Aube產區。因為地緣關係，歐歇瓦區的地質年代和布根地其他地區不同，但跟松塞爾與香檳區南部卻同屬於侏羅紀晚期的Kimméridgien和Portlandien。

歐歇瓦區的葡萄園大多位在低緩的丘陵區，因氣候比布根地其他區還要寒冷，葡萄園大多位在向陽坡，春霜曾經是歐歇瓦葡萄酒業的最大難題，但最近十多年來發生的機率已不高。在整個歐歇瓦區，葡萄園山坡主要的土質都是由Kimméridgien岩層所構成，這是一種經常混雜著許多貝殼化石，含豐富白堊質的泥灰岩土。因化石多，質地軟，易碎裂，所以非常容易耕作，保水性也相當好，是歐歇瓦區最重要，也最優異的葡萄園土壤。山頂處則多為Portlandien岩層，是侏羅紀最晚期堆積成的，質地相當堅硬，顏色更白，坡頂的堅硬岩盤大多是此結構，碎裂風化後仍土少石多。相較於布根地其他產區的複雜岩層變化，歐歇瓦較少斷層，葡萄園的土質相當單純一致，不是Kimméridgien就是Portlandien，或是兩者的混合。前者大多位於山坡，後者則多盤據山頂，位居上坡處的葡萄園則混合兩者，山坡底則有較多的石灰質黏土與較小的石塊。

寒冷的氣候加上缺乏黏土質，歐歇瓦區並不特別適合種植黑皮諾，酒風經常顯得清瘦，少見豐腴的口感，香氣常有野櫻桃酒香，變化不多。區內主要種植夏多內，以夏布利最為著名。一般而言，Portlandien的土壤讓夏多內表現出以果香為主的白酒，酒體偏瘦，酸味比較高一些，本地酒莊多認為較適合年輕飲用，但卻也頗常見極耐久的例子。Portlandien的岩層通常位在海拔較高的地方，且多為台地頂端地勢比較平緩的區域，這些因素也有可能對釀成的葡萄酒產生影響，而非全然是Portlandien的因素。生長在Kimméridgien土質的夏多內特別有個性，跟別處夏多內最大的不同在於經常散發獨特的礦石味，更精確地說，是帶著海水氣息的礦石氣。這樣的夏多內，有強勁，甚至堅固的酸味，其耐久的潛力常超越許多金丘區的頂尖白酒。歐歇瓦區的最佳葡萄園，特別是在夏布利區，全都是屬於這種土質，在村子東邊西連溪（Serein）右岸的多石山坡上，七個特級園，以及最知名的一級園如Fourchaume、Mont de Milieu及Montée de Tonnerre等等，全部都位在Kimméridgien岩層上。

夜丘區（Côte de Nuits）

夜丘區南北全長20公里，山坡較陡，適合種植葡萄的山坡也變得比較狹窄，最窄處只有200公尺。夜丘區所處的面東山坡，在靠近坡底處有一條蘇茵斷層經過，斷層東側即是平原區，是一片深達百公尺以上的第四紀沉積土層。肥沃但排水不佳，並不適合種植葡萄。斷層西面則是夜丘區主要葡萄園所在的山坡，幾條副斷層呈南北向，沿著山坡平行切過，讓侏羅紀中期各類岩層的分布出現上下的位移。在岩層之上。附著一層相當淺的表土，特別是山腰之上，土壤只有數十公分厚，主要來自風化的泥灰岩，大多是混合許多小石頭的石灰質黏土。夜丘區的土質石灰質含量高，是黑皮諾的最愛。

夜丘區內以侏羅紀中期的巴柔階和巴通階時期的岩層為主。下坡處的地下岩層經常是由巴柔階時期的岩層所構成，如早期的海百合石灰岩，以及晚期質地較柔軟，由許多小牡蠣構成的Ostrea acuminata岩層。中坡處以上則全是巴通階時期的岩層，包括培摩玫瑰石和容易風化的白色魚卵狀石灰岩，這些都屬較適合黑皮諾的土壤。夜丘區坡頂的岩層主要都是巴通階晚期的貢布隆香石灰岩，質地堅硬，難以耕作。

在夜丘區的葡萄園山坡不時會有冰河時期侵蝕成的背斜谷，並且在下坡處形成土壤較深厚的沖積扇。其中以Gevrey-Chambertin村、Chambolle-Musigny村以及Nuits St. Georges村最為明顯。特別是Gevrey-Chambertin村子本身就位在沖積扇上，背斜谷將山區的岩石與土壤沖積到山坡底下，讓土壤的來源更加複雜，較大的背斜谷沖積扇甚至鋪蓋到更接近平原區的肥沃沉積土上，讓少數接近平原區的葡萄園，如Gevrey-Chambertin村的La Justice，也能釀出高水準的葡萄酒。

夜丘的岩層年代較伯恩丘早一些，多為侏羅紀中期巴柔階與巴通階年代的岩層。

右：夜丘山坡雖然朝東，但不時有背斜谷切過山坡營造不同的山坡角度與風的流向。

Vose-Romanée村岩層剖面圖

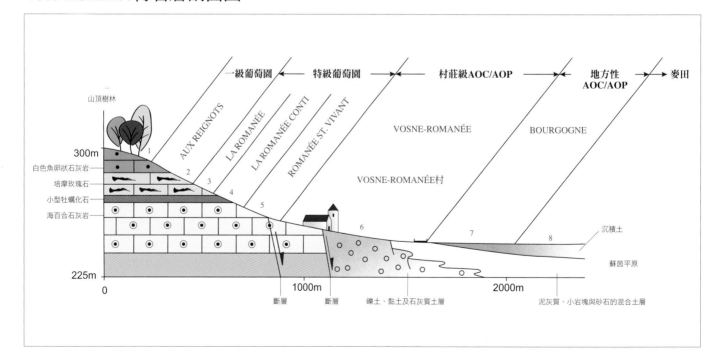

Vins de Bourgogne 42

伯恩丘區（Côte de Beaune）

位在金丘北半部的夜丘區岩層往上拱起，南半部的伯恩丘區岩層相對陷落，即使兩區的海拔高度相差不多，但岩層的年代卻不相同。南部伯恩丘的岩層在年代上普遍要比夜丘區來得晚，大部分屬於侏羅紀晚期的岩層。下坡處常見Callovien時期的珍珠石板岩，山坡中段處則以Argovien時期的泥灰岩為主，呈白、黃及灰等顏色，兩者之間常參雜著含豐富鐵質的紅色魚卵狀石灰岩。更高坡處常出現更晚期，同屬Argovien的泥灰質石灰土。至於伯恩丘區山頂的硬磐區，則多半是更晚期的Rauracien岩層，土少石多，大半是無法耕作的森林區。

由於地層的錯動，侏羅紀中期的岩層在Volnay和Meursault兩村的交界處再度拱起，往南一直延伸到Santenay村之間，這一段的伯恩丘上坡處出現了一些跟夜丘區一樣的巴通階與巴柔階岩層，和下坡處的侏羅紀晚期的岩層混合交錯。多條的斷層變動，讓一些侏羅紀中期的岩層也會出現在下坡處，如Chassagne-Montrachet村，主要以巴通階的白色魚卵狀石灰岩為主，跟夜丘區的岩層接近，有較多的黏土質，適合種植黑皮諾。但進入Santenay村之後又馬上轉為侏羅紀晚期的Argovien岩層，但隨即又變換為巴柔階岩層。

多條斷層通過伯恩丘的葡萄園山坡，讓本區岩層的分布非常多變，至少，較夜丘複雜許多，幾乎侏羅紀各時期的岩層都找得到，而其中最常見的Argovien時期更因此時期沉積的岩層達100多公尺，使得同一岩層在伯恩丘各地都有不同的質地變化，這樣的條件也讓伯恩丘所產的葡萄酒比夜丘區多元，不論紅酒或白酒都相當著名。

伯恩丘的坡度比較和緩，山坡的長度因而比夜丘來得寬，可以容納更多的葡萄園。跟夜丘區一樣，伯恩丘也有許多冰河時期侵蝕成的背斜谷以及沖積扇，不同的是，數量與規模更多也更大，如St. Aubin甚至全村隱身谷地內。在伯恩丘區內甚至還多了幾個寬廣的河谷，在Pernand-Vergelesses、Savigny-lès-Beaune及Auxey-Duresses等村，都有溪流橫切過伯恩丘，侵襲成東西向的峽谷，讓伯恩丘區的葡萄園除了位在面東的山坡外，也退居峽谷內，且往西面的山區延伸，除了形成面南與面東北的葡萄園，也出現了海拔更高的葡萄園，有些甚至超過400公尺。

Montrachet特級園中的魚卵狀石灰岩。

上：伯恩丘的地形更加開闊，也有更大型的背斜谷切穿金丘山坡形成東西向的谷地。

左下：伯恩市的一級園Teuron。

右下：伯恩丘唯一的紅酒特級園Corton，坡底的紅色石灰質黏土可釀出粗獷有力的紅酒。

Puligny-Montrachet村岩層剖面圖

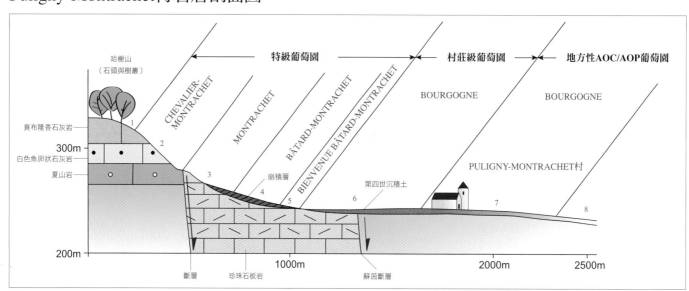

夏隆內丘區（Côte Chalonnaise）

夏隆內丘在地質上屬金丘區往東南邊的延長，由Dheune河谷在鄰近Santenay的地方切穿山脈而與金丘分隔。在北部的精華區，其岩層及土壤與金丘區並無太多差別，都是侏羅紀中、晚期的岩層以及以石灰質黏土為主的土壤。葡萄園也同樣位在中央山地和布烈斯平原交界的斷層坡上，南北綿延35公里，海拔高度介於200到350公尺之間，跟金丘區主要的葡萄園差不多，但似乎比較平緩一些。不同的是，夏隆內丘的葡萄園顯得四散分裂，山丘分裂成數道谷地，山坡也較不連貫，葡萄園較分散，而不是連成一條帶狀，有時參雜在牧場與農田之間。除了如同金丘區的向東坡地，區內還有向西、向南等往各方傾斜的山坡。

北邊的產酒村，如Rully、Mercurey及Givry等，大多位於侏羅紀晚期的岩層之上，葡萄園裡的土壤多由石灰岩及泥灰岩風化而成的石塊與石灰質黏土所構成，與伯恩丘相當類似。往南到Montagny附近，因岩層拱起，構成葡萄園的岩層比較不一樣，較多侏羅紀早期的里亞斯岩層，以及比侏羅紀更早的三疊紀時期岩層，也是泥灰岩土質居多，含有較多的黏土。

區內的夏多內多種植於較多黏土質的葡萄園，這些土壤主要來自泥灰岩和泥灰質石灰岩。Montagny和Rully兩村是最典型的例子。黑皮諾比較偏好多黏土質與多石灰質的土壤，在Mercurey和Givry兩村，以及部分的Rully村都有這類適合種植黑皮諾的土壤。

馬貢內區（Mâconnais）

因為位置最南，且偶爾有來自地中海的影響，馬貢內的氣候比較溫暖一些，雨量也是布根地最高，通常也是布根地葡萄最早成熟開採的產區。這些似乎可以從區內大量生產的柔和夏多內白酒喝出來，但馬貢內多變的岩層以及高海拔的山坡，也同樣有潛力生產多酸味與具備礦石系香氣的精緻白酒。

在夏隆內丘區南邊，侏羅紀岩層雖然繼續往東南邊延伸，但卻由蘇茵河（Saône）的支流，果斯涅（Grosne）河谷截開。這一區的侏羅紀山坡更加分散，由幾個北北東往南南西向的平行山脈所構成，夾在東邊的蘇茵河谷和西邊的果斯涅河谷之間。馬貢內區南北長達50公里，東西寬15公里，範圍廣，葡萄園常分散穿插在森林和牧場之間。馬貢內的地下岩層錯綜複雜，許多斷層交錯，而葡萄園的地下岩層與土質相當混雜且多變，雖多為侏羅紀各個時期的岩層，但也有更早的三疊紀岩層，甚至數億年前的火成岩。包括侏羅紀早期的里亞斯、中期的巴柔階和巴通階、晚期的Callovien、Argovien及Rauracien等等都可找到。整體而言，馬貢內區的葡萄園主要還是位在含較多石灰質黏土的地帶，條件最好的葡萄園全都保留給夏多內。至於黏土和砂質土，則大多留給加美。

位在馬貢內區南部的Pouilly-Fuissé產區是全區最知名的精華區，但也是複雜地層變化的縮影。橫跨五個村子的產區也橫跨了四個高低起伏的谷地，以及多道切換岩層年代的斷層。從最東邊的Chaintré村開始，近平原區海拔210公尺，多深厚的淤泥，往西邊攀高開始轉為黏土質，然後為巴柔階早期的海百合石灰岩，進入Fuissé村後轉為古老的花崗岩，然後是屬於變質岩的

上：夏隆內丘有如金丘的延長，有著近似的自然環境，但到了最南端的Montagny開始有更早期的岩層出現。

下：Buzeron村內種植阿里哥蝶（右）與種植黑皮諾（左）的不同土壤。

上：馬貢內區由侏羅紀與白堊紀岩層所構成的Soultré巨岩。

左下：Vergisson村內的酒莊石牆是村內葡萄園岩層的最佳縮影。

右下：不同於金丘葡萄園的全侏羅紀岩層，馬貢內區有更晚的白堊紀與更早的火成岩。

灰黑色板岩區盤據整片朝西的山坡。到了Fuissé與Pouilly兩村的面東山坡才進入侏羅紀中期的巴通階岩層，但低坡處仍然為黏土區。再往西的Solutré村以侏羅紀中期的石灰質與泥灰岩質為主，山頂的Solutré石峰則是海百合石灰岩構成。再往西跨到Vergisson村，低坡處轉為侏羅紀早期的Lias泥灰岩與黏土，上坡處才又出現石灰質土壤，海拔爬升到超過400公尺。這些全都屬Pouilly-Fuissé的葡萄園，因自然條件，特別是岩層與海拔的變化，可以釀出風味相當不同的夏多內白酒。

薄酒來區（Beaujolais）

薄酒來是否屬於布根地的一部分，是一個相當複雜的問題，從文化與歷史上來看，薄酒來都比較接近南邊的里昂，甚至在政治上，薄酒來也隸屬於隆河－阿爾卑斯區（Rhône-Alps）的Rhône縣，不過，不是全部，薄酒來北部有一小部分在布根地的行政區範圍內，隸屬布根地南邊的Saône et Loire縣。事實上，也有一部分的馬貢內的葡萄園是位在薄酒來境內。如果從葡萄酒業的角度看，薄酒來在種植與釀造上和布根地相當不同，但是卻跟布根地南部有共同的酒商銷售系統，有相當多的布根地酒商採買與經銷薄酒來產的葡萄酒。

但如果從自然環境來看，兩區雖然南北相連，但薄酒來的地質年代跟布根地卻有數億年的差別。薄酒來的位置較偏南邊，在氣候上也跟布根地不太一樣。來自地中海的影響還能沿著隆河谷地北上，帶來較為溫暖的氣候。這裡的雨量比布根地多，氣溫也比較溫暖，霜害相當少見，夏季也較常出現暴雨。不過，自然環境差異最大的還是在岩層與土壤上。不同於布根地以侏羅紀沉積成的石灰岩與泥灰岩為主，薄酒來精華區的葡萄園主要以年代更久遠，也更堅硬的火成岩為主，如花崗岩以及變質岩。不過，在離布根地較遠的薄酒來南部卻又轉為以石灰岩為主的葡萄園山坡。

薄酒來產區南北長55公里，葡萄園東西寬約10－15公里，東邊止於肥沃多霧的蘇茵平原，往西直到與中央山地相接的薄酒來山區。葡萄園多位於高低不一，海拔介於200到450公尺間的平緩丘陵上。從地質的角度來區分，薄酒來以Nizerand河為界，約等同於薄酒來主要城市Villefranche-sur-Saône的北邊，分為南北兩部分。北部的丘陵起伏較大，以由長石與雲母所構成花崗岩層為主。這些花崗岩層約於三億年前形成，然後在新生代第三紀中期的造山運動浮出地表。這種常帶粉紅顏色的結晶岩雖然堅硬，但隨著數千萬年的侵蝕，花崗岩風化崩裂成主要由長石、石英和雲母構成的粗砂，本地的葡萄農稱此土質為gore，覆蓋在花崗岩層上或堆積於山坳間，有時，砂中也混合一點黏土質和氧化鐵，這是薄酒來北部最常見，也最重要的土壤，屬酸性土，貧瘠且排水性佳，對於多產的加美有降低產量的作用，可釀成單寧更緊緻、更多變化也更耐久的紅酒。這些粗砂主要位在山坡較高的地方，海拔較低的坡底或靠近平原區的葡萄園，則較常有石灰質黏土覆蓋。

除了花崗岩，薄酒來北部的精華區也有一些地帶以板岩為主，最知名的有Côte de Brouilly和Morgon村內的Côte du Py兩處。兩地都位在隆起的圓丘之上，是熔岩和火山灰在熔漿壓力與高溫作用下所形成的變質岩，岩層顏色為偏藍的灰黑色，在當地稱為roche purrie，意為腐爛的

上：由黑色雲母與長石構成的粉紅色花崗岩砂，是薄酒來北部最典型的優質土壤。

下：Côte du Py的藍灰色板岩。

右：Fleurie村的葡萄園幾乎全位在粉紅色的花崗岩區內。

石頭或是藍岩（pierre bleue）。這種板岩讓加美葡萄有不同的表現，常表現出成熟的黑櫻桃香氣，也常有更厚實龐大的酒體。

Nizerand河以南的薄酒來葡萄園則回復到以侏羅紀的沉積岩層為主，有多條斷層切穿，岩層較為複雜，以侏羅紀中期為主，但也有一些早期的里亞斯，或甚至侏羅紀之前的三疊紀以及古生代的岩層。區內的地勢比較平緩，以石灰質黏土構成的土壤較為深厚，也肥沃一些，讓加美產量變大，皮薄多汁，生產較柔和可口的紅酒。因為本地侏羅紀中期的一種黃棕色岩石經常被用來建造房舍和教堂，村子遠望常呈金黃色，這一區的薄酒來又被暱稱為黃金石區（pierres dorées）。屬酸性土的板岩岩層在西南邊緣的St. Véran、Ternand和Létra等村附近再度升到地表，形成另一個條件佳，但卻很少被認識的精華區。

chapter 2

葡萄
品種

黑皮諾（Pinot Noir）和夏多內（Chardonnay）一黑一白，都在全球最受歡迎的品種名單上，在許多酒迷心中占著不可取代的位置。

布根地正是它們的原產故鄉，也許因為在這片土地已土長根生數百年，布根地仍然是它們的最佳產區，釀製成最多樣多變的風格，也有最細緻優雅的美味風貌。

Jean-François Bazin說，「在布根地，葡萄與土地共同譜成了一部滿是熱情的浪漫故事，純粹的愛情，讓布根地葡萄酒，不論黑皮諾或夏多內，甚至加美（Gamay）與阿里哥蝶（Aligoté），都絕不允許再混入其他的品種。」這樣的酒在別處也許可以稱為單一品種葡萄酒，但在布根地，卻已經演變成無數的村莊風格，葡萄與土地合而為一，成為永遠不可分的一對。

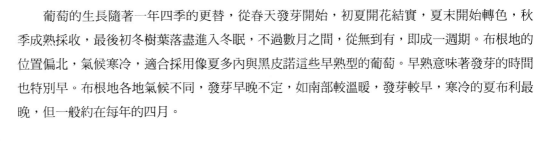

葡萄的生長週期

葡萄的生長隨著一年四季的更替，從春天發芽開始，初夏開花結實，夏末開始轉色，秋季成熟採收，最後初冬樹葉落盡進入冬眠，不過數月之間，從無到有，即成一週期。布根地的位置偏北，氣候寒冷，適合採用像夏多內與黑皮諾這些早熟型的葡萄。早熟意味著發芽的時間也特別早。布根地各地氣候不同，發芽早晚不定，如南部較溫暖，發芽較早，寒冷的夏布利最晚，但一般約在每年的四月。

發芽（débourrement）

經過一整個冬季的休養，葡萄樹在春天回暖之後，氣溫超過10℃，就會發芽。通常位於藤蔓頂端的芽眼會先膨脹然後露出葉芽，接著伸出葉子，然後就可以看到細小的花苞。等過了五月中，天氣變熱之後，藤蔓將快速生長，長出更多的葉子，而花苞也開始分開變大。

開花（floraison）

布根地葡萄開花的季節約在六月，前後大概只有十到十五天，枝葉的生長會先暫停，以全力完成開花的任務。細小乳白的葡萄花藉著風與昆蟲傳遞花粉。開花季的天氣常會影響收成，如遇上大風或大雨，葡萄的結果率會降低，也可能因此花期拉長而讓葡萄成熟不均。

結果（nouaison）

受粉的花將會結果長成葡萄，其他未能受粉的花，連同子房則將枯萎掉落稱為落花，有時也會結成無籽小果（millerandage）。結果之後，原本細小的果實又綠又硬，第一階段先增大體積，之後開始步向成熟。

開始成熟（véraison）

到了八月開始成熟的階段，葡萄藤蔓與葉子的生長將減緩，全力將葉中經光合作用儲存的養分輸送到葡萄串內。從此時開始，果實膨大，糖分將快速升高，酸味也將降低，酚類物質變多，黑皮諾的果實在此時會由綠轉紅，顏色逐漸變深，夏多內則開始由綠變黃，同時葡萄也開始產生香味分子。

成熟期（maturation）

大約到了九月初，葡萄就差不多進入成熟期，熟甜的葡萄內，葡萄籽也已成熟，由原本的綠色變為褐色，葡萄梗因木化變硬，甚至變黃。夏多內的皮會變成黃綠色，略帶透明，黑皮諾的外皮則如深黑中帶著紅紫顏色。從開花開始算，大約一百天後可以採收，但因氣候變遷，現在大多僅九十多天即可採收。

落葉（chute des feuilles）

採收季過後，葡萄樹不再供應養分，開始將剩餘的養分儲存起來。秋末低溫出現後，葡萄葉開始變黃，黑皮諾和加美甚至會轉紅，第一次結霜日之後，葉子轉為褐黃，逐漸掉落，露出已經木化的葡萄藤蔓。

冬眠（dormant）

隨著冬天的到來，葉子全掉光的葡萄樹開始進入冬眠階段，完全停止生長，以避寒害。葡萄藤上的芽歷經冬季低溫，具備發芽的能力，待隔年春天轉暖之後，一切又可重新開始。

未成熟的葡萄（verjus）

在生長季節的中途，葡萄蔓上有時會橫長出新的芽來，雖然比正常的季節晚，但還是會開花結果，只是來不及成熟冬天就已經降臨，甜度不夠無法釀酒。這種酸味高、甜度低的未成熟葡萄稱為verjus，偶爾會有酒莊在葡萄酸度不足的年分，添加一小部分到成熟的葡萄中，以提高酸味。另外也常被廚師用來調製酸中帶甜的美味醬汁。布根地名產「第戎芥末醬」的傳統配方也會添加以增加酸味。

黑皮諾
Pinot Noir

在現存數千個歐洲種葡萄中,黑皮諾是其中最優雅的品種。這裡說的優雅僅止於釀成的葡萄酒風,因為對葡萄農來說,黑皮諾是一個相當麻煩的品種,體弱多病,要很小心照顧,對環境更是挑剔,經常適應不良,能成功種植的地方並不多。黑皮諾優雅又難種,註定要成為讓許多人心碎的葡萄。

黑皮諾是歷史相當久遠的葡萄品種,甚至有人推測羅馬時期的農學家Columelle,在西元一世紀所描述的從野生葡萄所選育出來的小果串葡萄,即是黑皮諾,雖無證據,但也不無可能。本篤會跟熙篤會在中世紀所提到的Noirien或Morillon其實應該就是黑皮諾。不過,確切的起源時間已經不可考。最早出現Pinot的文字記載只能上溯到十四世紀,當時稱為Pynos或Pineau。一三七五年,布根地公爵菲利普二世(Philippe le Hardi)下令,由布魯塞爾車隊從巴黎運送11桶絕佳的黑皮諾葡萄酒到比利時的布爾日市(Bruges)。

取名Pinot應該跟葡萄的外型有關,黑皮諾的葡萄串體型小,葡萄粒也較其他品種嬌小,而且非常緊密,葡萄粒之間幾乎沒有空隙。這樣的外型和稱為pomme de pin的小巧松果很接近,可能因而得名。Henri Jayer說:「一顆標準的黑皮諾葡萄只有1克重,一串約有125顆,重量只有125克。」

除了歷史悠久,黑皮諾成名也相當早,深受布根地公爵的喜愛,在十四、十五世紀,公爵藉由強盛的公國之力,將之推介到歐洲各地的宮廷。因擔憂所愛的黑皮諾被多產的加美種取代,布根地公爵多次發布禁種加美的禁令,希望以黑皮諾葡萄代之。即使今日加美仍存在於布

由右至左,分別為黑皮諾葡萄從開始進入成熟期到完全成熟的不同階段。

根地的葡萄園，但如果不算薄酒來，黑皮諾是生產優質紅酒的唯一品種。

全布根地約有1萬公頃的黑皮諾葡萄園，金丘區就占了一半以上的面積，達6,300公頃，大多位在伯恩丘區，最知名的夜丘區內只有約2,800公頃。在夏隆內丘區和馬貢內區有3,100多公頃，但主要在夏隆內丘區內，馬貢內區仍以加美為重。至於北部的Yonne只有不到700公頃，大多用來釀造氣泡酒。雖然黑皮諾對於環境的適應力不強，除了原產的布根地外成功的例子不多，但因身為名種，而且皮薄、色淺且多酸也很適合釀造氣泡酒，所以分布仍然相當廣。

法國香檳區甚至超越布根地，種植1萬3千多公頃的黑皮諾，為全世界最重要的黑皮諾種植區。法國北部的阿爾薩斯、侏羅區（Jura）和羅亞爾河區的Sancerre也都產清淡型的黑皮諾。法國之外，因為氣候暖化，德國晚近也種植相當多的黑皮諾，種植面積甚至超過以黑皮諾聞名的紐西蘭。不過美國才是法國以外種最多黑皮諾的國家。在歐洲，除了德國以外，瑞士和北義也種植不少。黑皮諾自二十一世紀初開始成為流行品種，有相當多地區開始搶種黑皮諾，主要的葡萄酒產國，如澳洲、阿根廷、智利、南非等，也都有具規模的黑皮諾葡萄園。

黑皮諾和夏多內都屬早熟型品種，黑皮諾甚至比夏多內還要早發芽。黑皮諾適合種植在比較寒冷的氣候區，才可以緩慢地生長，而且在寒冬到來之前達到足夠的成熟度。但即使如此，布根地對黑皮諾來說還是過於寒冷，必須選擇種植在條件較佳的向陽坡，降低產量才有可能正常地接近成熟，而且，在大部分的情況下都需要靠添加糖分才能讓釀成的酒達到均衡的酒精度。不過，如果種在炎熱的地方，黑皮諾又會因為成熟太快而難保有均衡與細緻的風味。在土壤方面，黑皮諾似乎頗喜愛布根地山坡中段，混合著石灰岩塊的石灰質黏土地，黏土越多，通常風格越強勁，但也越不細緻。不過，在布根地以外的地方，黑皮諾似乎在其他土壤中也能生長得相當好。

雖然歷史超過千年以上，但黑皮諾本身並非具有競爭力的品種，不只對環境的適應力較差，也容易染病，而且產量必須降到非常低的水準才有可能釀出好酒。跟夏多內、梅洛和麗絲玲等高產量都可維持品質的品種不同，如果從葡萄農的角度來看，應該是一個很快就會被淘汰的品種，會流傳至今，應該跟中世修院與布根地公爵單獨從葡萄酒的品質來衡量黑皮諾的價值有非常重要的關聯。也因為黑皮諾的種植和釀造都必須特別費神，因此很難釀成價廉物美的低價酒。

黑皮諾的樹體較不強健，藤蔓也比較細一些。長成的果實葡萄串小而緊，皮薄，單寧跟紅色素都不多，多汁少果肉，因脆弱且不通風，很容易感染霜黴病和灰黴病等疾病。黑皮諾對產量非常敏感，只要產量一高，就很難保有品質，布根地的法定產區對黑皮諾的產量有特別嚴格的限制，特級園每公頃只能產3,500公升，比夏多內特級園每公頃4,000公升的規定少500公升。雖然黑皮諾原本產量就不大，但要低於這樣的產量葡萄農還是必須花費很多功夫才能達到。另外黑皮諾的成熟空間也比較窄，有許多品種像卡本內蘇維濃、梅洛、格那希等等，越成熟越能出現圓熟豐美的口感，但過熟的黑皮諾香味會變得濃重粗糙，失去特有的細緻變化與酸味。

除了比較難種植，黑皮諾的釀造也必須非常小心，許多釀造細節都可能為釀成的葡萄酒帶來影響。如黑皮諾皮中的酚類物質本就不多，萃取少容易流於清淡，但如果萃取過多又馬上失去優雅的風味。一般而言，黑皮諾所釀成的紅酒顏色比較淡，剛釀好之後酒色是紅中略帶紫，

左上：黑皮諾的葡萄串比較小，但一些無性繁殖系也有較大的果串。

右上：小而緊密的果串讓黑皮諾因而易染病，但遇開花不完全的年分也能長出較通風的果串。

左下：黑皮諾的皮較薄，顏色淡一些，單寧跟紅色素都比其他主流黑葡萄少。

右下：進入成熟期的黑皮諾開始轉色，即使是同一果串，轉色成熟的速度也不一樣。

但很快就變成櫻桃紅，比較偏正紅色，甚至較接近橘紅，較少見藍紫色調，也比較難釀出深不見底的顏色。

　　黑皮諾品種本身的香氣以櫻桃的香氣最為明顯，在比較寒冷，葡萄不易成熟的年分或是產區，常以野櫻桃、櫻桃果核或是櫻桃白蘭地的香氣出現。溫暖一點的年分或產區，則可能是黑櫻桃或櫻桃果醬香氣。草莓跟新鮮李子的香氣也頗常見，但花香與草香似乎較不典型。黑皮諾經橡木桶培養之後常有香料香氣，但較偏淡淡的豆蔻與丁香，與卡本內蘇維濃經木桶培養後的甘草和雪松很不一樣。過去曾經有葡萄酒作家稱布根地的黑皮諾帶有一點糞味，這應該不是黑皮諾的本性，可能是因為小酒莊的老舊木造酒槽常會受到brettanomyces菌的感染所造成，但現在已經不太常有，頂多微帶一點肉乾味。

　　黑皮諾的口感，特別是布根地產的，因為酒精度較低，通常屬中等酒體，有相當好的酸味，比一般的主流紅酒來得纖細精巧。單寧比較少，澀味相對較低，但更關鍵的是黑皮諾的單寧常如絲般細滑，又緊又密。相較梅洛與卡本內蘇維濃如天鵝絲絨般的單寧觸感，黑皮諾的單寧更細也更滑。有些黑皮諾紅酒在剛釀成時因含較多單寧，澀味重，但卻很少到艱澀咬口的情況。有些酒莊在釀製黑皮諾時會刻意保留一些葡萄梗以提高單寧的含量，如果梗的成熟度不足，反而會讓釀成的酒出現較粗澀的單寧。細緻的單寧似乎讓黑皮諾比較早可以飲用，但是，看似較脆弱且易氧化的黑皮諾卻又常常可以耐久存，而且在瓶中熟化的過程中，除了發展出陳酒的香氣，更能保有果香，不只相當神奇，而且美味迷人。在布根地以外種植於較溫暖地區的黑皮諾，除了酸少酒精比較高，也常顯得柔軟，甚至帶一點甜味的感覺。

　　黑皮諾的基因比較不穩定，透過突變，衍生出許多品種，加上千年以上的悠遠歷史，無論是自然產生或人工選育的別種或無性繁殖系，為數都相當龐大，達千種之多，少有品種可與相比。和黑皮諾的基因幾乎相同，只是染色體突變的獨立品種主要有三個，因為都有Pinot一字，常被稱為皮諾家族，包括皮色紫紅的灰皮諾（Pinot Gris）、屬白葡萄的白皮諾（Pinot Blanc），以及葉子長細白毛的黑葡萄（Pinot Meunier），此外，也有品質不佳的紅汁黑皮諾（Pinot Teinturier）、Pinot Lièbault、Gamay Beaujolais。跟其他品種雜交繁衍出的新種則相當多，如和Cinsault雜交產生的Pinotage，和Gouais Blanc雜交產生的品種更多，包括夏多內、加美、阿里哥蝶，及又叫做Melon de Bourgogne的Muscadet等數種，雖說是新種，但其實都已經有數百年的歷史。

　　無性繁殖系指的是來自同一個母株，直接用藤蔓接枝行無性生殖所新培育的幼苗。每一個經選育被認可的無性繁殖系都有一個編號做為辨認。由於黑皮諾的無性繁殖系研究主要在布根地跟香檳兩地，因為釀造氣泡酒與紅酒的葡萄需求不同，選育出的無性繁殖系也非常不一樣，除了不易染病，香檳區的無性繁殖系通常都比較多產，以符合少色少香且多酸的要求。521、743、779、792、870、872和927都屬釀造氣泡酒的優秀黑皮諾。布根地區則較重品質，不過比較早期的無性繁殖系也都以抗病力強，產量穩定為目標，但近年來的選育目標主要在於低產量與小果粒，也特別注意香氣與口感的表現。目前品質較好的有114、115、667、777、828和867等等。

上、下：黑皮諾因果串小巧且緊密，外型有如松果而得名。

夏多內
Chardonnay

　　相較於許多風格強烈的白葡萄品種，如麗絲玲或白蘇維濃，夏多內是一個較平實，沒有太多獨特香氣的品種。但這看似缺點的特性，卻反而成為夏多內的強項，晉身為全世界最受歡迎的白葡萄品種。

　　如果不算薄酒來的話，夏多內是布根地種植最廣的品種，占據一半以上面積的葡萄園，比黑皮諾還受葡萄農的喜愛。目前布根地大約有1萬2千多公頃的夏多內，而且還在逐漸增加中。不過，在最知名的伯恩丘區僅有約2,500公頃而已，反而大多位於布根地的北部和南部，夏布利有4,900公頃，馬貢內區跟夏隆內丘區也有約5,000公頃。不只是在布根地，夏多內也是法國第二大白葡萄品種，在香檳區跟南部地中海沿岸地區也有相當大面積的種植。夏多內更是全世界最知名的白葡萄品種，廣泛地種植在世界各國的葡萄酒產區，總面積超過17萬公頃。

　　如此重要的國際品種，曾有不同的起源傳說，但透過基因分析已經確定原產自布根地，不過出現的時間已經不可考，但最少在十七世紀之前。一六八五年的一份資料記載：「St. Sorlin村（現今馬貢內區的La Roche-Vineuse村）出產最佳的Chardonnet，但是產量非常少。」其實，在馬貢內區有一個酒村也叫Chardonnay，許多人便猜測這是夏多內葡萄的發源地，不過並沒有任何的證據可以證實，特別是未曾有歷史文字記載產自夏多內村的夏多內葡萄酒。此村已有千年以上的歷史，在十五世紀時就已經定名為Chardonnay，但品種定名成Chardonnay卻是晚至十九世紀的事。即使到現在夏多內仍存在許多別名，例如在夏布利稱Beaunois，在歐歇瓦區稱Morillon，在金丘區稱Aubaine，而馬貢內產區則叫Pinot Chardonnay。

　　夏多內跟大部分源自布根地的品種一樣，都是黑皮諾跟白葡萄Gouais Blanc雜交產生的新品種。相較於知名的黑皮諾，Gouais Blanc相當少見，因為被認為品質低劣，不在允許種植的釀酒名單之內。不過，這個原產自克羅埃西亞的品種在中世紀時於中歐與東歐頗為常見，約在九世紀時引進布根地。Gouais Blanc和黑皮諾雜交產生的品種相當多，白葡萄除了夏多內還有布根地的阿里哥蝶跟Sacy，在羅亞爾河有稱為Muscadet的Melon de Bourgogne和Romorantin，在阿爾薩斯跟盧森堡有Auxerrois，黑葡萄中較常見的只有薄酒來的加美。在此家族中，以上所提到的各種品種都跟夏多內有一模一樣的親本關係，同是Gouais Blanc為母本，黑皮諾為父本雜交成的。而以黑皮諾為母本的卻反而都是極少見的品種，如Aubin vert、Knipperlé和Roublot。

　　夏多內的樹體強建，枝葉茂盛，不易染病，對不同環境的適應力很強，這讓夏多內很容易種植於不同的土壤與氣候環境，得以成為最受歡迎的白葡萄品種。不過，夏多內屬早熟品種，發芽期也較早，只比黑皮諾晚數日，特別適合種植於比較涼爽的氣候區，如布根地，不過，在過於寒冷的地區卻有春霜危害的問題。夏多內特別喜好混合著石灰岩塊的石灰質沉積土，至少，在布根地的環境是如此，釀成的酒酸度、均衡感、細緻度和耐久度都佳。多一些黏土質，酒的風格會稍濃厚與粗獷一些，但酸味和耐久度也頗佳。

　　夏多內的果粒跟黑皮諾一樣小，但葡萄串較大也較不緊密。葡萄的成熟速度快，成熟時葡萄皮會轉成黃綠色。糖度高，釀成酒之後酒精濃度也比較高，酒體比較厚實。此外，夏多內

上：夏多內是黑皮諾跟Gouais
Blanc自然交配產生的新種。

左下：夏多內是布根地種植最廣
的葡萄品種。

的產量也較大，而且，若跟黑皮諾相比，稍高的產量也能釀出高品質的葡萄酒，不須像黑皮諾那麼低，所以同等級的法定產區中，夏多內的最高單位產量限制都會比黑皮諾寬鬆，如同時可產紅酒與白酒的特級園Corton，黑皮諾的限制是1公頃3,500公升，但夏多內則為4,000公升。但最低酒精度的規定卻比黑皮諾高，釀造Corton紅酒的黑皮諾葡萄最少要達11.5%的成熟度，但Corton白酒則須達12%以上。

夏多內並無明顯的品種香氣，屬於少香的中性品種。但也因此，反而比較容易反應葡萄園的風土特色，或甚至比較能順應與承受因釀酒師的不同釀造法所帶來的改變，不會和品種的個性產生衝突。相較於麗絲玲，夏多內是一個比較可以逆來順受，可塑性強的葡萄。採用不同的酵母，不同的發酵溫度，都能有立即而明顯的效果。其中，影響最深遠的是與橡木桶的關係。相較於其他白葡萄品種，夏多內是最適合在橡木桶中進行酒精發酵以及培養熟成的品種。和橡木桶的香氣，如香草、乾果、奶油和煙燻等可以有很好的契合，厚實的酒體在橡木桶中也常能培養出如鮮奶油般的滑潤質地。

這一特性讓布根地白酒經常採用橡木桶釀造，也讓許多人把橡木桶的香氣與圓潤的口感視為夏多內白酒的特性，因為容易辨識，於是產生了日後特別強調橡木桶風味的國際風夏多內白酒，而且一度蔚為風潮，演化成商業化最嚴重的葡萄酒類型。即使後來出現反風潮的無橡木桶夏多內白酒，但中性無個性的特質並沒有讓夏多內離開橡木桶就能獨具迷人風格。少了橡木桶，夏多內反而需要依賴較佳的自然環境來表現特性。中性的個性除了適合橡木桶，也非常適合用來釀造氣泡酒，除了香檳之外，布根地北部產的夏多內也可釀出優秀的Crémant氣泡酒。此外，在馬貢內區也有一些葡萄園採用夏多內生產貴腐甜酒，但相當少見。

夏多內也頗能反應環境，布根地就是最好的典範，由北到南的各個產區都分別出產風格殊異的夏多內白酒，如產自北邊口感清新，有礦石味的夏布利；金丘區Puligny-Montrachet村所產細膩結實又多變化的經典風格；到了南邊的馬貢內區，則開始出現香瓜與熟果的柔和風味。

夏多內白酒的耐久潛力早受肯定，在布根地經數十年熟成仍然可以有絕佳表現的例子相當多。不過，自一九九○年代中期後布根地白酒經常發生的提早氧化問題，對於夏多內的耐久潛力開始有不同的看法。為了安全緣故，有人認為各式等級的布根地白酒都必須在六年之內飲用以免過老或氧化。大部分的專家，包括酒莊自己都相信，特級園會比村莊級的夏多內白酒更耐久放，而且，也認為橡木桶的發酵培養讓夏多內的酒質較為穩定，更能耐久存。不過，一些位於山坡頂的村莊級酒或是未曾進橡木桶的夏布利，也有可能比在全新橡木桶中培養的特級園白酒更耐久。

與遺傳基因不穩定，衍生許多別種的黑皮諾相比，夏多內較為安定，而且不同無性繁殖系之間的差異也較少，以至於雖然夏多內在布根地採用選育的無性繁殖系相當普遍，但較少見到討論，目前可用的無性繁殖系相當多，有三、四十種，如低產量的76、95、96、548、1066和1067。其中76和95較均衡細緻，有較多酸味，而1066則相當濃厚圓潤。較多果香的，則有77跟809。夏多內還是有些別種，如玫瑰紅色的夏多內，帶有一些玫瑰與荔枝的蜜思嘉香氣，為基因變異產生的別種。

上：因為天氣過熱或過度曝曬而出現乾縮現象的夏多內。

下：因適應環境的能力較強，夏多內可以種植在更廣的產區。

左上：因較無強烈的品種個性，夏多內更能反映特定產區的特性。

右上：因開花不完全而結成的無籽小果，比一般夏多內的果實小非常多。

下：夏多內屬早熟品種，在北部夏布利的寒冷氣候中，若種植於向南山坡仍可達極佳的成熟。

加美
Gamay

　　遠自中世紀以來，加美一直是黑皮諾的競爭對手，即使布根地公爵曾經嚴禁種植加美，甚至宣稱此品種釀成的酒有害健康，但是加美卻一直不曾消失在布根地的土地上。現在如果連同薄酒來在內的大布根地一起統計，加美是全區種植面積最廣的葡萄品種，多達2萬公頃的面積，不僅是黑皮諾的兩倍，也比夏多內還多。但是，在狹義的布根地區內，加美卻僅有3,000多公頃，而且大多集中在馬貢內區（2,500公頃），在最精華的金丘區只種植於條件極差的平原地帶，同時，釀成的酒還常掛上相當羞辱的名字——Bourgogne Grand Ordinaire（極平凡的布根地）。

　　加美的歷史相當久遠，在十四世紀就已經出現一些文字記載。有可能在一三六〇年代出現在金丘區Chassagne-Montrachet與St. Aubin兩村之間的同名酒村Gamay。因為產量較大，且容易種植，釀成的酒比較清淡易飲，頗受葡萄農的喜好，很快就取代產量低的黑皮諾成為布根地的重要品種。一三九五年，布根地公爵菲利普二世以加美的品質低落為由下令禁止種植。不過，並沒有完全成功，菲利普三世（Philippe le Bon）在一四四一年再度以維護布根地公爵的品味為由重申禁令，甚至法王查理八世在一四八六年也再度明令禁止種植加美。但官方如此三申五令卻仍無法絕禁，這也透露出此品種確實有非常吸引人的特質。

　　雖然布根地公爵獨愛精緻的黑皮諾，但是加美釀成的清淡紅酒更柔和易飲，價格也便宜，反而特別受到農民與大眾的喜愛。即使經過數世紀延續至今，由加美和黑皮諾的愛好者仍然可以看出社會階級的品味差異。而黑皮諾的難種與低產量，對比加美的多產與易種，在經濟考量下，加美一直證明其存在的價值。在十九世紀末的極盛期甚至成為法國最重要的品種之一，種滿法國十分之一的葡萄園，在布根地之外也相當受歡迎，面積高達16萬公頃之廣，在根瘤芽蟲病之後才大量減少。

　　跟夏多內一樣，加美也是九世紀自克羅埃西亞引進的白葡萄Gouais Blanc與黑皮諾雜交產生的新品種，也同樣是以Gouais Blanc為母本，黑皮諾是父本。加美亦存在不同的變種，如品質不佳的紅汁加美（Gamay teinturier），以及目前最常見，品質最優的白汁加美（Gamay à jus blanc）。中世紀時為公爵所厭惡的也可能是其他較差的別種。在無性繁殖系方面大多分成兩個系列，有強調多果香且鮮美多汁的，如222、282和284，適合釀造新鮮早喝的新酒或順口清淡的年輕紅酒。另一系列則是以較有結構和耐久存為特性，如565、358和509，但無論如何，產量還是稍高一些，需配合種植於貧瘠多花崗岩的土地與短剪枝才能達到較佳的成果。

　　加美適合種植於以花崗岩為主的酸性火成岩土壤，在帶有石灰質的鹼性土壤中，酒的風格會變得較為粗獷，這也是多石灰質黏土的布根地葡萄園無法生產優質加美紅酒的關鍵原因之一，相反的，薄酒來北部多花崗岩的山丘正是生產加美紅酒的最精華區。

　　白汁加美的樹體強健茂盛，頗為多產，所以頗適合採用杯型式或高登式這些屬短剪枝的引枝法以降低產量。因頗易生長，根通常扎不太深，較常出現因為乾旱而停止生長的現象，造成葡萄的酸味較高。即使加美的糖分不易飆高，但加美相當容易成熟，比黑皮諾要早熟一到兩

上：在十四世紀就出現的加美葡萄，由黑皮諾與Gouais Blanc葡萄自然交配產生。

下：位在金丘區的Gamay村可能是加美葡萄的發源地。

右上：加美的果串和果粒都比黑皮諾大一些，但若種植於貧瘠的花崗岩砂上也可能長出小果串。

右中：由右至左，分別為加美葡萄從未成熟轉色進入成熟期到完全成熟的不同階段。

右下：小果串的高品質加美。

週，可以種植在海拔較高的地方，也適合寒冷的氣候區。不過在進入成熟期後，不太適合晚摘，必須在比較短的期限內完成採收，否則容易失去新鮮果香，甚至易落果。

加美的果粒中等，但果串緊密，果粒間空隙小、不通風，頗易感染黴菌。成熟時葡萄皮的顏色近深黑，帶著偏藍的色調，果皮較薄，含有比較少的單寧。釀成的葡萄酒顏色鮮豔帶藍紫色調，常有新鮮的紅漿果香氣，也常有芍藥花香以及胡椒香等，釀成新酒時也常有乙酸異戊酯造成的香蕉油香氣。

一般加美紅酒的酒精度低，很少超過13%，酒體較為輕盈，酸味稍高一點，但澀味不多，口感相當柔和可口，比大部分的紅酒品種都適合早喝。

這樣的風格除了加美品種本身的特性之外，也跟釀造法有關，泡皮的時間短，採用皮與汁接觸少的二氧化碳泡皮法，整串葡萄進入酒槽發酵，都加強了加美紅酒鮮美順口的特性，為絕佳的日常佐餐酒。不過加美也有可能釀成耐久型的紅酒，如產自薄酒來北部的Moulin à Vent，經過較長時間的泡皮釀造，也能成為結構嚴謹的紅酒，經過一段時間熟成之後，偶爾也會出現非常類似黑皮諾的香氣。即使年輕時就相當可口，但加美的耐久潛力卻比我們想像的還要長，經數十年還保有均衡的薄酒來紅酒確實相當常見，但大部分時候，加美都是在上市後一兩年內就被開瓶喝掉。

加美現在主要的種植區集中在薄酒來，當地有99%的葡萄園種植加美，是單一品種種植比例最高的產區，而且全球四分之三的加美都種在薄酒來。由於地緣的關係，布根地南邊的馬貢內區，紅酒的主要品種並非黑皮諾，而是以加美種為主。不過，馬貢內區向來以白酒聞名，紅酒較不受重視，當地產的紅酒只能稱為Mâcon，無法成為Mâcon Villages等級。在布根地，有三個地區性AOC/AOP採用加美：加美種和黑皮諾混合釀製的Bourgogne Passe-Tout-Grains，加美至少15%，但不得多於三分之二。新近成立的Bourgogne Gamay則是以85—100%的加美釀成。另有隨意添加本地品種的Bourgogne Grand Ordinaire（已改名成為Coteaux Bourguignons）是布根地最平價的酒之一。此外，因成本考量，也有一些加美會混合其他品種釀成布根地氣泡酒（Crémant de Bourgogne），但添加的比例不能超過20%。

因為早熟，加美也常種在其他氣候寒冷的地方，如羅亞爾河的Touraine區，阿爾卑斯山區、瑞士和義大利北部等地。不過，也有一些和加美名稱類似的葡萄並非真的加美，如加州頗常見的Gamay Beaujolais，其實是由布根地人Paul Masson所引進的黑皮諾別種。

嫁接砧木的加美樹苗。

左上：加美產量大，須降低產量才能釀成高品質的葡萄酒。

右上：開始轉色進入成熟期的加美。

左下：加美大多捨樹籬，採自由生長的杯型式引枝法，有利降低產量。

右下：加美的果粒大，皮與汁的比例較黑皮諾低。

薄酒來的Moulin à Vent是全球最佳的加美產區。

阿里哥蝶
Aligoté

阿里哥蝶是夏多內之外布根地最重要的白葡萄品種，種植面積約1,700公頃，只占5.7%的葡萄園。一樣原產於布根地，但跟夏多內不同，阿里哥蝶除了東歐，很少種到其他地區。Jean Merlet在一六六七年出版的《佳果簡編》（*L'Abrégé de Bons Fruits*）一書中就已經提到這個品種，當時稱為beaunié。跟夏多內和加美一樣，阿里哥蝶也是黑皮諾跟白葡萄Gouais Blanc雜交所產生的新品種，以Gouais Blanc為母本，黑皮諾是父本。

表面上看起來，阿里哥蝶是一個品質相當平庸的品種，果串跟果粒都比夏多內大，而且整體產量也相當高，汁多皮少，成熟慢，糖分低，而且酸味特別高。現在，阿里哥蝶主要種在土壤比較肥沃的平原區，日照與排水的條件都較差。葡萄農多選擇在不鏽鋼桶發酵，很少入木桶，釀成的白酒多青蘋果香，口味清淡，酸度高，一般認為適合早飲，不太能久放，有一個專屬的地方性法定產區，稱為Bourgogne Aligoté，通常是本地市場上最便宜的白酒。布根地有一種相當知名的調酒稱為Kir，是在白酒中添加黑醋栗香甜酒（Créme de Cassis）調配而成，清淡的Bourgogne Aligoté被公認為是最適合調Kir的白酒。多酸清淡的個性讓阿里哥蝶也常用來當做氣泡酒的主要原料。

不過，阿里哥蝶的平庸並非全然出自品種本身。沒有選育質優的無性繁殖系是關鍵之一，現有的三個品質好一些的無性繁殖系263、264和651產量也都還是相當高。因新種阿里哥蝶的酒莊相當少，連第戎大學都尚未選育出較佳的阿里哥蝶，布根地葡萄種植技術協會（ATVB）只能建議葡萄農剪枝時盡量不要留太多葉芽，或者直接採用高登式的引枝法來降低產量。夏隆內丘北端的Bouzeron村是布根地唯一以出產阿里哥蝶聞名的酒村，村內還保有一些品質較佳的老樹，葡萄粒較小，成熟度佳。跟一般皮很青綠的阿里哥蝶不同，成熟後顏色會轉為金黃，稱為金黃阿里哥蝶（Aligoté doré）。村內的名莊A. et P. de Villaine聯合其他葡萄農正在進行復育計畫，讓有意種植阿里哥蝶的葡萄農能有高品質的樹苗可選。

大多種植於條件差的葡萄園也是阿里哥蝶無法釀出好酒的原因之一，除了Bouzeron村，現在很少有阿里哥蝶可以種到條件最好的向陽山坡上。在布根地的法定產區規定中，只有Bouzeron村允許使用阿里哥蝶釀造村莊級或更高等級的葡萄酒。這意謂著即使種在村莊級、一級園或特級園的阿里哥蝶都必須降級成為Bourgogne Aligoté，價差太大，葡萄農自然會拔除種在山坡上的阿里哥蝶改種夏多內。

在一九三〇年代之前，在Corton山上，特別是現在位在Pernand-Vergelesses村內的特級園Corton-Charlemagne種有相當高比例的阿里哥蝶，甚至到現在，有些七十年以上老樹葡萄園仍有混種的阿里哥蝶。阿里哥蝶的葉子比夏多內色深且大，而且相當濃密，其實很容易辨識，布根地葡萄種植技術協會的阿里哥蝶選育計畫主要在這一區。當年會在特級園內有此混種絕非偶然，阿里哥蝶很有可能並非如一般所知的不耐久存或不適橡木桶培養。

在Morey St. Denis村的老牌獨立酒莊Domaine Ponsot就有絕佳的例證。他們在村內的一級園Monts Luisants擁有0.9公頃的葡萄園，直接位在特級葡萄園Clos de la Roche上方。早期還種有

上：成熟時轉成金黃顏色的阿里哥蝶。

下：Domaine Ponsot種植於一九一一年的一級園Mont Luisant的阿里哥蝶葡萄。

一部分的夏多內，二〇〇五年之後全部種植阿里哥蝶，其中有一部分還是一九一一年時由莊主的曾祖父種植的，平均樹齡近百，採收後在橡木桶中完成發酵與培養。Domaine Ponsot的這款酒證明了種在極佳環境，產量低的阿里哥蝶老樹，也可以釀成個性獨具，而且非常耐久的偉大白酒。

其他品種
Pinot Gris, Pinot Blanc, César et Sauvignon blanc

灰皮諾（Pinot Gris）和白皮諾（Pinot Blanc）

　　灰皮諾和白皮諾這兩個屬於皮諾家族的白葡萄品種在布根地雖然存在，卻相當少見。依據法定產區的規定，理論上這兩個品種在布根地是不能夠單獨裝瓶，只能夠混合黑皮諾釀成紅酒。有趣的是，這兩個品種除了布根地丘（Coteaux Bourguignon）外，不能用來生產白酒，也不能和夏多內混合。這樣的規定其實有歷史的脈絡可尋。

　　過去人們對紅酒的喜好並不像現在那麼偏好顏色深，味道濃，反而特別喜愛柔和順口，有時甚至還會加水調和。在種植黑葡萄時，在園中常會混種一些白葡萄，一起採收，混釀，讓釀成的紅酒更圓潤可口。如果添加的比例得當，白葡萄也有定色的效果，反而可以讓酒的顏色變得更深。黑白葡萄混種以釀造紅酒在歷史上反而相當常見，如知名的特級園Clos de Vougeot在一八二〇年代之前還曾經種植多達40%的白葡萄。

　　灰皮諾在本地又稱為Pinot Beurot，是黑皮諾的變異別種，皮的顏色呈深粉紅或淺紅紫色，屬早熟品種，和黑皮諾一起採收時經常已經過熟，所以口感甜美圓潤，有濃郁的果味。白皮諾也是黑皮諾的變異別種，在布根地比較常見的是來自夜丘區的Henri Gourges酒莊所發現保留的突變種，和阿爾薩斯的白皮諾不太一樣，香氣較少口感也比較堅實一些。雖然不允許，但布根地仍可找到一些100%的白皮諾或灰皮諾白酒。如Nuits St. Georges的一級園Les Perrières。在布根地北部的Bourgogne Côte St. Jacques產區也採用灰皮諾釀造相當獨特的淡粉紅酒（vin de gris），酸味不高且圓潤，頗為可口。

凱撒（César）

　　布根地北部的歐歇瓦區也保留著一些相當少見的品種，如黑葡萄César和Tressot以及白葡萄Sacy。其中以César最著名，Tressort幾乎消失，Sacy則只釀成氣泡酒。César雖較為常見，但目前全布根地的種植面積僅存5公頃，主要種植於Irancy村。César據傳為羅馬軍團所引入，但實為黑皮諾與Gänsfüßer的後代。葡萄樹體頗強健，皮的顏色深黑，釀成的葡萄酒顏色深，風格粗獷，有相當多單寧，澀味重，雖可久存，但不適合單獨釀造，和黑皮諾混合之後可以變得柔和一點。在Irancy產區內最多只能添加10%以免破壞酒的優雅風味。

白蘇維濃（Sauvignon blanc）

　　歐歇瓦靠近夏布利附近的St. Bris村也種植不少白蘇維濃，現已成為法定產區，有100多公頃的種植面積。是二十世紀初才自羅亞爾河產區引進的品種。事實上，St. Bris村無論是自然環境和實際的距離都和羅亞爾河的Sancerre相隔不遠，不過白蘇維濃在本地的表現主要還是以花草與熱帶水果香氣為主，較少礦石或火藥味，口感也來得清淡一些。

無性繁殖系
Clone & Marssale

　　布根地的幾個主要品種如黑皮諾、夏多內和加美都是歷史相當久遠的品種，因為自然的基因變異，都衍生出相當多的變種，這意謂著即使同是黑皮諾或夏多內，但各變種之間的差異有時甚至會比品種的特性還強烈，舉凡成熟期、產量、抗病能力、糖度的多寡、酸度的高低、果粒的大小等等，都各有不同。如黑皮諾一般果粒小，產量不大，但也有一種稱為Pinot Droit的變種果粒大，產量高，品質平庸。

　　除了品種自然產生的變異，也可透過人工選種，選育出具有不同特性的無性繁殖系。所謂無性繁殖系指的是所有新培育的幼苗全來自同一個母株，由於直接用藤蔓接枝行無性生殖，所以基因穩定，可以不斷地複製。為了重建布根地狀況不佳的葡萄園，一九五五年Raymond Bernard博士開始選育無性繁殖系的研究，是全球夏多內與黑皮諾選育的先驅，他先在葡萄園中經過多年的觀察選出較健康的葡萄樹，然後進行嫁接選種。法國於一九六二年也在地中海岸成立國家級的葡萄種植技術研究單位，ENTAV（原稱為ANTAV）與國家農業研究單位INRA以及地區性的研究單位一起選育不同特性的無性繁殖系。到一九七〇年代初，夏多內和黑皮諾都有人工選育成功的無性繁殖系。這些特性不同的母株都是經過多年的選種而成，通常抗病力強，產量穩定。每一個無性繁殖系都有一個編號做為辨認。

　　早期的無性繁殖系主要著重抗病與產量，對於品質較少注重，常常茂盛多產，釀成的酒較無特色，但近期已經有以品質為考量的無性繁殖系出現，釀成的葡萄酒有較佳的品質，目前品質較好的無性繁殖系黑皮諾有114、115、667、777和828等，夏多內則有76、77、95、96、548、809、1066和1067，雖然無法達到完美，但已經比過去改善許多。因為要培養出一個穩定的無性繁殖系至少得花上十年以上的時間，所以進程相當緩慢，經過數十年的研究，布根地的葡萄農包括黑皮諾、夏多內和加美都有三、四十種的無性繁殖系可供選擇，葡萄農可以透過同時混種多種不同的無性繁殖系以增加葡萄的複雜度，也可避免基因特性過於單一的問題。

　　雖有人工選種的葡萄品種，但是也有非常多的酒莊還是繼續採用傳統的瑪撒選種法（sélection marssale）。其方法並非採用單一母株，而是一群品質優異的植株，有更多樣的基因混合。通常酒莊先選定一片種有老樹，品質佳的葡萄園，每年在園中觀察選出健康、產量穩定的葡萄樹，然後在靠近根部的地方綁上帶子做記號。每年重複一次，不合格的即解掉帶子，合格的則加綁一條，經過幾年之後，就可選出條件較好的葡萄樹做為基因倉庫，等需要種新的

上：白皮諾。

中：風格粗獷的César通常只用來調配，很少單獨裝瓶。

下：進行瑪撒選種法的黑皮諾葡萄母株。

左：灰皮諾跟白皮諾都是黑皮諾
變種產生的新品種。

右：白皮諾。

葡萄樹時，就可以選這些綁有多條繩子的葡萄樹的藤蔓來接枝。這樣的方法雖然原始，需耗掉
葡萄農許多時間，而且可能無法完全避免葡萄不受病毒感染的威脅，但是，卻具有保留傳統基
因的偉大功能。

　　過去，瑪撒選種法必須由酒莊自己做，但現在布根地葡萄種植技術協會（ATVB）也與許
多酒莊合作，以集體合作的方式進行瑪撒選種法，選育出品質佳、穩定，而且較無病毒疑慮的
樹苗，現在已經有多種瑪撒選種的夏多內和黑皮諾供酒莊選擇。目前，在布根地有幾處地方保
留這些不同的無性繁殖系，是相當珍貴的基因倉庫，在伯恩附近的布根地葡萄種植技術協會種
有不同時期選育出來的五百四十七種黑皮諾、七十二種夏多內和二十六種阿里哥蝶。在馬貢內
區的Davayé有三百四十四種夏多內的無性繁殖系。在薄酒來的SICAREX Beaujolais研究中心也
保留三百一十六種加美葡萄的無性繁殖系。🍷

Part II

人與葡萄酒

Homme et Vin

Chablis一級園Montée de Tonnerre採收。

在布根地，即使是最頂尖的釀酒師也自稱是自然的奴僕，雖然如此看重葡萄園，但人卻一直是布根地葡萄酒的中心。很少有其他產區可以像布根地這麼貼近葡萄園，卻又同時與釀造者如此親近，在酒的背後亦常能望見莊主的身影。

布根地有為數龐大，由葡萄農自耕自釀，充滿人本主義精神的小酒莊。不同於專業分工的現代化酒業。以父子相承為根基的布根地傳統，即使是聞名的明星酒莊，莊主和家人也常親自入園耕作，而且自己釀造，他們把大部分的時間花在葡萄園裡，相信有好的葡萄，不需複雜的技術與設備，就能釀出自然天成的難得美味。但因為是自家小量釀造，常常也在酒中留下手作般的觸感，彷如帶著生命刻痕般的手感製作，也許不是那麼完美均衡，但卻能變得更獨特，也更加迷人。

chapter 1

布根地
葡萄酒
的歷史

自羅馬時期以來的兩千年間，教士、公爵、酒商與農民，不同的社會階級在布根地的葡萄酒史裡，都曾輪番扮演過重要的角色。中世紀熙篤會的教士開啟了葡萄酒與Terroir風土間的研究，開闢出由石牆圍繞起來，流傳至今的歷史名園。

從中世紀跨入文藝復興的時代，歷任布根地公爵的精緻品味透過政治力確立了今日布根地無可取代的細膩風味。十八世紀興起的酒商將布根地的名聲帶往更遠的市場，而二十世紀才開始的獨立酒莊裝瓶風潮，讓葡萄農首度成為布根地的主角。

即使一部分的歷史已成陳跡，但還依舊深深地影響著今日的布根地葡萄酒業。這樣的背景也讓布根地成為一個堅守最多傳統的葡萄酒產區，保留最多舊時的種植與釀造法，甚至於酒業體制與葡萄園分級，也全都有其歷史根源。

起源

布根地葡萄酒的風格與過去千年來的歷史變遷息息相關，漫漫的布根地葡萄酒史匯聚成今日的布根地葡萄酒典範。傳統的經驗加上時代的變遷，讓布根地的土地在每個世代都能培育出最讓人想望的美酒。雖然本地的酒莊常常為何者才是真正的傳統布根地葡萄酒爭論不休，但如果放眼全世界，布根地卻是在不斷創新中同時保有最多舊時傳統的葡萄酒產區，包括葡萄品種、葡萄園分級、種植法、釀造法等等，都是由歷史演進而成，只是這些所謂的傳統有數十年、百年與千年的差別罷了。時間經常在布根地的酒窖裡失序，再先進的釀酒窖裡都難免充斥著各式各樣的古今雜陳，每一家酒莊都有屬於他們自己對傳統的詮釋，和面對歷史的方式。守舊如布根地，歷史常變成創新的護身符，許多新式的釀酒法都因和傳統製法扯上一點關係而被葡萄農們所接受。

布根地並非法國歷史最悠遠的葡萄酒產區，在羅馬人還沒有占領布根地之前，居住在布根地的凱爾特人（Celts）並沒有留下釀造葡萄酒的痕跡。雖然有歷史的假設可以提供想像的空間，不過，釀酒史只能上推到羅馬時期。

但是葡萄酒的歷史反而可以往前五百年，布根地出土的雙耳尖底希臘陶瓶以及葡萄酒器，證明在西元前五世紀，居住於當地的凱爾特人就開始享用葡萄酒，這些酒主要來自希臘和腓尼基人的殖民地以及義大利半島。本地自製的酒精飲料是以大麥釀造，一種酒精度更低的啤酒。這些稀有的葡萄酒是專屬於統治階級的飲料，有時也用來鼓舞與獎賞戰士的勇氣。大約到了西元一世紀這些希臘尖底陶瓶才消失，由當地產製的陶瓶所取代，而且也開始使用橡木桶。依據推測，布根地的葡萄酒釀造很可能是從這個時候開始。

不過，曾經寫過布根地葡萄園起源的Pierre Forgeot卻認為應該更早。在西元前四百年左右，現今法國境內的高盧人（Gaulois）曾經為了美味的葡萄酒入侵義大利半島。有三十萬人移居義大利北部，在各地定居以就近享用葡萄酒。在這些高盧人中，有一支稱為Eduens（Aedui），來自布根地的凱爾特人，他們定居在米蘭與科摩湖（Lago di Como）之間，由遊牧

左：伯恩市酒商Joseph Drouhin有如地下城市的培養酒窖，串連了跨越近兩千年，從羅馬時期至今的多座石造地窖。

下：在兩千五百年前，布根地開始出現希臘雙耳陶瓶，裝著來自地中海岸的葡萄酒。

轉為農耕，開始學習種植葡萄與釀酒。一百多年後，Eduens族開始被羅馬人驅趕，逐漸喪失在義大利的土地，其中，有一部分的族人遷回現今的布根地。根據上述希臘與羅馬史家的記載，Pierre Forgeot推斷從義大利回到布根地的Eduens族人必定會帶回葡萄樹來釀酒。

不過，因沒有精確的史料佐證，布根地葡萄酒的起源便有不同的說法，Jean-François Bazin推估在西元一世紀下半，法國農業史學家Roger Dion則認為是西元三世紀，Gaston Roupnel甚至認為是從西元前四世紀就已經開始。但無論如何，羅馬占領後的地區，必定會發展葡萄酒業。凱撒大帝在西元前一世紀中曾經在布根地停留一年，不過並沒有留下任何當地葡萄酒的記載。羅馬人占領布根地之後，對葡萄酒的需求日增，葡萄樹引進布根地，就地種植葡萄，釀製葡萄酒以取代自義大利引進，不僅是理所當然的事，而且如同在其他地區，在短時間就會發展起來。即使羅馬皇帝曾經發布禁止在義大利之外種植葡萄的禁令，但都無法禁絕。

不過現存有關布根地葡萄種植的文字記載，卻晚至西元四世紀初才出現。希臘裔的官員Eumenius出生於布根地中部離金丘區不遠的歐丹市（Autun），那是當時區內的最大城。Eumenius於西元三一二年給羅馬皇帝康斯坦丁（Constantine）的減稅辯詞中提到現今伯恩（Beaune）一帶Pagus Arebrignus地區的葡萄園。為了能降低稅收，Eumenius強調當地的葡萄園與高盧其他地區不同，因環境艱困，無法隨處種植，只能選在丘陵森林與蘇茵平原之間的山坡，以避開有霜害風險的平地與岩盤交錯的山頂。

隨著西羅馬帝國的衰敗，北方的民族開始入侵，不過，即便如此，布根地葡萄酒的發展並沒有受到阻礙。來自北歐的布根得人（Burgondes）於西元五世紀中以里昂（Lyon）及日內瓦（Geneve）為首都建立布根得王國，領土廣及現今瑞士與法國東部，占領大部分的隆河谷地，布根地在五世紀末時為其所占領。雖然這個王國在西元五三四年被法蘭克王國消滅，但是自此之後，布根地成為法國東邊這片土地的名字，流傳至今。

中世紀教會

占領高盧地區的北方民族逐漸歸依天主教，教會經常收到來自國王或貴族的贈與。在布根地，自六世紀起，開始有葡萄園奉獻給教會的紀錄，開啟了布根地教會種植葡萄與釀造葡萄酒的千年傳統。在中世紀，包括葡萄園在內的所有土地都由國王與封建貴族所有，教會透過接受贈與，也擁有土地，甚至還可以跟貴族買地擴充面積。教會的影響一直延續到十八世紀法國大革命才真正畫下句點，所有教會的葡萄園全部充公，最後拍賣成私人的產業。

墨洛溫王朝（Mérovingiens）的布根地國王Gontran在西元五八七年首開先例將葡萄園捐給第戎市的St. Bénigne修院的修士們。西元六四○年時也有Amalgaire公爵捐贈Gevrey-Chambertin村的葡萄園給貝日修院（Abbaye de Bèze）成為現在的特級園Clos de Bèze。西元七七五年，查理曼大帝（Charlemagne）捐贈Aloxe-Corton村的葡萄園給St. Andoche教會，成為現在的特級園Charlemagne，教會經營此園近千年直到法國大革命才結束。西元八六七年，查理曼大帝的孫子，西法蘭克王國的查理二世（Charles II）也曾經將夏布利以及St. Loup修院捐贈給St. Martin de Tour教會。

歐丹市的羅馬古城門La Porte d'Arroux。

上：羅馬時期的歐丹市是布根地區內的最大城，仍保有當年占地廣闊的羅馬劇場。

下：一一一四年創立，在夏布利擁有歷史名園La Moutonne的Pontigny教會。

擁有葡萄園的修院內，有專責種植葡萄與釀造葡萄酒的修士或修女，雖然修院強調勞動的價值，但他們並不一定投入所有的工作，通常會雇用農民幫忙完成較簡單且粗重的農事，負責的修士們除了生產教會所需的葡萄酒，也對葡萄的種植與釀造進行試驗和研究。舉凡葡萄的修剪、引枝、接枝、釀酒法以及葡萄酒的品嚐分析等，都曾經是修士們研究的主題，讓布根地在技術上有長足的進步。布根地葡萄酒的精髓，climat概念（見附錄三），就是由中世紀教會所提出的新觀念。Climat指的是在一個有特定範圍和名稱的土地上，因擁有特殊的條件，可以生產出風格特殊的葡萄酒，也就是法文中的terroir一詞在布根地的傳統用詞。他們經常把這些特殊的climat用石牆界分，成為所謂的clos，這個傳統一直延續至今，現在布根地的葡萄園雖然面積不大，但是卻有數以千計的葡萄園，其中還包括許多圍有石牆的歷史名園。

在諸多教會中，影響布根地葡萄酒最深的是西元九一〇年在馬貢內區成立，屬本篤會（Benedictine）一支的克里尼修會（Cluny），以及十一世紀在夜丘區成立的熙篤會，這兩者都是源自布根地，但影響遍及全歐的重要教會。雖然釀造葡萄酒並非這些帶著改革色彩的教會所關注的核心，但卻意外地建立了布根地葡萄酒業的基石與名聲。歐洲其他地區，如德國萊茵高（Rheingau）產區，也有熙篤會的Kloster Eberbach修院，在當地的葡萄酒發展史上扮演非常重要的角色。

一一四一年由Notre Dame de Tart修院所創建的Clos de Tart，流傳至今都是完整保留不曾分割的獨占園。

上：曾為克里尼修會產業的哲維瑞城堡。

左中：Clos de Tart酒窖中的十六世紀木造榨汁機。

左下：夏布利酒商Laroche位在L'Obédiencerie修院舊址，並保有十三世紀的木造榨汁機。

右下：曾由熙篤會修士經營了六百多年的梧玖莊園。

克里尼修會的葡萄園大都位在馬貢內跟夏隆內丘區，如馬貢地區主教所捐贈，位於Chardonnay村的葡萄園。同屬克里尼的聖維馮修院（St. Vivant de Vergy），在夜丘區也擁有葡萄園，如Vosne-Romanée村的Romanée St. Vivant。在Gevrey-Chambertin村也有十一世初由貴族與地區主教所捐贈的哲維瑞城堡（Château de Gevrey），雖不是修院，但卻是克里尼修會的產業與釀酒窖。

克里尼修會以重修本篤會精神而興起，在極盛期全會有多達一千四百五十家修院。但兩百年間，修院內的會規日漸鬆懈，生活過度逸樂，本篤會強調祈禱與勞動並重的精神變得淡薄，之後遂逐漸沒落。為了延續本篤會的精神，Roberto di Molesmes在西元一〇九七年在布根地第戎市南方的沼澤區——熙篤，成立了強調勞力與苦修的熙篤會。修會內的生活相當簡樸，甚至清寒，連祈禱禮儀也力求純樸。因將工作視為禱告，修士親自從事農耕、烹飪、紡織、木工等以生產生活所需。這樣的改革理念引起許多迴響，到十二世紀時全會在歐洲有多達五百多家修院，也意外地推動了農工技術的發展，除了以葡萄酒聞名，熙篤會也生產與修院同名的乳酪。

熙篤會母院離金丘區葡萄園不遠，也有相當多捐贈的葡萄園，如現今的特級園Richebourg，不過，最知名的是由熙篤會修士經營六百多年的Clos de Vougeot，這是布根地最聞名的歷史名園。此園主要來自十二世紀的捐贈，由修士協同葡萄農耕作，在園中亦設有釀酒窖。西元一三三六年時，這片廣達50公頃的葡萄園四周開始築起圍牆，成為clos的典範。其他熙篤會的修院也擁有一些名園，如Notre Dame de Tart修院所擁有的Clos de Tart，自西元一一四一年以來，這片7.5公頃的葡萄園都沒有分割，完整地保存至今。又如Chassagne-Montrachet村的Abbaye de Morgeot。另外，創於一一一四年，位在夏布利北方10多公里的Pontigny修院，除了產紅酒的La Vieille Plante葡萄園外，也有在夏布利種植包括歷史名園La Moutonne在內的葡萄園，並在城內設有釀酒窖Petit Pontigny。

布根地公爵

　　在西元十四到十五世紀，中世紀跨入文藝復興的時代，布根地公爵國界於神聖羅馬帝國與法國之間，成為歐洲的重要強權，從菲利普二世開始，接連四任源自瓦洛王朝（Valois）的布根地公爵，其文藝鼎盛的華麗宮庭，精緻豪奢程度為當時歐洲之最，公爵所鐘愛的布根地葡萄酒，藉著布根地公國的政治實力與影響力，在公爵親自推薦下，布根地葡萄酒變成高品質的商品，銷往巴黎、教皇國，及歐洲其他國家，是當時西歐最知名的葡萄酒。

　　西元一三六一年，年僅十五歲，尚無子嗣的布根地公爵菲利普一世（Philippe de Rouvre）因感染黑死病過世。法王約翰二世（Jean II Le Bon）是公爵的繼父，而且具姑表伯父的身分，便趁機繼承布根地公爵國。一三六三年，約翰二世保證公爵國的獨立，並指派最小的兒子為布根地公爵菲利普二世。新任的公爵迎娶菲利普一世的妻子，法蘭德斯的繼承人瑪格麗特公主（Marguerite de Flandre），讓公國的領土遠及大西洋岸的法蘭德斯。

　　公爵的龐大產業中，亦包括葡萄園與酒窖，所產的葡萄酒除了家族自飲與宮廷所需，也經常當做饋贈教皇、國王與貴族的禮物，多餘的，也對外出售。布根地葡萄酒不斷地出現在公爵的慶典以及外交場合，如西元一三七〇年菲利普二世贈送給新任教皇格雷瓜十一世（Grégoire XI）的伯恩紅酒，又如西元一四五四年菲利普之子——約翰公爵（Jean sans Peur）舉辦的雉雞饗宴（Le Banquet du Faisan）。現在布根地還留存當年公爵的葡萄園，如Volnay村的一級園Clos de Duc。在第戎南郊的Chenôve村也留有公爵的釀酒窖與木造榨汁機。位在夏隆內丘區的Givry村北郊，也還保留著菲利普二世送給公爵夫人瑪格麗特的城堡Château de Germolle，城堡曾擁有15公頃的葡萄園，生產宮廷專用的葡萄酒。

　　公爵不只提升布根地葡萄酒的知名度，而且對於提高酒的品質，有更長遠的影響與貢獻。西元一三九五年，菲利普二世沿著隆河往南攜帶9大桶，4,000多公升的Volnay紅酒前往亞維濃拜見教皇Benoît XIII，這批酒在到達亞維濃時，竟然已經變得粗獷難以入口。這個意外驅使菲利普二世在當年發布了一項影響日後布根地酒業的重要法令。他禁止種植被認為多產且品質低的加美種葡萄，代之以品質優異的黑皮諾葡萄。黑皮諾最早的歷史記載出現在西元一三七五年，一批菲利普二世下令從巴黎運往法蘭德斯的黑皮諾葡萄酒。加美則可能是源自同名的加美村，在一三六〇年代開始出現。這兩個品種在當時已經是布根地最重要的黑葡萄品種。加美因為較易種植，且產量大，較受葡萄農的喜愛，但卻不及黑皮諾優雅，也被認為較不耐久存。

　　菲利普二世在禁令中甚至強調加美是非常差、非常不誠實的葡萄，此壞種產量非常大，還說其特性危害人體健康，不只有恐怖的苦味，還說很多人因為喝了加美紅酒而得了非常嚴重的病痛。除了禁種加美，公爵也禁止農民在葡萄園中施用肥料以提高產量，同時，禁令中還制定了非常高的罰則。不過即使如此，但仍有農民繼續種植加美，菲利普二世的孫子，菲利普三世在西元一四四一年再度重申此令，而且要求拔除所有種在平原區的加美。甚至一四八六年法王查理八世還再度禁止布根地種植加美葡萄。黑皮諾得以成為今日布根地最主要，且幾近獨一的黑葡萄品種，除了自然環境的因素，也肇因於菲利普二世的法令。

布根地公爵菲利普二世曾下令禁止種植加美葡萄。

上：伯恩市曾是布根地公爵國的首都，城中心仍保有當年的公爵酒窖。

左下：菲利普二世送給公爵夫人的城堡莊園Château de Germolle。

右下：由菲利普三世的掌印大臣Nicolas Rolin所創建的伯恩濟貧醫院。

伯恩市的布根地公爵府現已改為葡萄酒博物館。

菲利普三世在位期間，其掌印大臣，亦即今日之首相——侯蘭（Nicolas Rolin），亦對後世的布根地酒業有所影響，他和妻子莎蘭（Guigone de Salin）在西元一四四三年於伯恩市內創立了伯恩濟貧醫院（Hospices de Beaune）提供貧民醫療服務。五百年來靠著國王、貴族與善心人士的捐贈，濟貧醫院累積許多資產，其中包括許多的葡萄園。自十九世紀中起，伯恩濟貧醫院舉辦年度自產的葡萄酒拍賣會，便成為布根地每年最重要的盛會。

第四任公爵查理（Charles le Téméraire）於西元一四七七年過世之後並無子嗣，只留下女兒瑪麗（Marie de Bourgogne），法王路易十一（Louise XI）趁機進攻占領布根地。瑪麗雖然尋求神聖羅馬帝國的協助，嫁給未來的皇帝馬克西米連一世（Maximilien I），但西元一四八二年，布根地仍正式納入法國版圖，而公國其他的土地則納入神聖羅馬帝國，結束布根地公國的歷史。

布爾喬亞階級的興起

布根地公國消失，讓布根地葡萄酒失去原有的絢麗舞台，教會修院也日漸式微，必須賣掉部分的葡萄園產業，在貴族與農民之間，富有的布爾喬亞階級逐漸興起，除了成為葡萄園主，還成為布根地酒業的一種新興行業——葡萄酒酒商（négociant）。

一七二〇年布根地的第一家酒商Champy在伯恩市成立。此後酒商便如雨後春筍般冒出，如一七二五年的Lavirotte、一七三一年成立的Bouchard P. & F.（Bouchard Père et Fils）、一七四七年的Poulet、一七五〇年的Chanson P. & F.（Chanson Père et Fils）、一七九七年的Louis Latour等等。新興的布爾喬亞階級酒商，取代過去的教會與貴族，在布根地葡萄酒業裡開始擔任最重要的角色。法蘭德斯與比利時因曾隸屬布根地公國，一直是布根地葡萄酒重要的市場，比利時商人常於採收之後到布根地採買葡萄酒，通常由葡萄酒仲介（courtiers gourmets）陪同，保證酒的來源和品質無誤。但十八世紀興起的布根地酒商改變了這樣的形式，除了買入與銷售葡萄酒，還同時扮演調和與培養的角色。除了供應巴黎與比利時的市場，酒商也開始將葡萄酒賣往英國和德國。

西元一七八九年法國大革命之後，葡萄園的所有權重新分配，教會與貴族所擁有的葡萄園在充公後，也逐批舉行拍賣，布根地的葡萄園逐漸被當時興起的布爾喬亞階級所收購。被拍賣的包括最精華的名園，如Romanée-Conti、La Tâche、Chambertin、Clos de Bèze等等，而50公頃的Clos de Vougeot，在西元一七九一年由巴黎銀行家Foquard以1,140,600古斤銀的價格標得。土地的重新分配使得居住在城市的布爾喬亞階級，以及少數的富農成為布根地葡萄園的主要園主。

布根地葡萄酒雖有名聲，但在當時並非葡萄酒貿易的主流。法國道路的改進、布根地運河的開通，以及由第戎通往巴黎的鐵路通車，才讓布根地葡萄酒的市場潛力大增。配合精品市場的勃興，以及布根地新興酒商的行銷，布根地葡萄酒的需求大幅提高。葡萄園不斷擴張，平原區也再度種滿多產的加美葡萄。十八世紀中布根地開始有玻璃瓶廠可以大量供應裝瓶所需，到了西元一七八〇年時，大部分的布根地葡萄酒就已經是裝瓶後才上市，而且，也開始貼上標

左：伯恩市內的Louis Latour酒商創立於一七九七年，至今仍皆由原家族繼續經營。

右上：鐵路的興起讓布根地葡萄酒可以銷售到更遙遠的地區。

右中：一九〇五年酒商Louis Latour採收季的照片。

右下：玻璃瓶自十八世紀得以量產後，瓶裝葡萄酒開始取代桶裝酒成為市場主流。

籤。這些更耐久存，也更適合運輸的布根地葡萄酒比過去的橡木桶更能保證原產和品質。葡萄酒的等級區分也變得更加迫切。

布根地的葡萄酒分級一開始就以葡萄園為分級單位，不同於波爾多以酒莊為單位分出葡萄酒的等級。從西元一八二七年開始就已經有作家或愛好者為布根地的葡萄園進行多次的分級，其中最重要的是西元一八五五年Jules Lavalle為金丘區的葡萄園所做的詳盡分級。共分為四級，幾乎現今的特級園與一級園在當時就已經被選列在最高的兩個等級裡，為日後的正式分級奠立了基石。

十九世紀後半，布根地南邊的產區有2萬3千多公頃的葡萄園，而夏布利地區更達4萬多公頃。所有的葡萄酒幾乎都透過群集在Beaune和Nuits St. Georges的酒銷售出去，但榮景並沒有維持太久。由新大陸傳入的葡萄病害，在十九世紀末幾乎毀掉了所有的葡萄園，源自北美的葡萄根瘤芽蟲病從法國南部沿著隆河谷地往北傳，西元一八七四年傳了到薄酒來的Morgon區，隔年就傳到馬貢內區，西元一八七八年傳到金丘區的Meursault村，最後在西元一八八六年傳到夏布利，布根地葡萄園幾乎無一倖免。這場災難，最後以嫁接抗芽蟲的美洲種葡萄而平息，不過，只有條件較佳的葡萄園得以重新種植。霜黴病在西元一八八四年也傳入，緊接著粉孢病（Oïdium）也在西元一八九九年傳到布根地。

布根地葡萄園的重建過程，也同時經歷了種植技術的轉換，原本隨意混種以壓條法培育新株的方式被迫捨棄，葡萄園改為成排籬笆式的引枝法，每公頃的種植密度也由原本的2萬到2萬5千株減為8千到1萬株，有秩序的空間可以方便馬匹進入葡萄園協助犁土等農事，進行更科學與有效率的耕作法。

葡萄農的世紀

布根地酒商獨占葡萄酒市場的景況，到了二十世紀才開始出現轉機。因為世紀初的第一次世界大戰帶來的不景氣，從一九二〇年代開始，貴族與布爾喬亞階級開始賣掉在布根地的葡萄園，地價低檔，讓葡萄農有機會從地主手中，小面積地逐步買下耕作了一輩子的葡萄園，土地的所有權逐漸由農民所持有，現今金丘區大部分的知名獨立酒莊，大多是在這一個時期建立起來的。葡萄農除了耕作，也釀造葡萄酒，但幾乎全部整桶賣給酒商，不曾自己裝瓶銷售。在此之前，市場上只有掛著酒商品牌的布根地葡萄酒，並無酒莊釀造的產品，布根地的葡萄農默默地擔任了兩千年的幕後英雄。

連年不佳的景氣，酒商減少對葡萄農的採購，但更嚴重的是，酒商引進廉價的南法葡萄酒混進布根地葡萄酒中銷售。在一九三〇年代幾乎所有金丘區的酒商都從隆河南邊的教皇新城堡產區（Châteauneuf-du-Pape）採購葡萄酒，有些酒商甚至採買更便宜，來自北非法國殖民地的酒混入布根地葡萄酒中濫竽充數。布根地的聲譽因此受到影響，也造成市場的混亂。許多葡萄農都積累了許多賣不掉的葡萄酒，於是自行裝瓶銷售成為一個不得不的解決辦法。

一股強調自產自銷，完全採用自家園地釀製成的葡萄農葡萄酒（le vin de vigneron）風潮於是展開。至今聲名依舊的酒莊如Domaine Ponsot、Armand Rousseau、Henri Gouges、Marquis d'Angerville、Leflaive、Ramonet、Domaine des Comtes Lafon等等，都是當年最早的先鋒。原產

左上：布根地雖擁有許多數百年
歷史的獨立酒莊，但都是晚近才
以酒莊的名義自己裝瓶上市。

右上：酒莊裝瓶的風潮讓布根地
葡萄酒保有更多獨一無二的個
性。

左下、右下：父子相承的葡萄農
酒莊雖然有時設備簡陋，但仍常
釀出相當精彩的佳釀。

與品質的保證加上媒體的鼓吹，酒莊裝瓶這個新觀念逐漸散布，並為大眾所接受，搶走大部分酒商的市場。全布根地獨立酒莊的數目也從十九世紀時的五十家發展成現在的三千多家。

由此開始，布根地的葡萄農不只種植葡萄，也親自釀造，而且還用自己的名字裝瓶銷售。每個葡萄農的種植、釀造與培養的方法都不相同，讓布根地的葡萄酒在風格上變得更加多樣。布根地今日如此的多元多變，除了葡萄園的細分，有一部分也肇因於小酒莊林立。布根地酒莊的獨特型式讓即使是小酒莊的葡萄農，也可能成為全球知名的酒業明星，其中有許多還是親自與家人入園工作而不假手他人，如Coche-Dury、Claude Dugat等等。

除了賣給酒商或自己成立酒莊，從二十世紀初開始，釀酒合作社也提供葡萄農另一個選擇，在一九二〇年代時幾乎每一個酒村都有釀酒合作社存在，讓葡萄農只需負責種植，不用為釀酒的設備和技術操心。而獨立酒莊的風潮讓合作社在金丘區幾乎消失，但在布根地其他產區仍扮演重要的角色。

一九三〇年代葡萄酒市場的混亂不僅催生了酒莊裝瓶的觀念，也同時催生了影響更深遠的法定產區（AOC）制度。西元一九三五年，透過立法，法國成立了法定產區管理制度，並設有國家級管制單位——INAO（國家法定產區管理局）。這個經常以酒的原產地命名的制度因設有生產的規定，除了保證酒的原產與品質，更重要的是規範出各區的傳統葡萄酒風味。此外，法定產區制度也將全區的葡萄園鉅細靡遺地進行分級，劃分成四種等級，建立了全世界最複雜詳盡的分級系統，評選出三十三個特級葡萄園和五百多個一級葡萄園。這套管制系統至今一直規範著布根地葡萄酒的生產。至西元二〇一〇年，布根地已有一〇一個法定產區，是全法國之冠。

布根地葡萄園的分級並不是一蹴而成，遠自中世紀的教會修士就已留下許多研究成果，歷年來，對布根地葡萄園的研究與經驗累積，都是後來法定產區分級的重要依據。不過，也有相當多的利益折衝，如原本僅有3公頃的特級園Echézeaux，列級時竟然擴為30公頃。當時的時代背景也讓Nuits St. Georges、Beaune、Pommard、Volnay跟Meursault等村錯失特級園的機會。此時葡萄酒的銷售以廠牌為主，對於葡萄園的列級並不熱中，葡萄園大多為酒商所擁有的產區，如Beaune並沒有積極爭取。村名響亮，且擁有許多名園的酒村，如Nuits St. Georges、Pommard與Meursault為了保有村名的稱號，當時對列為特級園並不在意。

獨立酒莊的興起也逼迫布根地酒商的角色有所轉變，特別是重視品質的酒商，也開始更努力種植自有的葡萄園，除了買成酒調配之外，越來越多酒商採購葡萄自己釀造，越來越像大規模的獨立酒莊。不過，與此同時，卻也有越來越多的知名獨立酒莊開始經營酒商的生意，除了自己的葡萄園，也採買別的葡萄農的葡萄釀酒。歷史有時是不斷地輪迴重複，布根地葡萄園的耕作方式也歷經類似的轉變，經過一九六〇與一九七〇年代盛行的機械化、化學肥料與農藥的風潮，現在卻又轉向傳統、有機與手工。新的土地觀念讓布根地的土壤得到喘息與重生，以供應葡萄樹最佳的生長環境。這股走出酒窖回到葡萄園的潮流在布根地已經延續了一段時間，在這新的世紀裡這些努力的成果將開始展現。🍷

一九三〇年代建立的法定產區制度與分級系統，讓布根地自中世紀修會所建立的單一葡萄園climat觀念得以落實為實際的法令制度。圖為特級園Musigny與Clos de Vougeot兩片歷史名園。

chapter 2

葡萄酒業

布根地的葡萄酒業自有系統，而且，是一個相當古老，卻仍運作自如的葡萄酒產銷制度。這裡的獨立酒莊、葡萄酒商、葡萄農、地主、仲介與釀酒合作社，甚至濟貧醫院共同匯集成一個建基在人際網絡上，極為錯綜複雜的酒業生態。他們各有職司，也各有專長與特性，但亦各自有其不足之處。這些，都常常直接反應在他們所釀造成的葡萄酒上。這也讓釐清每一瓶酒的身分背景成為布根地酒迷的重要功課。

酒商、酒莊與合作社是布根地三個主要的產酒單位，他們彼此間有著合作與競爭的關係，獨立酒莊自耕自釀，合作社為葡萄農社員代釀，酒商則跟酒莊與合作社採買成酒裝瓶銷售。但他們的關係卻不僅止於此，酒商也自擁獨立酒莊，自耕自釀，而只用自家葡萄的獨立酒莊竟也經營起採買葡萄與成酒的酒商生意。要釐清身分需帶著一些偵探的精神。

葡萄酒商

即使獨立酒莊在布根地酒業中的角色越來越重要，但是在產量上酒商還是一直占優勢，特別是在海外市場上。布根地酒商在十八世紀開始發展，現存最老的酒商位於伯恩市內，西元一七二〇年即已創立運作的Champy P. & Cie。直到一次大戰後，布根地的酒商幾乎完全掌握了區內所有葡萄酒的銷售，即使一九三〇年代後獨立酒莊開始興起，自行裝瓶銷售，但至今還是有近50%的布根地葡萄酒是透過酒商賣出去的，每年銷售高達4億5千萬瓶的葡萄酒。

布根地酒商在法國葡萄酒的商業史上曾經是個要角，靠著他們既有的行銷網路，除了布根地葡萄酒，也曾掌控大部分的薄酒來及一部分隆河葡萄酒的銷售。不過，布根地酒商已從五〇年代的三百多家減少到二十世紀末的一百一十五家，現在又增加到二百五十家。隨著時代的演變，布根地酒商所扮演的角色也越來越多。和法國其他地區的酒商不太一樣，他們從最早期的裝瓶者（embouteilleur）及培養者（éleveur），逐漸加入釀造者（vinificateur）和種植者（viticulteur）的角色，身分非常多樣。但無論如何，布根地的酒商大多以自己的廠牌銷售葡萄酒，較少像波爾多的酒商替獨立酒莊做經銷的工作。因為布根地是依葡萄園進行分級，而非酒莊，所以許多布根地酒商的品牌酒仍然能有Montrachet、Chambertin等特級園的高價酒，而不像波爾多酒商的品牌酒無法晉身高價頂級酒款。

裝瓶者及培養者是布根地酒商最傳統的角色，過去種植與釀造都是葡萄酒莊的事，酒商只是將買來的葡萄酒在自家酒窖培養一段時間，然後裝瓶賣出即可。這樣的工作看似簡單，但卻也可以很複雜。在葡萄園非常分散的布根地，如何擁有好的來源，買到足夠且符合品質，甚至能表現酒商風格的葡萄酒就已經是一件非常麻煩的事，而且通常都還需要葡萄酒仲介來協助完成。除此之外，調配也是傳統酒商的重要工作，雖然布根地講究單一品種與單一葡萄園，但是因葡萄農種植的規模實在太小了，酒商經常將不同來源的葡萄酒混合調配。同一村莊的酒，如果調配得當，可讓酒的風味變得更多變化且更均衡。可以混合多個村莊的法定產區，如Côte de Beaune Villages紅酒，酒商還可以混合較緊澀粗獷的Maranges村及柔和多果味的Chorey-lès-Beaune村，以調配出剛柔並濟的口味。而最普遍的Bourgogne法定產區的酒，更是酒商最關鍵且最大量的酒款，可以透過布根地南北不同區的葡萄酒調配。

像教養小孩一樣，葡萄酒經由不同酒商培養到裝瓶時，酒的風味已帶有酒商的特色。每年伯恩濟貧醫院的拍賣就是很好的例子，常有多家酒商標到同一批酒，而且用的還都是同一批由François Frères製作的新橡木桶，但培養後卻常有頗多差別，好像連酒裡都會蓋上酒商的戳印一樣。特別是一些風格強烈的酒商，如紅酒風格偏色淡多熟果香氣的Louis Latour，或是口感特別濃厚的Dominique Laurent，會在培養後出現明顯的轉變。畢竟，除了橡木桶的影響之外，過濾、沉澱、攪桶，甚至酒窖的溫度等等，都會改變葡萄酒的風味。

雖然培養相當重要，但在布根地，葡萄酒與葡萄的品質才是根本。由於更多的獨立酒莊將葡萄酒留著自售，在意品質的精英酒商在好酒越來越難找的情形下，除了盡可能購買優質的成酒外，另一方面也開始採買葡萄自行釀造，以便更精確地控制葡萄酒的品質與風格。除了買葡萄，在釀造白酒時，許多酒商也選擇採買已經完成壓榨的葡萄汁。自行釀造必須要有更大的酒窖與更多的釀酒設備，近幾年來，布根地主要的精英酒商都相繼建立更大更新的酒窖，以因應角色的轉變。

在對葡萄種植越來越重視的布根地，如果酒商能夠擁有葡萄園，自己種植葡萄，那就更能夠像獨立酒莊全程掌控葡萄酒的品質，而且較不用擔心會買不到好酒或好葡萄，而且更關鍵的是，可以避免受整桶成酒價格或葡萄價格波動的影響。不過，以近年來的葡萄園價格來看，地價過高導致無法回本，以投資的角度來看並不實際。大部分酒商的葡萄園都是家族原本就已經擁有。目前所有的酒商共擁有2,000多公頃的葡萄園，其中Faiveley、Bouchard P. & F.及Louis Jadot都擁有超過100公頃的葡萄園，由相當專業的種植團隊負責自有葡萄園的耕作，在較不講究精細分工的布根地算是少數的特例。

現今布根地的知名酒商多少都擁有一些自有葡萄園，而且常被當作是酒商的招牌酒。一般自有莊園的酒在標籤上會有特別的標示，無論是「採自自有莊園（Récolt du Domaine）」、在酒商的名稱之前直接加「獨立酒莊（domaine）」，或是標示「在自有獨立酒莊裝瓶（Mis en bouteille au Domaine）」，都是屬於酒莊酒。從最近十多年的趨勢來看，布根地的酒商，特別是最知名的幾家，越來越像是獨立酒莊。如布根地規模最大的酒商Boisset，將旗下品牌所有的葡萄園集合成擁有Musigny等名園的Domaine de la Vougeraie，很快就成為布根地的名莊。十多年前從酒莊轉為酒商的Vincent Girardin，現在又轉為以酒莊酒為主，是擁有許多名園的白酒精英酒商。

與此同時，布根地有許多酒莊卻開始經營起酒商的事業，而且包括許多明星級的名莊，這一股風潮應該很快就會讓布根地的酒商數重回一九五〇年代的極盛期，不過，大多數都是小型的精英酒商。酒莊想當酒商有許多不同的原因，除了自有莊園的葡萄酒供不應求，想要增產賺錢之外，有時也是不得已。布根地的酒莊大多農民出身，很少自擁廣闊的葡萄園，除了自有的部分之外，其餘都是租來的，特別是跟同家族裡的親戚租的。在布根地，自有葡萄園的定義其實還包括這些有長期租約的葡萄園。不過，近年來因為葡萄園價格高漲，租約通常長達十多

Bouchard P. & F.位在伯恩市北郊的新建酒窖採多層設計，除了有最傳統與最新式的釀酒槽，也可利用重力取代幫浦的使用。

年，且種植者有買園的優先權，於是有些園主為了方便賣地，只訂短期契約，而酒莊如果繼續耕作此園，因是短約，不算酒莊酒，只能當酒商酒銷售。

目前設立酒商的酒莊大多是名莊，有些只是買進成酒，有些自釀，但也有連耕作都包的，非常多樣。就連在取名上，也有非常多的方式，要清楚辨識並不容易。有完全不同名的，如Claude Dugat酒莊的La Gibryotte；有些是以家族的姓氏命名的，如Montille酒莊的Deux Montille；也有以兒子名成立酒商，父親名為酒莊的，如Michel Magnien酒莊和Fréderic Magnien酒商。不過，並非每一家酒莊都如此區分明顯，如Méo-Camuez酒莊以Méo-Camuzet F. & S.（Méo-Camuzet Frère et Soeurs）做為酒商的品牌名，而Etienne Sauzet酒莊所附設的酒商品牌甚至直接稱Maison Etienne Sauzet。

除了酒莊附設的酒商，稱為Micro-Négociant的小型精英酒商也越來越多，有許多是新的外來投資者，如Lucian Le Moine（一九九九年）、Olivier Bernstein（二○○七年）和Maison Ilan（二○○九年），他們的共同點是產量小，而且只生產一級園和特級園的高價酒，過去幾乎不存在此類型的酒商。另外布根地酒業的老手自立門戶的也很多，如Pascal Marchand（二○○六年）、Philippe Pacalet（二○○一年）和重建Séguin-Manuel的Thibaut Marion。當然，還有最知名的Nicolas Potel，自一九九○年代末快速崛起，卻於十年後失敗轉賣給集團。

布根地的葡萄園面積雖然不大，但是，卻有上百個法定產區，大型酒商每年上市的葡萄酒種類都相當驚人，如Louis Jadot，每個年分推出超過一百五十款葡萄酒，提供北至夏布利，南到薄酒來的各色葡萄酒。不過，也有酒商只專精於某些類型的葡萄酒，如主產白葡萄酒的Olivier Leflaive和Verget。也有專精於地區性酒款的酒商，如馬貢內區的Bret Brother和Rijckaert，夏布利區的Laroche和Louis Moreau等等。在薄酒來地區酒商扮演更重要的角色，當地的酒商約有二十五家，不過，布根地的酒商也跨界瓜分薄酒來葡萄酒的市場。

酒商實例：Bouchard P. & F.

位於伯恩市的Bouchard P.&F.是一家有上百名員工的老牌酒商，為香檳酒商Joseph Henriot的產業。Bouchard同時扮演葡萄酒的裝瓶者、培養者、釀造者和葡萄種植者的角色，出產布根地各區的葡萄酒，屬於全功能型的酒商，年產500多萬瓶。公司總部位於伯恩城堡內，釀酒窖與地下培養酒窖則在伯恩北郊。葡萄園的耕作中心則位於城西，是一個有三十二人的耕作大隊，負責照料130公頃的自有莊園。除此之外，在夏布利有William Fèvre酒莊，擁有54公頃葡萄園，在美國奧立岡州的威拉米特谷（Willamette Valley）擁有酒莊Beaux Frères，有52公頃的黑皮諾葡萄園。

不同於獨立酒莊由莊主個人決定一切的運作模式，酒商的成功關鍵在精密的專業分工以及團隊的密切合作。除了極為龐大的種植與釀造團隊，Bouchard跟大型的酒商一樣，在管理、銷售、行銷、公關和倉儲等各個領域，都聘請專業的人負責。分工與專業雖然可能減少酒的個性與手感釀造的趣味，但卻可以減低錯誤與意外的發生。雖然一九九五年Bouchard家族已經完全賣掉產業，但家族中還有兩位留下來繼續擔任要職，一位是負責銷售的Luc Bouchard，另一位

是擔任技術總監的Christophe Bouchard（二〇一五年退休後轉任顧問），由他統領四個生產部門的運作。除此之外，William Fèvre和Villa Ponciago兩家酒莊另有其他團隊負責。

位處防衛碉堡內的伯恩城堡自一八二〇年後成為Bouchard P. & F.的總部。

- 釀酒與培養：由技術總監Philippe Prost（現在已經由Frédéric Weber接任）指揮二十六名釀酒師釀製所有Bouchard的葡萄酒。
- 採購：由採購主任Jean-Paul Bailly（現由Géraud Aussendou兼任）負責採買所需的葡萄與葡萄酒。
- 實驗室：由品管主任Géraud Aussendou負責檢測葡萄與葡萄酒樣品，並且進行品質改進的實驗。
- 葡萄園種植：由葡萄園總管Thierry de Beuil、三十二人全職耕作隊及其他半職葡萄農，負責耕作130公頃的葡萄園。

　　Bouchard每年生產約一百零六款的葡萄酒，另外還要再加上William Fèvre的十九款夏布利。在組織上確實相當複雜，因為空間有限，紅酒原在伯恩城堡旁的Cuverie Colbert釀造，白酒在Meursault村另有釀酒窖。西元二〇〇五年，位在Savigny-lès-Beaune村邊的Cuverie St. Vincent新建完工後，釀造、培養、裝瓶與儲存全部集中在一起。唯一保留不變的是藏身在中世紀城牆裡的儲酒窖。Bouchard辦公室所在的伯恩城堡，位在城的正東邊，獨占兩座稱為bastion的大型防衛碉堡。超過百萬瓶橫跨一百多個年分的陳年老酒與新的頂級酒，還是保存在此，因

上：Bouchard P. & F.是唯一接待觀光客預約參觀的伯恩精英酒商。

中：創立於一七三一年的酒商Bouchard P. & F.在一九九五年賣給香檳酒商Joseph Henriot。

下：Bouchard P. & F.的酒窖有厚達7公尺的石牆保護，具完美的儲酒條件。

為石牆厚達7公尺，內部陰暗潮濕，溫度涼爽穩定，是絕佳的熟成環境。

新的釀酒窖採多層設計，釀造和培養都可以全靠重力，不需使用幫浦，位於地下的培養酒窖深及10公尺，有不錯的濕度跟溫度條件。在進入採收季前，酒商需要準備的事比酒莊更複雜，特別像是Bouchard這種採購葡萄自釀的酒商。自一九七六年就進入Bouchard工作的採購主任Jean-Paul Bailly，原本是釀酒師，現在雖然只負責採購，但卻需要非常高的釀酒專業，每年須買進五百筆以上，多達300多萬公升的葡萄或葡萄酒。Bouchard的採買策略和大部分高品質的酒商一樣，都是盡量提高採購葡萄的比例而不是葡萄酒，自釀比較能夠保證品質，保有Bouchard所要的風格。Bouchard用成酒的價格來採買葡萄，這對葡萄農相當有利，可免除釀製的麻煩與開支，卻又能賣得與成酒相同的價格。

如果是採買葡萄或葡萄汁，Jean-Paul在採收之前就要開始追蹤這些即將買進的葡萄，包括成熟度與健康狀況。有些葡萄農有長期合作的契約，因此必須依照Bouchard所提供的種植規範種植。此外還有自有的葡萄園，葡萄園總管Thierry de Beuil和釀酒師Philippe Prost也要進行多次的成熟度檢測，交由實驗室分析，結合即將買進的葡萄，以及氣象預報，一起建立採收與釀造的計畫。在採收季，Bouchard需要顧用兩百人以上的採收工人，一天可採10公頃的葡萄。無論是自有的葡萄園或是買進的葡萄，全部都是手工採收。在買進的葡萄部分通常都由葡萄農負責採，但如果葡萄農無法自採也可能動用自己的採收隊伍。幾乎每一片葡萄園都分別採收且獨立釀造，酒窖內有上百個酒槽，從數百公升到數萬公升都有，有不鏽鋼槽，也有許多傳統無蓋式的木造酒槽。

Philippe Prost從一九七八年就進入Bouchard，是現任的技術總監。不同於波爾多城堡酒莊的釀酒師每年只須釀製一、二款酒，Philippe Prost跟其他大型酒商的釀酒師一樣，每年常常要釀上百款葡萄酒，包含年產數十萬瓶以不鏽鋼桶釀造的Bourgogne，以及純手工釀製只有幾百瓶的特級園。不過，他跟許多布根地的名釀酒師一樣，認為最重要的都已經在葡萄園裡完成了，他們只是在一旁幫襯而已。Bouchard的酒風越來越純淨透明，也許也跟這樣的想法有關。

採收季之後，開始進入採買葡萄酒的階段，Bouchard在馬貢內區及夏隆內丘區的葡萄酒大多自釀，但在金丘區還是要靠採買成酒才能滿足需求。其中有一部分的酒還是靠長期經營的人際關係才能買進來的，其他還是得靠葡萄酒仲介來買全所需的葡萄酒，固定合作的仲介有十個，都是專精某些村子的仲介，從十月底開始，他們會帶來葡萄農生產的成酒樣品，Jean-Paul要從數千款的樣品中依價格、品質及市場需求，從中選出約五百多筆的葡萄酒，光是試飲就需要花費非常長的時間。採購葡萄酒的品質高低決定了傳統酒商的優劣，但採購價格的高低，則直接影響酒廠的盈虧。有些酒商會因為訂單的壓力，不得不用高於市場的行情大肆採購葡萄酒，造成市場的大起大落。仲介也會試圖利用耳語與風聲來影響採買的決定，炒作價格。這些都是酒商經營的難處，布根地因為市場小，供需容易失衡，價格的起落更是嚴重。

至於採買旺季過後，Jean-Paul還得確認交貨時，每筆葡萄酒確實與品嚐時一樣，以免為酒農所蒙蔽，同時更重要的是，得和各供應葡萄或葡萄酒的酒莊保持連絡，以確保下一年分的酒源與品質，在布根地，大部分的葡萄農還是偏好口頭承諾，很少簽約，葡萄酒的採買很難穩定。

（有關Bouchard P.& F.其他內容請參考Part III第三章伯恩市的酒莊與酒商）

獨立葡萄酒莊

葡萄酒業已變成高度專業分工的產業，從耕作到銷售之間的無數過程，都發展出專業的學科與部門。為了精益求精，酒廠可以聘任專業的人才來負責不同的工作，如波爾多的城堡酒莊，莊主大多是住在城市內的資產階級，酒莊事務完全委任總管處理，而種植、釀造、公關、會計甚至園丁、廚房和管家也都有專業團隊負責，另外也會聘任知名的釀酒顧問協助葡萄酒的調配，群策群力的目標在於無論好壞年分，都要釀造出最完美協調的葡萄酒。但是布根地的酒莊卻不是如此。

布根地的獨立酒莊大多葡萄農出身，在他們自己經營的小酒莊裡，莊主常常一人兼任酒莊內所有大小事務，即使連Coche-Dury或Claude Dugat這些世界級的明星酒莊，莊主和家人都仍親自入園耕作，而且自己釀造，一點一滴地做著需要勞動身體的工作，不輕易假手他人。相較於各有所長的專業團隊，葡萄農一人獨攬全包，而且限於自有的小片葡萄園，較難在每個年分都能釀成完美無缺的葡萄酒。但也許就因為這一份不完美，讓布根地的酒莊酒顯得更具人性。畢竟，許多迷人的獨特個性常常源自於看似缺點的地方，因為有所不足，反而具有生命刻痕的美感，成為更能感動人心的葡萄酒。不過，這份不足，也常會以大失所望收場。

當然，布根地並非只有葡萄農出身的獨立酒莊，也有一些是由貴族或布爾喬亞階級所擁有，這些酒莊通常由專業的總管代為經營，如Pommard村的Comte Armand酒莊、Chambolle-Musigny村的Comte Georges de Vogüé酒莊。Vosne-Romanèe村的Liger-Belair酒莊在一九九〇年代之前也曾經全交由酒商Bouchard P. & F.釀造銷售，村內的Méo-Camuzet酒莊在一九八五年之前，葡萄園全部租給包括Henri Jayer在內的葡萄農耕作。較晚近的外來投資者，如Clos de Tart、Domaine des Lambray、Domaine d'Eugenie和Domaine de l'Arlot等，莊主全交由專業團隊經營。但這些在布根地，反而算是少數的特例。

布根地出現獨立酒莊裝瓶的歷史相當晚，直到一九三〇年代才真正開始發展起來。除了因為葡萄酒銷售全為酒商所壟斷之外，依葡萄園分級而非酒莊分級也是重要關鍵。布根地有許多歷史名園，但是，幾乎不見歷史名莊。酒商靠名園的盛名就可售得高價，較不需要酒莊的名號。布根地的酒莊開始裝瓶是有特殊時空因素的。一次世界大戰後，連年的蕭條讓葡萄園與酒價大跌，酒商引進更廉價的酒冒充，布根地的名聲因此毀損，葡萄農被迫自尋生路，才催生了強調自產自銷的葡萄農葡萄酒（le vin de vigneron）。透過媒體的鼓吹，酒莊裝瓶這個新觀念才逐漸散布，名聲甚至超越酒商。

布根地帶著一些人本主義精神的葡萄農獨立酒莊生產結構，即使歷經嚴酷的商業競爭，卻仍然留存下來，即使不是出身尊貴的名莊與數百年基業的酒商，同樣能成為帶著光環的明星，但不同的是，葡萄農的酒中除了美味，還能因為多帶一分手作的精神與溫暖的人味，顯得更加地難得珍貴。最有趣的是，現在也有布根地的酒商開始效法酒莊的精神，在酒中保有更多的人性。布根地酒商雖有專業的團隊，但獨立酒莊的葡萄園面積小，大多位在鄰近的村子裡，可以就近照顧，累積父子相承的經驗，對葡萄園的條件也有較深的認識，都是酒莊的強項。當然，前提是莊主要具天分且夠努力，畢竟，各項都全能的小酒莊主畢竟不太常見。因設備或能力不

左上：Christophe Roumier自一九九九年接手經營這家以其爺爺為名的酒莊。

右上：酒莊有0.4公頃的愛侶園，為二叔Paul Roumier租給酒莊。

左下：Morey村的一級園Clos de la Bussière是酒莊的獨占園。

右下：雖然已經是名莊，但位在Chambolle村內的Roumier酒莊仍如簡樸的農舍。

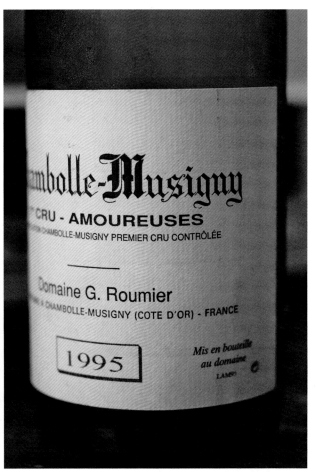

足，許多酒莊不見得能超越酒商的品質，特別是品質常隨年分而有很大的落差。

　　布根地有三千八百多家酒莊，其中只有三分之一年產超過1萬瓶。平均一家酒莊只有6公頃的葡萄園，經常分散成數十片，分屬多個不同的法定產區，不僅管理困難，而且還要添置全套的釀酒設備。在這樣的環境下，較小的莊園，經常都由莊主自己兼任所有的工作，如Gevrey-Chambertin村的Claude Dugat酒莊，有6公頃的葡萄園，種植、釀造、裝瓶、銷售及公關會計等數百項的事務，全由他自己和兒子以及兩個女兒負責，只有在採收季節才臨時雇用一些採收工人。一瓶產自獨立酒莊的葡萄酒，背後其實就是莊主和他的家人，有點像是莊主自己懷胎生下的小孩一般和他血肉相連。

　　即使Claude Dugat的酒價高昂，但連同三個子女，要靠自有的葡萄園維生還是有些困難，很多葡萄農還是必須跟地主租葡萄園，以便達到合理的種植面積。租用的方式有許多種，在布根地主要採用Fermage和Métayage兩種方式，全都屬於長期租約，差別只在於付租金的方式。法國的法律特別保護實際耕作者的權益，葡萄園的租用者享有較多保障，出租人只有自己耕種才比較容易要回出租的葡萄園。因為法國的法律規定土地繼承時，必須均分給所有子女，所以即使在小酒莊裡，葡萄園的所有權還是非常分散。如一家有6公頃葡萄園的家族酒莊，可能負責種植的只有1、2公頃，其他都是跟兄弟姐妹或叔伯姑舅等以長期租約租來的。這也是布根地特別複雜的原因之一，若姐妹嫁入其他家酒莊，租約到期後可能會跟著轉移。

　　Métayage的方式是地主和葡萄酒農一起分葡萄酒，這種獨特的租約方式在法國其他地區已經不太常見。一般地主每年可分得產量的三分之一或二分之一。以位於Chambolle-Musigny的Georges Roumier酒莊為例，酒莊耕作的特級園Ruchottes-Chambertin有0.54公頃，是盧昂市（Rouen）的Michel Bonnefond先生以Métayage的方式租給現任的莊主Christophe Roumier，依約每年Michel Bonnefond可依該園總產量的三分之一做為租金。如該園每年約產7桶，共1596公升的葡萄酒，Michel Bonnefond可得其中的三分之一，即532公升，Roumier酒莊則實得剩餘的1064公升。無論產量增加或減少，都依此比例分配。

　　Fermage則完全以金錢支付租金，但計算的標準還是葡萄酒，不過並不是按比例，而是一個定量，通常每年不論收成多寡，每公頃需支付相當於4桶（228公升）葡萄酒等值的現金做為租金，至於每桶酒的價格則是以官方公布的該等級葡萄酒的平均價為準。如Georges Roumier酒莊的一級園Les Amoureuses共0.4公頃，是跟Christophe Roumier的二伯Paul Roumier以Fermage的方式租來的，依約（每十八年換約一次），無論產量多寡，每年的租金就是相當於1.6桶Les Amoureuses的現金。在收成好的年分，若以Métayage的形式地主可以有比較多的租金，但是當欠收時反而是Fermage對地主比較有利。通常所有耕作與釀酒的支出全部由承租人負責，但是像葡萄園重新種植這種龐大，且數十年才發生一次的支出，就必須由地主來承擔。因為租約關係常常跟家人或親戚有關，外人很難弄清楚一款酒是自家種植釀造或僅是鄰居付的租金。

　　獨立酒莊其實有許多不同的類型，有些是完全不自己裝瓶，釀成的葡萄酒全部賣給酒商，有些則全部自售，但最常見的是一部分自售，一部分賣酒商。即使連Domaine de la Romanée-Conti（DRC）這樣的名莊也曾把整桶的酒賣給酒商。酒農們常會告訴訪客，最差的酒才會賣給酒商，最好的都留著自己裝瓶。不過人際關係運作及為了有更多現金收入，還是會讓許多酒

莊賣出部分品質好的桶裝酒，即使是名莊也是一樣。

　　繼承的問題是布根地獨立酒莊最難解決的困境，不斷地均分，葡萄園被分得越來越小片到幾近無法耕作與釀造的地步。如位於Santenay村的Lequin-Roussot酒莊在一九九二年兩個兒子分家後分成Louis Lequin和René Lequin-Colin，十二塊，9公頃的葡萄園全部被均分，如特級園Corton-Charlemagne就被分成僅0.09公頃的小片葡萄園，到了下一代，還可能再分成更小塊。關於繼承，還有龐大遺產稅的難題。葡萄園價格不斷地攀升，特別是特級園，每公頃已經到了千萬歐元的天價。葡萄農看似變得更富有了，但是，如果葡萄園只是用來生產葡萄酒的工具，而不是不動產投資，天價的葡萄園只會讓年輕一代更難建立酒莊，也會讓葡萄農在過世之後，下一代必須因高額的遺產稅而被迫賣掉葡萄園，讓虎視眈眈的財團有機可乘。不過相較其他農牧業，新一代的年輕人非常樂意承接酒莊的工作，讓布根地的獨立酒莊有相當光明的前景。

獨立酒莊實例：Domaine Georges Roumier

　　這家位在Chambolle-Musigny村的著名酒莊在二次大戰後才開始自己裝瓶。現今管理者Christophe的爺爺Georges在一九二四年娶了村中Quanquin家的女兒，開始了Roumier家族的釀酒歷史。Georges的三個兒子中，老大Alain成了村內名莊Comte de Vogue的莊務總管，現在，Alain的兩個兒子在村內分別成立Laurent Roumier和Hervé Roumier兩家酒莊，至於Georges的酒莊最後由三兒子Jean-Marie在一九六一年時接手管理，一九九九年再傳給兒子Christophe。由於在一九六五年改設置成公司的型態，所以酒莊一直沿用Georges的名字，和一般因兒子繼承而跟著改名的情況有點不同，因為是由家庭的各個成員分別持有股份，而不是Christophe一人獨有。這樣的設計可以避免葡萄園因為繼承或家族成員間的關係改變而被瓜分。

　　酒莊本身並不擁有葡萄園，大部分是由家族所有，再以Fermage的方式租給酒莊。目前由酒莊釀製的葡萄園詳列如後：

特級園：

Bonnes-Mares	1.60ha	（分成多塊由多位家族成員所有）
Musigny	0.09ha	（Christophe所有）
Corton-Charlemage	0.20ha	（Christophe的母親Odile Ponnelle所有）
Ruchottes-Chambertin	0.54ha	（Métayage，租金1/3，Michel Bonnefond所有）
Mazoyéres-Chambertin	0.27ha	（Métayage，租金1/2，Jean-Pierre Mathieu所有，以Charmes-Chambertin銷售）

Chambolle-Musigny一級園：

Les Amoureuses	0.40ha	（Christophe的二叔Paul所有）
Les Cras	1.76ha	
Les Fuées		（釀成村莊級等級）
Les Combottes	0.27ha	（釀成村莊級等級）

Chambolle-Musigny村莊級：

Les Véroilles

Les Pas de chat

Les Cras（Village等級）

Les Fuées（Village等級）

共3.70ha

Morey St. Denis一級園：

Clos de Bussière　　　　2.59ha

Bourgogne：

Bourgogne　　　　0.46ha

總計：11.88公頃

Fermage：11.07ha（全部自己裝瓶，不賣給Négociant）

Métayage：0.81ha（以Christophe Roumier的名義裝瓶）

　　負責管理酒莊的Christophe Roumier幾乎插手所有工作，除了他之外，Christophe的二妹（Christophe有三個姐妹）在照顧小孩之餘兼管會計與祕書的工作，另外還僱用四個全職的工人在葡萄園或酒窖裡工作，以及一位專門負責裝瓶和貼標籤的半職工人。雖然人員不多，但在布根地已算頗具規模。到了採收時，Christophe為了能密集地在四天內採完葡萄。得臨時顧用四十至四十五個採葡萄工人。每年的葡萄酒總產量因年分不同，只有4到6萬瓶。

　　（有關葡萄種植與釀造，請參考Part III第二章香波－蜜思妮）

左：傳統的布根地葡萄農酒莊，大部分的酒莊工作都由莊主親自負責。

右：布根地聘雇的葡萄農大多採責任制，由其自行調配工作時間。

葡萄農

　　葡萄農（vigneron）在布根地有比較廣的意思，包括在葡萄園工作的工人，也可能是租地或自有土地，只生產葡萄的葡萄農，即使是自釀葡萄酒的酒莊，其莊主也以葡萄農自稱。這裡要談的，純粹是在葡萄園工作的工人。在布根地不論是酒商或是獨立酒莊，葡萄園經常四散分布，在Rully的酒莊可能因為繼承的關係，有一小片葡萄園在50公里外的Gevrey-Chambertin村，要自己照顧不僅浪費時間，不敷成本，而且沒有辦法像在鄰近村莊內的葡萄園一般細心呵護，所以通常都會請人就近照料。

　　在布根地雇用葡萄工人最常用一種類似責任制的方式。雇主將一片葡萄園托付工人，依葡萄園的面積與工作內容計算工資，至於工作的時間完全由工人自主，只要照顧好葡萄，在預定時間內完成即可。這樣的方式在本地稱為á la Tâche（這也是知名特級園La Tâche名稱的由來），以這種方式工作的工人就叫做tâcheron，因為工作時間很有彈性，可半職或全職，也可同時幫多家酒莊工作。葡萄種植經常受天候條件所限定，如太冷不能剪枝，剛下雨不要剪葉等等。布根地的葡萄園單位面積小，位置也很分散，因此機動性佳的tâcheron顯然較其他制度更適用於布根地的葡萄酒業。

　　一般的tâcheron跟全包式的代耕不同，不負責所有的農事，只負責最耗時的手工農作，如冬季的剪枝與燒藤蔓，或者春天的除芽，初夏的綁藤蔓或綠色採收。至於翻土、施肥、補種新苗或修葉等需要動用機械的農事，一般都由酒莊或是酒商自己的耕作團隊負責。不過，也有可能雇用所謂的vigneron tractoriste負責需要耕耘機的農事。Tâcheron的薪水一般依照所照顧的葡萄園面積，以及負責的項目。1公頃的剪枝可得約500歐元，如果連除芽則約700歐元。

葡萄農實例：Marie-Helene Chudant

　　家住Morey St. Denis村的Marie-Helene，平時在家照顧小孩及料理家事，但是她同時也是伯恩市酒商Louis Latour的tâcheron。雖然Louis Latour在Aloxe-Corton村有龐大的葡萄種植中心，但在夜丘區的葡萄園還是過於遙遠，所有關於剪枝、除芽等手工都交由當地的葡萄農照料。Marie-Helene負責的是Louis Latour在夜丘區裡最頂尖的兩塊特級園——0.8公頃的Chambertin以及整整1公頃的Romanée St. Vivant。此外，她同時也替酒商Dufouleur Frères照料四片葡萄園。兩家合起來不過2.5公頃，還可趁空料理家事。

濟貧醫院

在布根地，連同薄酒來，共有五個由濟貧醫院設立的葡萄酒莊園，醫院釀酒確實有些不務正業，但是善心人士捐贈葡萄園，由醫院經營耕作釀酒，再義賣成為醫院的整修與慈善基金，除了嘉惠病患，也有助於醫院的財務。五家濟貧醫院中，最知名的是有五百多年歷史，位在伯恩市的伯恩濟貧醫院（Hospices de Beaune），每年十一月舉辦的拍賣會是布根地葡萄酒業最重要的年度活動。Nuits St. Georges的夜－聖喬治濟貧醫院（Hospices de Nuits St. Georges），創立於十三世紀，也有10幾公頃的葡萄莊園，包括獨占一級園Les Didiers，拍賣會在隔年三月於Château du Clos de Vougeot舉辦。

第戎市的第戎濟貧醫院（Hospices de Dijon）雖有4,000多公頃的土地，但只有21.5公頃的葡萄園，其中有18公頃是上伯恩丘區的Chenovre-Ermitage莊園，由殘障人士耕作，交由Meursault城堡釀造與銷售，並無公開拍賣。另外一家在薄酒來，是Beaujeu鎮的薄酒來濟貧醫院（Hospices de Beaujeu），葡萄園面積最廣，多達81公頃，歷史也最悠遠，已經有七百多年，而且擁有歷史莊園La Grange Charton，自二〇〇四年起由Boisset集團旗下的薄酒來酒商Mommessin負責經營管理。有多家分院的里昂醫院（Hospices Civils de Lyon）源自一家一千四百多年前創立的濟貧醫院。約在一百年前開始接受捐贈，也在薄酒來擁有7公頃的葡萄園，因為面積不大，自一九九四年起由酒商Collin-Bourisset負責管理和獨家銷售。除了這五家，薄酒來的Romanèche村上原本也有一家Romanèche濟貧醫院，有6.8公頃的葡萄園，從十九世紀開始釀成的酒都透過拍賣會賣出，一九二六年之後則由酒商Collin-Bourisset負責管理和獨家銷售。

濟貧醫院實例：伯恩濟貧醫院

有傲人歷史的伯恩濟貧醫院是在布根地公爵菲利普二世時期設立的。正確的年代是一四四三年，英法百年戰爭之後，民不聊生的時期。創辦人是侯蘭（公爵的掌印大臣）和其第三任妻子莎蘭。濟貧醫院提供窮困病人免費的醫療與照顧，位在伯恩市中心的院址，是一座充滿原創的華美建築，也是中世紀布根地建築風格的代表作。靠著包括法王路易十四在內的善心人士的捐贈，濟貧醫院逐漸建立自己的資產，樂捐的內容包括各式各樣的財物及不動產，當然，也包括許多的葡萄園。法國大革命之後，伯恩濟貧醫院被納入一般的醫療系統，由市政府管轄，並在一九七〇年代遷到城郊，現在醫院原址已經改成博物館。

歷經五百多年來的捐贈，伯恩濟貧醫院擁有60公頃的葡萄園，其中50公頃是產紅酒的黑皮諾，白酒相當少。大部分的葡萄園主要集中在伯恩市附近的幾個村莊，而且有85%是一級園和特級園，但也有遠在馬貢內的Pouilly-Fuissé和夜丘的葡萄園。伯恩丘的特級園包括Corton、Corton-Charlemagne以及經常拍賣得最高價的Bâtard-Montrachet，在夜丘有Mazis-Chambertin和Clos de la Roche。不論等級如何，葡萄園全都依照不同的捐贈者劃分成五十個單位，由三十多

上：伯恩市內的濟貧醫院是聞名全球的釀酒醫院。

下：夜聖喬治濟貧醫院每年三月在Ch. Clos Vougeot舉行拍賣會。

右頁：一四四三年創立的伯恩濟貧醫院現已遷往郊區，原址改為博物館，是全法國訪客最多的古蹟之一。

個葡萄農各自負責照料一至二個單位的葡萄園。濟貧醫院和葡萄農之間是採用責任制的合作關係，有點像tâcheron的方式，不同的是他們都是醫院的員工，還會依照葡萄酒拍賣的結果得到分紅，有相當好的待遇。

收成後的葡萄統一運送到濟貧醫院現代化的釀酒窖統一釀造。每單位內生產的葡萄全部混合在一起，如Nicolas Rolin這一單位（一般稱為Cuvée Nicolas Rolin），包括Beaune產區裡的0.14公頃的Les Bressandes、0.33公頃的Les Grèves、1.4公頃的Cent Vignes、0.2公頃的En Genèt，及0.5公頃的Les Teurons等六片2.52公頃的一級園。不同於布根地的單一葡萄園概念，伯恩濟貧醫院近20公頃的伯恩一級園分別由十名捐贈者所捐，院方拋開分級邏輯，也不以最完美的混合為準則，僅將來自同一捐贈者的葡萄園混合在一起，因為唯有如此才能讓大眾知道善心捐贈者的大名。

現任的酒莊總管Ludivine Griveau在二〇一五年初接替Roland Masse全權管理醫院所屬的葡萄酒部門，包括種植和釀造全部由她負責。平時她只有兩個助手，但到了收成季節，許多醫院裡的技術員會被臨時派來幫忙。濟貧醫院的釀酒窖位在城的西北邊，是一九九四年建成，採用不鏽鋼酒槽而非傳統的木造酒槽。在釀紅酒時，大部分會去梗，但有些年分則會採用整串葡萄。發酵與泡皮的時間通常也不會太長，只有十多天，有時甚至不到。在二〇〇五年之前，發酵完成的紅酒，不論好壞年分或葡萄酒的等級，全部放入100%的新橡木桶；白酒也全在新桶中發酵。如同Leroy和Domaine de la Romanée-Conti酒莊，一律採用François Frères橡木桶廠的全新木桶。不過，從二〇〇六年開始有些改變，有一部分的酒是在一年的舊桶中熟成。

才剛釀好的酒，白酒有時甚至還沒完成發酵，在十一月的第三個星期日就舉行拍賣會，幾百年來，醫院不自己裝瓶，而是整桶賣給酒商，早期採招標方式，一八五九年才開始公開拍賣。原本由濟貧醫院自辦拍賣會，二〇〇五年改由佳仕得（Christie's）負責，到此時，一般民眾才有機會直接下標，不過，拍得的酒還是必須由布根地酒商培養與裝瓶。伯恩濟貧醫院葡萄酒的拍賣會是法國葡萄酒界的年度大事，從一八五九年舉辦到現在，歐洲皇室、政要、電影明星等等都曾擔任過拍賣會的主席。拍賣前，當年的所有新酒都會提供試飲作為採買的參考。除了酒商，一般民眾也可以透過網路或電話參加競標，每年大約有550到800桶新酒會在拍賣會賣出，濟貧醫院自己留存一小部分，除了裝瓶自用外，在隔年春天也可能轉賣給酒商，但這些酒商酒不能貼濟貧醫院的標籤。至於濟貧醫院自己裝瓶的葡萄酒，也會在前一天釋出一部分較老年分的藏酒進行拍賣。二〇二一年改由蘇富比（Sothby）負責拍賣。

在佳仕得之前，拍賣常常是整批被酒商標走，但現在開放一般人競標之後，常常都只以一桶為單位，標到之後，需要再另外支付佣金以及橡木桶的錢，如果是布根地酒商買到，在隔年一月十五日前可到濟貧醫院的酒窖取酒運回，繼續完成桶中培養再裝瓶。為了防止仿造，酒標則全由院方統一印刷，再分發給得標酒商印上自己的廠牌名。如果非布根地酒商標得，則必須委託一家布根地酒商幫忙完成培養與裝瓶的工作，每家酒商所收的金額各不相同，得標價還需額外加上其他費用，讓每一瓶濟貧醫院的酒在價格上都比同等級的酒要貴許多。無論如何，因為帶點慈善義賣的意味，價格超出市值好幾成似乎理所當然。許多買主只是為了能看到自己的名字印在濟貧醫院的酒標上。過去布根地的葡萄農常會以濟貧醫院拍賣的漲跌當做新年分成酒

濟貧醫院的病床。

左上：拍賣會當日早上於濟貧醫院內舉行的新年分試飲。

上中：拍賣會前的餐會。

右上：拍賣會在二〇〇五至二〇二〇年間由佳士得拍賣公司主持。

左下：在伯恩市場內舉行的拍賣會。

右下：伯恩濟貧醫院在Savigny村的葡萄園。

交易的價格指標，但自從佳仕得主持拍賣會，酒價經常飆高之後，參考的價值已經不高。

因為太知名，有太多媒體的報導，伯恩濟貧醫院也常遭到本地酒業的批評，有人覺得新橡木桶的比例太高，有人提倡拍賣要改到隔年春天或甚至一年之後比較能喝出酒的品質，也有不少人指控濟貧醫院拍賣會拍出的高價，是布根地葡萄酒價不斷攀升的罪魁禍首。面對質疑，濟貧醫院院長Antoin Jacquet一貫提出反問，有誰能對幾百年的傳統作出更改的決定呢？也許這就是伯恩濟貧醫院可以在全球葡萄酒界中如此與眾不同的原因吧！

葡萄酒買賣仲介

　　葡萄酒仲介是一個相當古老的行業，幫葡萄農釀的酒找買家，也幫酒商找葡萄酒，買賣的主要是整桶的成酒。在布根地，葡萄酒仲介最早出現在一三七五年，當時稱為courtiers gourmets，由他們擔任外國酒商與本地葡萄農之間的仲介者，負責保證酒的來源和品質，以避免發生假冒的問題。即使酒商直接採購已經變得越來越常見，但是，在葡萄園非常分散的布根地，葡萄酒仲介在酒業裡還是一直扮演非常重要的角色。在金丘區有70－80%的葡萄酒還是透過仲介交易。

　　精細地分級以及均分繼承，葡萄園多，卻又狹小，布根地酒商採買的單位常常僅數桶，但卻有數百批，採購的工作非常繁瑣，很難獨自完成，常需專業的仲介幫忙。仲介的專長在於熟知葡萄園的特性，也認識葡萄農在種植與釀造上的專長與缺點，對於年分對各村的影響也略知一二，對市場行情與葡萄農的庫存也頗熟稔。當然，跟酒農建立長期的人際網絡更是酒商採購所欠缺的。雖然酒商可以自己找葡萄農採買，但還是寧可借重仲介的專業與關係，同時，買賣也較有保障。

　　在布根地，葡萄酒的交易全是口頭承諾，許多酒商宣稱和許多酒莊立有長期契約，事實上多半只是口頭上的約定而已。經仲介買賣葡萄酒至少有人可以居間保證酒的品質，同時也保證賣出的酒最後可以收到錢。通常年底賣出葡萄酒後，葡萄農要到隔年春天才會收到付款。仲介經年穿梭於產酒村莊打探消息，即使是自己裝瓶的頂尖獨立酒莊，有時缺現金，也可能賣桶裝的葡萄酒。在布根地，幾乎每一家酒商多少都必須透過仲介的協助才能買全所需的葡萄酒。

　　雖然早期仲介負責的是成酒的交易，但是近年來酒商自釀的比例越來越高，仲介的工作也越來越複雜。買賣的可能是葡萄、釀白酒的葡萄汁、整桶的葡萄酒，或甚至已經裝瓶的成酒。每一種產品，仲介需要提供的服務也不同。如果是買葡萄的情況，仲介的工作須提早到採收之前，到葡萄園實地查看葡萄的品質與健康狀況，也必須協助酒商與葡萄農制定採收日期，而且採收當天也要到場確認葡萄沒有被調包，畢竟，離開葡萄樹之後，要確認一批葡萄是來自哪一村哪一園並不容易。

　　桶裝成酒的買賣還是最大宗。因各酒商有各自喜好的葡萄酒風格，對品質的要求以及預算都不一樣，每年十、十一月葡萄酒剛釀成時，仲介會開始到酒莊收集樣本，依各酒商的風味及要求做篩選後再帶給酒商試飲。仲介也可能受酒商之托，特別尋求某些特定的酒款。酒商若確定購買，在談好價格與數量後即可成交，但交易並不就此完成。為減少對新酒的干擾，通常得等到隔年春天完成乳酸發酵後酒商才會提貨，付款依慣例以九十天為期分三次付清。至於酒的價格常由仲介居中協調，但也有可能以隔年春季的平均市場行情為準，而成浮動式的價格。為了保證品質，提貨前仲介還得再試飲以確定與樣品無誤。仲介費用的行情是買賣雙方各付2%的佣金，有時賣方會付到3%。

　　剛釀成的新酒，品質變化大，特別是在未完成乳酸發酵前，葡萄酒仲介在這一部分必須要非常專精。布根地從北到南相隔200多公里，通常仲介也有領域之分，特別是專精於優質葡萄

酒的仲介，往往經營小區域的葡萄酒。金丘區因為沒有釀酒合作社，葡萄園也特別分散，因此仲介特別多，約有五十多位，但在馬貢內和薄酒來地區卻僅十多位，數量少，透過仲介的比例也比較低。夏布利因為距離遙遠，自成一區，當地的仲介很少跟別區重疊。

葡萄酒仲介實例
Jérom Prince

　　雖然要成為葡萄酒仲介必須通過相關的考試取得證件，但這個老式的行業最核心的部分還是在跟酒商與葡萄農的關係上，所以大部分都是父子相承居多，直接將一生建立的人際資產傳給下一代，是最能夠成功的模式。伯恩市的Jérom Prince是布根地葡萄酒仲介工會會長，也是承襲自父親，出身自仲介業世家。名酒商Leroy與Louis Latour是他最大的兩個客戶。有五十多家酒莊靠他將酒或葡萄賣給十多家固定合作的酒商。固定合作的葡萄農集中在金丘及夏隆內丘，主要以高級酒買賣為主。雖然仲介在其他產區已日漸式微，有些外來的酒商對於仲介的制度頗不以為然，但他相信在布根地，仲介的角色是無法被取代的。

Pierre-Alain Cairo

　　專精於夜丘區紅酒的Pierre-Alain Cairo是另一個例子，一樣出身仲介世家，也是以高級酒為主，Faiveley、Joseph Drouhin和Albert Bichot是最主要的客戶。他記得一開始，父親給他一個裝樣品的提籃，要他自己去敲酒莊的門，建立自己的人脈。不過，光是遞出名片，Cairo這個姓就不會全無意義。不同於Jérom Prince，Pierre-Alain Cairo因為曾經在酒商工作，除了當仲介也投資專精於日本市場的葡萄酒商。因為自己是仲介，可為自己找尋優秀的葡萄酒，不過，這樣的結合在布根地還相當具爭議。

左：Pierre-Alain Cairo是新一代的仲介。

右：出身伯恩葡萄酒仲介世家的Jérom Prince。

釀酒合作社

曾經，在歐洲，釀酒合作社是一種提升釀酒品質的模式，當葡萄酒的釀造開始成為一種專門的科學技術，許多葡萄農不再自己釀酒，而是將葡萄交由設備齊全的合作社，由專業的釀酒師來釀造。布根地在一九二〇年代時幾乎每一個酒村都有合作社。五〇年代是極盛期，當年有三十五家。現在獨立酒莊則自己釀酒及裝瓶，合作社越來越不受重視，因此僅剩二十三家，即使家數少，但產量大，每年有近四分之一的布根地葡萄酒是產自合作社。個人主義盛行的布根地，似乎不太容得下合作社的生產方式，特別是在金丘區，僅留Caves des Hautes Côtes一家而已。在夏隆內丘也僅Cave de Buxy一家較為人知，在夏布利則只有La Chablisienne一家，不過這兩家在當地具有重要的影響力。唯有在馬貢內區合作社較多，而且是最重要的產酒單位。另外，薄酒來產區內也有較多的釀酒合作社扮演重要角色，有十八家。

合作社的好處是可以在釀酒技術與設備上做較大的投資，也有專人負責行銷和銷售，讓一些自有土地面積小，無力自釀的葡萄農有生存的可能。和合作社簽約的葡萄農，只須負責種植葡萄的工作，採收後交由合作社。所有釀製、培養、裝瓶與銷售，全都由合作社的人負責，葡萄農只要等著領錢即可。不過，來自各葡萄農的葡萄混合釀造，其中大多是機器採收，在大量生產的情況下，酒的水準較難提升，也許具平均水準，但較缺乏特色，優點是價格便宜而且酒源充足，有能力供應大眾市場。一般人對合作社葡萄酒的印象大多也如此，不過，在布根地還是有些表現傑出的釀酒合作社，關鍵在於他們都對葡萄的品質做分級。

只要葡萄符合法定產區的標準，如單位產量與成熟度等等，合作社依約須收購社內葡萄農的所有葡萄，價格則依葡萄園等級與重量計算。同工同酬很難鼓勵葡萄農種出高品質的葡萄，特別是對產量敏感的黑皮諾，現有的合作社大多專門釀造白酒，可見合作社的模式不適合黑皮諾。為提升品質，有幾家合作社會針對葡萄分級，等級較高的可以得到獎金。葡萄種植越來越受注重，以品質為重的合作社也開始提供葡萄農種植技術的建議，有專業的品管團隊到各葡萄農的葡萄園檢視及提供建議。同時在釀酒法上也在全然現代的設備中包容傳統的技法，以保留產地的特色。

特別值得注意的是，釀酒合作社主要都位在生產白酒的產區，如夏布利的La Chablisienne、Montagny區的Cave de Buxy、Viré-Clessé區的Cave de Viré，以及馬貢內區的Vignerons des Terres Secrètes等等。不過，也有位在St. Bris的Bailly-Lapierre，這是一家專門生產氣泡酒的合作社，但主要是以黑皮諾釀成，品質常超越所有大型的布根地氣泡酒商。布根地的合作社之間也有一些合作，如Blason de Bourgogne，是五家分屬五個產區的合作社共同經營的廠牌，提供布根地全區的葡萄酒，包括夏布利的La Chablisienne、產氣泡酒的Bailly-Lapierre，金丘的Caves des Hautes Côtes，夏隆內丘的Cave de Buxy，以及馬貢內區的Vignerons des Terres Secrètes等五家。

上：大部分的酒款都是採用不鏽鋼酒槽發酵與培養。

下：也有一小部分的夏布利會在橡木桶中培養。

釀酒合作社實例：La Chablisienne

　　在法國七百多家合作社中，一九二三年成立的La Chablisienne，可能是品質最高的一家。是夏布利唯一的合作社，也是當地最大的酒廠，社員包括三百多個酒農，共1,200公頃的葡萄園，占了全區四分之一的面積，年產700多萬公升的葡萄酒。熟知布根地的人大概難以想像會有這樣的規模。La Chablisienne並不單以大出名，而且擁有許多頂級葡萄園，特級園就有近12公頃，七個特級園中，只缺Valmur，其中Grenouilles更多達7.5公頃，占此特級園近五分之四的面積。一級園則有十八個之多，總數近百公頃。一九九九年，La Chablienne以合作社酒廠的資金買下Château Grenouilles，組了一個獨立的團隊負責耕作和釀造這個只有特級園的城堡酒莊。合作社也扮演獨立酒莊的角色，在法國算是頗少見的例子。

　　為了提升品質，如果葡萄農願意保留產量低的老樹，或者種出品質特優的葡萄，都能得到較高的報酬。夏布利地區大部分都是採用機器採收，La Chablisienne也不例外，只有不到30%是人工採收。採收後的葡萄直接在葡萄農家中榨汁，再由合作社將葡萄汁運回酒廠釀造。經沉澱去雜質，再經皂土凝結沉澱，而後加入來自香檳的中性酵母。發酵的溫度經常維持在20－22℃之間，避免溫度過低產生太多果香，大部分的發酵都是在大型的不鏽鋼槽中進行，但也有一部分在橡木桶中進行。

　　不同於許多合作社以生產討喜可口的商業酒款為要，La Chablisienne卻是以釀造出夏布利地方特色的白酒為首要目標。他們在釀造上強調的不是果味，而是夏布利特有的礦石香氣。他們通常把含果味的酒賣給酒商，留下較有個性的酒裝瓶。位在鎮邊的酒廠非常現代化，設有一個品嚐室和零售店，三百位葡萄農輪班到這裡接待訪客，供應試飲的酒款多達三十款以上，是一窺夏布利全貌的最佳地點。

上：看似工廠般的新式釀酒窖卻常釀出具有非常多地方風味的夏布利白酒。

左下：La Chablisienne的品酒室。

右下：擁有7.5公頃Grenouilles特級園的Château Grenouilles是La Chablisienne自有的獨立酒莊。

釀酒顧問

　　為酒莊或酒廠提供釀酒建議的專業顧問，在全球葡萄酒業中扮演非常重要的角色，幾位知名的明星級顧問，其釀酒風格甚至還在葡萄酒世界裡引發新的風潮。雖然比波爾多，甚至全世界其他主要產區晚了幾十年，但是，釀酒顧問確實也在布根地開始盛行起來了，成為酒業中的要角，只是形式還是有些不同。

　　酒莊聘任釀酒顧問，其實是晚至一九九〇年代中期才開始變得比較普遍。早期的酒迷也許還記得，黎巴嫩裔的釀酒顧問Guy Accad在一九八〇年代末，曾經因為極端的釀造法在布根地掀起許多波潮。雖然一九九〇年代末他就已經在布根地消聲匿跡，但是他讓酒的風格有明顯而直接的變化，卻是讓布根地許多莊主深植於心。在一九九〇年代中，現在最重要的兩家釀酒實驗室Centre Œnologique de Bourgogne（COEB）和Burgundia Œnologie，開始提供顧客釀酒的建議，一來因為葡萄酒世界的進步，迫使布根地的頂級酒莊即使再守舊也必須跟進，另一方面也是因為布根地的知名酒莊開始變得比較富有，可以支付顧問的費用。

　　在法國，œnologue是指有正式釀酒師文憑的人，跟一般沒有文憑的釀酒師不同，œnologue必須受過五年以上的釀酒學高等教育，而且要通過考試獲得國家文憑。這些釀酒師不一定都從事釀酒，他們有很多是進行釀酒學研究，或者在釀酒實驗室為酒廠做樣品檢驗。布根地大部分的酒莊至今仍然是父子相承式的手工藝釀造，除了酒商或是大型的酒莊，很少雇用專職的釀酒師。釀酒科技看似離布根地非常遙遠，除了無法負擔聘任費用，許多酒莊並不認同專業的釀酒師可以釀出更好的葡萄酒，甚至認為他們比較像是葡萄酒醫生，只是為了要向他們推銷昂貴，卻多餘的釀酒設備與釀酒產品，如酵母菌、酶、酸和單寧等等。

　　不過，新一代的酒莊主雖繼承自父親，但也有幾位擁有專業的釀酒師文憑。即使不是釀酒科系畢業，也可能是高職釀酒科畢業，或至少也有修過短期的釀酒學課程。即使他們延續了傳統的釀造法，但卻更願意將現代釀酒學引進酒莊，採用科學的方式來思考葡萄酒的釀造，至少，當做釀酒的參考。即使沒有聘請釀酒顧問，但大部分的酒莊除了少數有檢測儀器外，其餘都會委託實驗室幫忙檢測葡萄酒樣品。不同的科學數據提供釀造時的重要參考數值。之前提到的COEB是布根地酒業公會附設的葡萄酒檢驗單位，有很多酒莊將葡萄酒樣品送到那邊的實驗室做分析。除了被動的檢驗，COEB的服務項目也包括提供釀酒建議，依據檢驗數據與品嚐，幫助葡萄農解讀分析並提出改進的方法。

　　其他的實驗室也開始提供類似的服務，如夏布利區的Jacques Lesimple跟Thierry Moreau，馬貢內和薄酒來的Œno-Service和Vigne et Vin Conseils，在金丘區有Académie Œnologique de Bourgogne、Burgundia Œnologie和COEB等等。波爾多的釀酒顧問除了釀造的建議之外，主要在協助葡萄酒的調配；在布根地則主要在釀造與培養上，特別是黑皮諾的釀造更是關鍵。一個顧問大概只能服務三十到四十家酒莊，因為在採收期，每一家酒莊至少每天要去一次，四十家已經是極限了，所以顧客超過二百家酒莊的實驗室如Burgundia Œnologie、Académie Œnologique de Bourgogne和COEB等等，都有多位專業釀酒顧問一起合作。

左：雖然傳統老式的酒莊相當多，但布根地仍有相當多先進的實驗室提供酒莊科學的檢驗資料。

中：採收季實驗室中成堆待檢測的樣品

右：由Kyriakos Kynigopoulos所開設的Burgundia釀酒顧問公司。

釀酒科學逐步進入布根地酒莊，提升了布根地葡萄酒的整體品質，也讓天氣條件較為困難的年分同樣可以釀出高品質的酒，因錯誤決定而被釀壞的酒也較少出現。不過，釀酒顧問也讓一部分的酒莊透過特定的技術，釀造出符應市場需求的近似風格，特別是立即而明顯的黑皮諾顏色萃取技術或一些酶與酵素對香氣與口感的影響。有些釀酒顧問甚至宣稱可以針對不同家知名酒商採購桶裝酒的喜好提供釀酒建議。過多的技術操控是否真能釀出更好的布根地葡萄酒？是否會造成風格的同一化？是很值得深思的問題，畢竟，在還沒有釀酒學之前，布根地就已經釀出非常多精彩的葡萄酒，許多傳統的釀造技術也一直沿用流傳至今。不過短期有效的市場效應對於葡萄農來說還是非常具有吸引力。

釀酒顧問實例：Kyriakos Kynigopoulos

來自希臘的Kyriakos Kynigopoulos是目前布根地最受推崇的釀酒顧問，由他所開設的Burgundia Œnologie釀酒實驗室，為布根地兩百多家酒莊提供釀酒建議，他的客戶包括了大部分本地最知名的酒莊。這位常被暱稱為希臘人（Le Grec）的顧問，在法國之外也為三十多家酒廠提供服務。一九八二年來到布根地深造釀酒學之後，就一直留在布根地。一九八八年在伯恩市的SGS Œnologie釀酒實驗室工作。他結合失傳的傳統釀酒法與現代技術的釀酒法，吸引許多酒莊主的注意，特別是他所建議的發酵前超長低溫泡皮，可讓酒莊釀出從未見過的超深酒色與豐厚酒體。二〇〇六年他將SGS Œnologie 改制，創立現在的Burgundia Œnologie。

身為布根地釀酒顧問的開創者之一，Kyriakos Kynigopoulos的成功來自於，他讓那些已經聞名全球的酒莊在原有的基礎上可以再往前邁進一些，以及他的溝通長才。其實，許多他提供服務的酒莊主，自己就已經擁有釀酒師文憑和堅定的釀酒理念，但透過他，莊主們可以有一個夠理解情況的人可以參與討論，以做出更謹慎的決定。特別是Burgundia Œnologie透過數以千計的樣品分析，可以更全面精確地掌握每個年分的特性，讓他的建議更具參考價值。🍷

chapter 3

葡萄的
種植

在布根地，所有的改變與創新都是包裹在傳統的氛圍與根基之中，葡萄的種植更是如此。因為在意葡萄園，布根地酒莊竭其所能地專注於土地與耕作，也嘗試更多的新方法，但種植法卻越來越復古，將葡萄種植帶往過去，回到還沒有化學農藥的年代。

自一九九〇年代，布根地開始將葡萄種植的重心放在土壤中的生命，以解救因農藥濫用而奄奄一息的葡萄園，採用更著重傾聽自然的復古農法。歷經過度主宰與操弄自然的現代農業，有機種植和自然動力法現在已蔚為風潮，重回隨時可能會面對自然威脅，卻又更能與自然相生相合的耕作傳統。雖然葡萄農不再可以高枕無憂，但釀成的葡萄酒卻更自然均衡，也更能表現風土特性。

不同流派的種植法

跟釀造法一樣，布根地的葡萄種植法也非常多樣，各家酒莊各有堅持與想法。做為全法國最注重葡萄園的產區，而且有為數非常龐大的葡萄農酒莊，莊主自己管理葡萄園，甚至自己耕作，對於種植法注重的程度，少有其他產區可與之相比。在布根地，大部分的酒莊或甚至酒商，都一致相信葡萄酒的品質和風味，大部分在採收釀造之前就已經決定了。目前當地的精英酒莊主要採理性控制法（lutte raisonnée）、自然動力種植法（biodynamie）、有機種植法（biologique），三種不同理念的種植方式。當然，還是有一小部分的知名酒莊繼續慣性地噴灑化學農藥，但已經越來越少見，有機種植的比例近十年來在布根地大幅成長，已接近十分之一的種植面積採用有機或自然動力法，是法國比例最高的產區之一。

理性控制法

這是最多精英酒莊採用的種植法，在有機種植興起之前，酒莊並不會特別強調葡萄園是以何種方法耕種。在全然放棄化學農藥的有機法，與大量使用農藥的耕作習慣之間存在許多的可能，一九九〇年代才開始出現的理性控制法是其中最被廣泛採用的方式。不過，這樣的種植法只是強調理念，並沒有特別的施行細則或規範，主要在於標誌酒莊在種植上的態度和想法，並不存在任何認證，是否為理性控制，主要源自酒莊的自我認定。

理性控制法會使用一般的農藥來保護葡萄，但是在劑量與頻率上採較溫和與謹慎的用法，除非葡萄確實遭遇危險，非不得已才會使用。跟慣性施用農藥的耕作法不同的是，理性控制法必須更注意觀察葡萄園的狀況，實地瞭解病害後才依實際情況施用小劑量的藥物，而不是僅依據排定的噴藥時間表，定時定量地噴灑各式化學藥劑以預防染病與蟲害。除此之外，此種植法更強調科學的根據，會實際考量氣象變化等因素，更精確地施用藥品，以達到少量有效的目的。

基於這樣的理念，經科學證明且實際有效的一些生物防治法，也可能被應用在以此法耕作

葡萄園的管理與種植在布根地常常遠超過釀酒技術的重要性，扮演絕對的影響關鍵。

的葡萄園。最知名的例子是葡萄蛀蛾的防治。Eudémis及Cochylis這兩種生命週期相近的蛾，是葡萄最主要的害蟲。牠們在一年內有兩到三次由毛蟲變成蛾交尾產卵，母蛾會散發費洛蒙吸引公蛾前來交配。春末孵化的第一代幼蟲會咬食葡萄花，夏末孵化的毛蟲會直接咬破葡萄鑽入葡萄內，傳染黴菌造成葡萄腐爛。從一九九五年開始，有酒莊放置裝有人工母蛾費洛蒙的小塑膠盒在葡萄園內，每公頃安置500個，各裝500微克，使葡萄園的空氣中到處散布著母蛾氣息，讓公蛾迷失母蛾蹤跡，無法順利完成交配，降低繁殖的數量。葡萄蛀蛾的活動範圍超過15到20公頃，所以如果要有效防治，裝置的面積必須超過20公頃以上才能產生效用，現在布根地幾乎各處的葡萄農都加入合作的計畫，不只葡萄蛀蛾的數量減少，因減少噴藥，葡萄園的生態環境也變得更均衡。

　　許多採用理性種植法的酒莊也同樣支持永續經營的葡萄農業，但他們並沒有採用有機種植的原因，不完全是他們認為有機種植無法保證在大部分的年分都生產出最好的葡萄，而是認為有機或自然動力種植法並不一定是對環境最友善，也不是最不會傷害生態體系的農作法，他們想讓自己有更多自由的選擇空間，以做出對葡萄園與葡萄樹最好的選擇。

　　例如以硫化銅為主做成的波爾多液（bouillie bordelaise），是有機種植法防治葡萄主要疾病霜黴病和灰黴病等的噴劑，在潮濕的年分即使噴灑多次也不見得有效，如果噴灑太頻繁，這種藍綠色藥劑中所含的銅，會堆積到地底，破壞土壤中的均衡生態。又如從植物中所萃取出的防蟲藥劑，因為來源是自然，常被有機種植法採用，但卻也可能比一般化學藥劑更容易傷害葡萄園中的益蟲。

自然動力種植法

　　在面對自然時，採用建基在科學與理性的現代農技來種植葡萄，是大部分葡萄農的選擇。但是，也有一些酒莊放棄掌控與主宰，改用與自然並生共存的方式來面對，讓葡萄樹在與自然彼此相應相合中生長出與天地萬物合一的果實。這樣說，也許有一些玄虛，但是，一種稱為自然動力（或譯生物動力）的葡萄耕作法，正快速地在布根地精英酒莊間盛行起來，不管是不是準備接受，「自然動力」已經是布根地酒迷們不得不知的關鍵字。

　　自然動力法雖是針對所有農作物提出，但發展至今在葡萄酒業的影響卻是最深遠，採行的酒莊比例不高，但卻大多是精英酒莊，尤其是許多知名產區的第一名莊，如阿爾薩斯（Alsace）產區的Zind Humbrecht、Vouvray產區的Huet、北隆河的Chapoutier、Beaujolais產區的Château des Jacques、西班牙Bierzo產區的Descendiendes de J.，紐西蘭Central Otago產區的Felton Road、澳洲Margaret River產區的Cullen，以及產自法國布根地，全球酒迷都夢想能喝上一口，最珍貴價昂的Romanée-Conti，全是以此法耕作。

　　但即使如此，「自然動力」卻仍然還是一個帶著神祕色彩，有著極端爭議的農法。例如其依占星學所建構的種植年曆，又如各式混合植物、礦物甚至動物的詭奇製劑、銅製水槽中長時間順逆時針攪拌的強化方法，以及結晶圖分析等等，都很難有明顯的科學解釋與根據，從西方理性科學的角度來看，這些「農法」反而比較近似迷信或巫術。但是，當自然動力法應用到某

上：微不足道的劑量卻能產生不錯的效果，是自然動力法最奇特的地方之一。

下：混合乳清的製劑強化後，置入銅製的噴灑器內以進行人工噴灑。

右：無論是否為自然動力法酒莊，在布根地採用馬犁土的酒莊已經相當常見，如Arlaud酒莊即飼養兩匹馬專職於犁土的工作。

些酒莊的葡萄園裡，卻似乎頗具效力。有許多釀酒師並不相信占星學，但是卻為「自然動力」的成效所說服。

自然動力種植法是由奧地利哲學家Rudolf Steiner所創，一九二四年他在奧地利的Koberwitz莊園為農民舉行的八場演說中，針對當時農業所面臨的問題首度發表自然動力種植法的理念。演講的內容在隔年編印成冊，成為此農法的理念基礎。Rudolf Steiner是哲學家，由他所提出的人智學（Anthroposophy）在自然科學之外，企圖建立靈性的科學。自然動力種植法也被視為人智學在農業上的應用，演講之後不到十個月Steiner就過世，他在演說中所提到的許多觀念比較像是哲學或宇宙觀，而非實際的種植方法。留下了深奧難解的內容由後人摸索嘗試找出應用的可能性，以及依據個人的理解所做出的不同詮釋。

例如他對於植物生殖的想法就與生物學不同，Steiner認為所有在地表之上的為陽性，在地表以下為陰性，植物的受粉並非生殖，只是產生種子而已。生殖的關鍵在於發芽，必須要將在地表陽性世界產生的種子放入土壤，亦即陰性的「器官」中，才是真正的生殖。Steiner的獨特

生殖觀將土壤視為植物的生命之本，他認為自然動力法即是維護土壤健康的種植法，有健康的土壤才能有健康的植物，才能提供人類與動物健康的食物。

在Rudolf Steiner之後，一些跟隨者開始從種植經驗中歸納出可實際運用的種植法。其中包括德國人Maria Thun所編製的《自然動力年曆》。占星學相信星體與黃道十二宮和世間諸事皆有對應，植物的種植或播種，以及其他農事的施作時間，如果能依據星盤以及月球與地球的對應關係，挑選最適合的時刻來進行，必能使植物的生長更順遂。月球是離地球最近的星體，相較其他行星，對植物的影響也最關鍵。Maria Thun這份年曆便是以月亮在十二星座間的運行為準，再參考太陽與各行星的宮位所製定成的農事曆。

其原理並不複雜，月亮約每二十七點三天繞行地球一圈，從占星學的角度看，在這段期間內，月亮將繞行黃道十二宮一圈，約二到四天就會從一個星座進入另一個星座。每當月亮進入一個宮位，就會將這個星座的影響力量傳到地球。他們認為火象的星座如射手、牡羊和獅子座，對應於植物的水果或種子，當月亮進入火象星座時為「果日」，最適合採收葡萄或種植水果類的植物。土象星座，如處女、摩羯和金牛座，則對應於植物的根部，如犁土或種植番薯、芋頭等根類植物時最好選擇月亮在土象星座的「根日」。水象則對應於植物的莖和葉，風象則對應於植物的花。

象限	星座	對應的器官
火象	獅子座，射手座，牡羊座	果
土象	處女座，摩羯座，金牛座	根
風象	雙子座，天秤座，水瓶座	花
水象	巨蟹座，天蠍座，雙魚座	葉

採行自然動力法的酒莊在進行各項農事的時候，會參考這份每年更新的農事曆來安排耕作的時機，不過在實際的應用上並不一定完全遵循，以採收為例，火象的果日雖然是最佳採收時機，但有些酒莊的採收期長達一兩週，無法在二至四天的果日採完，如果必須等到下一次的果日再採，則葡萄可能過熟，酒莊可能也會在風象的花日採收。也有酒莊認為在土象的根日採的葡萄會有比較內斂的個性，並不一定不好。有些酒莊偏好在果日裝瓶以保有最多香氣，但也有偏好根日裝瓶的酒莊，希望在酒比較沉靜的時候進行，甚至也有酒莊依據年分特性決定要在果日還是根日裝瓶。除了運用在種植、釀造，這份年曆也被應用到葡萄酒的品嚐時機，如果相信月亮繞行黃道對植物的影響，也可能對葡萄酒的風味表現帶來影響，Maria Thun甚至建議在花、果日品嚐葡萄酒，但要避開根、葉日。

在這份年曆中也會標出月球軌道與黃道面相交的月結點，此時無論月亮進入哪一宮，都不適宜進行任何農作。其他包括日、月蝕、月球近地與遠地點，行星交會、相衝與對座等都連同之前的原理被運用到這份種植年曆的編排。此外，Maria Thun認為當月亮從射手座走到雙子座的上升階段，植物的樹液會往上升，在植物的上部充滿樹液與生命力，是最適合進行嫁接的時候。也是採收水果的好時機，最為多汁，也有更長的保鮮期。而當月亮從雙子走到射手的下降階段，樹液會下降到根部，特別適合進行修葉或剪枝。此時土壤中的微生物也特別活躍，也是

左：蒲公英是葡萄園邊常見的植物，是製作506的原料，須裝入牛腸中轉化。

中上：Leroy酒莊的黃道十二宮圖。

中下：500須存放於陶罐中再置於木箱中保存。

右：Domaine de la Vougeraie酒莊的藥草室收藏各種製劑的藥草。

進行犁土、施肥、播種或是種植新苗的良好時機。

雖然Maria Thun不認為月亮盈虧的月相改變會對植物體產生太多的影響，所以在他的播種曆上著墨不多，但仍然有一些葡萄農會依據月相來進行農事。如避免在滿月時剪枝，以免損耗葡萄樹的元氣。葡萄農也常認為此時的酒比較混濁，最好不要進行裝瓶或換桶的工作。在由新月到滿月這段期間，常被認為是植物體最強健的階段，也較能對抗疾病，適合會降低樹勢的農事，如剪枝、採果等等。

自然動力種植法將植物視為一個生命體，所以農事的重點在於強化植物本身的生命力，而不是外在看起來是否茂盛健康。植物染病並非植物體本身的問題，而是環境，特別是土壤出現問題。只能表面上解決局部問題，卻對土壤造成傷害的化學農藥與肥料，則必須完全捨棄。自然動力種植法只有在這一個部分跟有機種植有較類似的地方，但也僅止於此，自然動力種植法更進一步地企圖讓植物體能與宇宙間的自然力量相合，在農事耕作上必須依據特殊的時機，施用特殊的製劑。

自然動力種植法的實踐者會調製混合著動、植物與礦物質等天然材料的製劑，配合年曆的時機使用，來強化植物的力量。這些有著不同功能的製劑，使用的原則必須建立於大地、植物體與宇宙三者間的協調上。這些配方的材料主要由蓍草、春日菊、蕁麻、橡木皮、浦公英、柳條、牛糞及矽石等自然物質所調製而成。有些配方需經過發酵轉化，通常在動物的器官中進行，如最常用，稱為「500」的製劑，是將牛糞裝入牛角中再埋到土裡進行發酵，隔年春天挖出來之後，只要約100克就可強化1公頃的葡萄園，方法是加到30到35公升的水中攪拌強化數小時，施用的時機則必須挑選「土象日」噴灑於土中，如此將有利於土壤的結構與力量。又如將

石英粉裝於牛角中，土埋轉化而成的「501」，於「果日」或「花日」施作於莖葉，有利植物體的生長。501的劑量更小，每公頃只需2到4克。

500因為是作用在土壤，通常是在三到五月的春天發芽前，以及在秋天九到十一月採收後施用。501剛好相反，是作用在露出於地表的植物體本身，所以施用的時間是在五到九月間的生長期。強化的過程最好是在銅製的容器中進行，木桶次之，先攪動桶中液體，形成很深的漩渦之後再逆向攪動產生激烈的水花，如此不斷循環一小時或更久。雖然最好是用人工強化，但是較大的酒莊會採用特製的機器來強化。

500和501是最基本的自然動力種植法配方，其他常用的還有502到507等六種用來強化堆肥的配方，都是以植物為主，在動物的器官中發酵轉化而成，所以也都以植物為名。例如502為蓍草，其主要功能在增進肥料的硫與鉀肥。其製作方法是以太陽進入獅子座時所採摘的蓍草花為原料，採的時機如果配合月亮進入火象星座時的果日為佳。乾燥的花塞入鹿的膀胱，先懸掛風乾後，在十月分選一天根日埋入土中，在隔年的復活節後挖出，最好挑選火星進入牡羊座時出土。等製作肥料時，再添加進去。Steiner曾說，這些關於施肥的方法是無法用自然科學來理解，只有在思想上能進入靈性世界的人才能瞭解，也唯有透過靈性的探尋，才能發現這些肥料的祕密。

配方	主要材料	轉化或保存容器	作用
500	牛糞	牛角	土壤
501	石英	牛角	植物莖葉
502	蓍草	鹿的膀胱	堆肥：硫與鉀肥的增進
503	甘菊	牛腸	堆肥：有機質的分解
504	刺蕁麻	陶盆	堆肥：氮和鐵的增進
505	橡木皮	豬、牛或羊的腦腔	堆肥：增進鈣且減少植物病害
506	蒲公英	牛的腸衣	堆肥：增進矽和氫
507	纈草	玻璃瓶保存	堆肥：磷
508	木賊	泡水兩週	對抗黴菌

除了以上這九種源自Steiner的製劑，也有其他後人的製劑配方，如Maria Thun的牛糞堆肥配方，採用兩邊開口的橡木桶當發酵轉化的容器，也添加502、504、506和507四個Steiner的配方調製。

結晶圖感應（cristallisation sensible）是人智學，或自然動力種植法對於農產品品質的分析法。由Ehrenfried Pfeiffer依據Steiner的建議在一九二五年所發明，除了用在自然動力種植法上，也應用在化妝品與醫藥業的分析。方法非常奇特，卻頗為簡單，將要做分析的樣品，如土壤、葡萄酒、牛奶或血液等，加入混合氯化銅的液體，注入玻璃皿中，在溫度28℃與濕度58%的環境下靜置十四小時，靠著水分蒸發，皿中的氯化銅會形成結晶。實驗室再依據結晶的形狀提出分析報告。分析的內容經常跟力量與老化程度有關，各實驗室的詮釋也不一定相同，通常越有生命力的樣品，會有越明顯或越集中有秩序的結晶。分析有時可以非常明確，如遭黴菌感

左上：500跟501都須要裝在牛角中埋入地下才可以製成。

上中：從牛角中取出的500。

右上：以石英製成的501粉末。

左下：生產全世界最昂價葡萄酒的Romanée-Conti特級園已經全面採用自然動力法種植。

下中：於橡木桶中進行強化的500。

下右：透過水流漩渦強化力量的灌溉水。

染的葡萄所釀成的酒，經常在結晶中央的部分出現正十字型的結晶。添加比較多二氧化硫的葡萄酒，則常出現羽狀無秩序的結晶。而自然動力法釀成的葡萄酒，也常有非常密集的結晶。

法國自然動力種植法的發展比德國、奧地利和瑞士來得晚，在法國並沒有任何農業學家接受這樣的種植理念，只有零星的實踐者，其中包括羅亞爾河Coulée de Serrant產區的Nicolas Joly，他雖然被視為法國自然動力種植的先驅與推廣者，也出版多本相關著作，但他在一九八〇年代初才開始嘗試，到一九八四年才完全採用。布根地則在一九七〇年代末開始出現實踐的例子。Jean Claude Rateau是位在伯恩市的酒莊，他在一九七九年接手家族酒莊，並在Beaune的村莊級園Clos des Mariages試用自然動力法，為布根地最早採行此法的葡萄園。

在一九八〇年代，Lalou Bize-Leroy受到Nicolas Joly的啟發，在Domaine de la Romanée-Conti試驗，之後一九八八年新成立的Domaine Leroy就已經全部採用自然動力法種植。Leflaive酒莊也在一九九〇年開始局部試驗，到一九九七年全部採用，兩家由女莊主經營的名莊，成為布根地自然動力法的典範酒莊。François Bouchet是當時布根地主要的自然動力種植法顧問，他在一九六二年就開始以自然動力種植法耕作位在羅亞爾河的葡萄園，在他的協助下許多感興趣的酒莊得以減少自己摸索的時間，也吸引更多葡萄農加入。另外，馬貢內區的Pierre Masson，也是重要的自然動力種植法顧問，他採用彼此分享經驗的團體學習法，而其所經營的公司Biodynamie Service也提供相關的產品與製劑，讓酒莊更容易改用自然動力法，成為再也不是不得其門而入的種植法。一九九〇年代加入的酒莊越來越多，其中包括Domaine des Comtes Lafon、Michel Lafarge、Domaine Trapet、Comte Armand和Joseph Drouhin等名莊。延續至二十一世紀，自然動力法已經是布根地相當常見的農法，特別是在金丘區的名莊間。

雖然有許多酒莊自稱採行自然動力法，不過大多依據個人的體驗施行，不一定完全依據既定的規則與方法。一九九七年成立的Demeter International，則對以自然動力法種植的農莊提供自然動力農法的認證，通過認證的酒莊就可以在標籤印上Demeter的認證標章做為辨視。在布根地已經有不少的酒莊得到Demeter的認證，不過，他們並不一定會標在標籤上，也有相當多的酒莊認為他們採用自然動力法的目標並非在認證，所以並不熱中申請。

如此方法，釀成的酒又是如何呢？雖品嘗過數千款採用自然動力法的葡萄酒，但此農法在風味上的共同性似乎不易定義。曾經我認為有著更多的酸味與更澄澈的香氣，以更純粹透明的方式表現風土特性是他們的共同點，不過隨著採行的酒莊越來越多，共通性似乎只在於少有失衡的酒款，而且大多有極高的品質。無論如何，特別注重自然與土地的酒莊，要釀成品質不佳的酒其實並不容易。

常常被問到對此農法的看法，雖然無法相信占星術，但我相信理性與迷信之間，並不必然只是一刀兩斷式的鴻溝，而其定義常常視不同的宇宙觀而定。如此耕作法，對西方理性科學來說或屬異端，但若從道家或易經的宇宙觀來看，卻並不難理解。當地球的永續生存成為每一個人都必須面對的課題時，自然動力法其實透過許許多多的葡萄酒，為我們提供了一個非常美味的出路與解答。

上：刺蕁麻是製作504製劑的材料，最好在五月花季前選擇花日採收、裝入陶罐埋於地下。

中：Demeter自然動力種植法認證標章。

下：Biodyvin自然動力種植法認證標章。

左上：Pouilly-Vinzelles產區內以
有機種植，充滿生命的土壤。

左中：舊的有機種植認證標章。

左下：新的有機農產品認證標
章。

中：corton山上關於葡萄園生物
多樣性的研究。

右：散布母蛾賀爾蒙以擾亂公蛾
交配的生物防治法。

有機種植法

　　在化學肥料及合成農藥開始應用在種植之前，歐洲的葡萄園在實際的運作上都算是有機種
植，也只有有機肥料可運用。十九世紀中期，採用化學方法所製成的工業肥料開始出現，結合
殺蟲、滅菌與除草等功能的合成農藥，開啟了現代農業高產量的效率發展。同時，也開始帶來
對人體健康以及環境的負面影響。有機種植與自然動力種植法都是因應化學農藥的濫用而生，
兩者都盡可能地少用或完全不用。

　　有機種植除了做為一種農耕法，同時也更接近一種價值觀，是一種從更長遠的、永續經營
的角度來看待土地利用。讓種植本身不會為環境帶來負擔與傷害為首要前提。至於有機種植是
否可以種出品質較高的葡萄，不一定是考量的重點。化學農藥常能有即時的效果，在病害比較
嚴重的年分也許更能保護葡萄樹，可以種出更健康的葡萄。但對有機種植的酒莊來說，並非完
全無病害的葡萄樹才能產出最自然均衡的葡萄，因為能除掉病蟲害或雜草的農藥也會殺死其他
有益的生物，讓葡萄園失去生命與衡多樣的生態環境。無論如何，有機種植可以讓葡萄園有
更健康，也更具有生命力的土壤，從長遠的角度看，也許更能釀成均衡的葡萄酒。

　　有機種植對於施肥的理念並非直接給予植物所需的養分，而是透過養育豐富的土壤，再由
土壤將養分供給植物。事實上，如果從植物與菌根菌的共生關係來看（見Part I第一章土壤中的
元素），有機種植確實可以保有更多數量的菌根菌，菌種也越多樣，可以提供葡萄樹更多元的
礦物質與微量元素。葡萄園的土壤中如果缺乏這些微生物，即使施用再多的礦物質，葡萄也很
難從土壤中吸收生長所需。因為禁止使用除草劑，有機種植的葡萄農必須以翻土除草的方式來
取代，翻土又為土壤帶來更多氧氣，更容易接收雨水，土壤中的生命也比沒有犁土的葡萄園更

茂盛。有機種植相信生物的多樣性可以維持更均衡的生態，以降低土地因單一作物而造成的失衡，有些酒莊也會在葡萄樹間種植一些穀物，或者在葡萄園邊種植果樹。

布根地是一個特別講究葡萄園特性的產區，有機種植在理念上確實跟葡萄園風味的想法相契合，有越來越多的酒莊相信每一片葡萄園都生長著不同種類的酵母菌，而這跟葡萄園的土壤與位置一樣，造就了葡萄園的風味。很明顯地，如果使用太多藥劑，很容易就會將這些珍貴的微生物消滅，或只留下少數較抗藥的菌種。不過在實際的運用上，布根地的氣候並不特別乾燥，黏土多，葡萄的種植密度高，樹籬低，很接近潮濕的地面，採用的黑皮諾又是頗脆弱易染病的品種，要實行有機種植比其他地區困難一些，葡萄農必須更小心觀察葡萄園，以便及早發現病兆而提早解決問題。

無論如何，不噴藥其實不太能完全避開染病的風險。有機種植也允許一些藥劑，不過，大多是一些自然材質製成，對環境較無傷害的農藥。除了知名的波爾多液、防黴菌的硫磺粉、從魚藤根部提取的天然殺蟲劑魚藤酮、除蟲菊精、窄域油、蘇雲金芽孢桿菌和木黴菌等等，都可以採用。雖然這些天然農藥，效果多所限制，但相較於自然動力種植法，有機種植法的藥劑都是經過科學驗證為有效。

除了價值觀與理念，有機種植本身也涉及到認證，畢竟口說無憑，而且有機種植的成本也常比一般的農法還要高。從一九八〇年開始，法國官方開始認可有機種植，並在一九八五年由農業部建立認證的標準與制度，現在更由國家級的單位INAO法定產區管理局來管理有機農產品認證（L'agriculture biologique），除此之外，法國也存在其他有機認證的組織，如Ecoccert和Nature & progrès等。

在法國，有機耕作的酒莊並不一定代表能生產出品質較高的葡萄酒，不過，在布根地採有機耕作的酒莊通常水準不會太差，但因為在布根地，自然動力種植法非常盛行，很多原本採有機種植的酒莊都更進一步採行自然動力種植法，如Morey村的Domaine Arlaud，Vosne村的Bruno Clavelier，Volnay村的Domaine de Montille。

左：於冬季休眠期施用的有機肥料。

右：永續經營的葡萄農業常常是有機種植的主要目標，但同時也常釀出更均衡自然的葡萄酒。

改種一片葡萄園

　　葡萄是多年生的爬藤類植物，壽命可以比人還長，年輕的葡萄樹活力旺盛，產量也大，老的葡萄樹產能會降低，加上病死的葡萄株隨時間增多，種植的成本變得比較高。但是，老樹產的葡萄卻又常有較佳的品質，特別是對產量敏感的黑皮諾，長得較不茂盛的老樹反而會以較自然均衡的方式生產小串的黑皮諾。為了較穩定的產量，也讓葡萄園比較容易管理，在大部分的葡萄酒產區，特別是波爾多，當葡萄樹過了四十歲之後，就會開始考慮拔掉重種。但在布根地這樣的考量卻複雜許多。

　　葡萄園的面積小，又分屬不同村莊與等級，許多布根地酒莊在一些稀有的特級園常只有極小的面積，如Faiveley的特級園Musigny僅有0.03公頃。改種至少需再等上三年才能有收穫，要讓年輕葡萄樹長出好葡萄，至少又要再等10年，小型的酒莊很難面對這樣的損失。葡萄園面積小，讓布根地更新葡萄園的計畫通常很難執行，許多酒莊寧可保存小面積頂級葡萄園裡的老樹，也絕不重種。改採每年在老死的葡萄樹空缺上補種新株（repiquage）。除了衰老，老樹多少都會感染病毒，其中有許多，如Esca和Court-noué等都是絕症，唯有拔掉消毒，別無他法，所以補空缺的補種法會讓葡萄園有健康上的疑慮。而且採用補種的方式，樹苗的存活率通常不太高，不是很有效率。

　　一旦決定重種，酒莊得先申報，一個月後即可動工。老樹需連根拔起，連鬚根也不能放過，全部就地焚燒成灰燼以免遺留病毒。土地需經過整地、施肥、消毒及一年以上的修養才能再種。過去，有些酒莊甚至還會趁機由別的地方運土過來，以改善土質，最著名的例子是一七四九年，Romanée-Conti的園主Croonembourg由山上運來一百五十輛牛車的土倒入這片葡萄園，根據當年的記載，產量因此增加一倍。現在，除非經過申請，這種改變葡萄園自然條件的作法已經全面禁止。酒莊也可作土質的分析檢定，以確認土質的改善之道和提供選種所需的資訊。選用那一種新苗，以及搭配那一種砧木是葡萄園改種時最大的課題。

上：除了重種，也可以選擇接枝換品種。如Champy在黑皮諾上嫁接夏多內以釀造出Corton Charlemagne白酒。

下：改種之前須拔除葡萄樹，進行葡萄園的消毒。

原株嫁接

拔掉重種曠日費時，在紅、白酒皆產的葡萄園，如Beaune、Savigny-lès-Beaune等地也有酒莊直接在成年的黑皮諾葡萄樹上嫁接夏多內葡萄。如此，不用等上四年就能採收夏多內葡萄了。這樣的方法因新芽的存活率不高，所以還不是相當普遍，但在白酒出缺的時代，還是值得一試。酒商Bouchard P.& F.獨有的伯恩一級葡萄園 Clos st. Landry，在嫁接之後，全部改為生產夏多內白酒，不再產黑皮諾葡萄。

品種的選擇

　　雖然在布根地紅酒採用黑皮諾，白酒採用夏多內，似乎沒有選擇，但在布根地有許多村莊可以同時生產紅酒與白酒，重種時可能從原本的黑皮諾換成夏多內，如Chassagne-Montrachet和St. Aubin兩村都曾經是以種植黑皮諾為主的村子，但現在卻完全相反。除了考量葡萄園的特質，市場酒價也扮演重要的影響力。不過，市場的轉變並不容易預期，新種的葡萄要到十年之後才開始進入最佳狀況，那時市場的流行可能已經轉向。

　　選好品種之後，接著要決定是用自家葡萄園以瑪撒選種法選出來的樹苗，還是選擇人工選育的無性繁殖系（見Part I 第二章其他品種／Clone & Marssale）。如果選後者，需要決定的還包括選那一個或哪幾個，無論是夏多內、黑皮諾或加美都有數十種可供選擇，每一種都各有特色，葡萄農可以依據抗病性、產量、香氣、糖度的多寡、酸度的高低、果粒的大小與耐久等來挑選。在布根地大部分的酒莊都會同時挑選數個無性繁殖系，然後將它們混種在一起，以保有基因的多樣性，避免品種的同質化。這跟新世界產國習慣將同一個無性繁殖系分開種植，分開採收和釀造，最後再混合調配在一起的習慣很不一樣。基於類似的原因，布根地還是有非常多的酒莊寧可選擇以瑪撒選種法選出來的樹苗。

砧木的選擇

　　為了防止根瘤芽蟲病，所有的新苗都要嫁接在美洲種葡萄的砧木上。為了適應不同的土質與環境，布根地目前常用的有十多種砧木，主要是採用美洲野生葡萄Riparia，或Berlandi及Rupestris的混血種，少部分混有歐洲種葡萄。抗病與抗蟲是首要的選擇，但是太健壯的砧木又常會讓葡萄樹太過多產。葡萄園的條件通常是選擇砧木的決定性因素，土中含石灰質的多寡、酸鹼度、濕度與肥沃度等都要考慮。如位在平地的葡萄園可以採用抗濕及適合黏土的101-14MG或適合深土的3309C，若位於山坡，石灰質高的葡萄園，則適合採用品質好又抗石灰及乾旱的161-49C，不過抗蟲性稍差，或可採用也頗抗石灰的420A和Fercal。但如果是位於坡頂的貧瘠土地，也許可以考慮健壯、早熟、抗石灰及乾旱，而且又多產的SO4（雖然SO4因多產

葡萄育苗場pépinière

如果是選用無性繁殖系來種植，酒莊只需直接依選定的砧木及無性繁殖系跟葡萄育苗場訂購即可。但如果是瑪撒選種法，則需要先將挑選出的葡萄藤送到育苗場，請他們代為接枝。
育苗場多位於平原區，提供數十種的砧木和無性繁殖系供選擇，也為一些著名的酒莊做瑪撒選種法的接枝。進行接枝時首先選擇三歲大的砧木，連根拔起，切掉所有枝蔓，只留根部，切口向內凹入。另一方面，將嫁接的藤蔓裁成小段，每一段需有一個芽眼，切口向外凸出。將砧木與藤蔓的切口相接，然後用臘封住。之後放入培養室，鋪上木屑保濕，並加熱消毒即可種植。

左：以芽眼嫁接的新式種植技術。

中、右：嫁接砧木的黑皮諾樹苗。

而惡名昭彰，但在條件險惡的土地上卻能長得很好），或是容易生長又適合淺土的5BB，後者因為存活率高也常被選為補種空缺時的砧木。如果想要有更高的酸味，則可以選擇Riparia。

　　雖然不同的砧木並不會影響黑皮諾和夏多內葡萄的風味，但是卻會對葡萄的產量及成熟的時間產生很大的影響，如日照佳的特等葡萄園就無須選用太早熟的砧木，以免成長太快，讓葡萄失去特色。相反的，濕冷的土地就必須依靠早熟砧木達到應有的成熟度。由此可以看出並沒有完美無缺的砧木，而是要看葡萄農如何巧妙的選擇與應用。大部分的酒莊都是直接跟種苗場買嫁接好的新苗，有些新的種植技術則是直接在葡萄園種植砧木，待長成之後再嫁接，可以有更高的存活率。

種植的密度

　　現在布根地葡萄園的種植密度大約在每公頃1萬到1萬2千株，在法國已經是高密度種植區，因為在南部還可見到每公頃只有3、4千株的葡萄園。即使如此，在布根地還沒有施行直線式籬笆，尚未機械化耕作的時代，每公頃甚至還可能高達2萬多株。高密度的種植可以讓葡萄樹彼此競爭養分，不會太過多產，而且平均一株葡萄樹所分配的平均產量較低，可以提高葡萄的品質。如一片種植密度只有5千株的葡萄園每年出產5,000公升的葡萄酒，每株葡萄生產1公升，同樣的產量，在布根地每2株才生產1公升。若是過去的2萬5千株，則每5株才產1公升。

　　但是否密度越高就越好呢？目前1萬2千株似乎已是極限，因為要讓犁土及剪葉的機器通過至少得有1公尺的間距，有些較新式的機器甚至需要1.2公尺的空間。所以只要密度增加，就得縮小葡萄樹間的距離才行，但是距離若低於0.8公尺就無法讓每株葡萄樹有足夠的空間伸展

枝葉。Domaine de la Romanée-Conti酒莊曾經實驗1萬6千株的高密度種植，但因為短剪枝葡萄樹長得太茂盛，已經不再續種。Hubert Lamy酒莊甚至在某些葡萄園種植高達2萬到3萬株的密度，全以手工耕作，葡萄成熟更快，也更濃縮。

布根地的種植密度其實也因各區的傳統與環境而有所不同，北邊的夏布利區密度低，每公頃約5千5百株。金丘區幾乎全在每公頃1萬株以上，至於馬貢內區則以每公頃約8千株為主。

樹籬的方位

要讓葡萄樹籬沿著南北向還是東西向生長才能吸收到更多的光線？在金丘區，葡萄園多位在面東的山坡，若讓樹籬長成南北向，耕耘機很容易翻覆，所以安全的問題超過受光的考量。但最近一些酒莊把坡度比較和緩的葡萄園改種成南北向，讓葡萄一大早就能大量地接收到陽光的照射，提高葡萄的成熟度。幾個著名的特級葡萄園像Clos de Tart、Clos de Vougeot及Echézeaux，坡度不大，已經出現南北向種植。

種植新苗的時機主要在年初到春天，在布根地，每年七月之後種的新苗是很難在冬天到來之前長成足以抗寒的硬木。在剛種的前兩年，葡萄樹很難結成葡萄，即使有也很難成熟，到了第三年才勉強可以有一些收成，布根地本來規定要到第四年才能採收，但已改成三年。事實上許多酒莊會將這些年輕葡萄樹結成的果實主動降級成較低等級的葡萄酒。

上：Hubert Lamy酒莊的高密度葡萄園，每公頃多達3萬株。

中、下：新種的樹苗相當脆弱，須以塑膠管保護以防寒害跟野生動物。

低密度高籬的種植法

種植密度越高，雖然品質可能提高，但種植的成本也相對提高。一些酒價低的產區如上伯恩丘（Hautes-Côtes-de-Beaune）或上夜丘區（Hautes-Côtes-de-Nuit）等地，常可見到種植面積每公頃只有3,000－3,333株的葡萄園。樹籬的間距大，方便機械的進出，樹籬相當高，有時超過2公尺，可以吸收更多的陽光。因為方便有效率又經濟，這種低密度的種植法在美、澳等新興的葡萄酒產區相當常見，但在布根地只允許在上述兩地採用。

引枝法

　　在十九世紀末根瘤芽蟲病自美洲傳入歐洲之前，布根地的葡萄園和現在成行的葡萄樹相差很大。葡萄樹直接透過押條繁衍，所以葡萄毫無組織地在園裡到處栽種，密度每公頃可達2萬多株，所以園區內的工程完全要仰賴人力。芽蟲病的威脅使得押條法被嫁接美洲種葡萄的新苗所取代，必須全部重建的葡萄園於是有了新的面貌，葡萄樹開始成行地排列，木樁和鐵絲架起的樹籬方便藤蔓的攀爬，更具效率地吸收陽光，採收時也更為方便。為了讓取代人力的機械能夠通過，種植的密度也減半成1公頃1萬株。為了因應這個改變，葡萄農修剪葡萄樹，並將葡萄枝蔓綁在鐵絲上，讓葡萄易於長成成排的樹籬，同時也藉此控制產量和防止葡萄樹的快速老化。

　　因應不同產區的環境與傳統，不同的引枝法在各地發展出不同的形式以生產更均衡的葡萄。每個引枝法都各有長處與缺點，並無絕對完美的方法，須配合其他條件一起運用才有可能種出好葡萄。

杯型式 goblet

　　杯型式的特徵為無任何支撐，任由葡萄樹像一株小樹般獨立生長，主幹短，數支分枝向外分開，每一分枝的頂端都留有一小段的結果母枝，通常各留兩個芽，發芽後將長出葡萄蔓、葉和花苞。因為葡萄遮蔽在葡萄葉下，可以防止被曬傷，但也因此無法採用機器採收。這種引枝法歷史相當久遠，在羅馬時期即開始引用，在環地中海地區非常普遍，但在布根地已經很少採用。不過，在薄酒來產區卻仍是最重要的引枝法，是加美葡萄最主要的種植法，此法因無樹籬，通風性與受光面積都較不理想，而且很難機械化，相當耗費人工。

杯型式引枝法。

居由式引枝法。

居由式 Guyot

　　居由式是布根地現在最常見的引枝法，不論黑皮諾或夏多內都相當適合。居由博士是法國十九世紀的農學家，經過他的努力推廣，法國的葡萄園開始採用直籬式的種植法，居由式引枝法即是以他的名字命名。居由式由一長一短的年輕葡萄藤組成，短枝上有兩個芽眼，長枝上則有五至十個，每個芽眼會長出一條葡萄藤蔓、葉子，然後開花結果。居由式也有不同的變型版本，最常見的是雙居由式（guyot double），共留有兩長兩短的藤蔓，在波爾多地區頗為常見，在布根地只有在馬貢內區較常被運用。居由式的通風佳，產量多且穩定，也較少因剪枝造成染病的風險。

高登式Corton de Royat

通常離樹幹越遠的樹芽越多產，這暴露了居由式的缺點，特別是當採用一些多產的無性繁殖系時很難降低產量，高登式引枝法在布根地越來越常被採用，因只留短藤蔓不留長藤蔓，產量較易控制，有越來越普遍的趨勢，尤其以年輕多產的夏多內最常用。高登式也是十九世紀發明，葡萄樹幹被引成和地面平行的直線狀，幾個僅包含有兩個芽眼的短藤蔓自樹幹上直接長出。在布根地，依規定短藤蔓最多不能超出四個，芽眼只可留八個，以免產量過高。目前，伯恩丘南部的Chassagne-Montrachet及Santenay等地非常普遍。高登式也有雙重式的變形，但只用在高籬式低密度種植的葡萄園，每株葡萄可留十六個芽眼。

高登式引枝法。

其他引枝法

夏布利地區的環境和布根地其他地方相差很大，在引枝法上也獨樹一格。當地的種植密度比較低，每公頃只種5千5百株葡萄樹，所以每株葡萄樹的產量也相對提高，樹間距離也比較長，約1.7公尺。本地的引枝法（請見下圖左）是由三根向同一邊伸展的老枝所構成，老枝的長短不一，頂端在剪枝後共保留含三至五個芽眼的藤蔓，另外，在樹幹邊再留一個只有一、二個芽眼的短藤蔓以備隔年取代老枝。總計每株葡萄樹大約會有十到十七個芽眼。每年剪枝時，最長的老枝將剪掉，由新生的藤蔓取代以免過長。

馬貢內地區的夏多內也有特殊的引枝法稱為Queue du Mâconnais（請見下圖右），跟居由式類似，一條留有八至十二個芽眼的藤蔓向上拉之後，往下綁在鐵線上形成一個倒勾狀。至於馬貢內地區的加美種葡萄則大多跟薄酒來一樣採用杯型式。

左：夏布利的引枝法。

右：Queue de Mâconnais引枝法。

有關土地的農事

在一九六〇與一九七〇年代，化學肥料與除草劑曾為布根地葡萄農帶來許多的方便，但很快地，這些化學藥劑對土地的傷害就變成許多酒莊的噩夢，需要漫長時間才能回復。但這個轉折讓布根地區內的葡萄農比其他地區的酒莊更加關心土壤的健康與土地的永續經營。速成與人定勝天的觀念正逐漸在布根地消退、改變，讓許多被遺棄的傳統種植理念再度被運用，布根地的葡萄園也慢慢地重拾過往的生機。無論是否為有機種植，活的、有生命的土壤已經是大部分布根地精英酒莊的努力目標。

犁土與覆土

過於茂盛的草不僅與葡萄競爭養分，而且會提高濕氣，讓葡萄芽容易遭受春霜的危害，也易滋長黴菌。在除草劑發明之前，犁土是每年必須進行多次的工作，這曾是去除雜草最有效的方法，如果考量除草劑帶來的副作用，犁土還是最佳的方法，而且還可帶來其他的好處。在春季將土鬆開，可接收雨水，儲蓄水分，也可防止因大雨沖刷造成的土質流失。鬆土的過程改變土壤的結構，也會順便挖斷往側邊生長的葡萄根，除掉這些根可以讓主根更往地底下生長。土中的有機物質與空氣接觸可提高轉化成養分的速度，翻動的過程將表土上的有機物帶入土中腐化還可以成為自然的肥料。

一年通常須犁土四次，最後一次是在秋末冬初。布根地位處內陸，冬季氣候嚴寒，頗常出現-10℃的低溫，採用傳統耕作法的酒莊會犁土覆蓋在葡萄樹的根部，以增加抗寒力，稱為buttage。在春天時再犁開覆土，稱為débuttage。布根地的土壤大多含有黏土質，耕耘機開進葡萄園常會讓被壓過的表土變得更堅硬，現在布根地有非常多的酒莊重新採用馬來進行犁土，以保有更佳的土壤結構。有些酒莊，如Claude Dugat和Arlaud等，甚至特別飼養馬匹來擔任犁土的工作。

犁土並非全然沒有缺點，有時甚至有風險。在多石灰岩塊的葡萄園，因碎裂的石灰岩塊會釋出過多的石灰質，導致葡萄樹無法吸收土中的鐵質，失去行光合作用的能力，造成葉子變黃、產量驟減的黃葉病。

左：布根地含有較多黏密的黏土，以馬犁土可避免土壤被壓成硬塊。

右：冬季在葡萄的根部覆土可避免寒害。

除草與植草

除雜草可防霜害和保留養分給葡萄樹，是葡萄農重要的工作，但有些酒莊卻在葡萄園裡植草。植草主要應用於平原區潮濕肥沃的葡萄園，人工培植的草可以透過降低土中過多的養分，減少葡萄的產量及讓葡萄早一點成熟，同時植草也可以消耗土中過多的水分。如果是在位處斜坡的葡萄園種草更可以降低土質流失的危險。植草雖然功能多，但種植時機卻必須相當精確，春天發芽時容易造成霜害，初秋葡萄成熟期容易感染黴菌都應該避免。現在大部分布根地的精英酒莊都是以犁土的方式除草，不過，有些地勢陡峭的葡萄園，耕耘機無法到達，除了手工之外，只能採用除草劑。

施肥

雖然葡萄樹喜歡貧瘠的土地，但石多土少的葡萄園很難獨力供應葡萄樹的需要，特別是布根地種植密度高，土地容易枯竭。透過土壤分析，葡萄農可依據土壤的需要，精確地施用肥料，以保有均衡的土壤。化學肥料也曾在布根地風行，特別是鉀肥的運用，曾有一些葡萄園有鉀肥過剩的問題。鉀肥可以讓葡萄樹加速光合作用，並加快葡萄糖分的增加，但同時也會中性化酒石酸和蘋果酸，當鉀肥過多時會讓葡萄的酸味不足。為了避免類似的問題，即使不是採有機種植的精英酒莊，也都轉而使用有機肥料。有組織專門製作有機堆肥，在秋冬之際，將堆肥灑到葡萄園裡，經由冬季覆土的過程埋入土中，讓土壤吸收、轉化與儲存，之後再由葡萄吸收。

搬土

布根地的葡萄園大多位於坡地，經過大雨的沖刷，土質的流失非常嚴重。這雖是自然現象，但卻會改變葡萄園的自然環境，位於坡頂的部分經常只剩石塊，而坡底又堆積大量泥沙。大部分的莊園每隔幾年就得將山腳下沉積的土壤搬到坡上去，以維持土質的同質性。在葡萄園裡植草或鋪上木屑可以防止土壤流失。

土質的分析

在Claude Bourguignon及Yve Herody等人的研究與新進觀念的催化之下，布根地許多頂尖酒莊已經可以精確地掌握所屬葡萄園的詳細土壤分析。藉著這些資訊，酒莊可以針對土壤的需要進行各種農事以維護珍貴的自然條件。在這方面布根地超前其他葡萄酒產區甚多，這些土壤的分析並不僅是學術研究，而是實際地運用在許多酒莊的葡萄種植上。「活的土壤」這個看似理念性的主張也早已成為眾多葡萄農的領導方針。有關葡萄的種植，布根地又慢慢地走回更合乎自然的傳統技藝之路。

上左：新種的葡萄園必須以手工耕作，以免傷害脆弱的植株。

上右：在葡萄園的行間植草可以與葡萄樹競爭水分和養分。

下：Henri Gouges酒莊正進行春季初耕。

GEST

是一個以葡萄園的土壤研究為目的的民間組織，集結了布根地一百多家頂尖酒莊和酒商，成員幾乎涵蓋了布根地所有精英莊園。由土壤專家Yve Herody擔任顧問並主持一些研究計畫。可惜研究的成果並不能對外發布，我在其會員處看過這份相當精細的土壤結構分析。除了替成員作土壤分析以更精確地瞭解土壤的狀況，GEST也製作有機堆肥，有多種不同的配方，成員可依葡萄園的需要選擇。

有關葡萄樹的農事

　　一位Mercurey村的酒莊主認真地計算之後說，自三月到九月採收，每株葡萄樹他都得巡過四十多遍，他耕作的10公頃葡萄園種了將近10萬株葡萄，那意謂著在半年之間付出四百萬次的關心。他也許太多慮，但若只是要完成基本的工作，三十趟也是少不了的。特別是種黑皮諾的莊園，得盡可能降低產量，在不同的年分條件下，健康均衡地達到成熟，很難採用放任自然生長的方式來耕作。

剪枝

　　進入冬天之後，葉子枯萎掉落時，剪枝的工作就可展開。但大部分葡萄農還是相信春天是修剪葡萄的最好時機。一般認為冬天剪枝後，傷口會暴露四至五個月的時間，容易感染病菌。春天剪枝可稍延後發芽時間，防止樹芽遭遇霜害，因剪枝後葡萄會流失一部分水分，為分泌讓切口癒合的物質，發芽因此順延。

　　由於四月分葡萄就會發芽，剪枝的工作必須在此之前完成，所以三月是最好的時機，不過大部分的葡萄農都必須修剪數萬株葡萄樹，很難全集中在三月完成。修剪的工作通常分兩次進行，先進行一次預剪，除掉較大的藤蔓，然後再依據引枝法的型態進行修剪。剪枝時須留意保留芽眼的數量以控制產量，每個芽眼會長出一兩串或甚至更多的葡萄，芽眼留少一些，產量理論上會變小。不過有些酒莊認為留的芽眼太少，葡萄雖較易成熟，但果粒卻會變大，不見得品質就能提高。也有葡萄農認為葡萄樹若受到過度修剪，多餘的養分會在葡萄樹幹上長出多餘的葉芽，反而還要費工拔除，如何掌握葡萄的均衡是首要考量，並非芽眼留越少越能有好品質。

　　一個有經驗的葡萄農一天約可修剪1千株，1公頃地需十天才能完成。天氣太冷時葡萄的枝蔓容易折斷，剪枝也可能導致葡萄凍死，所以不可以在零下的低溫環境進行。大型酒莊在初冬就開始修剪，主要是擔心無法在發芽前完成工作，布根地冬季低於零度的日子其實相當常見。修剪是一件需要靠經驗才能運作自如的工作，雖有定理，但仍須視每株葡萄樹的生長狀態來決定該如何下刀。也因此完全無法由機械取代。完成剪枝之後，會產生大量的葡萄藤蔓，葡萄農通常有鐵桶製成的焚燒爐，邊剪邊燒，可以取暖，燒完的灰燼還能充作肥料。也有酒莊將剪下的藤蔓磨成細塊，灑在葡萄園內做為肥料，亦能改變土壤的結構。

防霜害

　　剪枝後，緊接著犁土，溫度升高後樹芽開始膨大發芽。但氣溫常又會降回冬天的水準，剛冒出頭的樹芽非常的脆弱，在潮濕寒冷的早晨容易為春霜所害。布根地主要有四種防霜害的方法，每一種都相當昂貴。在葡萄園放置成排的煤油爐，燃燒煤油增溫是最傳統的方法，主要在夏布利採用。在葡萄園灑水也是夏布利常用的方法，在有霜害預警的前一晚，當氣溫降至冰

左上：酒商Chanson P. & F.的葡萄農正進行冬季剪枝。

右上：夏布利Vaulorent一級園正進行剪枝。

左下：初春剪枝之後會有樹液冒出，即將發芽。

右下：減枝後的藤蔓在燃燒後，可做為葡萄園的天然肥料。

點時，開始在葡萄園內灑水，附著在葉芽上的水結成冰之後就形成保護膜，這層冰約-1℃，可讓耐寒至-4℃的樹芽免於凍死。裝設防霜害風扇在金丘區比較常見，在可能結霜的晚上打開立在葡萄園裡的大型風扇，帶動氣流，可避免水氣凝結成霜。第四個方法由法國電力公司合作研發，在葡萄藤架上架設金屬線，在遇低溫時可自動通電增溫。

除芽

自然生長的葡萄樹芽眼可達數百個，但為降低產量，在布根地，剪枝之後每株葡萄可能只留下不到十個芽。在如此不自然的情況下，當發芽的季節開始，在芽少養分多的情況下，葡萄樹幹上就會冒出許多原本不該冒出的芽來，本地稱為「vasi」。甚至有時還會從砧木上長出稱為「gourmand」的芽來。此外，在新生的藤蔓也常會橫生出叫作「entre-coeur」的額外新芽。總之，這些芽全都得除掉，而手工是唯一的方法。除芽之後還會再長，每年自發芽到開花這段期間，葡萄農得不斷地和這些不受歡迎的新芽抗爭。如果不去除，任由生長將會長出太多葡萄串，而無法讓葡萄達到足夠的成熟度。

Louis Latour的葡萄農正在為Corton特級園進行除芽以降低產量。

綁枝

樹芽逐漸長成藤蔓後，會四散生長，要讓葡萄樹依著樹籬有秩序地攀爬，葡萄農必須要將藤蔓固定在樹籬的鐵絲上。通常用細草繩或夾子綁縛，或直接夾入兩條鐵絲之間。隨著藤蔓的延長，這樣的工作需要分三次進行才能完成，讓葡萄樹葉能在最佳日照條件下進行光合作用。

修葉

當葡萄沿著樹籬成排地生長，接近開花的時期，修葉的工作就可以開始進行。修葉主要剪掉剛長出來的藤蔓與葉子，通風好的葡萄樹較不易感染黴菌等病害。修掉新葉留下老葉，在乾旱的年分也可讓葡萄樹更為抗旱。修葉使葡萄集中全力讓果實成熟。修剪的時機和次數主要依實際情況而定，修剪得太早常會在藤蔓上長出entre-coeur新芽，若枝葉太茂盛就得多剪幾次。

剪掉下層的葉子

結實的葡萄通常長在樹籬的下層，因為遮蔽在茂密的葉子之下，很少照射到陽光。有些酒莊在葡萄進入成熟期之後，剪掉位於葡萄四周的葉子，讓葡萄接收更多的陽光，加深葡萄的顏色。較好的通風效果也讓葡萄不容易滋生黴菌。不過，也有酒莊只除掉北面的葉子以避免葡萄被太陽灼傷。

綠色採收

在葡萄快要進入成熟期時，可看到葡萄園裡有剪掉丟棄的葡萄串。除芽如果還無法完全降低產量，七月底可以透過剪掉多餘的葡萄串以維持品質，稱為綠色採收。剪的時機必須趕在葡萄進入成熟期之前，但也不能太早。過早葡萄會把多出的養分用在樹幹、葉子與藤蔓的生長，甚至冒出新芽，而且可能在隔年變得更為多產。太晚，產量雖降低，但品質並不會有改變。剪

左：Chambolle村的葡萄農將結果的母枝固定在鐵絲上。

右：為了避免耕耘機壓實地面減少土壤的透氣性，布根地的葡萄農大多採用較輕型的耕耘機。

掉的葡萄數量必須超過全株的30%，否則效果有限，低於此比例，葡萄樹會把預留的養分全集中到剩餘的葡萄串，使得葡萄粒過於膨大，對品質反而有害。

噴藥

　　葡萄可能遭遇的病害與蟲害相當多，其中還包括許多完全無法醫治的疾病。並非每一種都需要噴灑農藥來解決，有些生物防治法以及植物的萃取物也普遍運用在葡萄園的防護上。採有機種植的酒莊只能用硫化銅調配成的波爾多液來防治所有的病菌，效果相當有限，而自然動力種植法能用的製劑就相當多，其中有許多是透過強化葡萄樹的抵抗力來降低染病的風險。自然動力種植法雖然更加耗費時間與人力，在防治效果上也不像化學農藥直接有效，不過，卻不會帶來副作用，亦不會對葡萄園與葡萄農造成污染與傷害。

採收

　　除了像一九七六、二○○三及二○○一年這些特別早熟，八月就開始採收的年分，每年八月下旬的半個月通常是布根地葡萄園裡最安靜的時刻，在法國，即使是繁忙的葡萄酒莊，也和所有人一般，在這時出門渡假去了。本地人強調他們絕非丟下葡萄園不管，而是這時已接近採收季，再多的努力也是徒然。一進入九月，採收的準備馬上展開，葡萄農開始注意葡萄的成熟度，以訂出最佳的採收日。一般而言，從開花中期開始往後算一百天，通常就是葡萄成熟的採收日，不過，氣候變遷與種植技術的轉變，大約九十天之後葡萄就成熟可採。另外，法國也存在百合花開後第九十天可開採葡萄的說法，據說非常準確。不過，現在大部分的葡萄農都會進行較科學的成熟度檢測，以決定何時，從那一片葡萄園開始採。

成熟

　　進入成熟期的葡萄，糖分升高，酸度下降，葡萄皮變厚，顏色變深。這時，葡萄農開始要到葡萄園內檢測葡萄的成熟度。決定何時採收，將影響酒的風格，太早採會過於酸淡，太晚又會缺乏清新活力。觀察的項目主要還是糖分與酸度，釀酒師常會帶著糖度儀直接在葡萄園測甜度。葡萄的皮和籽也是觀察的對象。觀察黑皮諾的皮，主要是要瞭解皮中單寧的成熟度。至於葡萄籽，主要是因為它是葡萄成熟的重要指標，雖然釀酒時不會用到，但葡萄樹產葡萄的目的在於傳播種子，所以當葡萄籽成熟，葡萄也必定成熟。葡萄的健康狀態也是觀察的項目之一，如果黴菌擴散嚴重，就必須考慮提早採收。

　　測量的方法非常的多，最簡單，但有時也是最實用的則是直接吃葡萄。經驗多的葡萄農，吸一口葡萄汁感受酸味與甜味的比例，再咬一咬葡萄皮評估單寧熟不熟，顏色容不容易萃取，然後看看葡萄籽是否變褐色而且彼此分開就能評估出大概。雖然新科技的測量儀器已經普遍使用，但布根地還是有酒莊比較相信自己的舌頭和眼睛。

　　酒商與較大型的酒莊都會在進入成熟期後定期進行科學式檢測。他們在每一塊葡萄園進行採樣，有酒莊採整串葡萄，也有只採葡萄粒當樣品。從同一片葡萄園不同角落採來的葡萄經過秤重、榨汁後，可測出甜度、酸度、酸鹼值、蘋果酸和酒石酸比例等等。以Bouchard的莊園為例，上百公頃的葡萄園共分成二百多個單位，每單位都須在採收前分三次採樣檢查，每次各單位需隨機摘採30串葡萄。由此可以推算出該年的產量以及恰當的成熟時機，並為將來的釀酒預做準備。

　　每一個AOC/AOP法定產區都有規定該區葡萄最低成熟度標準，通常和葡萄園的等級有關，例如在金丘區，一般村莊級的紅葡萄酒須達到10.5％酒精濃度以上的糖分，亦即每公升含糖量要超過178.5克才行。如果是一級葡萄園則須達11％以上，而特級葡萄園更高，要達到11.5％。夏多內的成熟較快，所以成熟度的標準較高，每一等級都必須比紅酒多0.5％。

　　當然，這些標準只是跨過門檻的最低標，並非最佳成熟度。除了釀製布根地氣泡酒需要

左上：夏布利因過於斜陡而必須人工採收的葡萄園。

右上：Puligny-Montrachet村內名園Les Demoiselles的夏多內葡萄。

左下：薄酒來Fleurie村，採收後的加美葡萄先經過汰選再運回酒窖釀造。

右下：特級園La Tâche有時會分多次採收，以採摘最佳成熟度的葡萄。

上：夏布利的Droin酒莊正在採集樣品以檢測成熟度。

下：以手工擠出葡萄汁來進行甜度與酸鹼值的檢驗。

選擇尚未成熟的葡萄以保有爽口的酸味外，採用全熟的葡萄是釀製好酒的基本要素。不過，不同的酒莊對於成熟的看法卻不一定相同，有些人講究酸味與甜度的均衡，也有人強調單寧的成熟與紅葡萄的紅色素多寡，但也有人偏好甜熟果味與圓厚口感。一般而言，夏多內比較沒有過熟的問題，雖然太熟的葡萄會酸味不足，但依舊能保有迷人的甜美果味。相對地，黑皮諾的成熟空間就比較少，過熟的葡萄會完全失去可口的果味，同時也會失掉黑皮諾的細緻美味，Bouchard的釀酒師Philippe Pros說黑皮諾的採收時機只有十至十二天。過與不及都不是最佳的抉擇。

布根地位處較寒冷的氣候區，屬於允許加糖提高酒精度的區域，只是加糖所提高的酒精濃度不能超過2%，而且每公頃不得加超過250公斤的糖。因為可以加糖，布根地的酒莊在成熟度的選擇上多了一點自由，如果情況需要，可以稍早一點採收。另外，只要沒有加糖，在布根地也允許添加酒石酸增加酸味，這讓葡萄農可以延後採收，等到單寧等酚類物質更成熟之後再採，不用擔心酸味會太低。雖然加糖或加酸可以讓布根地的酒莊有更多採收上的自由，不過，透過人工添加的糖或酸卻不一定能釀出口感均衡的葡萄酒。

在實際的操作上，葡萄的成熟度只是考量的重點之一，葡萄的健康狀況以及未來幾日的氣象報告也都要共同考慮。如果即將有暴雨，或葡萄有染病之虞，最好還是得馬上採收以免葡萄全部腐爛。越近採收季，葡萄的保護越少，無法再使用防病藥劑，有時會有灰黴菌等肆虐，特別是溫熱的天氣加上下雨天，葡萄可能很快就被毀掉。

手工或機器採收

「用機器採收也能釀出很好的酒，只是，從情感上我沒有辦法用這樣的方式來對待葡萄。」在討論到機器採收時，一位夏布利的知名莊主這樣說。這確實也是我心中的疑惑，如果不考量心理因素，用手工還是機器採收會有品質或是風格上的差別嗎？

這個問題如果將白酒與紅酒分開來看也許會清楚一些。釀造紅酒的葡萄皮和汁會浸泡相當長的時間，最短也要一週以上，葡萄的健康狀況對品質的影響較深，機器採收比較難保證採到的都是完美的葡萄。特別是黑皮諾，在釀造上的每一個細節都要斤斤計較，機器採收很難超越手工採摘的水準，尤其是在成熟度與健康條件較差的年分。機器採收會直接從樹上摘下果粒，將梗留在樹上，所以無法像手工採收可再經過挑選，除掉品質不佳的葡萄，另外，在葡萄園就已經去梗，所以也不可能添加一部分的整串葡萄一起釀造。

如果是釀造白酒，以機器採收就不見得全然只有缺點。「釀造白酒重點在於要有好的葡萄汁而不是好的葡萄。」一家擁有先進採收機的酒莊主很有自信地這樣說。這家酒莊有一部分的葡萄園也是採用人工採收，但我必須承認，從品嘗上，我無法清楚分辨差別。夏多內在採收之後通常就直接進行榨汁，也常去梗之後再入榨汁機，機器採收和人工採收兩者在程序上比較接近。但和以整串葡萄直接進行榨汁的方式差異大一些。

機器採的優勢在於迅速有效率，安排採收計畫非常容易，常可以在壞天氣到來之前完成，也可在葡萄還處在低溫時的清晨進行採收。新式的機器可以精確地調整力道，如果操作得當，

上：機器採收後葡萄梗全數留在樹上，無法再進行人工汰選。

下：Pouilly-Fuissé產區以機器採收的葡萄園。

上：伯恩酒商Louis Jadot在進酒槽前，先汰選不佳的黑皮諾葡萄。

下：夏多內的汰選工作不像黑皮諾那麼關鍵。

未成熟的葡萄並不會被採下，較不成熟的白葡萄有時連採收工人都不容易分辨。但機器採收的缺點也很多，氧化是最大的疑慮，葡萄汁接觸空氣後就會開始氧化，如果和葡萄皮上的酵母接觸也可能開始發酵，必須添加更多的二氧化硫保護。現在也有酒莊以氮氣來防氧化。葡萄園必須離酒莊很近才能完全避免葡萄氧化。

人工採收比較耗時，二十個人一天只能採完1公頃的葡萄園，支出的費用也比機器昂貴許多，布根地葡萄酒的酒價較高，影響不大，只是機動性與速度比不上機器。各產區的採收期越來越靠近，要雇用足額的採收工人有時並不是容易的事，因為需要的人手很多，所以大部分都是生手，有許多打工的學生或來自東歐和南歐的臨時工人，即使連Domaine de la Romanée-Conti這樣的酒莊都無法全部雇用熟手採葡萄。有些酒莊還提供工人食宿，對小型酒莊來說，是頗龐雜的事。大型的酒商，如Bouchard在採收季雇用高達二百人採收，但還是得花上一個星期以上才能採完葡萄。

在布根地，以產白酒為主的夏布利和馬貢內區，採用人工採收的比例較低，在夏布利即使是一級園或特級園也可能使用機器。在金丘區，大部分的酒莊都採人工採收，在夜丘區的比例更高。這也許和酒莊規模小，且葡萄園分散有關，但夜丘主產黑皮諾，用機器採收品質難保，特別是在天氣不佳的年分，機器無法保證只採收成熟健康的葡萄。在薄酒來依產區規定，必須用人工採，機器採收還停留在實驗的階段。

挑選葡萄

有些酒莊為了避免採到品質不佳的葡萄，會事先派遣熟手在採收前先剪掉不熟及染病的葡萄，以確保不會採到品質不佳的葡萄串。傳統的採收方式是將採下的葡萄全部放進拖車上，整批運回酒莊，但為了避免葡萄互相擠壓，流出汁液造成氧化，也有許多酒莊將葡萄先放進小型的塑膠盒內，運回酒莊之後先進行挑選才會放進酒槽或榨汁機。葡萄先倒進輸送帶上，經手工篩選葉子、還沒完全成熟或染病的葡萄，才進酒槽釀酒。有些輸送帶本身具有震動或吹風的功能，可以除掉葡萄上的水滴。也有酒莊會先去梗，再逐粒挑選出不佳的葡萄粒，有些精密的設備還能自動逐粒汰選品質不佳的葡萄粒。

一般而言，黑皮諾比夏多內更需要汰選，或者說，夏多內如果挑選太嚴格，有可能會讓酒風因為太乾淨而變得較單一少變化。略為染上黴菌的夏多內，只要情況不太嚴重，數量不多，其實可以像貴腐葡萄一般為葡萄酒增添許多特殊的香氣，不但無害反而有利，而少量不熟的夏多內也一樣可為白酒增加酸味。如果全都挑掉，除了讓產量降低，還有可能讓酒變得比較不迷人。🍷

chapter 4

葡萄酒的釀造

布根地雖採單一品種釀酒，但方法卻極為多樣，並沒有一個完美、標準式的布根地釀造法，各家酒莊都各有想法和理念，少有採用同樣的方式，在釀造黑皮諾時，甚至有更多的歧異與堅持，布根地的個人主義傾向明顯地體現在流派紛雜的各種釀法中，也形成了變化多端的酒莊與酒商風格。

在布根地，真理並非只能有一個，在釀造上更是如此，不過，各流派間並非完全沒有交集，如手工小量釀造、順應自然少人為干擾，及因年分與葡萄園而異的工匠式釀造思維，都是布根地最根本的釀酒理念。做為夏多內與黑皮諾的最精英產區，布根地在釀造上的想法，亦傳布應用到全球許多以布根地品種聞名的葡萄酒產區，形成了崇尚自然與手工價值的釀造風格。

夏多內的釀造

相較於黑皮諾多樣與繁複的釀造方法，夏多內的釀造相對地簡單許多，不過，如果比較其他產區的白酒釀法，布根地酒莊在釀夏多內時，卻又多費許多功夫，不只更耗時、更繁複，而且方法也更多樣。夏多內的品種特性比較不強烈，香氣的表現也較中性，除了容易表現地方風味，也很容易因釀造法的不同而改變。這樣的特性讓釀酒師有較大的空間，可以運用不同的釀酒技法來塑造夏多內白酒的風格。沒有其他葡萄品種在釀造上比夏多內還更倚賴橡木桶的使用，便是最好的佐證。

布根地自一九九〇年代中開始出現的白酒提早氧化現象，迫使布根地的釀酒師與莊主們深切地反省從種植、採收、釀造、培養到裝瓶的所有細節，至今還沒有完全找到造成氧化事故的原因，每家酒莊依循著自己的詮釋，重新建制夏多內的釀造方式，出現更多種釀造的理念和方法，釀成的夏多內白酒風格也因而更多元多變。這個危機讓布根地白酒不再只是因循流行風潮，而是全然地百家爭鳴。

破皮

完成採收運回酒窖的葡萄通常會在最短的時間內進行榨汁，比較嚴謹的酒莊還會先經過汰選的程序。如果是機器採收的葡萄，因為葡萄梗還會留在樹上，因此無須去梗就可以直接放進榨汁機內進行榨汁，不含梗，排汁效果差，會讓榨汁進行得較緩慢，需要更常翻轉滾筒，讓汁與皮浸泡而榨出較粗獷，或微帶澀味的葡萄汁。如果是手工採收的葡萄，釀酒師可以選擇跟香檳區一樣，將整串的夏多內直接放入榨汁機中。這是比較晚近的方法，不先破皮就榨汁，可以得到更乾淨的葡萄汁，不過，因為皮與汁的接觸少，與空氣接觸氧化的時間也比較短，風格可能較細緻柔和一些。

釀酒師正再檢視夏多內發酵的狀況。

左：夏多內葡萄與榨汁後的葡萄渣。

不過，整串葡萄榨汁並非最風行的方式，最常見的情況是有一部分或全部的葡萄會先用破皮機壓擠葡萄果粒，但通常不會去梗，以保持榨汁機內較好的排汁效果，不需要用到高壓力或太常翻動滾筒就能完成榨汁。破皮直接在榨汁機上進行，汁、果粒、梗、皮等直接進入機器內。這樣的方法有60%－70%的汁會先流出來，所以可以提高一次榨汁的容量。

氣墊式榨汁機。

左上：不同階段榨出的葡萄汁。

右上：以機器採收的葡萄直接進榨汁機壓榨。

下：榨汁機流出的夏布利一級園葡萄汁。

榨汁

在白酒的釀造上，榨汁是相當關鍵的階段，榨汁機的選擇、壓榨的時間長短、力量的大小與節奏，都會決定葡萄汁的品質與個性。目前布根地的酒莊大多採用氣墊式的榨汁機，透過內部膨脹的氣囊所產生的壓力榨出葡萄汁。氣墊式的優點在於力量輕柔均衡，比較不會榨出葡萄皮、籽及梗中所含的單寧、油脂和草味。另外，氣墊式可以採用微電腦控制壓榨的程序、力道與時間，甚至有不同的壓榨模式供挑選，釀酒師不需一直守候在榨汁機旁。高糖分的葡萄汁十分濃稠，不易流出，所以榨汁通常要分多階段進行，需要將擠成硬塊的葡萄弄散開來再繼續進行。氣墊式榨汁機可以自動旋轉，讓葡萄分散後再繼續榨，非常方便。當然，更有經驗的釀酒師並不一定會用自動的模式來榨汁，他們會依據出汁的狀況，以及品嚐榨出的葡萄汁來決定壓榨的程序。

在一九八〇年代之前，大部分的酒莊都是使用水平機械式的Vaslin榨汁機，藉由兩側的鐵片往中間擠壓進行榨汁。機械式壓榨力道較強，會有較多的酚類物質被榨出來，葡萄汁會比較有個性，但也比較渾濁一些。相較於氣墊式，機械式的榨汁機必須手動控制，且清洗不易又耗時，不是很方便，但即使如此，還是有一些酒莊刻意保留這種看似過時的老式榨汁機，因其能榨出氣墊式不可及的風味。有些酒莊認為改用氣墊式雖能榨出較優雅乾淨的葡萄汁，但卻減少了具抗氧化作用的酚類物質的含量，這可能是造成一九九〇年代白酒出現提早氧化問題的原因之一。

不同階段所榨出的葡萄汁也有不同的特性，一開始會有一些附著在葡萄皮上的泥沙和雜質，但不久就會變乾淨，這階段的汁最甜也含有最多酸味。後段壓力增大後所榨出的甜度會減少，但是香氣和味道卻更重，每翻轉一次就會多增一點草味。大部分的布根地酒莊都會保留前、中、後階段榨出的汁，不會分開釀造，但前段與後段如果太渾濁可能會先分開澄清，確定沒有問題後再混入中段的葡萄汁一起發酵。

除雜質

榨汁所得的葡萄汁含有許多雜質與葡萄殘渣，常渾濁不清，容易變質，且會產生怪異的草味，必須先去除再進行發酵。最常用的是自然沉澱法，只要半天到兩天的時間就可以完成。天氣較熱或葡萄品質不佳的年分，需要透過降溫或添加二氧化硫來抑制氧化與發酵，因為只要發酵一展開，產生的二氧化碳氣泡就會干擾沉澱，無法達到澄清的效果。

二氧化硫是一種自然的抗氧化劑與抗菌劑，除了在葡萄園中可用來防治粉孢菌，在葡萄酒

短暫的浸皮

白酒須盡速直接榨汁，減少皮與汁的接觸，以防止皮內的單寧釋入酒中造成澀味。去梗且輕微破皮的葡萄，在低溫環境下，經四至八小時浸皮，可釀出更多果味的白酒。此法特別能表現品種本身的香味，對夏多內來說，效果較不明顯，主要用在一般等級的布根地白酒，如Bourgogne、Mâcon等等。

的釀造過程中也經常使用，最後在裝瓶時也必須添加，具有保存防腐的功能，沒有添加二氧化硫的葡萄酒，相當脆弱不穩定，很容易變質。夏多內是對於氧化耐受性較高的品種，在榨汁後如果一開始就添加二氧化硫保護，可能會降低之後的抗氧化能力。在布根地的釀酒傳統中，曾經流傳先讓葡萄汁氧化變渾濁，轉成棕綠色後再添加二氧化硫，反而可以防止之後葡萄酒提早氧化的風險。新式的釀酒法從一開始就添加二氧化硫，讓夏多內失去習慣氧化的機會，反而具有更多氧化變質的風險。

發酵前的澄清並不需要做到絕對純淨的地步，這樣反而會讓酒失去一些風味與個性。有些酒莊甚至會直接跳過發酵前去渣的程序，其中還包括知名的酒莊，如Chassagne-Montrachet村的Ramonet，榨汁後直接入桶發酵，完全不經沉澱。這種方法必須在之後的釀造上更加小心，須減少攪桶與換桶以降低酒變質的風險。

有些年分的葡萄汁會過於濃稠，很難透過沉澱變澄清，有些酒莊會加入特殊的酶，將汁中的果膠水解成可溶於水的物質，降低濃稠度。有些地區澄清的方式更為複雜，在夏布利地區因為機器採收較多，有時為了讓葡萄汁更乾淨，還會透過凝結或過濾法來澄清葡萄汁。

酒精發酵

澄清過的葡萄汁已經可以開始進行酒精發酵。只要溫度適宜，葡萄汁中的野生酵母會將葡萄糖轉化成酒精。這個看似簡單的過程，在布根地卻存在許多可能性，釀酒師可以透過不同的選項來釀造夏多內。布根地因為氣候較冷，如果需要，釀酒師可以透過加糖來提高1－2%的酒精度，但也可以完全不加，何時添加也有影響。大約加17克的糖可以提高1%的酒精度。現在雖然大部分的酒莊會採用人工選育的酵母，但是仍有酒莊不會另外添加，而是直接讓原生酵母自然發酵。

過去為了讓酵母一開始就可以快速運作，有些酒莊會在採收開始之前就預先採摘一點葡萄培養酵母，以添加在第一批葡萄汁中，讓酒精發酵可以即時開始。發酵會產生二氧化碳，因為比重較空氣稍重一些，有保護葡萄汁免於氧化的功能，葡萄汁越晚發酵，氧化的風險就越高，因為二氧化硫也會抑制酵母菌的運作，此時不適合再添加，以免讓發酵更加延遲。

為了方便控制溫度以及保留新鮮果味，大部分的白葡萄酒都是在不鏽鋼酒槽內進行酒精發酵。但在布根地卻有些不同，有很多酒莊選擇在容量相當小的橡木桶內進行，尤其是產自金丘區的白酒，大多都是在木桶中發酵，越頂級的越是如此。夏多內是白葡萄中和橡木桶最相合的品種，僅只是透過橡木桶的選擇，釀酒師就可以展現自家風格。在布根地，每家酒莊的葡萄園面積都不大，而且常常需要分開釀造，一片只有0.1公頃的葡萄園，大概可以釀造1到2桶228公升的白酒，如果要在不鏽鋼酒槽釀反而麻煩，布根地葡萄園分散的特性讓夏多內在橡木桶發酵顯得好像是順其自然，而事實上，這也是布根地的傳統。不過，做為一個發酵容器，橡木桶確實為夏多內帶來很多風味上的改變（下一章將有專文介紹）。

除了適合小量釀造，橡木桶也有控溫容易，讓酒變得圓潤，同時增添特殊香氣的功能，但酒莊卻需要增加更多的成本與時間。在伯恩丘區的酒莊最常採用，在夏布利和馬貢內區則有較

左上：在夏布利有較多的夏多內是在不鏽鋼槽中發酵。

右上：橡木桶不只是容器，也是工具與原料。

左下：木桶發酵因容量小可自然調節溫度，但有時仍須採用控溫器。

右下：進行酒精發酵中的夏多內。

多酒莊選用不鏽鋼槽。以橡木桶發酵的不便在於每一桶都必須獨立照顧，因為發酵的速度和溫度都不相同，為了方便照顧，有許多酒莊會先在不鏽鋼槽內開始發酵，然後再入木桶，透過這樣的方式，酒精發酵會比較一致，頗常為酒商所採用。由於全球的葡萄酒迷習慣直接將夏多內和橡木桶的味道連結起來，所以即使是酒槽發酵的酒，也常會放入橡木桶中培養一段時間，以泡出橡木桶味。

紅酒和白酒的發酵最大的不同在於最佳的發酵溫度，紅酒一般在30℃，但白酒卻低很多，必須要控制在15－20℃，若是17－18℃之間更好。溫度過高會加快發酵的速度，無法保留清新細緻的果味，香氣會過於濃膩不清新。相反的，溫度過低，發酵慢，會產生鳳梨等熱帶水果香氣，雖然可口，但同一化的味道常常掩蓋了葡萄本身的特有風味。當葡萄汁溫度升到13℃時，酵母就會開始運作，將糖發酵成酒精和水，同時也會發熱，使溫度升高。在發酵的高鋒期，溫度會升得相當快，大型的酒槽必須具備冷卻系統以免溫度過高。木桶的溫控較為自然簡單，因為容量小，升溫慢，在陰冷的地窖中，自然就能維持在15－20℃的溫度。因為低溫，發酵的速度比紅酒慢，會拖一個月或更久的時間，特別是在發酵末期，酒精度高、糖分少，酵母已不太活躍，若遇上冬季低溫，甚至可能讓發酵中止。也有到隔年春天回暖時才完成酒精發酵的例子。

布根地的白酒大多都會進行乳酸發酵，不過，因為布根地的葡萄農並不急於完成，常跟白酒的培養同時進行（此部分將於下一章中討論）。

左：白酒的發酵溫度較低，耗時也較久。

右：夏多內相當適合在橡木桶中進行發酵。

布根地氣泡酒

離香檳區不遠的布根地也產瓶中二次發酵的優質氣泡酒。在七〇年代成立了專屬的法定產區Crémant de Bourgogne。採用的品種除了至少30%的黑皮諾和夏多內外，還可以添加加美、阿里哥蝶、Melon、Sacy等品種。釀製的方式和香檳完全一樣，二次發酵必須在瓶中進行，培養的時間需超過九個月才能上市。

布根地白酒
提早氧化的問題

　　曾聽收藏家抱怨葡萄酒進口商的藏酒環境有問題，因為他買的布根地特級園白酒常出現氧化變質的情況。有些時候，損害這些名貴珍釀的並不一定是進口商，問題可能來自酒莊本身。布根地白酒大量出現提早氧化的問題，自二〇〇四年開始在葡萄酒界引發許多討論。出現提早氧化問題的布根地白酒大多來自知名的精英酒莊，如Etienne Sauzet、Bonneau du Martray、Colin-Deleger和Fontaine-Gagnard等，甚至連超級名莊，如Ramonet和Domaine des Comtes Lafon都有一部分白酒出現類似的問題。而年分主要集中在一九九五、一九九六跟一九九九年等，當時被認為較優異的年分。而且其中珍貴稀有的名園還占相當高的比例。當然，這絕對跟消費者對這些酒的期盼較高有關，畢竟，不知名酒莊的不佳年分大多早早喝完，如果六、七年後出現氧化，抱怨的人應該也不會太多。但連最頂尖昂貴的白酒都無可倖免，就讓布根地酒業不得不認真面對這個問題。

　　布根地酒業公會（BIVB）從二〇〇六年才開始決定針對這個問題進行研究，雖然有些晚，但至少開始有較全面性的科學研究。Jean-Philippe Gervais是布根地葡萄酒公會技術部門CITVB的主任，他也負責主導關於氧化的研究。他們找出了一些可能的原因，而且針對這些原因提出改善的方法。但是沒有任何一個可以解釋現存白酒氧化的問題。「應該是多元的原因造成的。」他這樣說，不過，意思其實是沒有真切的答案。多項實驗和研究仍在進行，出現氧化問題的，有一部分是在六年之後發生，實驗所需的時間非常漫長，現在才只是開端。較晚近的年分，出現提早氧化的比例已經變少，不過，並沒有完全消失。

　　一家金丘區的名莊主心有餘悸地說：「不知道發生什麼事了，裝瓶十八個月之後，美國進口商說有氧化的問題，化驗後發現瓶中添加的二氧化硫消失不見了。但有些酒氧化變色，有些卻沒有。」未知原因的威脅是最恐怖的事，這正是過去幾年來布根地酒莊的實際寫照。但也正因為這份不可知與恐懼感，強迫布根地生產白酒的酒莊和酒商必須從種植、釀造、培養與裝瓶的所有細節中，思考可能的原因，然後做出改變。不可否認的，布根地白酒近幾年來有非常快速且激進的轉變，其動力正是源自於此。布根地酒莊對於提早氧化的看法相當分歧，他們對此所做的改變，也成為布根地白酒這幾年的新潮流。

提早採收

　　在一九九〇年代開始盛行較晚採收，讓葡萄達到更高的成熟度，以釀成更圓潤濃厚的白酒。有些酒莊認為過熟的葡萄會降低葡萄酒的耐久潛力，如果早一點採收可以保有更好的酸味，酒的香氣也會更清新不會過於濃膩甜熟。Meursault村以早採著稱的Roulot就很少出現提早氧化的例子。無論如何，現在布根地支持提早採收夏多內的酒莊越來越多，提早採收的夏多內不只更加清新均衡，也很常喝到如刀般銳利的酸味。

加強榨汁力道

　　Vasselin是氣墊式榨汁機風行之前，布根地最常用來榨汁的機器。因為壓榨的力道比較大，清洗不易，而且出汁較混濁，已經很少有酒莊採用，目前也已經停產。繼續使用的名廠非常少，Meursault村的Coche-Dury是少數之一，有趣的是，他所釀的白酒幾乎沒有提早氧化的問題。香檳區習慣用整串的葡萄榨汁，以榨出更細緻乾淨的

葡萄汁，這個方法也有許多布根地的酒莊採用，連同氣墊式榨汁機，讓夏多內榨出的汁非常地乾淨細緻，也較少酒渣。有些酒莊相信這樣的榨汁法讓酒中較少酚類物質，雖然乾淨，但比較難抗氧化。有些酒莊開始採用舊式的榨汁機，或者稍微加強榨汁的力道，讓酒多一些個性。

先氧化後還原

　　講究科學的現代釀酒技術已經完全取代父子相承的傳統白酒釀法。氧化的問題讓酒莊重新思考，為何在沒有科學支持的年代，反而釀出了許多可以經得起數十年時間考驗的布根地白酒。有些酒莊開始找尋過去釀造白酒的老方法，這些被屏棄的技術如延遲添加具有抗氧化功能的二氧化硫。相較於其他品種，如白蘇維濃，夏多內較耐氧化，在榨汁時並不一定馬上要以二氧化硫保護，過度保護有時反而會降低日後抗氧化的能力。「小時候看我爸爸等葡萄汁都氧化到快變成棕色了，才添加二氧化硫，後來我自己釀酒時絕對不允許這樣的事發生，但現在我的釀酒顧問竟然說我爸是對的。」一位精英莊主有點無奈地這樣說，但他以此舊法釀成的白酒確實非常乾淨可口，沒有任何氧化的跡象。

少新木桶

　　使用高比例，或甚至全新的橡木桶培養夏多內，確實在一九九〇年代變得相當流行，帶著香草、煙燻與奶油的新桶味，在當時也頗受歡迎。新桶跟舊桶的最大差別除了價格更加昂貴之外，也更容易讓裝在桶內的葡萄酒氧化，透過桶壁滲透進酒中的氧氣比同大小的舊桶要多許多。酒價攀升讓葡萄農買得起更多的新桶，高比例的新桶雖然讓成本提高，但並不一定就會讓品質變好，卻會讓葡萄酒更快氧化。現在，使用全新木桶培養白酒的酒莊已經大量減少，過多的香草、煙燻與奶油香氣也開始

被視為缺點。不過，跟前幾個轉變一樣，似乎也算是回到過去的復古風之一。

少攪桶

　　死酵母的自解過程會為葡萄酒帶來圓潤的口感。在培養的過程中攪動沉澱在橡木桶底的酵母可加速水解，產生具圓潤感的甘油，稱為攪桶。這也是在一九九〇年代開始盛行的釀造技術之一。雖然攪桶也在傳統釀造中使用，但主要是為了讓酒精發酵可以順利完成，並不會太常攪動。但後來有些酒莊為了提升效果，有時每週攪動超過兩次，每攪一次都會帶進氧氣，而且減少二氧化碳的保護。不過提早氧化的問題讓酒莊在進行攪桶時有所節制，這也讓布根地近年來較少出現過度肥潤的夏多內白酒。

塑膠塞封瓶

　　有些酒莊直接認為氧化的問題是因軟木塞而起的，所以在封瓶的選擇上，有一些布根地的酒莊做了比較激進的選擇，如Bouchard P. & F.包括特級園在內的所有白酒全部採用Diam膠合軟木塞封瓶，Domaine Ponsot甚至用塑膠材質的AS-Elite為其所產的所有紅、白酒封瓶。在夏布利也已經有用金屬旋蓋封瓶的特級園白酒出現了。

　　提早氧化的問題也許讓布根地白酒聲譽遭受折損，但是，卻也同時造就了今日布根地白酒的新氣象。雖不能說是因禍得福，但至少，現在的布根地白酒已經不再是一九九〇年代的樣子了，變化如此之大，真的是拜氧化之賜才能讓那些經常在酒都還未上市就被搶購一空的酒莊主們願意虛心檢討。至於這些最新風格的布根地是否更經得起考驗，只有時間可以給我們最後的解答。

黑皮諾的釀造

黑皮諾常被稱為全球最優雅的葡萄品種，許多釀酒師在釀造黑皮諾時會特別採用不同於其他品種的釀法，以表現黑皮諾較為細緻的風味。身為黑皮諾的原產地，布根地釀製紅酒的方法也常被當做典範。本地酒莊大多強調採用傳統製法，不過，從中世紀的熙篤會修士開始，現今布根地酒莊在釀造黑皮諾時所採用的方法卻是非常多樣，各家酒商和酒莊對於傳統釀法的詮釋各有不同，也衍生不同的流派與酒風，完全採用同樣釀法的酒莊並不多見，布根地人的個人主義天性在此表露無遺。

但在另一方面，布根地做為地方風土特性的典範產區，將自然的風味如實呈現，也是大部分本地釀酒師的釀造哲學，他們經常自稱是土地的僕人，而不是主宰自然，表現個人風格。於是，莊主如何詮釋每一片葡萄園的自然風味、對傳統釀造的不同看法，以及私下採用的新式釀造科技，便成為每家酒莊獨特的黑皮諾釀造法。在布根地有太多的細節影響葡萄酒的風味，在紅酒的釀造上更是如此。

在布根地很少有酒莊聘任專業的釀酒師，即使是名莊也都由莊主一人決定，只是一念之間，釀造法便可能因此改變。憑感覺與直覺釀酒在布根地相當常見。一位Pommard村的酒莊主說：「每一個年分的葡萄都不一樣，釀法也會不同。二〇〇三年我幾乎完全沒有進行踩皮……」

去梗與破皮

黑皮諾採收後經過汰選，葡萄馬上就會放入酒槽。布根地傳統使用無蓋的木造酒槽釀造黑皮諾。木槽通常容量不大，控溫跟保溫的效果都相當好，但缺點是釀造、清洗和維護都很麻煩，而且有感染細菌的風險，因為無蓋所以無法密封，也有較多氧化的麻煩。有許多酒莊繼續使用水泥酒槽，厚重的水泥牆內有一層防水塗料，容易清洗和釀造，保溫的效果也非常好。當然改用較為便利乾淨的不鏽鋼槽釀造的也有，從最簡單的無蓋式酒槽，到直式、橫式或甚至可自動旋轉、自動控溫、淋汁、踩皮或倒出葡萄皮的釀酒槽都有，不只方便省力，而且可以完全密封，避免氧化。不過，不鏽鋼槽主要為大型酒商所採用，在精英酒莊中比較少見。

在入酒槽前，大部分的酒莊會先用去梗機除掉葡萄梗，然後接著用破皮機擠出果肉和葡萄汁，不過，也有酒莊選擇保留完整的葡萄串。是否以整串葡萄釀造一直是黑皮諾釀法中的重要分野。主張完全去梗的重要代表人物是已經過世的Henri Jayer，他的追隨者相當多。他說：「很成熟的葡萄梗很少見，通常只會為葡萄酒帶來尖酸的澀味。」所以他在釀造前一定會先去梗，然後輕微地破皮。完全去梗曾經一度很盛行，但現在大部分的布根地酒莊採局部去梗，依據不同的葡萄園跟年分而保留一小部分的整串葡萄。

不過，還是有些酒莊在大部分的年分都採用整串葡萄釀造，其中最知名的包括Domaine Dujac、Leroy和DRC等名莊。整串葡萄的釀造方式有幾個特點，因葡萄皮還沒破，大部分的葡

萄汁沒有釋出，葡萄皮上的酵母菌沒有跟汁中的糖分接觸，發酵會很緩慢，必須靠踩皮才能釋出葡萄汁，葡萄農要到葡萄堆上踩幾下，讓流出的葡萄汁能和酵母接觸。一旦開始，速度也不會太快，升溫較緩和，泡皮釀造的時間也較久一點。但此法被迫要連葡萄梗一起釀造，梗會吸收紅色素，可能會讓酒的顏色變淡，梗中含有許多鉀，也可能降低葡萄酒的酸味，未完全成熟木化的梗也會為葡萄酒帶來粗糙的單寧甚至草味。

即使是完全去梗破皮，也有葡萄農會將去梗機所除掉的梗再加回酒槽中，特別是在皮較薄，單寧比較少的年分，他們企圖加梗以提高酒的澀味，但無論再成熟的梗，其單寧都不及葡萄皮的單寧細緻，現在較少酒莊採行這樣的方法。較先進的去梗機器可以調整強度，除梗後可以保留完整的葡萄粒，可以有整串葡萄延緩發酵的效果又不會有葡萄梗的缺點。破皮機的強度也能調整，強一點可以釋出較多的汁，讓發酵跟泡皮可以更快速完成，弱一點則可保持較完整的果粒形狀，在葡萄皮內進行的發酵跟流出在外的發酵會有不同的香氣表現。

發酵前浸皮

酵母菌在15℃以下的低溫環境中活動力弱，無法繁殖，布根地的採收季通常天氣已轉涼，如遇較冷年分，酒槽內的葡萄會延遲數日才啟動發酵，特別是採用整串葡萄釀造的酒莊，如果不特別加溫，可能會延遲一個星期。在這段期間內，葡萄還是會產生一些變化。Henry Jayer 說：「在採收季較冷的年分，發酵較晚開始，釀成的酒會多出許多果味，而且顏色也比較漂亮。」在比較溫暖的年分他會讓酒槽降溫，以釀出類似的風味。這個過程法國稱為發酵前浸皮，英文則叫做冷泡法（cold soak）。

有些酒莊會刻意在清晨採收，目的就是希望可以讓葡萄的溫度較低，在天氣比較炎熱的地區，已經有許多酒莊設有冷藏室，先將葡萄降溫後再進酒槽，不過，這在布根地還相當少見，只有在薄酒來區的一些釀造自然酒的酒莊會在採收季租用冷藏櫃使用。一般的冷泡溫度在10－15℃之間，但也有低至7℃，溫度越低，效果越好，但也越會改變葡萄原本的風味而失去特色。有些酒莊會完全避免冷泡的階段，葡萄一進酒槽會馬上加溫啟動酒精發酵。

酒精發酵會產生比氧氣重一些的二氧化碳，可防止葡萄氧化，但在發酵之前，除了低溫外，也可透過添加具有抗氧與抑菌效果的二氧化硫來保護葡萄。布根地曾經流行在酒槽添加大量的二氧化硫以延後發酵，可以釀出顏色非常深，有著奔放果香的黑皮諾紅酒，但近年來已經很少採用。二氧化硫的抑菌效果會降低酵母的活動力，添加太多則很難只用原生酵母，必須另外添加人工培養選育的酵母菌才能順利啟動發酵。二氧化碳在-78.5℃會直接由氣體凝結成固態的乾冰，因為溫度非常低，且不會變成液體，現在也被應用在黑皮諾的釀造上，除了可降溫，也會產生二氧化碳保護葡萄，超低溫接觸葡萄皮，有更明顯的冷泡效果。相較於去梗的葡萄，整串釀造的另一優點是可以讓發酵前浸皮用更自然的方式進行。

左：完成去梗後的葡萄梗。

中：經去梗與擠粒後的黑皮諾。

右：在酒槽內添加乾冰可降溫，也可產生二氧化碳保護葡萄免於氧化。

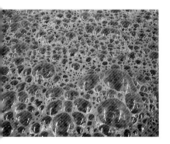

原生與人工選育的酵母

葡萄皮上自然就附著酵母菌，只要有適宜的溫度，就可以將葡萄汁釀成酒。酵母菌的種類非常多，各有不同的特性，有的耐高溫，有的可以散發濃重果香，通常同一葡萄串就附有多種酵母菌。許多酒莊將酵母視為自然條件的一部分，在每一片葡萄園滋生的酵母都有所不同，所以堅持直接讓這些葡萄園原生的酵母發酵，不另外添加，以保留自然的風味。不過，這些野生的酵母具有許多不確定性，也較容易出現發酵中斷或很難啟動的意外。

但無論如何，原生的酵母常能釀出更多層次與變化的葡萄酒。附著在葡萄皮上的原生酵母種類非常多樣，並非只有一種，在發酵過程中，隨著酒槽中的環境改變，如溫度和酒精濃度的改變，有利於不同的酵母菌繁衍，通常都是不同菌種以接續接力的方式完成酒精發酵。最早由在低溫即可運作的酵母開始，最後以能適應高酒精濃度的酵母來結束發酵。

自一九七〇年代人工選育的酵母出現後，有不少酒莊開始採用。這些為了特殊目的，以人工選育成的酵母通常有穩定的發酵成效，操控容易，可以保證一定的品質，對大型的酒商來說，這是最安全的作法。有些人工培養的酵母特性非常強烈，葡萄酒的風味很容易被其所主宰，容易變成風格單一變化少的葡萄酒。

不過，並非所有選育的酵母都是如此，布根地酒業公會的技術中心曾經從本地的原生酵母菌種中選育出三種酵母菌，供葡萄農選用，以保有布根地的在地特色。其中，有適合黑皮諾的RA17和RC212，前者主要表現黑皮諾的品種特性，釀成比較柔和多果香的均衡風味，後者可讓釀成的酒保有更多的酚類物質，有較多單寧和較深的顏色，也較多一些香料香氣。適合夏多內的有CY3079，可以在13℃的低溫下發酵，而且容易水解增加酒的圓潤度，也能承受15%的高酒精環境，有利完成所有糖分的發酵。不過，還是有酒莊喜歡選用外地的酵母，例如夏布利的La Chablisienne釀酒合作社，就偏好香檳區風格較中性的酵母。

發酵與浸皮

當酒槽的溫度升到15℃以上，酵母開始繁衍，將葡萄糖與果糖發酵成為酒精。為了有較穩定的發酵效果，很多酒莊會添入人工培養的酵母，但也有越來越多的酒莊選擇不添加，直接讓附在葡萄皮上的原生酵母自行繁殖發酵。不過當葡萄的狀況不佳時，如有黴菌感染而原生酵母不足時，還是須用人工酵母。在還無選育的乾酵母可用之前，接近採收季時，葡萄農會先採收一點葡萄進行小量發酵，繁衍酵母菌，稱為pied de cuve，等採收開始時再加入酒槽中，讓酒精發酵可以馬上開始。

溫度控制

當酵母開始運作，發酵產生的熱能讓酒槽內的溫度逐漸升高，這時發酵的速度開始加快，夏多內理想的發酵溫度在15－20℃之間，而黑皮諾的發酵溫度比較高，通常維持在30℃左右最佳，太高發酵太快，會縮短浸皮的時間，而且會喪失許多香味，太低可能會讓發酵中止。傳統的酒槽並沒有控溫設備，發酵的溫度由自然決定，但現在幾乎所有布根地釀造紅酒的酒莊都備有控溫設備，釀酒師可以透過溫度的控制來掌握酒精發酵的進程。傳統的木造和水泥槽也可用外加設備控溫，只要在發酵時放進透過內部水溫調節的金屬控溫器即可。

溫度的控制是一個複雜的技術，對葡萄酒的風格有決定性的影響。通常溫度越低，發酵速度越慢，甚至可能中止，但如果溫度過高，如超過40℃也可能熱死酵母菌。通常在發酵初期需要加溫，但在中期則需要降溫以防止過熱。在30℃的環境中，只需三至四天就可完成酒精發酵，如果是在無蓋的木槽中發酵，酒精發酵一完成之後就需要馬上結束泡皮，以免葡萄酒氧化變質，在這麼短的時間裡，皮中的單寧和紅色素都還來不及萃取出來，通常釀成的酒會比較清淡柔和。如果想釀造較濃厚一點的紅酒則需要讓發酵的時間長一點，以利延長浸皮的時間。維持低溫是讓發酵變慢的方法之一，而且低溫發酵所釀成的葡萄酒在香氣的表現上比較內斂，口感也會比較剛硬一些。

不過，讓發酵溫度突然上升，然後迅速下降，也可讓一部分不耐高溫的酵母緩減發酵能力。而且高溫本身也有利於萃取出皮中的紅色素，另外，也會讓酒的香氣濃郁一些，但可能少一些清新的香氣，口感變得比較圓潤一些。當所有糖都發酵完後，酵母菌將失去活力而逐漸死亡，溫度也跟著降回常溫。

踩皮與淋汁

酒精發酵產生的二氧化碳會將下沉的葡萄皮向上推，浮升到酒槽頂端形成一塊厚重的硬皮，只剩一小部分還浸在發酵中的葡萄汁裡。由於紅酒需要的紅色素、單寧及香味分子都在皮內，釀酒師必須採用不同的方法讓皮與汁能夠接觸，提高浸泡的效果。踩皮與淋汁是最普遍也最有效的兩個方法。黑皮諾主要採用前者，後者因為容易氧化且對黑皮諾屬過於激烈的方式，

上左：發酵中的黑皮諾。

上中：開口式的木造酒槽雖然簡單，卻是釀造黑皮諾的最佳酒槽。

上右：Louis Latour酒窖中有控溫裝置的傳統木槽。

中左：已經完成泡皮即將進行榨汁的葡萄。

中右：在布根地仍有許多酒莊偏好以雙腳進行人工踩皮。

下左、下中：以踩皮棍進行人工踩皮。

下右：發酵初期葡萄皮並不會浮出酒面太高，踩皮較易進行。

149   part II

除了在發酵初期，一般較少有酒莊採用，不過這反而是波爾多紅酒的主要釀法。

在布根地較常用的踩皮法是將浮出結塊的葡萄皮踩散，泡入未完成發酵的葡萄酒中。較堅持傳統的酒莊會由莊主或酒窖工人直接爬到酒槽上方，赤腳踩散葡萄皮，他們認為雙腳能有效卻又輕柔地踩皮，是機械所無法取代的，甚至認為與發酵中的葡萄接觸也有助於發酵進程的瞭解。人工踩皮除了用腳，現在大部分的酒莊都採用一種末端裝有半球型塑膠碗的踩皮棍（Pigeou）。發酵產生的二氧化碳經常積在葡萄皮層下，在踩皮時會突然大量釋出，相當危險，常有葡萄農因二氧化碳中毒而沉溺於酒槽中。為了安全考量，有相當多的酒莊改用裝置於酒窖頂的氣壓式機械踩皮機。

除了安全，用機器踩也較省力，在發酵最快的階段，葡萄皮層硬且厚，葡萄農必須非常用力才能踩碎，使用機器可以避免在繁忙的採收季，因體力有限而無力完成的麻煩。踩皮至少早晚各一次，間隔的時間太久，葡萄皮無法保持濕潤，將變得乾硬，需要費更大的力氣才能踩散，也會有發霉的疑慮，有些酒莊甚至一天要進行五次。不過，在發酵的初期和後期，葡萄皮層比較柔軟濕潤，不須過於頻繁的踩皮。

即使較為柔和，但踩皮如果頻率過高，且過度用力，還是有可能萃取過度，釀成過於粗獷的葡萄酒。黑皮諾的皮比卡本內蘇維濃和希哈等品種來得薄、色淡，單寧也較少，釀造重點主要講究細緻變化而不是濃縮厚實，踩皮的目標並不一定要把所有皮內的物質都萃取出來，而是要有均衡精巧的風味。近年來，布根地在踩皮的頻率和方式上都有減少以及更溫和的趨勢，在釀造的過程有越來越多的酒莊採用泡茶的浸泡方式，而不是激烈的萃取，特別是在風格比較粗獷的年分，如二〇〇一、二〇〇三和二〇〇五年等更是小心萃取。

淋汁跟踩皮相反，是從酒槽底部抽出葡萄酒，然後淋到漂浮在最頂層的葡萄皮上，讓汁液滲過葡萄皮再流回槽中。淋汁有較多氧化的風險，須使用幫浦抽取葡萄酒，不太適合黑皮諾，採用的酒莊較少。不過淋汁可以為酵母菌帶來氧氣，以利細胞膜合成膽固醇，特別是在發酵的初期，有些酒莊會在發酵的前期使用。淋汁的頻率最多每天一次即可，特別是酸度不夠的年分，葡萄較脆弱，不能太常淋汁。

先進的釀酒機械其實有更多方便的發明，例如內附自動轉輪攪拌的酒槽、自動旋轉攪拌的橫式酒槽、內部有自動踩皮機的自釀酒槽，也有能瞬間打入大量氮氣弄碎葡萄皮結塊的酒槽，不少酒商、釀酒合作社也都有這些較方便先進的設備。不過，大部分的布根地酒莊還是保留傳統的簡單酒槽，與小量手工釀造的方式，他們相信這是釀造黑皮諾的最佳方式。

發酵時間的長短

發酵與泡皮是釀造紅酒的關鍵，有些酒莊一個星期就能完成，但也有的長達一個月。由於酒精發酵結束後原本浮在表面的葡萄皮逐漸沉入酒中，會讓剛釀成的葡萄酒直接和空氣接觸。為防氧化，發酵結束後浸皮也馬上跟著停止，迅速進行榨汁。在布根地，發酵時間的長短直接影響浸皮的時間，要泡久一點就不能發酵太快。

一般而言，浸皮越長，酒就越濃澀。低溫和整串葡萄可延緩發酵，在發酵快結束時每天

上：Louis Jadot的機械踩皮機。

下：淋汁。

左：在不同的釀造階段，有些酒莊會進行實驗室檢測。

右：Taupenot-Merme酒莊記錄各酒槽發酵歷程的黑板。

加一點糖也能讓發酵延長幾天，發酵後期酒精濃度高，比較容易萃取出單寧，喜好重單寧的酒莊會特別延長這個階段，甚至當發酵停止後還會蓋上真空蓋再多泡幾天，稱為發酵後泡皮。這樣的方法較難應用在連葡萄梗一起發酵的酒莊，因為可能會釋出太多梗中的單寧讓酒變得太粗澀。不過葡萄酒中的單寧會彼此聚合成較大的分子，發酵後泡皮雖然讓單寧變多，但有時卻可以讓澀味的質地喝起來較圓厚一些，不會特別咬口。

粉紅酒rosé

布根地的粉紅酒並不常見，最出名的是Marsannay以黑皮諾釀成的可口粉紅酒，是本地唯一能出產粉紅酒的村莊級AOC/AOP。一般見到的都是屬Bourgogne的布根地地方性等級。

榨汁

發酵完成後，先排出葡萄酒，這部分稱為自流酒（vin de goutte），直接流入另一個可密封的酒槽保存，剩餘的葡萄皮還含有葡萄酒，需榨汁取得，稱為壓榨酒（vin de press）。前者較為細緻，酸味高，後者含有較多的單寧與色素，風格也較為粗獷。釀酒師通常會將兩者分開儲存，待日後再依比例調配。不過也有許多酒莊在榨汁後馬上將兩者混合在一起。在葡萄健康條件不佳的年分，為免品質受害，壓榨酒大多全部放棄，或至少經過濾後才能加入。

加美的釀造

將整串葡萄放進充滿二氧化碳，完全密封的釀酒槽中釀造，是加美最知名的獨特釀法。因葡萄皮跟汁沒有接觸，釀成的酒柔和少澀味，而且有著奔放的新鮮果香。這種稱為二氧化碳泡皮法的技術是大部分薄酒來新酒的標準釀造法，皮薄少單寧的加美葡萄似乎特別適合這樣的釀法，即使是趁鮮早喝也可以非常可口易飲。不過，這只是加美葡萄的眾多釀酒法之一。黑皮諾的釀造方式已經相當多樣，但在薄酒來，加美變化的型式更多樣，有時更前衛，更工業化，但也可能更加傳統與手工藝化。

二氧化碳浸皮法

薄酒來是香檳區外唯一禁止用機器採收葡萄的產區，這與當地採用二氧化碳浸皮法釀造有關，加美必須用手工採收，保留整串的葡萄才能以此法釀製。採收之後葡萄不去梗也不破皮，直接放入酒槽，數量不可太多，以免葡萄的重量壓破葡萄皮流出汁液。酒槽必須能夠密封，因為要加進二氧化碳氣體，讓酒槽內成為無氧的狀態。酒槽的溫度也必須維持在20℃以上才能產生效果，最好能達25－32℃，讓無氧代謝加速進行。整串釀造的黑皮諾大多採用15℃以下的冷泡法，泡皮溫度是兩者最大的差別。

二氧化碳浸皮的時間至少要超過兩天以上才有較佳的效果，在這樣的環境下，葡萄會散發非常強烈且明顯的果香，蘋果酸也會大幅減少，降低葡萄的酸味。此時酵母菌和葡萄汁沒有接觸，泡皮時酒精發酵原則上還沒有真正開始。但是，在酵素的作用下，會有一小部分的糖轉化成為酒精。而皮和汁也沒有外部的接觸，只在葡萄粒內部進行，只有非常少的單寧和紅色素被萃取進葡萄汁中。不過因為溫度較高，且不能添加二氧化硫，以免之後酵母菌無法進行發酵，此時槽中微生物的生長迅速，有較高的變質風險。

在實際的操作上，百分之百的二氧化碳浸皮法幾乎是不可能發生，除非非常少量，且極端地小心輕放，不然多少還是會有一小部分的葡萄被壓破，另外，酵素也會讓葡萄皮逐漸變得更脆弱易碎，壓破後流出更多的葡萄汁，酒精發酵便會啟動。因汁不多，通常二至七天就可完成。大部分的葡萄汁還被封在葡萄果實內，自流酒的比例低，反而有較多的榨汁酒，而且榨出的汁中充滿著未發酵的糖分。因有如葡萄汁般帶甜味，還有發酵的熟果香，喝完有上天堂的感覺，當地的葡萄農將這種榨汁酒稱為Paradis。葡萄汁很快就會放進酒槽中，混合自流酒，跟白酒一樣，在沒有和葡萄皮泡在一起的情況下繼續完成酒精發酵。接著進行乳酸發酵。釀成的多為即飲型的清淡紅酒，很少會入橡木桶培養，大多在酒槽簡單培養之後就直接裝瓶。

半二氧化碳浸皮法

二氧化碳浸皮法比較像是理論上的釀造型式，薄酒來的許多酒莊在釀造加美時，其實是採用所謂的半二氧化碳浸皮法。主要差別在於：一、有一部分的葡萄因為擠壓會破皮而流出葡萄

上左：加美葡萄經常採用整串葡萄釀造，即使在完成榨汁後的皮渣都維持整串的形狀。

上中：又稱為Paradis（天堂）的榨汁酒。

上右：加糖。

下左：尚未完成發酵就進行榨汁。

下右：薄酒來主要用手工採收，但只有精英酒莊會進行葡萄篩選。

汁；二、可能採用的是無法完全密封的水泥酒槽，也可能沒有添加二氧化碳，直接借助酒精發酵產生的二氧化碳來讓葡萄處於無氧的環境，通常也會有淋汁或踩皮。這樣的方法比較類似黑皮諾的整串葡萄釀法，也會有稍多一些澀味被泡出來，香氣也可能多變一些。加美葡萄即使已經相當成熟，其葡萄梗還常常是不熟的青綠色，比較容易泡出草味以及不熟的粗獷單寧，在採用整串葡萄釀造時須較小心，泡皮的時間也不宜太長，通常在一週之內就會結束。除了新酒，一些早喝型的薄酒來也很適合這樣釀造。

Clos de Mez酒莊捨二氧化碳泡皮法，以傳統的方式釀造。

高溫差釀造法

這是一個比較晚才發展的釀法，主要是透過短時間內葡萄的高溫差變化以萃取出更多紅色素。加美顏色本來就不深，加上泡皮的時間短，釀成的紅酒顏色通常不會太深，但高溫差釀造法卻可以在兩、三日的泡皮間，讓酒色變成驚人的深黑紫色。酒莊必須有特殊的控溫設備才能以此法釀造。為了方便加溫，葡萄會先去梗，然後通過加熱器升溫到75－85℃，維持數分鐘至數小時之後快速降溫到35－10℃。因為溫度太高，所有原生的酵母菌與乳酸菌都一併被殺死，降溫後必須再另外添加人工選育的酵母才能開始發酵。

透過這種極端的溫控過程，在沒有萃取出帶澀味的單寧之前，酒的顏色馬上變得相當深，薄酒來的釀酒師通常選擇在經過一兩天的泡皮與發酵後馬上榨汁，繼續在另一個酒槽內完成發酵。雖然紅色素必須跟單寧結合成比較穩定的分子才能保持深紅的酒色，但高溫差法釀成的顏色實在太深黑，即使後來顏色變淺一些，對加美來說還是非常深。這樣的釀法無論是好壞年分，都可以釀出顏色非常鮮豔且深濃的加美紅酒，而且高溫差會讓酒的果香更甜熟，也更奔放，甚至連口感也變得更圓潤，加上單寧不多，沒有太多澀味，喝起來非常柔和順口。這樣的新技術對於常要趕早上市的薄酒來新酒確實相當實用，目前薄酒來產區內大部分的釀酒合作社與酒商都經常採用，甚至許多獨立酒莊也添購或租用加熱設備。雖然讓酒很快變得可口，但高溫差的過程會完全摧毀葡萄園特有的風味，而且釀成的酒無法耐久存，必須盡快飲用。

格架泡皮法

在薄酒來的北部花崗岩區，有幾個村莊如Moulin à Vent，出產風格特別強硬的多澀味紅酒。這種特別的加美酒風除了跟當地的自然環境有關，也跟區內的一種釀造法相關連。薄酒來的傳統酒莊大多採用水泥酒槽，Moulin à Vent的葡萄農大多會去梗破皮釀造，泡皮的時間也比較長，常超過一個星期，以釀成更有個性也更耐久的加美紅酒。除此之外，他們也習慣在裝滿葡萄的酒槽內放進一個木造的格架，其大小剛好比酒槽頂端的開口大一些，當酒精發酵開始啟動，葡萄皮被發酵產生的二氧化碳推升到酒槽頂端時，剛好被放置於酒槽口的格架檔住，強迫皮跟酒完全地泡在一起。這樣的簡單設計不僅可以免除踩皮或淋汁的麻煩，而且也提升浸泡的效果，可以萃取出更多的單寧和顏色。

為了能夠延長發酵與浸皮的時間，許多薄酒來北部的酒莊會選擇去梗，以避免不熟的加美

左：發酵中的加美有非常鮮豔的紫紅顏色。

中：經過一天的高溫逆差釀造，即能有非常深黑的顏色。

右：格架泡皮法可以強迫皮與汁一直泡在一起。

葡萄梗會浸泡出太粗獷且不熟的單寧。許多釀造黑皮諾的方法也常被用來釀造加美，特別是近年來有越來越多的布根地酒商和酒莊到薄酒來投資設廠，也引進更多的布根地釀造技術以釀成更適久存，風格更高雅的紅酒。

自然酒

自一九八〇年代開始逐漸發展的自然酒（Vin naturel），與其說是一種釀造法，不如說是一個釀酒的理念。是針對越來越工業化的葡萄酒業的反動。類似於有機種植帶著回到傳統小農更貼近自然的耕作模式，自然酒也有回歸傳統手工藝式釀造的情懷。

確實，葡萄酒可以是非常自然的飲料，可以不需添加任何葡萄以外的原料就能釀成，不過，還是有許多葡萄酒除了葡萄之外，還得添加非常多的添加物，如加糖提高酒精度，加酒石酸提升酸味，或者加人工選育的酵母菌進行發酵，或者，更常見地，添加保護葡萄酒免於氧化的二氧化硫。這都是大部分

酒莊偶爾或經常會採用的添加物，雖然都是合法的天然原料，但無論如何，還是會改變一些葡萄的原初個性。至於浸泡橡木屑、添加紅酒加色劑、混入植物萃取的單寧等更激烈的作法，有可能讓酒因此變得更好喝，或者得到酒評家更高的分數，但很容易就會讓葡萄失去原產土地的自然風味。

自然酒的理念在於盡可能地不要添加葡萄以外的添加物，也不要用太過激烈的釀造技術，如微氧化處理、逆滲透濃縮機、高溫差法等來進行釀造。他們希望能對葡萄做最少的改造，能夠讓葡萄酒如實呈現原本純粹的自然個性。雖然所有的葡萄酒都需要釀酒師來釀造，但採用自然酒理念的酒莊則是用伴隨的態度來釀酒，不會刻意主宰跟改變葡萄。自然酒主要是針對釀造的部分發展而成的，但基於維護與尊重自然與生命的前提，在種植上也大多反對使用人造肥料、除草劑和除蟲劑等化學農藥，連機器採收也不允許。正在發展中的自然酒目前並沒有非常精確的定義，也沒有任何認證的系統存在。自然酒協會AVN是一個由七十多家自然酒酒莊所組成的組織，他們雖然都簽署一份自然酒契約，不過並沒有任何查驗與規範的架構。

在眾多的添加劑中，最不可或缺的屬二氧化硫，幾乎所有的葡萄酒都必須添加這種可防止葡萄酒氧化變質的天然添加物。自然酒在釀造技術上最困難、風險最大的地方在於，不使用或僅使用非常少量的二氧化硫。自然酒常被定義為不添加二氧化硫的釀造法，其原因也在此，不過，二氧化硫卻同時也是自然酒唯一允許的添加物，但僅允許極低的劑量，如紅酒每公升不得超過30毫克。薄酒來區內的酒商兼釀酒學家Jules Chauvet（被稱為法國的自然酒運動之父），他為不加二氧化硫的獨特釀法提供理論基礎，與實際可行的釀造方法，並且出版相關的著作，現今法國的自然酒釀酒師多少都是受到他的啟發。在薄酒來地區有相當多知名的自然酒酒莊，如Morgon村的Marcel Lapierre、Jean Foillard和Jean-Paul Thévenet等。

加美因為經常採用二氧化碳浸皮法釀造，整串葡萄加二氧化碳保護，只要嚴格挑選掉不健康的葡萄，保持乾淨的酒槽，泡皮的溫度不要太高，不使用二氧化硫釀造確實可行。特別是加美具還原特性，較不易氧化，比黑皮諾更適合釀造自然酒。薄酒來的自然酒酒莊在採收季大多會租用冷藏貨櫃車，為手工採收的葡萄降溫，經過一到四週的泡皮、榨汁後，類似白酒在酒槽或橡木桶中以低溫完成酒精發酵，接著進行乳酸發酵、培養後，以手工裝瓶上市。有酒莊可全程不添加二氧化硫，有些只在清洗酒槽跟橡木桶時使用，事實上，在發酵的過程中，有些酵母菌也會自然產生二氧化硫。裝瓶時完全不添加二氧化硫的葡萄酒會比較脆弱一些，必須一直保存在14℃以下的環境中才能免除氧化或變質的問題。為了降低風險，一些須經長途運輸的自然酒也會添加微量的二氧化硫。

在布根地，同樣也有釀酒師在釀造黑皮諾時不添加二氧化硫，如St. Aubin村的Dominique Derain，St. Romain村的Domaine de Chassorney、Marcel Lapierre的外甥Philippe Pacalet，以及在夜丘區的Domaine Bizot、Prieuré-Roch和Domaine Ponsot等酒莊。在布根地黑皮諾常須添加糖以提高酒精度，自然酒因反對加糖，釀成的黑皮諾紅酒通常酒精度較低，酒體比較輕盈，成為自然酒的特色。白酒因為較容易氧化，原本不用二氧化硫釀造的酒莊比較少，不過因為夏多內的氧化耐受性較強，近年的研究發現，在乳酸發酵完成之前不添加二氧化硫，讓夏多內先經歷氧化階段，之後培養與裝瓶後反而比較不會發生提早氧化的問題。一直到乳酸發酵後才添加二氧化硫的酒莊突然增加許多，成為另一釀造流派。特別強調自然酒，到最後裝瓶才添加或完全不加的，則有夏布利的De Moor，Pouilly-Fuissé的Valette等酒莊。夏多內因為常在橡木桶中發酵培養，有較高的氧化風險，完全不加二氧化硫的白酒較常會出現因氧化而產生的蘋果香氣。

發酵前整串葡萄在低溫的酒槽中進行泡皮是自然酒常用的釀造技法。

上左：過濾葡萄酒用的枝蔓。

上中：在酒槽內添加二氧化碳可避免葡萄氧化，無須使用二氧化硫。

上右：發酵到一半的加美葡萄榨汁後繼續在木桶中完成發酵。

下左：整串葡萄不去梗，直接進入酒槽。

下右：Marcel Lapierre酒莊採用老式的木造垂直榨汁機來釀造自然酒。

糖與酸

在法國，地中海沿岸的產區因為天氣較溫暖，葡萄容易成熟，依規定完全不能添加糖分釀造。布根地因位置偏北，和法國北部產區一樣享有加糖提高酒精度的權利。添加的可以是蔗糖或是甜菜糖，也可能是葡萄糖。酒精度高一些，可以讓酒喝起來更圓潤可口，加糖也可略為提高產量，每公頃可多出1、200公升。雖然地球暖化的趨勢讓布根地越來越不需要為了提高酒精度而加糖，但是加糖在釀造上還是有其功用。

加糖是延長紅酒發酵與浸皮時間的絕佳工具，在發酵的末期，分多次將糖加入酒槽中，可以讓發酵的時間延長。當紅酒發酵結束之後，發酵產生的二氧化碳消失，原本因氣泡推力浮在酒面上的葡萄皮會逐漸下沉，失去保護葡萄酒的功能，浸皮的過程必須馬上停止，以防氧化。在發酵末期加糖可以延長泡皮的時間。

除了各等級葡萄園有最低自然酒精濃度的規定，布根地加糖所提高的酒精濃度依規定也不能超過2%，而且每公頃所加的糖也不得超過250公斤。要提高酒精度，加糖並非唯一的辦法，去掉葡萄汁的水分，讓糖分更濃縮也有同樣的效果。濃縮法雖是新近的方法，不過根據史料，十九世紀時布根地就已經有讓葡萄酒更濃縮的方法。酒商在嚴冬的夜晚將葡萄酒裝入鋁桶內，放置室外，等水分結凍後拿掉浮在桶中的冰塊就可達成濃縮效果。酒商Champy十九世紀末的酒單裡就常出現冰凍過的Richebourg或Pommard，價格也較一般沒有凍過的酒昂貴。如一八八九年的Richebourg一瓶可賣6法朗，冰凍濃縮後可賣到7法朗。

新近的濃縮法主要以蒸餾法及逆滲透法為主，後者在布根地較少見，前者常見一些。依規定，酒莊只能讓10%的葡萄汁進行濃縮。Durafroid及Entropie是蒸餾濃縮系統主要的廠牌，原理是利用在真空狀態下，沸點大幅降低，只要加熱到約40℃就可以蒸發掉一部分的水分，提高葡萄汁中的糖分。濃縮法不僅使糖分提高，也讓酸度、單寧及顏色等變得更濃，比加糖更會改變葡萄酒的原本面貌。布根地在釀造紅酒時偶爾也會採用流血法（saignée），流掉一部分的葡萄汁，增加皮與汁的比例，以提升紅酒的顏色與澀味，不過卻不會提高糖分。

酸味具有保存葡萄酒的功能，也是構成均衡口味的要素，布根地允許酸味不足時，可在酒或葡萄汁中加酸。但只限於加酒石酸，若是加在酒中，每公升可加2.5克，若是加在葡萄汁中，則不能超過1.5克。不過加酸越早越好，因為可以防止酸味不夠的葡萄遭受細菌的侵害，特別是避免酒精發酵未完成乳酸發酵就先開始。這些在發酵前就加入的酒石酸，大部分在釀製完成之前就會凝結沉澱，並不會影響口味，但若是在釀成之後再加入就會留在酒中，由於外加的酸很難和葡萄酒和諧地合在一起，會產生咬口粗糙的酸味，甚至出現金屬味，嚴重影響葡萄酒的品質。

依歐盟葡萄酒法令，不能在同一產品上加酸又加糖，所以理論上布根地部分酒莊加酸又加糖的作為應是違法，布根地人普遍肯定加糖的益處，但對加酸，多少帶負面看法。加酸雖可提高酸味，但很少能和葡萄酒協調地混合，即使經過多年的瓶中培養也很難改善，所以加酸只能算是補救措施，絕非提高品質的方法。🍷

左上：即將送往實驗室檢測的葡萄汁樣品。

右上：PH酸鹼值的檢測。

左下、右下：葡萄甜度的檢側。

chapter 5

葡萄酒的培養

在法文中，葡萄酒的培養和飼養用的是同一個字「élevage」。這並非巧合，葡萄酒的釀造有如生命的誕生，發酵完成之後，釀酒師有如畜牧業一般，還須在酒窖裡豢養這些初生的葡萄酒，經過時間的琢磨與培養，熟化成更均衡豐富，也更接近適飲的成熟風味。

過去布根地的酒商很少自己釀酒，向酒農買來成酒培養後再裝瓶賣出，他們常以葡萄酒的豢養者（éleveur）自居。即使到了培養階段，一款酒的風格就已經大致確定，但酒商卻依舊能藉由培養展露酒的潛力，建立自家廠牌的風格。

橡木桶是葡萄酒培養的最重要容器，布根地的優雅酒風也讓布根地產製的橡木桶特別適合用來培養細膩風味的葡萄酒，橡木桶便成為葡萄酒之外另一個布根地酒業的特產。

葡萄酒的培養

通常，完成酒精發酵之後，葡萄酒將進入培養的階段，稱為「培養」仿如葡萄酒是有生命的飲料。如果發酵讓葡萄酒誕生，初釀成的葡萄酒將留在酒窖裡一段時間，逐漸長成更精緻均衡，更接近成熟適飲的葡萄酒。在培養的過程中，無論夏多內或是黑皮諾，布根地都有一套獨特的培養方式，也成為這兩個品種在其他國家和產區最常採用的培養法。在酒莊裝瓶興起之前，布根地的酒商很少自己釀酒，他們向葡萄酒農購買成桶的葡萄酒，經過培養、調配之後再裝瓶賣出，他們常以豢養者自居。雖然新酒初釀成時，品質和風格已經大致確定，不過，還是有些酒商可以透過培養的過程，讓最後裝瓶的葡萄酒具備廠牌的風格。

氧氣會讓葡萄酒失去新鮮的果香，變成較深沉的成熟香氣，過度的氧化甚至會讓葡萄酒出現蘋果、李子乾或肉桂等氧化的氣味，所以適合年輕品嚐，較不耐氧化的葡萄酒通常都會在完全密封，沒有氧氣的不鏽鋼酒槽中進行培養。不過，緩慢且適度的氧化，卻也可讓一些原本比較堅硬封閉的葡萄酒變得更可口，具有細微透氣性的橡木桶便是一個優秀的培養容器，除了可增添木桶香氣，也能讓存在其中的葡萄酒慢慢地氧化成熟，成為更可口的葡萄酒。

在布根地各品種間，因為特性不同，培養的容器與方式也有差異，加美釀成的紅酒大多強調新鮮可口，培養的時間通常較短，也較少進橡木桶培養，大多在酒槽內完成乳酸發酵後就直接裝瓶。黑皮諾需要較長的培養階段，通常都是在橡木桶中進行，只有少數比較清淡的紅酒才會在酒槽內培養。阿里哥蝶釀成的白酒多趁年輕即早飲用，大多在不鏽鋼酒槽內釀造，培養也多留在槽內，很少進橡木桶，時間通常僅數月就會趕早裝瓶。夏多內的培養則較為多樣，在夏布利地區和馬貢內區的平價白酒較常在鋼槽內進行，培養的階段也較短。但在金丘區的夏多內則大多在橡木桶內進行發酵，完成後也繼續在桶內進行培養，常常要一年多的時間才會裝瓶。

乳酸發酵

葡萄中的酸主要以酒石酸為主，但也含有蘋果酸和檸檬酸等等。當葡萄進入成熟的階段，

酸的含量，特別是蘋果酸會加速減少。布根地的氣候寒冷，葡萄成熟度不是特別好，在冷一點的年分如二〇〇八，釀成的葡萄酒常含有非常多的蘋果酸，而成熟度佳的年分如二〇〇九，蘋果酸則相當少，與其他葡萄內含的酸相比，蘋果酸的酸味比較強勁，也較為粗獷一些。只要環境適合，乳酸菌會將葡萄酒中的蘋果酸轉化成口感比較柔和的乳酸，同時也會產生一些二氧化碳和優酪乳般的氣味。這個過程稱為乳酸發酵。不過，一直晚至一九五〇年代葡萄農才開始知道乳酸發酵的存在與成因，在此之前，常被誤認為是葡萄酒出現了問題。

並非所有的葡萄酒都會完成乳酸發酵，只要透過添加較多的二氧化硫就可以抑制乳酸菌。但在氣候偏冷的布根地，大部分的紅酒都會完成乳酸發酵，很少中止，因為乳酸發酵可降低酸度讓酒變柔和一些，也可讓口感圓潤一些，最關鍵則在於讓酒比較穩定，不會在裝瓶後發生乳酸發酵的意外，裝瓶後須等待多年才會適飲的紅酒幾乎都會讓蘋果酸完全轉化。白酒則有些不同，特別是在比較熱的年分，當夏多內可能酸味不足的時候，抑制乳酸發酵可以讓酒的酸味強一些，喝起來也較新鮮，不會過於肥膩。但如果是成熟度不足的年分，乳酸發酵反而能讓酒變柔和一些，不會過度酸瘦，所以有不少酒莊會依年分的風格來決定是否要進行，或是僅局部完成。不過，無論如何，相較於其他品種，夏多內是一個頗適合進行乳酸發酵的品種，在轉化的過程中，乳酸菌會產生一種稱為丁二酮的香氣物質，讓酒聞起來有奶油的香氣，跟夏多內頗相合，但跟麗絲玲或白蘇維濃等品種的香氣則會顯得突兀，發酵過程也會讓這些品種原本清新的果香變成熟果的香氣。

跟波爾多的傳統不同，完成酒精發酵的黑皮諾會直接放入橡木桶中培養，不會先在酒槽完成乳酸發酵。夏多內有時會留在原桶中，不過即使換桶也是進入另一個橡木桶。在布根地，進木桶培養的葡萄酒，乳酸發酵幾乎都是在桶中進行。這樣的方法會讓原本就控制不易的乳酸發酵過程更難掌控，因橡木桶的新舊與環境不同，每一桶的進度都不相同。乳酸菌在20－22℃以上的溫度比較活躍，但採收釀完酒之後布根地的氣候通常很快就會變冷，乳酸發酵通常都要等到隔年春天氣溫回暖之後才會逐漸完成。乳酸菌是一種普遍存在的細菌，通常不需要添加就會產生，不過，添加二氧化硫保護的葡萄酒會比較難啟動。

死酵母培養法

酒精發酵結束之後，已無糖分供酵母存活，死去的酵母菌會逐漸沉積到酒槽或橡木桶底部堆積成泥狀，這些物質稱為lies。這些無生命的死酵母在培養的過程中會影響葡萄酒的風味，因此常被釀酒師所利用。不過，這些物質也有可能為葡萄酒帶來怪味，所以通常會先去除其中的雜質，可透過換桶只保留比較健康、沉澱在上層較細的lies，也可先處理過後再將一部分放回酒中跟葡萄酒一起培養。

泡在酒中的死酵母在酵素的作用下，會水解成許多不同的物質，包括蛋白質、氮、有機酸、香氣物質和甘油。和lies一起培養的葡萄酒，在乳酸發酵的進行過程中會比較順利一些，其產生的甘油也會讓酒的口感變得更為圓潤，在香氣上，常會讓白酒產生燻烤與烘焙麵包的香氣。

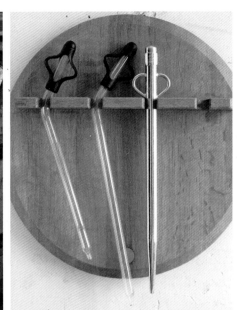

上左、上中：舊木桶清洗與消毒後可再次使用。

上右：從橡木桶中汲酒用的取酒器。

下左：伯恩酒商Chanson P. & F.位在防衛碉堡內的
培養酒窖。

下右：沉積在橡木桶底的死酵母。

攪桶

為了讓死酵母菌的水解能更有效地進行，很多酒莊會進行攪桶來加速水解的速度。在發酵控制較不發達的時代，為讓酒中殘餘的糖分全部發酵成酒精，葡萄農常在發酵末期用一根棒子攪拌桶內的葡萄酒。現在，釀酒師也會在白酒培養的階段進行攪桶，目的在讓沉澱的死酵母和葡萄酒充分混合，加快水解的效率。通常用頂端呈長勾狀的金屬棒伸進橡木桶內攪動，大多一週攪桶一、兩次，但也有酒莊在最頻繁時會一天多次。攪桶的方法又分兩種，一般只是溫和地攪動沉澱物，但如果遇到有還原問題時，則可由上往下攪，順便將空氣打入酒中，透過適度的氧化減少還原的怪味。

攪桶常延續到整個培養的階段，但後期次數會減少，約一個月一次。攪桶過度可能引發氧化的問題，也可能讓酒變得過於肥膩而失去均衡，有些酒莊僅在前幾個月進行低頻率的攪桶，有時甚至完全不做。在發酵之前沒有進行沉澱去酒渣的酒莊，為免產生怪味，通常很少進行攪桶。非木桶培養的白酒也同樣可利用死酵母來提升香氣與圓潤感，現在也有一些不鏽鋼桶內部具備旋轉扇葉，可定時旋轉，讓沉澱的酵母與酒充分混合。培養黑皮諾紅酒時較少採用攪桶，不過，還是會有酒莊偶爾透過滾動木桶的方式進行。

換桶

自然沉澱是讓培養階段的葡萄酒變得更乾淨、澄清最簡易的方法。只要隔一段時間靜止不動，酒中較大的懸浮物都會沉澱到酒槽或橡木桶底。這些混合著死酵母和其他沉澱物的酒渣，有時會讓封存在桶中的葡萄酒，因為缺乏氧氣產生類似腐蛋氣味的還原怪味。有些酒莊在培養階段每隔一段時間就會進行換桶，例如在乳酸發酵完成後，葡萄酒由原來的桶中流到清洗乾淨的橡木桶，以去掉桶中沉澱的酒渣，同時，在換桶的過程中，也可以讓酒跟空氣接觸，降低出現還原氣味的風險，若是紅酒則可以藉此柔化單寧。換桶通常需要用幫浦抽送，對比較敏感的葡萄酒可能產生傷害，在布根地現在更常利用虹吸重力法或氣壓法來進行換桶，以減少對葡萄酒的影響。

不過，現在布根地堅持不換桶的酒莊也相當多，大部分的釀酒師都認為釀造黑皮諾時多一事不如少一事，培養時除非必要，最好不要去驚動熟成中的黑皮諾，培養時不換桶除酒渣相當盛行。在釀造夏多內時，從發酵前讓葡萄汁注入橡木桶後，一直到裝瓶之前，也有酒莊將葡萄酒都留在同一個橡木桶中，和原來的酵母與酒渣泡在一起。他們也相信夏多內在培養的階段最好不要太過打擾葡萄酒，做越多事反而越有害。也許因為lies的作用，完全不換桶的酒莊常能保有飽滿濃厚的味道。有些酵素可以保持死酵母不會產生異變，並不一定非換桶不可。

黏合澄清法

葡萄酒中常會有膠質物懸浮在酒中，單獨透過沉澱無法去除，這是葡萄酒經過數月培養仍

上：攪桶用的鋼棒。

下：換桶。

然混濁的原因之一，嚴重時還會讓白酒變成褐色。這些膠質都是帶有陰離子的大分子，只要和帶有陽離子的大分子架凝之後，就會成為不溶性的膠體分子團（micelle），因為重量較大，會逐漸沉澱到桶底，在下沉的過程中，膠體分子團還會繼續吸附酒中的其他陰離子懸浮物，一起下沉到桶底，讓酒變乾淨。這是凝結過濾法的原理。

　　釀酒師可將蛋白、明膠、酪蛋白和魚膠等含蛋白質的凝結劑（colle）添加到酒中，和酒中雜質凝結成較大的分子。好讓葡萄酒更為澄清，酒質更穩定。在酒中添加蛋白的效果相當好，也不會影響酒的風味，只有紅酒在黏合的過程中會讓酒中的單寧因和凝結劑產生架凝現象，含量會略為降低一些。完成這道手續大約要六個星期，橡木桶底會增加許多沉澱物，完成後通常會進行換桶去除酒渣。除了蛋白，在布根地，皂土也常用來做為黑皮諾的凝結劑。

調配

　　布根地經常強調單一葡萄園的特色，而且大多是單一品種釀造，大部分的酒莊比較少像波爾多產區的城堡酒莊那麼專注於葡萄酒的調配。不過，對布根地的酒商來說，調配還是相當重要的釀酒技藝，特別是在生產產量較大的地區性葡萄酒時。布根地一般葡萄園的面積都相當狹小，同一個AOC/AOP產區，或者是同一個村莊的葡萄酒，酒商得同時跟不同的酒莊採買才能湊足足夠的葡萄酒，如果還希望每一個年分都能夠維持一定的廠牌風格，那絕對必須透過調配的方式才能達到。

上：添桶。

中：蛋白凝結澄清。

下：添桶。

　　調配的不一定是最低等級的葡萄酒，有些酒商為了供應國際市場，在生產一些知名村莊的一級園時，如Beaune 1er cru的紅酒、Meursault 1er Cru的白酒，也可能會透過混合不同的一級園才能滿足市場的需求。這些來源不同的酒有時在培養階段一開始就混合，也有最後再依據培養之後的表現來混合。把最好的葡萄酒都加在一起並不一定能調出最好的葡萄酒，如何透過互補反而比較重要，如許多酒商的Côte de Beaune Villages經常是由Maranges和Chorey-lès-Beaune混合而成，前者粗獷，後者柔和，剛好互通有無，可調配成協調均衡的味道。

　　有些面積較大的獨占園，也有可能採用類似波爾多城堡酒莊的概念來進行調配，例如有7.53公頃的Clos de Tart是將園中的葡萄園依樹齡、方位與土質分成八片分開釀造，經過一段時間培養後，再經試喝挑選，依不同比例試調比較後再做最後的混合，剩餘的酒則挑選一部分混成二軍酒La Forge du Tart，其餘的則可能賣給酒商，或給酒窖工人與葡萄農當平時飲用的佐餐酒。

添桶

　　由於橡木桶不是完全密封的容器，在長達數個月或甚至一兩年的橡木桶培養過程中，會有一小部分的葡萄酒因蒸發而消失，雖然量不多，卻會產生空隙，讓桶中的葡萄酒有氧化的風險，必須每隔一段時間添加葡萄酒到每一個橡木桶內，稱為添桶。添桶的頻率與酒窖的濕度有

關，越潮濕越不需要經常添加。

過濾

　　品質優異的葡萄酒不一定要有澄清明亮的外表，看起來乾淨透明的酒在布根地並不一定算是優點，特別是一些小量手工生產的酒款，培養完成之後完全沒有換桶，沒有黏合澄清，也沒過濾就直接裝瓶，酒雖然不一定渾濁，但也不會非常純淨透明。現在有越來越多的布根地酒莊，除非必須，絕不過濾或凝結澄清，他們認為每過濾一次，就會濾掉一部分葡萄酒中珍貴的風味，越乾淨透明的酒反而越少內容。不過，大量生產的葡萄酒，特別是產自酒商的商業酒款，為了比較穩定的品質，以及避免消費者抱怨，則大多會在裝瓶之前進行過濾的程序。過濾的重點則是要採最輕微的方法，盡可能不要對酒造成傷害。為了減少使用幫浦，過濾通常都在裝瓶之前，完成後馬上裝瓶，不再存回酒槽，大多是在培養的最後階段進行。

裝瓶

　　因為規模較小，在布根地有許多酒莊並沒有自己的裝瓶設備，常常須租用移動式的裝瓶車到酒莊裝瓶。不過，較富有的名莊有的也會有自己的裝瓶設備。裝瓶前需要為葡萄酒添加二氧化硫，也常須用幫浦來移動酒或進行過濾，常會讓葡萄酒突然封閉起來，需要經過一段時間才會恢復。為免驚動葡萄酒，在布根地還是有酒莊，如Claude Dugat、Bizot等，繼續採用手工裝瓶，直接讓酒由橡木桶流入瓶中。

　　幾乎所有的布根地葡萄酒都是採用寬身的傳統布根地瓶來裝瓶，這種稱為bourguignon的玻璃瓶，經常是如落葉般帶點黃的深綠秋香色，有時裝白酒的瓶子顏色會淺一些呈黃綠色，這樣的瓶型也大多被當成夏多內白酒與黑皮諾紅酒的標準瓶型，在全球的其他產區普遍採用。因為傳統的氣氛太強烈，除了夏布利的Laroche跟金丘的Boisset，布根地採用金屬旋蓋封瓶的酒廠非常少，大多還是使用自然軟木塞封瓶。不過，經過軟木屑壓制重組，不會有軟木塞感染怪味的Diam軟木塞卻也相當常見。由義大利Guala公司，號稱可維持百年以上的塑膠材質所製成研發的AS-Elite塑膠瓶塞，現在也開始被一些精英酒莊所採用，以避免氧化以及軟木塞怪味的問題。

橡木與橡木桶

在布根地的釀造與培養的過程中，橡木桶經常扮演相當重要的角色。除了做為葡萄酒在保存時的容器，也是釀酒工具，甚至因為橡木中會有物質滲入酒中，而成為葡萄酒的材料，為布根地葡萄酒帶來許多影響。酒莊選擇橡木桶的方式和想法也常常影響該酒莊的酒風。

如橡木桶有不同大小的分別；採用的橡木也有來自不同森林的分別，除了法國，也可能廣及東歐或俄羅斯，但西班牙常見的美國橡木卻不曾被採用；木桶燻烤的程度也有分別，不同的程度會影響酒的香氣和口感，釀酒師可以針對烘焙的深淺程度做選擇；不同的橡木桶廠也都有各自的木桶風格，釀酒師或酒莊也各有偏好；而新桶會對葡萄酒帶來比較直接明顯的影響，採用新桶培養的比例以及木桶培養時間的長短，也都會直接反映在酒的風味之中。

木桶的大小

布根地傳統的橡木桶容量為228公升，其實，至今也還是布根地葡萄酒業的計量單位，稱為Piéce，如葡萄農與酒商之間的成酒買賣都還是以228公升為單位來計算價格。不過，在夏布利產區內則是依當地傳統132公升的Feuillette木桶為單位。雖然傳統的228公升木桶是布根地的主流規格，若遇見出產的葡萄酒無法裝滿一桶時，酒莊偶爾也會使用114公升的半桶裝橡木桶。當桶子越小，每公升葡萄酒接觸桶壁的面積會增大，受到橡木的影響也會相對提高。

最近幾年，有不少酒莊開始思考228公升是否為最佳容量，於是開始採用容量更大，如400、500或甚至稱為demi-muie的600公升容量的橡木桶，讓對葡萄酒的直接影響再少一些，以表現更多葡萄酒本身的風味。傳統數千公升的大型木造酒槽在布根地比較少見，只有在南部的

左：自然風乾是桶廠最耗時的步驟，須時數年。

中：經過四年自然風乾的橡木片，木頭質地較軟，單寧也較柔和。

右：橡木桶焙烤的輕重程度會影響葡萄酒的風味。

馬貢內以及薄酒來產區較常用來培養加美紅酒。這種大型木槽大多有數十年的歷史，內壁常結滿酒石酸結晶，只會讓加美接收極輕微的氧氣與木桶的影響。

橡木的產地

因氣候適當，且管理完善，法國橡木是製作橡木桶的首選材料，全國有4萬多公頃的橡木林，都屬於品質較為細緻的品種。法國橡木主要產自中央山地，其中量最大的是稍偏西南的Limousin地區，偏東邊一點有Allier地區的Trançais森林，Nevers地區的Bertrange都是優良橡木的產地。中央山地之外，布根地的平原區，如熙篤森林及北面阿爾薩斯的弗日山區（Vosges），也都產品質相當好的橡木。

不同的森林因為有不同的自然環境，長成的橡木也有不同的特性。Limousin地區因為土地肥沃，橡木生長快速，年輪間距較寬，木質鬆散，木材內的單寧較易釋入酒中，氧化的速度也比較快，有時還會帶來苦味，雖然有香氣較明顯的特性，但不適合用來培養白酒或像黑皮諾這般細膩的紅酒，較常用來儲存波爾多或干邑白蘭地，在布根地相當少見。相反的，Trançais森林較為貧瘠，橡木生長慢，木材的質地緊密，年輪間距小，紋路細緻，是優質橡木的代表，木香優雅豐富。弗日山區的橡木近年來也越來越受到布根地酒莊的喜愛，寒冷的氣候讓木頭的質地更加緊密，密封效果好，香味濃，但細緻。

不過因為全球各地的精英酒莊都希望能採購法國橡木製成的木桶，而優質的Trançais橡木並不多見，所以布根地的酒莊反而不像二十世紀末那麼在意橡木的來源，而是更注意橡木的品質，如是否為緩慢成長，年輪密度是否緊密。在酒窖進行桶邊試飲時，常可試飲分別存於不同橡木的同款葡萄酒，他們之間常常會出現令人印象深刻的巨大差距。

不過，現在大部分的葡萄農更在意的還是各桶廠的專業品質與風格，只要求品質好的木桶，其餘的，則讓木桶廠去操心。這個態度比較接近傳統的方式，也較為實際，在同一座森林裡的橡木就有好壞之分，甚至同一顆樹的各個部分也有差別，加上各廠製作技術的差異，來自那一個森林似乎不是那麼重要。能和製桶廠老闆有好交情，優先取得上材才是根本要務。這樣的想法也讓布根地酒莊開始接受來自東歐的橡木所製成的木桶，不只是便宜，其實品質也可以相當好。

橡木桶的製造

橡木桶的製作，至今還是比較像工匠式的行業，即使有好橡木，最重要的還是要憑師傅的經驗跟手感，因為每一片橡木片的特性都不一樣，若太偏重科學和理性的標準作業程序，反而只會製成品質參差不齊的木桶。複雜的製造過程很難為機器所取代，即使是布根地的最大桶廠François Frères也全都是純手工製造。這也是法國產的橡木桶價格一直居高不下的主因。拜黑皮諾全球流行之賜，布根地的頂尖桶廠已經銷售到全球主要的黑皮諾與夏多內產區，常有新世界的酒莊主很驕傲地強調只使用布根地產的橡木桶，連位在干邑區，全球最大的木桶廠Seguin

左上：傳統的布根地桶為228公升，但因葡萄園面積小，酒莊也常備有不同大小容量的橡木桶。

右上：雖然少見，但偶有布根地酒莊採用大型的木槽來培養葡萄酒。

左下：摳緊橡木桶的工具。

右下：採用Allier森林的橡木所製成的橡木桶。

Moreau在十多年前也到布根地設廠，以供應在布根地製造的木桶。不過，為了供應來自全球各地的訂單，卻也讓布根地所生產的橡木桶品質似乎不再像以前那麼穩定。

　　無論如何，布根地還存在一些小型工匠式的橡木桶廠，老闆和學徒就能獨立包辦製造的每一個過程，常常一天只能產數個木桶。這樣的結構也讓每一家木桶廠的產品多少帶有獨自的特色與風格。不少酒莊都有他們各自的偏愛，如Leroy以及Domaine de la Romanée-Conti都大量採用第一名廠François Frères的木桶。又如在夏布利地區有非常多家酒莊偏好採用還保有工匠式傳統的Chassin桶廠。其他的名廠還包括Rousseau、Cadus、Mercurey和Sirugue等等。為了能折衷各家的優缺點，大部分的酒莊通常會同時採用幾家不同廠牌的橡木桶，然後再將酒混合，以免有孤注一擲的風險。但也有酒莊認為跟桶廠的關係最為重要，大量採買同一家才有可能拿到品質最佳的木桶。

橡木桶的製造

1. 整棵橡木鋸成數段。

2. 用斧頭劈成細長的木塊，劈比鋸更能保持木纖維的完整性，有更好的不透水效果，木材中的單寧也較不易滲入酒中。

3. 修整成平整的木片。

4. 風乾是最緩慢，也是最重要的程序。木片必須在室外放置一年半到三年的時間，經過風吹日曬和雨淋，除了變得更為乾燥，橡木中的纖維、單寧及木質素等將產生變化，比較不會讓酒變得粗澀。高溫的烤爐也可以烘乾橡木，但做成的木桶會讓酒變粗糙，無法與自然風乾的品質相比。

5. 風乾後，木片將修切成合適的大小，兩端往內削，同時略呈弧形，以組合成圓桶。布根地的橡木桶採用3公分的木片，比波爾多還厚1公分，容量是228公升，也比波爾多的220公升大一點。

6. 挑選出約二十多支大小不一的木片。

7. 組合成木桶的雛型，敲擊鐵圈固定住一端。

8. 接著進行燻烤的程序，這個程序有三個目地，首先透過燻烤加熱提高橡木片的柔軟度方便成型，同時加熱還可以柔化單寧，較不會影響酒的味道。除此之外，燻烤的過程會讓橡木產生香味，為葡萄酒添加特殊的香氣。不同的燻烤程序會讓橡木產生不同的香味，輕度燻烤常有奶油和香草味，若再加重則有咖啡、可可或甚至煙燻味出現。酒莊在訂購橡木桶時都會指明燻烤的等級。

9. 趁著木片還熱，緊縮木片，用鐵圈摳住，固定成型。

10. 桶底都是另外製作，也是由橡木製成，木片之間夾蘆葦以防滲水，通常並不經過燻烤就直接嵌入橡木桶兩端預留的凹槽內。至此橡木桶已大致成型。

11. 為防漏水，橡木桶換上新的鐵圈之後，會加入熱水進行測試。

12. 最後磨光美化之後蓋上烙印。

橡木桶對葡萄酒的影響

　　木桶與酒之間的交流是多面向的。橡木桶提供葡萄酒一個半密閉的空間，透過橡木桶的桶壁所滲透進來的微量空氣，讓葡萄酒可以進行緩慢的氧化，紅酒中的單寧，經過氧化後會減低澀味，變得較為可口、圓熟，且香味更成熟。由於能夠進入桶中的氧氣不多，葡萄酒不會有氧化之虞。這是一般酒槽無法提供的培養環境。雖然新的技術可在不鏽鋼密閉酒槽中定時打入微量的氧氣，或許較為經濟，但還是比不上橡木桶的效果。由於氧化的關係，儲存在橡木桶內的白酒顏色會加深，而且變得較為金黃，紅酒則會稍微變得較偏橘紅。

　　橡木的主要成分包括纖維素、半纖維素、木質素及單寧，而其中後三者都可能進入葡萄酒中，雖然量非常小，但還是會讓酒出現可觀的變化。橡木中的可溶性單寧進入酒中之後會讓酒變澀，而且澀味較葡萄皮中的單寧來得粗澀，不過因為量很少，對原本澀味就很重的紅酒並不會產生太大的影響，但對清淡型紅酒及白酒就可能產生口感上的改變，特別是使用新桶釀造及培養的白酒，在年輕時偶爾會帶些微的澀味，要過一兩年後才會慢慢消失，燻烤較深的橡木桶通常比較不會有太重的澀味。半纖維素本身並不會直接進入酒中，但是橡木在製作過程的燻烤階段，會讓半纖維素產生一些香味分子。而本身屬水溶性的木質素在分解時也會產生多種帶香味的乙醛。它們會在培養的過程中溶入葡萄酒，增添香草、咖啡、松木、煙草、奶油、巧克力及煙燻的香味。

新舊橡木桶的選擇

　　全新的橡木桶會為葡萄酒帶來比較多的直接影響，一年以上的舊桶會隨著時間逐漸變成比較中性的容器。新桶除了會直接為葡萄酒帶來更明顯的木桶香氣，也會釋出更多的橡木單寧，同時因為尚未裝過葡萄酒，桶壁木片中的含氣量比較高，會為葡萄酒帶來更多的氧氣。如果葡萄酒的個性不是很強，同時又是比較脆弱易氧化的葡萄酒，通常都不適合採用全新的木桶來培養，葡萄酒的品質甚至可能變得更差，至少，會讓葡萄酒本身的香氣與口感特質完全被掩蓋。新桶在使用一年後，通常僅剩不到一半的行情，除非是個性強烈且耐氧化的酒款，否則很不值得採用。

　　大部分的酒莊都只有一部分的酒會採用新木桶，如風格較強的特級園Chambertin或Bonnes Mares等等，其餘則依比例用一到五年的舊桶來培養，一般的村莊級酒或Bourgogne等級的酒則很少，或完全沒有新桶。不過，每家酒莊都各有原則，有酒莊全都用新桶，如只拍賣桶裝酒的伯恩濟貧醫院，以及幾乎只有特級園的DRC，和完全不加二氧化硫釀造的Bizot，不論那一款酒，全部採用新桶培養，不重複使用舊桶。

　　曾經有布根地的酒商不只採用全新木桶，而且在培養後期還透過換桶讓黑皮諾再進入另一新桶，這樣的激進方式並不適合黑皮諾，也很少再有酒莊採行。相反地，現在開始有名莊如Domaine Ponsot，以及精英酒商如Philippe Pacalet，完全屏棄新橡木桶，即使是特級園的葡萄酒仍然使用舊桶來培養，以保留更多葡萄酒原初的風味。使用新橡木桶的比例也跟產區的傳統有

左：特別強調工匠精神的小型精英桶廠Chassin。

中：François Frères是布根地最知名，也是最大的桶廠。

右：源自干邑的Taransaud桶廠在伯恩市內也設有專精布根地桶的分廠。

關，在金丘區，無論紅酒或白酒都採用最高比例的新橡木桶，但在南邊的薄酒來，使用新桶培養的酒莊非常少見，最北邊的夏布利產區也很少有酒莊用全新的木桶來培養，甚至還有相當多的酒莊完全不採用橡木桶，如Louis Michel et Fils即使是特級園也都是在不鏽鋼槽內進行。

除了新舊桶比例的差別，橡木桶的培養時間長短也跟酒風有關。白酒較不耐氧化，很少超過十二個月，紅酒則在一年到一年半之間，很少超過二年。不過還得依酒莊以及酒的等級、特性與年分而定。一般而言，越清淡簡單的酒儲存時間越短，越封閉緊澀則越久。在布根地因為乳酸發酵都是在橡木桶中進行，有些年分因為乳酸發酵延遲超過一年，如二〇〇八，則會讓木桶培養的時間也跟著延長。木桶培養的時間越長，氧化的程度就越高，新鮮的果香也會跟著減少，以年輕香氣為重的葡萄酒就不適合培養太久，但如果是久藏型的酒款或年分，則可以再延長一些。橡木桶的香氣通常在前三個月的時候最為明顯，但桶藏一年之後，葡萄酒和橡木反而較能彼此協調地結合成較豐富多變的香氣，而不會只是直接而明顯的桶味。 ♦

La Chablisienne
2005

La Chablisienne
2006

la sereine

CHABLIS 1ᴱᴿ C.
APPELLATION CHABLIS PREMIER

La sereine

CHABLIS
APPELLATION CHABLIS CONTROLÉE

mis en bouteille à la propriété

PRODUCE OF FRANCE

LA CHABLISIENNE · CHABLIS · BOURGOGNE · FRANCE

75cl

chapter 6

AOP制度與分級

葡萄園的分級是布根地酒迷最為關注的主題，但也可能是有最多誤解的地方。在凡事遵循傳統的布根地，分級的過程也同樣有其歷史根源。

延續近千年的葡萄園分級經驗，經過歷年的修改與更正，現今布根地的分級即使有些不足，但仍是葡萄酒世界中最為詳盡與完善的典範。布根地將葡萄園分成四個等級，其實並不複雜，只是因為葡萄園的名字太多，很難一一認識。分級本身即代表了一種價值觀，而非絕對價值，如布根地位處寒冷的北方，特級園常位處葡萄最易成熟的區域，但較不易成熟的地方在某些年分也能釀成精彩的頂尖佳釀。

在理念上，分級依據的，只是葡萄園的潛力，而非永恆的保證，常常需要與年分的變化、葡萄樹齡、種植與釀造方法，以及採收的早晚相對照，才能更貼近分級的參考意義。

布根地葡萄酒的分級

自二〇一〇年開始，為了與歐盟的分級接軌，法國葡萄酒從原本的四級制改成三級，而且也都有各自的新名字，最低等級的日常餐酒Vin de Table改為Vin de France，而地區餐酒Vin de Pays則改名為IGP（Indication Géographique Protégée），原本的AOC法定產區則改名為AOP（Appellation d'Origine Protégée）。這個可能對法國葡萄酒業產生巨大影響的改變，對布根地來說似乎無關緊要，因為布根地幾乎所有的葡萄酒都屬於法定產區等級，從AOC改成AOP只是換個名稱，而已經取消的VDQS等級，布根地早在多年前就將之升級為法定產區。至於布根地的地區餐酒則相當少見，只有伯恩附近平原區的Vin de Pays de Sainte-Marie-la-Blanche，產量非常少。

在法國法定產區的制度與理念中，能成為AOC/AOP等級的葡萄酒，首先必須是已經具有傳統與知名度的葡萄酒，而且葡萄園要具備特殊的自然環境，並有當地特有的種植與釀造傳統，釀的葡萄酒還須具備別處無法模仿的特殊風味。最後，還要有一套完備的管制方法。這雖然是理想，不是每個法定產區的成立都是如此，但大致上還是都符合了這樣的精神，而且，在實際的規範上，每一個AOC/AOP產區都會界定出完整的範圍、種植特定的葡萄品種、每公頃葡萄樹種植的密度、產量等也都有限制，葡萄在達到規定的成熟度之後才能採收，釀製成的葡萄酒類型也有規定。釀成的酒除了要經過檢驗，也要通過委員會的品嘗，裝瓶之後標籤上的用字與標示也都有規範。

全法國有多達四百多個AOC/AOP法定產區，其中，布根地就獨占了其中的一百個，而布根地的葡萄園其實只占法國不到3%的面積，會有數量如此龐大的獨立法定產區，跟當地非常分散的葡萄園有關，而布根地非常精細的分級制度則是另一關鍵。這一百個法定產區之間，彼此有等級上的差別，通常產地範圍越小，葡萄園位置越詳細，規定越嚴格的AOC/AOP，等級越高。全區2萬多公頃的法定產區等級葡萄園，全都依據自然與人文條件，區分成四個等級。

La Chablisienne釀酒合作社的一級園與村莊級夏布利白酒。

做為風土條件的典範產區，布根地的葡萄園分級也是法國葡萄酒業在分級上的標準模型。

這四個等級分別是產區範圍廣闊的Bourgogne地方性法定產區；接著是以村莊命名的村莊級法定產區，其中有些村莊還有列為一級園（Première Cru）等級的葡萄園，最高等級的則是由單一葡萄園命名的特級園（Grand cru）法定產區。布根地葡萄園的分級並不是一蹴而成，中世紀的教會修士留下了許多研究成果，再加上歷年來對布根地葡萄園的研究與經驗累積，都是後來法定產區分級的重要依據。

自十九世紀開始，就有多份布根地，特別是金丘區的葡萄園分級名單與地圖，最為知名的是一八五五年由Jules Lavalle在*Histoire et Satistique de la Vigne des Grands Vins de la Côte-d'Or*一書中為金丘區所做的非正式分級。當時分四級，最高的等級稱為Hors Ligne或Tête de Cuvée，之後是一級（Première Cuvée）、二級（Deuxième Cuvée）和三級（Troisème Cuvée，有些村子如Morey St. Denis村還出現四級）。不過在一九六一年之後為伯恩治區所採用，具官方色彩的分級卻簡化為三級，將原本Hors Ligne、Tête de Cuvée和一級全部合成一級。這份名單也曾經在一八六二年的巴黎萬國博覽會展示，這個分級版本因為是由伯恩治區所製作，當年從Chambolle-Musigny村以北隸屬於第戎治區的村莊則沒有列級。

Jules Lavalle的分級是針對山坡上種植黑皮諾的優質葡萄園所做，至於山頂與平原區的葡萄園則只被列為平凡區域（Région des Ordinaires），這些在金丘山坡外的葡萄園面積其實更廣闊，當年主要種植加美葡萄，釀成供應當地市場的家常酒。當時金丘區有26,500公頃的葡萄園，但種植於山坡上的黑皮諾卻只有3,600公頃。Lavalle強調金丘的好酒非常有限，適合種植的葡萄園也只受限於少數條件類似，卻幾乎彼此相連的狹小區域。Jules Lavalle的分級是建基在歷史、知名度與實際的觀察經驗，甚至也可能跟當時葡萄園的擁有者有關。

一九三六年法定產區制度成立之後，葡萄園的分級由國家法定產區管理局（INAO）負責，逐步完全今日的分級。現今的分級大致上都跟Lavalle的這份名單相合。若比較一八六一年的版本，一級的葡萄園都列為特級園或一級園，原本二級中少數較好的葡萄園也成為一級園，而大部分二級與三級則成為村莊級，未列級的平凡區域則是Bourgogne地方性法定產區。

不過，分級的過程也有不少折衝或利益的考量，例如有些特級園將鄰近的葡萄園一起合併，如原本僅有3公頃的Echézeaux，列級時將周邊的十多片葡萄園合併為超過30公頃的特級園。又如Nuits St. Georges市的Les St. Georges、Volnay村的Les Caillerets及Meursault村的Les Perrières等，雖然都可能列級特級園，但因為考量特級園只能單獨標示葡萄園不標示村名，這些產酒名村的葡萄農最後選擇可標示村名的法定產區，而失去了列級特級園的機會。當時伯恩市的酒商以銷售廠牌酒為主，而伯恩市的葡萄園又多為酒商所有，酒商對於列級並不熱中，而沒有積極爭取伯恩市的優秀名園列級為特級園，如被Lavalle選為Tête de Cuvée的Les Grèves和Les Fèves。

布根地的一級園是在二次大戰期間的一九四三年才建立的等級，雖處戰亂卻在極短的時間將許多葡萄園升為一級園，主要的原因可能是為因應德國占領區不強徵列級園的政策。當時不屬於德國占領區的布根地南部產區，因無此急迫性而沒有在當時建立一級園的分級，馬貢內區在二〇二〇年才在Pouilly-Fuissé建立第一個一級園的分級系統。區內其他村莊及產區也開始朝

上：Gevrey村內特級園、一級園與村莊級園的紅酒。

下：Chassagne村內的一級園紅酒。

烙印特級園Montrachet與一級園
Clos St. Jacques的軟木塞。

一級園努力,薄酒來也希望在將來可以建立更詳細的分級。

因為行政區的劃分與距離的因素,薄酒來、馬貢內跟夏隆內丘等三個南部產區自成一個酒商的銷售系統,在一八七四年Antoine Budker曾經針對這三個產區建立一份分級名單,並出現在一八九三年由Danguy和Vermorel所合著的書中。三個地區各名酒村的主要葡萄園都一一被分列為五個等級,例如Fleurie的Poncié,Moulin à Vent的Clos des Thorins和Rochegrès,Mercurey的Champ-Martin,Givry的Clos Salomon等等都名列一級。

夏布利的分級發展跟金丘區有些不同,在根瘤芽蟲病之後,夏布利的葡萄園只剩數百公頃,並沒有全部重新種植,在分級時,還涉及許多尚未種植葡萄的土地,有較多的爭議。在一九三八年成立Chablis法定產區時,特別成立委員會來界定產區範圍,必須是Kimméridgian時期的岩層和土壤才能成為生產Chablis的葡萄園。在同一年,也建立了特級園的分級,一共有七片列級,共同成為一個法定產區,不各自獨立。不過,夏布利的一級園卻是比較晚近才發展的分級,到一九六七年才由村莊級中再分出一級園,原有二十四片葡萄園列級,但現在已經增加到七十九個。

布根地葡萄園的分級雖然一開始是建基在葡萄園的歷史因素與知名度上,並非完全以葡

萄園的自然條件與潛力為標準，在分級的時候也很少有精確的地質研究做為參考基礎。不過，經過歷年來的修改與更正，現在整體看起來，大致稱得上詳盡與完善。但是跟所有分級一樣，都絕對不是布根地葡萄酒品質的絕對標準，一級園或村莊級的葡萄酒優於特級園的表現並不少見。布根地將一片獨立的葡萄園稱為climat，雖然有等級上的差別，但更重要的是都自有個性，若論個人的風格喜好，有許多獨特的村莊酒也可能比特級園或一級園更迷人。更何況因年分、樹齡、種植與釀造方法等諸多因素，產自同一個climat的葡萄酒也常有不同的風格表現。

地方性法定產區

這是等級最低的法定產區，涵蓋的範圍也最廣，超過一半以上的布根地葡萄酒屬於這個等級。法國大部分的葡萄酒產區，地方性的AOC/AOP通常只有一個，例如隆河丘（Côtes du Rhône）或阿爾薩斯（Alsace），但在布根地卻多達二十三種（詳細名單請見附錄）。產區範圍最廣的是二○一一年成立的布根地丘（Coteaux Bourguignons），可以混合所有布根地和薄酒來法定產區內符合規定的葡萄酒和葡萄品種，是布根地自由度最高的法定產區。這個等級的AOC/AOP除了布根地丘、Mâcon、Mâcon Villages、Beaujolais和Beaujolais Villages外，名稱全都有Bourgogne這個字，相當容易辨識。

他們的命名可以歸納成七種類型，最常見的是直接稱Bourgogne的法定產區；也有以葡萄品種為名的，如Bourgogne Aligoté、Bourgogne Pinot Noir和Bourgogne Chardonnay，自二○一一年新增Bourgogne Gamay，所有這些AOC/AOP依歐盟的標準只須採用85%以上即可附加品種名；依釀造法命名的，如布根地氣泡酒Crémant de Bourgogne；有依酒的顏色取名的，如粉紅酒Bourgogne Rosé；也有依產區位置命名的，如上伯恩丘Bourgogne Hautes-Côtes de Beaune和夏隆內丘Bourgogne Côte Chalonnaise等；也有以產酒村莊命名的，如Bourgogne Epineuil和Bourgogne Chitry等，沒錯，雖有村莊名，但不是村莊級的酒；也有以混合品種命名的，如Bourgogne Passe-Tout-Grains（至多三分之二的加美混合至少三分之一的黑皮諾）。

其中最常見的是Bourgogne，有將近四百個村子可以出產，如果是酒商所製的酒，則可能來自布根地各區的酒所調配而成，但如果是來自獨立酒莊，就可能是單一葡萄園的酒。此等級在生產規定上，較其他等級低，如紅酒產量每公頃不超過5,500公升，白酒則可達6,000公升，最低自然酒精濃度的要求也較低，紅酒10%，白酒10.5%即可。

村莊級法定產區

一些地理位置好，產酒條件佳的村莊，因長年來就生產品質出眾的葡萄酒，被列為村莊級產區。布根地目前有五十五個，馬貢內區和夏隆內丘區各有五個、北部夏布利鄰近地區有四個，薄酒來有十個，其餘全都在金丘區（二十一個在伯恩丘，十個在夜丘區）。這些村子因條件不同有些只能產白酒，如Pouilly-Fuissé，也有只能產紅酒，如Pommard，紅白酒都產的也不少，如Beaune。

村莊級AOC/AOP的葡萄園範圍並不以村莊為限，有時也會將周圍的幾個村子包含進

左上：產自金丘區的Bourgogne等級酒將來可能會有自己的法定產區Bourgogne Côte d'Or。

右上：Haut-Côtes-de-Beaune區的Bourgogne紅酒。

左下：即使是布根地最低等級的酒，也常能帶來意外的驚喜。

右下：現在已經是村莊級等級的Marsannay曾經只是Bourgogne等級。

提高產量的規定

雖然布根地各級葡萄酒都有最低產量的規定，但是在布根地葡萄酒法中還有一項提高產量的可能，稱為Plafond Limite de Classement，這種常常簡稱為PLC的規定，允許葡萄農可將產量提高10-20%，只要事先提出申請並獲通過即可。

來，大一點的，如夏布利，產區範圍擴及二十個村子。無論如何，分級主要還是以葡萄園的自然條件為準，所以村內條件較差的地帶也只能評為地方性AOC/AOP，或甚至連AOC/AOP等級都列不上。這個等級的葡萄酒大多用村名來命名，在酒標上還可以加註葡萄園的名字。但也有例外，如Côte de Nuits Villages和Côte de Beaune Villages這兩個村莊級產區，前者包含Comblanchien和Corcoloin等五個較不知名的酒村，而且紅、白酒都產；後者則是一個可以自由混調十四個伯恩丘村莊級產區的紅酒。

這個等級的生產規定通常標準高一些，紅酒產量每公頃不超過4,000公升，白酒則為4,500公升。最低自然酒精濃度，紅酒10.5%，白酒11%，如果標示葡萄園的名字，成熟度的標準還會提高0.5%。不過這是金丘區的標準，在其他產區，產量還可以更高，例如Chablis可達6,000公升。村莊級的葡萄酒大約占布根地三分之一的產量，而且其中有三分之二是白酒，主要因為夏布利有近4,000公頃的葡萄園，且單位產量高的關係，單是一個村莊級AOC/AOP，產量就比整個夜丘區還高。

一級園

在村莊級產區內，有些村莊的部分葡萄園因產酒條件佳，被列級為一級。在酒標上，這個等級的葡萄酒會在村名之後加上一級園Première Cru或1er Cru，然後再接上葡萄園的名字，例如Meursault 1er cru Les Perrières，也可能寫成Meursault Les Perrières 1er cru。但如果是混調村內不同的一級園，就不能標出葡萄園的名字，僅能在村名後標上一級園。目前全布根地各村加起來共有六百六十二個一級園，預計數目還會繼續增長。不過一級園的總面積並不大，每年的產量只占全區10%左右。五十五個村莊級AOC/AOP並非每村都有一級園，例如薄酒來跟馬貢內區大部分的村莊級產區都沒有。在金丘區也有自然條件較普通的St. Romain、Chorey-lès-Beaune和Marsannay等村沒有一級園。一級園雖是獨立的等級，但是卻都附屬於各村莊級的AOC/AOP，並沒有獨立的一級園AOC/AOP產區，在生產的規定上大多和村莊級中標示葡萄園名稱的葡萄酒一樣。

葡萄園的升級

一般村莊級的葡萄園想要升為一級園，第一步先要得到該村酒業公會的同意。通過後，由公會準備一份詳盡的資料，證明此葡萄園的條件與近年來的表現值得升為一級園。通常必須先做土質與地下岩層的分析，同時最好有歷史資料佐證這片葡萄園曾經相當知名。準備好之後向INAO地方單位提出申請。經過實地的查驗，相關的檔案報告將送交由酒業代表所組成的布根地INAO委員會評審。
若布根地委員會同意，要再經過全國委員會審核，之間還要再聘請專家查驗，若通過，再送交農業部裁定發布。如果是由一級升為特級，則更為複雜，因為這等於是成立一個新的AOC/AOP產區，目前只有Clos des Lambrays和La Grande Rue成功升級。不過，也有一些一級園透過併入隔鄰的特級園升級，如Chambolle-Musigny村有部分的一級園La Combe d'Orveau併入特級園Musigny。
升級的過程複雜，政治的力量有時勝過葡萄園的條件。如在夏布利的一些一級園。不過，無論如何，布根地的分級已經稱得上是最精確，也最完備。有些名實不符的疑慮，常是因為歷史因素或是個別葡萄農的努力不足。

上左：夏布利一級園 Les Vaucopins。

上中：Pernand村的最知名一級園Les Vergelesses。

上右：Givry村的一級園Clos du Cellier aux Moines。

下左：Meursault村的村莊級園Les Narvaux。

下中：Pouilly-Fuissé在二〇二〇年之後才有一級園，
但在此之前有許多名園已具一級園的身價。

下右：Gevrey村的一級園Bel Air。

在布根地有些酒村的一級園數量非常龐大，例如夏布利，又如Chassagne-Montrachet，為了方便消費者記憶，在命名上會讓一些較不知名的數個一級園可以用隔鄰較知名的一級園命名，這樣的設計也可以讓酒莊混調數個一級園，但仍可以在標籤上標示一級園的名稱。例如夏布利的一級園Vaillons即收納了村子西南邊，包括Les Lys、Les Beugnons、Chatains和Sécher等在內的十二個一級園，它們都位在一片面向東南，綿延超過2公里的山坡上。一瓶標示Vaillons的一級園葡萄酒，其實可能來自這十二個一級園中的其中一個，但更可能是混合多個，而且大部分都不是來自真的叫Vaillons的葡萄園。

特級園

布根地雖然有三十三個特級園各自成立獨立的AOC/AOP產區，但是葡萄園面積和產量都非常小，特別是每一家酒莊的特級園常切分成非常小塊，有不少酒莊的特級園每年產量僅有數百瓶，常成為有行無市的逸品級酒款。而全布根地的特級園葡萄酒產量僅占全區的2%。產白酒的特級園不到200公頃，有一半在夏布利，在伯恩丘區，有包括Montrachet和Chevalier-Montrachet等六個只產白酒的特級園，其中Corton-Charlemagne就占了其中一半以上的面積。另外還有兩個以產紅酒為主的特級園，Corton和Musigny也出產一點白酒。

紅酒的特級園全都位在金丘內，有400多公頃，分屬二十六個特級園，其中只有高登位於伯恩丘，其餘全在夜丘區。他們之間的面積差別相當大，最小的是0.85公頃的La Romanée，但面積最大的Corton卻有160公頃。除了自然條件佳，特級園也大多是歷史名園，如Clos de Tart。生產的規定也最嚴格，紅酒產量每公頃不得超過3,500公升，白酒不超過4,000公升，夏布利的要求較低，不超過4,500公升。在葡萄的成熟度方面，要求也高，紅酒須達11.5%的自然酒精濃度，白酒要12%，不過夏布利只要11%，Bâtard-Montrachet、Bienvenues-Bâtard-Montrachet及Criots-Bâtard-Montrachet則為11.5%。

在布根地，有許多酒村的村名之後都添加了村內最知名的特級園，以提升村莊名的知名度，例如Gevrey村在一八四七年首開先例改名為Gevrey-Chambertin，在一八六五年時甚至還一度要求村名直接改成Chambertin，幸好並沒有通過。之後也有更多的村子跟進，如Chassagne-Montrachet和Chambolle-Musigny等等，讓布根地的酒村名特別的長，也讓許多村莊級的酒標上因為村名也跟著標示了特級園的名稱，常讓初入門者產生混淆。🍷

降級的葡萄酒

在法國的法定產區制度中規定，不合格的葡萄酒可以降一級銷售。如特級園Richebourg所產的葡萄酒，若酒的風格或生產方式不符合特級園規定，則可以降級以Vosne-Romanée一級園的名稱上市銷售，不過，仍須符合該等級的基本標準。在某些比較困難的年分或是比較年輕的葡萄樹，有些酒莊也會主動降級。布根地因為沒有全區的IGP或VDP地區餐酒，所以Bourgogne等級的葡萄酒如果降級將直接降為VDT或Vin de France等級的葡萄酒。另外，在薄酒來產區的十個特級村莊，可降級為Beaujolais Villages或Bourgogne，不過二〇一一年之後則可降級為新增的Bourgogne Gamay。

上左：夜丘區的特級園Grand Echézeaux。

上中：Corton特級園中最知名，位居山坡中段的Les Bressandes園。

上右：Morey St. Denis村的特級園Clos de la Roche。

下左：產自夏布利特級園Bougros 園中位置最斜陡的Côte Bougerots。

下右：Corton-Charlemagne特級園白酒。

Part III

村莊、葡萄園
與酒莊

Villages, Climats et Domaines

夜丘區北邊的Fixin村以生產粗獷
有力的黑皮諾紅酒聞名。

為了吸引讀者的眼光，許多布根地的書，都不是從最北邊的歐歇瓦（Auxerrois）開始，而是
先談了金丘（Côte d'Or），往南到馬貢內（Mâconnais）之後再回來談最北邊的歐歇瓦。如果
你剛開始認識布根地，請直接翻到第二章吧！地理與位置是認識布根地的關鍵，請容我由北往
南來談這一個迷人多樣的葡萄酒產區。

布根地在行政區上分為四個縣，最北邊的是Yonne縣，縣治是歐歇爾市（Auxerre），附近的產
區稱為歐歇瓦。中部是最知名的金丘縣，縣治是兼為布根地首府的第戎市（Dijon）。最南邊
則是Saône et Loire縣，縣治是馬貢（Mâcon），周圍的產區便稱為馬貢內（Mâconnais），再往
南則進入薄酒來（Beaujolais）。西邊還有Nèvre縣，屬羅亞爾河區，以白蘇維濃聞名的Pouilly
Fumée則位在縣內的西北角。

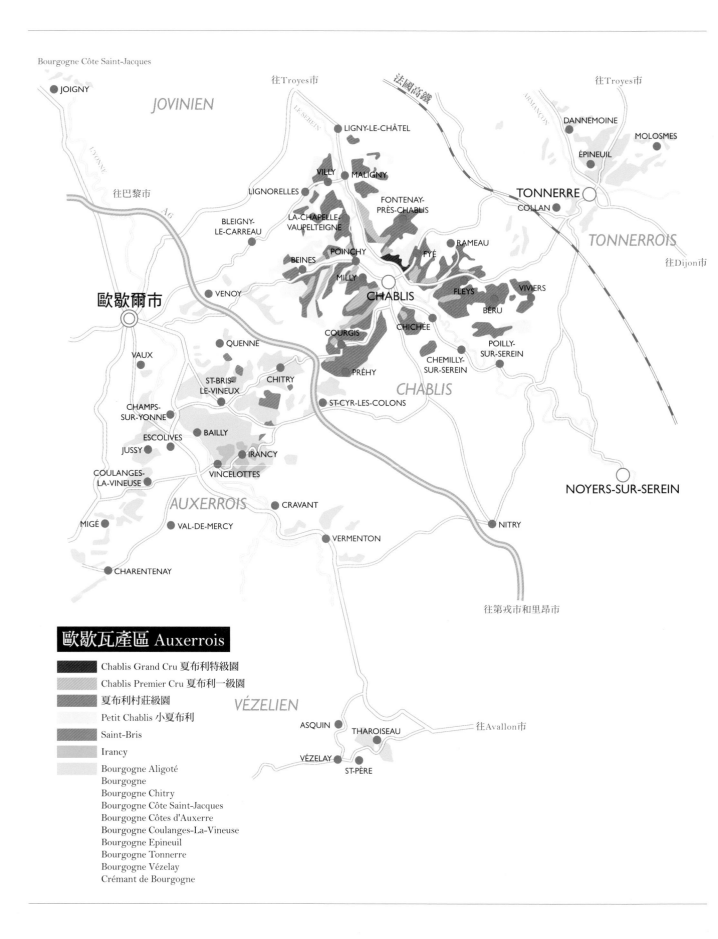

Bourgogne Côte Saint-Jacques

JOIGNY

JOVINIEN

往Troyes市

法國高鐵

往Troyes市

LIGNY-LE-CHÂTEL

DANNEMOINE

MOLOSMES

ÉPINEUIL

LE SEREIN

VILLY

MALIGNY

往巴黎市

LIGNORELLES

FONTENAY-
PRÈS-CHABLIS

TONNERRE

COLLAN

TONNERROIS

BLEIGNY-
LE-CARREAU

LA-CHAPELLE-
VAUPELTEIGNE

往Dijon市

RAMEAU

POINCHY

FYÉ

BEINES

歐歇爾市

VENOY

MILLY

FLEYS

VIVIERS

CHABLIS

BÉRU

VAUX

QUENNE

COURGIS

CHICHÉE

POILLY-
SUR-SEREIN

ST-BRIS-
LE-VINEUX

CHITRY

PRÉHY

CHEMILLY-
SUR-SEREIN

CHAMPS-
SUR-YONNE

ST-CYR-LES-COLONS

CHABLIS

ESCOLIVES

BAILLY

JUSSY

IRANCY

NOYERS-SUR-SEREIN

COULANGES-
LA-VINEUSE

VINCELOTTES

MIGÉ

VAL-DE-MERCY

CRAVANT

AUXERROIS

CHARENTENAY

VERMENTON

NITRY

往第戎市和里昂市

歐歇瓦產區 Auxerrois

- Chablis Grand Cru 夏布利特級園
- Chablis Premier Cru 夏布利一級園
- 夏布利村莊級園
- Petit Chablis 小夏布利
- Saint-Bris
- Irancy
- Bourgogne Aligoté
  Bourgogne
  Bourgogne Chitry
  Bourgogne Côte Saint-Jacques
  Bourgogne Côtes d'Auxerre
  Bourgogne Coulanges-La-Vineuse
  Bourgogne Epineuil
  Bourgogne Tonnerre
  Bourgogne Vézelay
  Crémant de Bourgogne

VÉZELIEN

ASQUIN

THAROISEAU

往Avallon市

VÉZELAY

ST-PÈRE

chapter 1

歐歇瓦區
Auxerrois

雖然位處寒涼的布根地北方,但鄰近巴黎的歐歇瓦(Auxerrois)在十九世紀時卻曾是法國北部最重要的葡萄酒產區,極盛時期近4萬公頃的葡萄園因某些因素幾乎絕跡,即使今日已經逐漸復甦,但僅及當時的八分之一。

除了一些具有歷史意義的葡萄園,歐歇瓦因為出產知名的夏布利(Chablis)白酒而能在布根地占有重要的地位。這些產自夏布利鎮鄰近山坡的白酒,雖然也是採用夏多內葡萄,但因歐歇瓦的寒冷氣候與葡萄園山坡上的Kimméridgien岩層,讓釀成的白酒帶有冷冽的礦石香氣、如刀鋒般銳利的酸味,以及靈巧的高瘦酒體,這是最難以複製,也最獨特的夏多內風格。

如果有人不願相信自然風土能對葡萄酒的風味產生明顯而直接的影響,那夏布利帶著海潮氣息的礦石風味就是最佳的明證。

布根地將北部的產區稱為歐歇瓦,指的是歐歇爾市附近的地區,歐歇瓦最知名,也是最重要的產區是夏布利。事實上,大部分的布根地酒迷只認識夏布利,未曾聽聞歐歇瓦。Yonne是布根地北部的縣名,但其實也是一條塞納河支流的名字,歐歇爾市就位在河岸邊,船行順流而下約百公里可及首都巴黎。這個鄰近消費區的地理優勢,讓歐歇瓦在交通不便的年代,成為法國重要的葡萄酒產區。在十九世紀時,連夏布利在內的歐歇瓦區有4萬公頃的葡萄園,比今日全布根地的葡萄園還多,是當時法國僅次於波爾多的最大葡萄酒產區,大量供應清淡易飲的白酒以滿足巴黎市民的龐大需求。

因為有便利的水運通往巴黎,在十九世紀時,歐歇瓦附近曾有多達4萬公頃的葡萄園。

在陸運變得更便利之後，歐歇瓦逐漸失去鄰近的優勢，讓出市場給來自南部的葡萄酒產區，地中海岸的乾熱環境比氣候寒冷的歐歇瓦更容易讓葡萄成熟，可以供應巴黎更廉價，也更濃郁的葡萄酒。經過葡萄根瘤芽蟲病以及兩次世界大戰的摧殘，大部分歐歇瓦的葡萄園都逐漸棄耕，有些改種穀物，有些甚至成為樹林。在一九七〇年代，夏布利僅存不到800公頃的葡萄園，其他區則幾乎消失殆盡，只剩下一些供應附近村民日常飲用的零星葡萄園。但從那個時候開始，歐歇瓦又逐漸開始復甦，四十年間，夏布利的葡萄園成長了五倍，一些歷史葡萄園也重新種植葡萄釀酒。只有時間可以告訴我們，歐歇瓦是否還將一直是布根地的晦暗角落。

和金丘隔著較遠的距離，歐歇瓦在氣候、土壤與歷史發展上都有自己的特性，這也反映在葡萄品種上，除了布根地最招牌的黑皮諾和夏多內外，還種植一些少見的品種，白葡萄有Sacy，黑葡萄有César和Tressot，這些品種大多以極小的比例混進黑皮諾或夏多內釀造，很少單獨裝瓶，後者甚至已近消失。在二十世紀初，白蘇維濃從羅亞爾河引進歐歇瓦種植，經過一世紀的適應，現在也成為布根地北部的在地品種，甚至有專屬的村莊級法定產區St. Bris。

寒冷的氣候曾經是歐歇瓦的劣勢，但在暖化的趨勢中，過於濃厚的葡萄酒越來越多，冷涼的氣候和更輕巧的酒風反而成為最珍貴的優勢。得利於暖化，歐歇瓦不用再經常面對霜害與難以成熟的難題。原本被視為酸瘦少果香的夏布利曾經一度乏人問津，但今日卻以鋒利的酸味與獨特的礦石香氣大受歡迎，改變的不只是自然，而是與葡萄酒喜好的變遷結合後所形成的時代趨勢。

受益的不僅是夏多內，黑皮諾需要更多的陽光和溫暖才得以成熟，歐歇瓦的黑皮諾也不再只有酸瘦清淡的格局，雖因白酒聞名，但歐歇瓦曾經有許多產紅酒的名園與酒村，如Irancy村，現在也有了自己專屬的村莊級法定產區，精巧的黑皮諾配上粗獷堅硬的César，混成專屬於歐歇瓦的紅酒風格。氣泡酒更是歐歇瓦可感驕傲的酒種，冷涼氣候的優勢讓布根地最優質的Cremant氣泡酒大多來自歐歇瓦，特別是以黑皮諾釀成的粉紅與白氣泡酒。不過，很少有人知道這些可口平價的布根地氣泡酒是來自歐歇瓦，更少人知道這裡跟香檳最南邊的酒村Les Riceys有著一樣的岩質，而距離只有30公里。

右頁上：雖然位處寒冷北方，但Irancy村卻是一個專門生產紅酒的村莊級產區。

右頁左下：鄰近香檳區南邊的歐歇瓦區也生產極佳的氣泡酒。

右頁右下：寒冷的冬季低溫與春季的霜害曾是歐歇瓦區的最大自然威脅，但在近十年內卻因氣候變遷而減少。

除了聞名全球的夏布利，歐歇瓦區內也有不少有趣的小產區，如Irancy（上），Chitry（左下）和Tonnerre（右下）。

夏布利
Chablis

　　做為一個世界級的夏多內名產區，夏布利的名聲卻是建立在與夏多內個性不同，甚至對反的獨特酒風。這跟夏布利的氣候與土壤有絕對的關聯，也跟當地酒業的發展歷程相合，共同融匯成夏布利白酒難以仿造的地方風味。

　　從氣候條件來看，夏布利的氣候偏冷，葡萄不易成熟，特別是在比較濕冷的年分，常常會釀成不是特別容易親近的酸瘦白酒。為了能在採收季前達到最低標準的成熟度，夏布利全區都種植早熟的夏多內葡萄，但早發芽的特性，卻也經常讓夏布利的葡萄農要直接面對春季霜害的風險，必須投注許多時間和金錢來防止樹芽被凍死。不過，氣候的變遷與升溫卻也讓夏布利這種位在成熟邊緣的葡萄酒產區有比較和緩的霜害壓力，在二十一世紀的前十年中，僅有二〇〇三年出現過。

　　即使如此，在夏布利的環境中還是無法讓夏多內自然成熟，必須種植於排水較佳、較溫暖向陽的山坡才能達到應有的成熟度。而這也意味著因為溫度低，酸味以較慢的速度緩減，糖分提升慢，所以夏布利白酒的酸味大多比布根地南部溫暖的產區還要來得高，酒精度也低一些。當秋天溫度開始降低時，如果突然出現特別低的溫度，葡萄樹常會中止或減緩成熟準備冬眠，夏多內常要靠秋後的水分蒸發提高甜度，這會讓夏布利的夏多內白酒保有更高的酸度。

　　中世紀晚期，夏布利就已經以適合佐配生蠔的白酒聞名，詩人厄斯塔什・德尚（Eustache Deschamps, 1346-1406）曾寫過，願用財富與頭銜換得以生蠔和夏布利買醉的詩句。夏布利與生蠔的關聯，其實也在葡萄園的土壤中。不同於布根地金丘區的葡萄園常有斷層經過，地質年代非常多變，相對的，夏布利和鄰近區域的岩層同質性卻非常高，山坡上的土壤幾乎全部是距今一億多年前，侏羅紀晚期的Kimmèridgien年代所堆積成的岩層，沒有太多的變化。當時布根地與巴黎盆地都陷落海中，夏布利附近地區有豐富的海中生物，除了鸚鵡螺和海膽，還有非常多稱為ostrea virgula的小牡蠣，堆積成一種岩質較軟，富含白堊質，頗易碎裂，且含水性佳的白灰色泥灰岩，岩層中常常間雜著非常多的小牡蠣化石。

　　由於種植在這樣的土壤上，釀成的夏多內白酒常會散發非常明顯的礦石香氣，而且是帶著海潮氣息的礦石味，夏布利特別適合佐配生蠔也可能與這些土壤中的牡蠣化石有關。而Kimmèridgien岩層的土壤被認為是夏布利風味的主要根源，也是夏布利跟全球其他夏多內產區的最大不同處。在制定夏布利產區範圍時，也常據此做為範圍的劃定。

　　接續在Kimmèridgien之後的是Portlandien年代堆積的岩層，年代較晚，通常位在山坡的坡頂處。Portlandien時期的生物較少，屬於堅硬的白色石灰岩。種植於這種岩層的夏多內通常比較酸瘦一些，以綠檸檬和青蘋果的香氣為主，不太有礦石香氣。夏布利也有一些葡萄園是以Portlandien岩石為主，但大多屬於小夏布利（Petit Chablis）法定產區，而不是夏布利法定產區。（更詳細的夏布利自然環境分析，請見Part I第一章）

夏布利鎮是一個帶有酒村氣氛的迷人小鎮。

左：酸瘦的酒體與海味礦石酒香讓夏布利成
為全世界最獨特的夏多內白酒。

右上：含有許多小牡蠣化石的Kimméridgien
石灰岩。

右中：早期的夏布利白酒大多裝進較小型的
Feuillette橡木桶運往巴黎銷售。

右下：每年在採收季後舉行的初生新年分裝
瓶受洗儀式。

夏布利酒莊

　　從一九七〇年代不到800公頃的葡萄園，發展成今日的4,000多公頃。因為比較晚才種植，夏布利的葡萄園不像金丘區因為繼承的關係，面積都分割得非常小片，酒莊的葡萄園較具規模，平均面積達10公頃，是金丘區的兩倍，如Maligny村的Jean Durup et Fils酒莊有超過200公頃的葡萄園，連金丘區的大型酒商如Faiveley和Bouchard等都無法超越。許多葡萄農原本都是種植穀物的農民，父子相承的釀造傳統也不如金丘區常見。這樣的背景讓夏布利葡萄農的個性與金丘區的小酒莊傳統有些差異，有更多的葡萄農不自己釀酒，全部交由釀酒合作社，因此造就了法國品質最佳的合作社La Chablisienne。

　　比起金丘區白酒手工藝式的釀造，夏布利白酒的釀造比較簡單，許多酒莊的酒窖外表看起來常像是工業區的廠房，也較常見新式的不鏽鋼控溫酒槽，雖然也有許多純粹的酒莊，不過也有非常多的酒莊會自行採買葡萄釀造，也較常使用大規模釀造的技術，如使用人工選育的酵母或進行過濾。即使有酒莊會使用橡木桶發酵或培養，但是，有更多酒莊完全不用，或僅使用一小部分。新桶的比例也較低，培養的時間也比較短。夏布利的傳統木桶稱為Feuillette，容量是132公升裝，比金丘114公升的Feuillette大，但較金丘區最常用，容量為228公升的Pièce小。雖然現在夏布利已經沒有太多酒莊使用Feuillette培養，但當地成酒買賣還是以Feuillette計價，和以Pièce計價的金丘區須要換算之後才能相通。

　　夏布利的葡萄園耕作也較為機械化，為了方便大型的耕耘機通過，夏布利的種植密度只及金丘區的一半，每公頃約5,500株，而且，也有相當高比例的葡萄園用機器採收，其中包括許多特級園。夏布利對於單位公頃產量的規定也比較寬鬆，同等級的葡萄園可以比金丘生產更多的葡萄酒，要求的成熟度也比較低。金丘區和夏布利並沒有好壞的差別，雖都在布根地，兩個產區卻有相當不同的酒區風情，這些，也都成為葡萄酒風格的一部分。最有趣的是，雖然夏布利的生產方式比較粗放，但是，整體而言卻又比金丘區的白酒有更強烈的地方風味。

二十個村莊與左右岸

　　夏布利的葡萄園超過4,000公頃，是布根地最大的村莊級法定產區，產區的範圍也擴及鄰近的十九個村莊。夏布利鎮位在西連溪（Serein）的左岸，海拔130公尺，而周圍是海拔僅200多公尺的和緩丘陵地，由西連溪從東南往西北侵蝕成一條較寬的谷地，幾條小支流與背斜谷在左右岸也都切出多條小谷地。這些谷地邊的向陽坡地便是夏布利葡萄園的所在處。右岸的葡萄園多朝西南方，左岸則朝東南居多。

　　朝東南的葡萄園提早接收晨間的太陽，避過午後較強熱的陽光，釀成的夏布利通常比較輕巧，有極佳的酸味。朝西南的葡萄園有較多午後的陽光，成熟度較佳，比較有重量感，有較多的熟果香氣。這兩種面向的葡萄園風格在夏布利可以約略歸納為左岸與右岸風格，右岸的名園較厚實，左岸較靈巧。

　　包括所有的特級園以及幾個最知名的一級園在內，夏布利主要的葡萄園幾乎都位在夏布

流經夏布利鎮上的西連溪將夏布利的葡萄園分成左右兩岸。

上：夏布利有超過4,000公頃的葡萄園，分屬於二十個村莊，圖為Les Lys一級園與Milly村。

中：傳統的夏布利橡木桶是132公升裝的Feuillette。

左下：大部分的夏布利白酒都是在不鏽鋼桶中釀造，比較少採用木桶發酵與培養。

右下：夏布利酒莊的葡萄園面積較大，在耕作上比較仰賴機器。

利鎮和緊鄰的三個村莊，如左岸的Milly、Poinchy和右岸的Fyé。除了名園較多，這裡也有一些老樹葡萄園。這一個核心區域內也匯集了最多的酒莊和酒商，以及知名的La Chablisienne合作社。

北邊以La Chapelle-Vaupelteigne和Maligny有較佳的葡萄園，包括Fourchaume在內的一級園。北邊的Lignorelles跟Villy等村則有較多晚近增設的葡萄園。西邊的Beine村也多為一九七〇年代後才新增的葡萄園，而且也有相當多新列級的一級園，如Vau de Vey。西南邊的Chichée和Fleys是較不知名的精華區，也有Vaucoupin和Les Fourneaux等一級園。南邊Courgis跟Préhy兩村海拔稍高一些，出產較輕巧風格的夏布利。

Union des Grands Crus de Chablis是由十五家擁有夏布利特級園的酒莊所組成的推廣協會。

夏布利的分級

夏布利產區內的葡萄園共分為四個等級，跟金丘區的分法有些不一樣。最常見的Chablis雖然葡萄園面積幾乎和整個夜丘區近似，但仍屬村莊級法定產區，其中有八十九片葡萄園列級一級園，在標籤上會標示Chablis Première Cru。等級最高的也是特級園，不過，夏布利雖有七片特級園，但並不像在金丘區各自獨立，而是共同組成一個稱為Chablis Grand Cru的法定產區。夏布利分級中最特別的是小夏布利（Petit Chablis）法定產區。雖然名稱中有小字，但還是屬於村莊級的法定產區，大多位在坡頂上，是以Portlandien岩層為主的葡萄園。小夏布利所表現的，便是Portlandien岩層以及坡頂葡萄園較冷且少日照的風格，雖然較為清淡，但也更多酸，亦具耐久的潛力。不過，在夏布利常被視為多新鮮果香，比較簡單、早喝的日常酒種。

上：夏布利的七片特級園彼此相連，位在村子東北邊的一片朝西南邊的山坡上。

下：因為有兩個背斜谷切過特級園山坡，讓各特級園的地形與地勢有相當多的差異與變化。

特級園

夏布利鎮東北面過西連溪到右岸，鄰近Fyé和Poinchy兩村的交界處，是特級園的所在。這片離河岸不遠的山坡，是典型的夏布利風景。山頂是樹林，底下是肥沃的耕地，山坡上是布滿白灰色Kimmèridgian泥灰岩與風化土壤的葡萄園。有兩個一大一小的背斜谷切過，讓這片朝東南的山坡相當多樣，甚至帶點戲劇性的地形變化。由東往西共有七片，總面積102.92公頃。

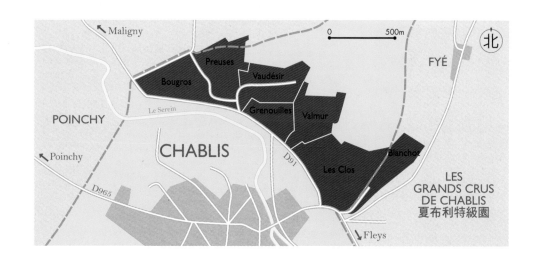

布隆修（Blanchot，12.7公頃）

位在最東邊往Fyé村的峽谷邊緣，地勢狹迫陡峭，是唯一朝向東南方的夏布利特級園。可接收較多晨間的太陽，但較少午後的陽光，因谷地效應，有較多寒涼北風的影響，酒的風格較為細緻優雅，常混合白花與礦石香氣，酒體較輕巧，很少濃厚粗獷，酸味也許較漂亮乾淨，但較不堅強有力。Laroche的面積最大，獨擁4.5公頃，Vocoret et Fils（1.77公頃）和Long-Depaquit（1.65公頃）次之。

克羅（Les Clos，26公頃）

面積最大，也最知名，是許多酒評家與本地釀酒師心中最佳的夏布利特級園。除了邊緣兩側外，Les Clos方正完整，幾乎是完全正面朝向西南邊，有極佳的向陽效果，讓夏多內有很好的成熟度。由坡底到山頂共爬升80公尺，各區段的自然條件差異頗大，坡頂多石少土，雖有許多Kimmèrigien岩石，但也混有一些自山頂沖刷下來的Portlandien硬石塊，相當貧瘠，但排水性佳，酒風較硬挺。坡底雖然也有非常多的石塊，但土壤較多，也較肥沃，質地黏密一些，有較多黏土質，酒風比較飽滿。

Les Clos分別由二十多家酒莊擁有，William Fèvre獨有4.11公頃，主要位在高坡處。Louis和Christian Moreau兩家各擁3.6公頃次之，主要在下坡處，這兩家酒莊還對分園內一片占地0.8公頃的獨占園Clos des Hospices，曾為夏布利濟貧醫院的產業，此名通過法國法定產區管理局所認可，可直接標示在標籤上。同樣位處坡頂的還有Vincent Dauvissat，而Raveneau、Vocoret et Fils、Louis Michel et Fils和Long-Depaquit則位在中坡處，Domaine des Malandes較偏坡底。不過，也有許多酒莊在山坡的上下都有葡萄園，如Pinson、Drouhin-Vaudon、Benoît Droin等家。

即使有上下坡段的差別，但Les Clos的酒風還是非常明顯，是最具主宰性的夏布利白酒，有厚實具重量感的酒體，鋼鐵般的強硬酸味以及近似火藥般的礦石氣，通常不太適合早喝，需要一點時間熟成。因為個性強烈，許多酒莊會特別使用橡木桶來釀造，於是，受一點木桶的影響，有木香與圓潤的質地也變成特色，成為比較近似伯恩丘風格的夏布利，但其酸味與礦石氣，卻是伯恩丘白酒所不可及的。

上：占滿整片山坡，正面朝向西南邊的Les Clos特級園。

下：Les Clos園接近上坡的部分有非常高比例的Kimméridgien石灰岩塊。

瓦密爾（Valmur，13.2公頃）

緊鄰在Les Clos旁的Valmur位置較高，雖同是面向西南邊的山坡，但有一個小型背斜谷從中穿過，在山坡上侵蝕成一個有南北兩坡的小谷。北邊一面略朝東南，如Christian Moreau、Droin、Raveneau、Moreau-Naudet、Vocoret et Fils和一部分的William Fèvre，而南邊則是略朝西北，如面積最大的Guy Robin（2.6公頃）和次之的Jean-Claude Bessin（2.08公頃）。

南北兩坡的風格亦有所不同，略朝北最上坡處的Jean-Claude Bessin有非常鋒利冷冽的酸味，年輕時嚴謹內斂，須要很漫長的瓶中培養才能熟成適飲。即使朝南這邊的Valmur酒體較圓厚一些，但仍然是強硬型的夏布利風格，需要時間熟化才能有比較多的柔情。在較炎熱的年分亦能有堅挺的酸味支撐。

左上：夏布利唯一朝東的特級園Blanchot有特別輕巧的酒體。

右上：位處山坡高處背斜谷內的Valmur特級園。

下：豐厚酒體、鋼鐵般堅硬的酸味與濃郁的礦石香氣，讓Les Clos成為夏布利最具主宰性的特級園。

格內爾（Grenouilles，9.3公頃）

位在Valmur下坡處，坡度比較和緩，山勢由西南轉向正面朝南，鄰近西連溪畔，因常有蛙鳴聲而稱為Grenouilles（「青蛙園」的意思）。在七片特級園中面積最小，較為少見，大部分為La Chablisienne擁有的Château Grenouilles（7.5公頃）所獨占，雖然不是真的有城堡，但Château Grenouilles也是法定產區管理局所認可的名稱，可直接標示。Droin （0.5公頃）和Louis Michel et Fils（0.5公頃）在稍陡一點的高坡處也有葡萄園。Grenouilles的風格較為柔和，豐富多香，但不是特別地強硬，礦石也少一些，年輕時較Valmur和Les Clos可口易飲。

渥玳日爾（Vaudésir，14.7公頃）

在夏布利，有非常多葡萄園的名稱都以vau開頭，如一級園中的Vaulorent、Vau de Vey和Vaucoupin等等，都是位在谷地邊的葡萄園，夾在Grenouilles和Preuses兩個特級園之間的Vaudésir便是其中最典型的例子。一條背斜谷自山頂的小夏布利葡萄園往南向下切穿特級園山坡，受Grenouilles的阻擋，谷地轉而朝西橫切，最後遇Preuses和Bourgos阻擋再轉往東南。Vaudésir的葡萄園就位在這個谷地朝西橫切的谷地兩側。

此區大部分的葡萄園都位在谷地北邊完全向南的陡坡上，如Long-Depaquit （2.6公頃）和William Fèvre（1.2公頃），受陽的效果甚至優於Les Clos，加上谷地效應，夏季常聚積暖空氣，使得這裡常是所有特級園中成熟度最佳的區域。不過，也因為谷地效應，早春的低溫冷空氣也常聚集谷內，讓較低坡的葡萄園易受霜害危害。在谷地南邊與Grenouilles相連的地方也有一部分的葡萄園是朝西與西北，如Louis Michel et Fils、Domaine des Malandes和一部分的Droin，會有不同的風格。

不同於Valmur和Les Clos帶有一些野性與粗獷風，Vaudésir的酒風則比較飽滿豐盛，也比較文明，無侵略性的均衡酸味，在礦石氣中也多帶一些熟果香，或許，可以是畏懼酸味的人的最佳夏布利特級園。

在向南山坡的最西側與Preuses交接處，有一片稱為La Moutonne （2.35公頃）的葡萄園，主要在Vaudésir這邊，但也有一小部分在Preuses。法國大革命之前，一直為Pontigny修院所有，酒風特別飽滿圓熟，也特別厚實。現為Long-Depaquit酒莊的獨占園，和同酒莊擁有的Vaudésir連成近5公頃的特級園。La Moutonne雖然沒有成為獨立的特級園，但是極佳的地理位置加上是歷史名園，因此也是法國法定產區管理局所認可的名稱，可直接標示在標籤上。

普爾日（Preuses，11.4公頃）

過了Vaudésir之後，特級園山坡轉而面向西邊，而且坡度變得比較和緩，比較像是一片傾斜的台地，Preuses或稱為Les Preuses，就位在這片台地的上坡處。酒風不像Vaudésir那麼豐盛，反而是更經典的多酸與多礦石，但不及Les Clos和Valmur的強勢，比較含蓄優雅一些，但又不像Bourgos那麼輕盈。La Chablisienne在最高坡處獨擁4公頃，William Fèvre有2.55公頃次之。Vincent Dauvissat也有1公頃，但卻是位在La Moutonne邊，Vaudésir谷地盡頭，開始轉向東南邊的山坡，酒風強勁且均衡。

上：較近河岸，有如一隆起小圓丘的青蛙園。

下：呈「S」形的Vaudésir背斜谷不只受陽佳，且常有熱氣凝聚，非常溫暖。

左上：坡度和緩的青蛙園底端為La Chablisienne的Château Grenouilles。

右上：La Moutonne園是夏布利特級園中最炎熱多陽的地帶。

下：Vaudésir園的南邊略朝北，常能保有多一點的酸味。

布爾果（Bourgos，12.6公頃）

　　位處最西邊，在Preuses的下坡處，坡度最和緩，土壤也最深厚，但在近坡底的地方卻又急轉為陡坡，稱為Côte de Bouguerots，是此區的精華區。一般Bourgos的酒風較為平順柔和，常排在七個特級園之末，但Côte de Bouguerots區的酒風卻轉而堅挺酸緊，很有張力，有清澈如礦泉般的明晰風味。William Fèvre（6.2公頃）獨擁近半的葡萄園，其中有2公頃的Côte de Bouguerots分開釀造裝瓶，和其他4公頃的Bourgos有著完全對反的酒風。

一級園

　　夏布利有八十九片，共776公頃的葡萄園列為一級園，無論面積和數量都是全布根地之最。在一九六〇年代建立一級園分級時只有二十四片，之後多次增列而成為今日的規模，但數目實在太多，夏布利的生產法規將鄰近的數片一級園組成一個群組，每個群組間的葡萄酒都可以用區內最知名的一級園命名。資料龐雜，需要多達5頁的表單才能詳列各一級園之間的命名關係。

　　以La Chapelle Vaupelteigne村內的Fourchaume為例，因與周邊橫跨四個村莊共十五片，超過132公頃的一級園組成一組，組內的一級園全都可以在酒標上標示Fourchaume。事實上，這十五片葡萄園又分成L'Homme Mort、Vaupulent、Côte de Fontenay和Vaulorent四個小組。其中，L'Homme Mort小組內，除了L'Homme Mort之外，還包括La Grande Côte、Bois Seguin和L'Ardillier，除了可叫自己的名字外，也可叫L'Homme Mort，或者Fourchaume。在Vaulorent的群組內則有Les Quatre Chemins、La Ferme Couverte和Les Couvertes三片一級園也可以稱為Vaulorent或Fourchaume。這個複雜的系統讓大部分夏布利的一級園從來不曾出現在酒標上。

上、下：鄰近河岸，地勢特別陡峭的Côte de Bougurots。

一級園Fourchaume的北段稱為L'Homme Mort（死人園），可能因有古刑場而得名。

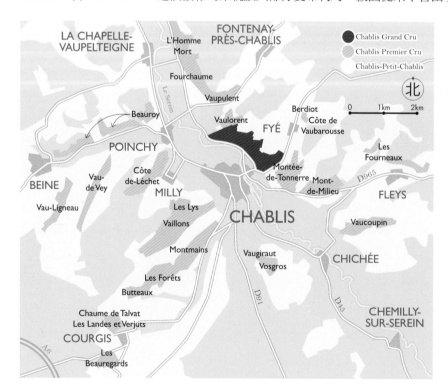

一級園本園名	主要一級園，鄰近小園亦可使用其名	可稱Fourchaume的一級園	主要村莊
Fourchaume	Fourchaume	Fourchaume	La Chapelle Vaupelteigne
	L'Homme Mort	L'Homme Mort	Maligny
		La Grande Côte	Maligny
		Bois Seguin	Maligny
		L'Ardillier	Maligny
	Vaupulent	Vaupulent	Poinchy
		Les Vaupulans	Poinchy
		Vaupulent	La Chapelle Vaupelteigne
		Fourchaume	Fontenay
	Côte de Fontenay	Côte de Fontenay	Fontenay
		Dine-Chien	Fontenay
	Vaulorent	Vaulorent	Poinchy
		Les Quatre Chemins	Poinchy
		La Ferme Couverte	Poinchy
		Les Couvertes	Fontenay

右岸主要一級園

Montée de Tonnerre

　　和特級園僅隔著一個谷地，也同樣面向西南邊，在風格上最接近Les Clos的一級園，酒體濃厚，酸味堅實，充滿礦石氣，也頗耐久，是夏布利最知名的一級園。除了山坡中段的本園，還收納了Pied d'Aloup、Les Chapelots和Côte de Bréchain等三片一級園。

Mont de Milieu

　　位在Montée de Tonnerre的西邊，僅隔一小谷地，但Mont de Milieu的山坡轉而全面向南，有更多的日照，葡萄也更易成熟。釀成的夏布利有更多的熟果香氣，也有較多圓滑的質地。

Fourchaume

　　夏布利北區最重要的一級園，除了本園外，也收納其他十二片葡萄園。Fourchaume本園為朝西的和緩山坡，土壤較深厚，酒風較為圓潤，也多熟果香氣，較適合早飲。位在更北邊的L'Homme Mort 雖然地勢更平緩，但卻有較多的酸味與礦石氣，也有酒莊以此名銷售。南邊的Vaulorent比Fourchaume更為均衡精巧一些，因與特級園Preuses相鄰，所以特別受到重視，也常以本名上市。

Vaucoupin

　　右岸南區的一級園，位在一個海拔稍高，較斜陡一點的東西向谷地內，為一片全面向南的葡萄園。酒風較為清麗優雅，是右岸少數較優雅且多礦石氣的一級園。

左上：屬於Fourchaume的Vaulorent一級園直接位在特級園Preuses的北側。

右上：Mont de Milieu因曾位於法國與布根地的交界上而得名。

中左、中右：Montée de Tonnerre本園常有接近特級園Les Clos的酒風。

左下：由園區左岸望向右岸的Fourchaume園，是一個有多片朝西山坡所組成的綿長一級園山坡。

右下：Fourchaume本園與南側的Vaupulent。

Les Fourneaux

在夏布利東邊的Fleys村有五片一級園，分列在兩片朝向東南與西南的山坡，全都收歸在Les Fourneaux的名下，本園面東南，雖和Mont de Milieu位在同一山坡，但稍冷一些，多黏土，有較強的酸味，也均衡內斂一些。

左岸主要一級園

在夏布利的西邊有三個平行相鄰的谷地，這些東西向的谷內都有朝向東南邊的向陽坡，是左岸的最精華區，由北往南分別是Côte de Léchet、Vaillons和Montmains三片一級園。是夏布利左岸風格的代表。

Côte de Léchet

位在Milly村的上方，曾是Pontigny修院的產業，山勢非常斜陡達38%，多石少土，相當貧瘠，但這樣的環境卻釀成較厚實一些，而且礦石味更重的風味，常比Vaillons快成熟一些，而且也外放一些，但靈動的強烈酸味仍保有左岸的精緻。

Vaillons

緊鄰夏布利鎮的西南邊，坡上集聚了十三片共100多公頃的一級園，其中最知名是Vaillons，位在中高坡處，酸味強勁漂亮，細緻均衡，常帶海味礦石氣。其他包括Les Lys、Les Beugnons、Chatains和Sécher等在內的十二片一級園，也都可以稱為Vaillons，除了Raveneau全為本園外，市售的版本大都是混合不同一級園而成。Les Lys是其中最常獨立裝瓶的葡萄園，位居山坡頂端，而且面朝東北方，酒風與其他Vaillons不同，是更典型的夏布利左岸風格，有較酸緊的口感，清麗高雅。與Vaillons本園同位於中高坡的Sécher（Séchet）和Les Beugnons也都是精華區，是少數會出現在標籤上的名字。

朝東南的Côte de Léchet，對面山頂為略偏北的獨特一級園Les Lys。

上：Vaillons是左岸最知名的一級園，酒風相當優雅均衡。

左下：聳立於Milly村之上的Côte de Léchet一級園。

右下：Montmains本園。

Montmains

位處Vaillons南鄰的向陽山坡，由Montmains、Les Forêts和Butteaux等六片一級園組成，最東邊近夏布利鎮為Montmains本園，附近的一級園都可以其為名。此區的坡度比較低緩，海拔稍低，除了泥灰岩也有些區段含有較多黏土質，酒的風格稍沉穩一些，沒有Vaillons那麼流暢輕快，但更有力，也更多變與耐久。往西接連的Les Forêts有較多的石灰與泥灰質，風格較為內斂含蓄。更往東為Butteaux，海拔更高，黏土質更多，葡萄相當晚熟，風格緊實，較具野性。混合三區的酒常能調配成非常均衡多變化的Montmains。

Vosgros

在夏布利的正南邊，Chichée村內有一個獨立的小丘陵區，在面西的西北角有三片一級園，都可稱為Vosgros，風格比較柔和可口，較多果味，礦石氣少一些。

Beauroy

在夏布利北邊的Poinchy村附近有被一條西連溪的支流橫切成的較大谷地，往西一直上溯到Beine村，形成一個連綿3公里，頗陡峭的朝南山坡，有九片相對較晚升級的一級園位於此，其中最知名的是在最西邊的Beauroy，這一區的一級園也大多借用此名，Beauroy成熟較快，酸味低一些，口感較柔軟易飲。

Vau de Vey和Vau Ligneau

在Poinchy到Beine村之間的谷地南側有兩條平行斜向西南方的谷地，在一九七〇年代才開始種植葡萄，是比較晚才升級的一級園，谷地比較狹窄，坡度相當陡，葡萄園雖面東南，但因前山阻擋，陽光較少，釀成的夏布利酸瘦有勁，酒體雖較不厚實，但多青檸與礦石氣，非常有精神。兩谷地有八片一級園，但主要稱為Vau de Vey跟Vau Ligneau。

Beauregards

在夏布利區內最南邊的Courgis和Préhy兩村附近，較晚近也增加八片一級園，此處的海拔較高，都超過200公尺，一級園主要位在面南或面東南的陡坡，酒風較為清淡。以Beauregards較有名氣，也收列了其他五片一級園。

上：位在夏布利南端的一級園Beauregards，位處有如圓形劇場的谷地內。

下：Vau de Vey的谷地深處，葡萄園的坡度稍微和緩，但仍常釀成酸瘦風格的夏布利。

酒莊與酒商

Jean-Claude Bessin (DO)
- HA: 12 GC: Valmur(2.08) PC: Fourchaume, Les Forêts, Montmains
- 風格嚴謹，帶強烈海味礦石的小型酒莊，Jean-Claude自一九九二年接手岳父Tremblay家族的葡萄園後，只用野生酵母，有一小部分在橡木桶發酵，一級園以上都經過一年半以上的熟成才裝瓶。以老樹釀成的Fourchaume、La Pièce au Comte特別圓熟飽滿，Valmur則相當堅實，須十數年熟成才能適飲。

Billaud-Simon (DN)
- HA: 20 GC: Blanchot(0.18), Les Clos(0.44), Vaudésir(0.71), Preuses(0.41) PC: Mont de Milieu, Montée de Tonnerre, Vaillons
- 這家位在西連溪畔的百年酒莊，是夏布利鎮上擁有眾多名園的精英名廠。酒風純淨且經典。二〇一五年被酒商Faiveley併購，但仍維持原本獨立酒莊的經營模式。

Samuel Billaud (NE)
- 離開Billaud-Simon後，自二〇〇九年開始採買葡萄釀造，主要專精於右岸的名園，如Monté de Tonnerre和Les Clos等。

Pascal Bouchard (DN)
- HA: 33 GC: Blanchot(0.22), Les Clos(0.67), Vaudésir(0.56) PC: Mont de Milieu, Fourchaume, Montmains, Beauroy
- 一九七〇年代末Pascal繼承岳父Tremblay家族的葡萄園，自有相當多名園，後成立酒商，擴充規模。兒子Romain加入後，採用較多的橡木桶進行培養，但酒莊的自有葡萄園仍具典型夏布利地方風味。

Jean-Marc Brocard (DN)
- HA: 180 PC: Beauregards, Côte de Jouan, Montmains, Vaucoupin
- 一九七三年從1公頃的葡萄園開始，現在是夏布利第二大酒莊，酒廠位在最南邊的Préhy村。第二代的Julien另外成立一家採用有機與自然動力法的獨立酒莊。Brocard的風格較為簡單自然，反而更能表現夏布利的特色。只用原生酵母，大多以不鏽鋼桶釀製，僅特級園採大型木槽。Brocard也生產St. Bris跟Irancy的酒款，以及三款以Jurassic、Portlandien和Kimméridgien等葡萄園岩層命名的Bourgogne白酒。

La Chablisienne (CC)
- HA: 1,200 GC: Blanchot(1), Les Clos(0.5), Valmur(0.25), Grenouilles(7.5), Vaudésir(0.5), Preuses(4), Bougros(0.25) PC: 大部分的一級園
- 夏布利唯一的合作社，也是最大的酒廠，占全區四分之一的產量，獨擁7.5公頃Grenouilles特級園，是法國最受推崇的釀酒合作社之一。（詳細介紹請見Part II 第二章）

Philippe Charlopin (DO)
- HA: 5 PC: Fourchaume, Beauroy
- 二〇〇七年金丘區Gevrey村名莊在夏布利成立的酒莊，採用金丘區的種植與釀造概念，超低產量，全在木桶中發酵，釀成極為濃縮的奇詭夏布利白酒風格。

Vincent Dauvissat (DO)
- HA: 12 GC: Les Clos(1.7), Preuses(1) PC: Les Forêts, Séchet, Vaillons
- 聲譽僅次於Raveneau的精英名廠，釀酒風格也相當接近，以整串葡萄壓榨，在舊的橡木桶中發酵與培養，但不攪桶，也局部採用傳統小型的132公升Feuillette木桶。他認為較多石頭的葡萄園，適合用這種小桶培養，如酒莊位於Les Clos山頂，品質極佳的小夏布利。近年來葡萄園亦逐步採用自然動力法種植。Les Clos是最知名酒款，葡萄園分成四片，主要位在高坡處，較多石，也較陡斜的區域，葡萄的成熟度佳、豐厚之外，常帶有清冽礦石氣，結構卻有極為酸緊堅硬的獨特風格。Preuses位在La Moutonne南側，酒風較為圓潤平易。一級園以Les Forêts最為特別，因多黏土質，晚熟一些，有更多野性和力量。

Daniel-Etienne Defaix (DO)
- HA: 26 GC: Blanchot(0.25), Grenouilles PC: Les Lys, Vaillons, Côte de Léchet
- Defaix是Milly村的世家，也開設餐廳與飯店，主要的葡萄園都在左岸最佳區段的面東山坡，有相當多老樹。釀法相當傳統，無木桶，但培養時間較長，因認為夏布利須久存才適飲，所以通常經四到十年才會上市，大多有混合著蜂蜜與礦石以及烤麵包等非常迷人的成熟酒風。

Jean-Paul & Benoît Droin (DO)
- HA: 25 GC: Blanchot(0.16), Les Clos(1.2),

Jean-Claude Bessin

Vincent Dauvissat

Daniel-Etienne Defaix

Valmur(1), Grenouilles(0.5), Vaudésir(1) PC: Montée de Tonnerre, Mont de Milieu, Fourchaume, Vaucoupin, Vosgros, Vaillons, Montmains, Côte de Léchet

- 自一六二〇年起延續五世紀的葡萄農家族，擁有相當多的名園，五片特級園中還包括稀有的Grenouilles，位在朝正南邊的高坡處，常是此園的最佳典範。第十四代Benoît自一九九九年接手以來，較其父親時期少用木桶，酒的風格變得更加清新，更精確地表現各葡萄園的特色。新建的釀酒窖位居Les Clos坡底，有相當先進的設備和不鏽鋼酒槽，目前僅有20%在木桶發酵培養，留在夏布利城內的傳統地下酒窖進行。Benoît聰明豪邁的作風，似乎特別適合夏布利，雖大多以機器採收，去梗榨汁，但每一款酒卻都能明確地表現葡萄園特色。Droin的Les Clos偏處坡底，風格較為優雅柔和，Valmur則粗獷強烈。各一級園中以Vaillons最為優雅精巧，Montée de Tonnerre則相當濃厚結實，是最佳的兩片一級園。

Drouhin-Vaudon (DN)

- HA: 39 GC: Les Clos(1.3), Vaudésir(1.5), Preuses(0.5), Bourgos(0.4) PC: Montmains, Séchet, Vaillons
- 伯恩名酒商，Joseph Drouhin從一九六〇年代就開始在夏布利經營葡萄園，而且也是區內最早採行有機與自然動力法的酒莊。雖然葡萄園頗具規模亦多特級園，但所有的酒都是在伯恩的母廠釀造。Joseph Drouhin的酒風以優雅均衡著稱，在夏布利亦延續此風。只有特級園採用木桶發酵，而且全無新桶，其他等級皆為不鏽鋼桶發酵培養。

Jean Durup et Fils (DN)

- HA: 203 PC: Fourchaume, L'Homme Mort, Montée de Tonnerre, Montmains, Vau de Vey
- 是夏布利，也是全布根地擁有最多葡萄園的酒莊，位在北部Maligny村，主要的葡萄園都在產區北邊的Lignorelles和Maligny，但也有25公頃的一級園，Vau de Vey就占了15公頃。Durup向來不採用橡木桶釀造培養，酒風較為自然一些，最值得注意的是三款Chablis的特殊Cuvée：La Marche du Roi、Le Carré de César和Vigne de la Reine，以及混合一級園調成的Reine Mathide。跟Jean-Marc Brocard一樣，因葡萄園相當大，常分成不同的酒莊銷售，如Château de Maligny和Domaine de L'Eglantiére。

William Fèvre (DN)

- HA: 78 GC: Les Clos(4.11), Valmur(1.15), Vaudésir(1.2), Preuses(2.55), Bougros(6.2) PC: Beauroy, Lys, Vaillons, Montmains, Montée de Tonnerre, Fourchaume, Vaulorent
- 擁有15%特級園的超級酒莊，一九九八年成為Henriot香檳的產業，是Bouchards Père et Fils的姐妹廠。由釀酒師Dedier Séguier改造成全新風格的精英名廠。採收稍微早一些，且全部手工採，經篩選，整串榨，完全捨棄新桶，鋼槽跟老木桶並用，木桶培養亦不超過六個月，全不攪桶，雖是外來的團隊，但卻成功地以非常乾淨純粹的風格表現夏布利名園的精彩特性，帶有透明感的酒風甚至成為一股新的潮流。包括強硬中帶著輕

盈的Les Clos，優雅精巧的Preuses，酸緊高挺的Valmur跟Côte de Bouguerots，以及左岸的Les Lys都以William Fèvre的方式精確地釀出葡萄園特色。

Corinne et Jean-Pierre Grossot (DO)

- HA: 18 PC: Fourchaume, Les Fourneaux, Mont de Milieu, Côte de Troësmes, Vaucoupin
- Fleys村的最佳酒莊，雖無特級園，但有相當出色的一級園。只用小比例的木桶培養，是Vaucoupin跟Les Fourneaux的重要範本，La Part des Anges是濃烈礦石版的村莊級酒，有Montée de Tonnerre的架勢。

Laroche (DN)

- HA: 101 GC: Blanchot(4.5), Les Clos(1.12), Bourgos(0.31) PC: Vaillons, Côte de Léchet, Montmains, Vau de Vey, Beauroy, Fourchaume
- 夏布利最大的酒商之一，也是第三大酒莊，在鎮上也設有餐廳與飯店。二〇〇九年成為南法酒業集團Jean-Jean的一分子，不再是傳統的夏布利家族酒莊。Laroche的酒風較為簡約利落，優雅的Blanchot是招牌，每年挑選其中的15%混成Réserve de l'Obédience，屬於更多酸，更有結構，也更多木香的版本。Laroche也是最早採用金屬旋蓋的夏布利酒廠。現由波爾多的Stéphane Derenencourt擔任釀酒顧問。

Long-Depaquit (DN)

- HA: 65 GC: Blanchot(1.65), Les Clos(1.54),

Benoît Droin　　　Jean Paul Durup　　　Dedier Séguier　　　Michel Laroche

Vaudésir(2.6), La Moutonne(2.35), Preuses(0.25), Bourgos(0.52) PC: Vaillons, Beugnon, Les Lys, Les Forêts, Montée de Tonnerre, Vaucoupin.

- 一七九一年買入Pontigny修院的葡萄園而創建，酒莊位於鎮上的城堡內，一九六七年成為伯恩酒商Albert Bichot的產業，雖然一部分賣給Joseph Drouhin，但仍擁有非常多的名園。一級園以上全部人工採收，一部分木桶發酵，也會攪桶，但比例日漸減少，如La Moutonne只用25%，其餘都用鋼桶。除了礦石外，有較多的熟果與蜂蜜，口感也較豐潤一些。

Domaine des Malandes (DO)

- HA: 26 GC: Les Clos(0.53), Vaudésir(0.9) PC: Côte de Léchet, Montmains, Fourchaume, Vau de Vey
- 女莊主Lyne Marchive是Tremblay家族的女兒，她的兒子Richard Rottiers同時兼顧他自己在薄酒來的酒莊和他媽媽的夏布利酒莊。大多用不鏽鋼桶再混合一部分舊橡木桶培養。酒風稍濃一些，但都有強勁的酸味支撐，耐久卻可早喝。Vaudésir稍朝北，非常均衡優雅；Fourchaume在本園內，豐滿圓熟；Côte de Léchet和Vau de Vey有濃厚與強酸對比，可口也有個性。

Domaine Marronniers (DO)

- HA: 20 PC: Montmains, Côte de Jouan
- 位在Préhy村，一九七〇年代成立的優秀酒莊。全部採用不鏽鋼槽發酵培養，酒風明晰乾淨，特別是非常活潑有力的Montmains，其實是Butteaux的葡萄釀

成。

Louis Michel et Fils (DO)

- HA: 23 GC: Les Clos(0.5), Grenouilles(0.54), Vaudésir(1.17) PC: Montée de Tonnerre, Mont de Milieu, Fourchaume, Vaillons, Montmains, Les Forêts, Butteaux
- 夏布利不鏽鋼桶派的代表，一八五〇年創立，目前由Jean-Loup跟外甥一起經營。大部分的一級園以上都是人工採收，也開始用原生酵母，不過即使是特級園也仍然不採用橡木桶發酵或培養。相對簡單的釀造方式讓Louis Michel et Fils的酒風乾淨透明，年輕時較為含蓄封閉，須多一點時間熟成。

Alice et Olivier de Moor (DO)

- HA: 6.5
- 夏布利少見的自然酒釀造酒莊，位在最南邊的Courgis，除了夏布利也產南鄰的Bourgogne Chitry跟St. Bris。莊主夫妻原都是在酒商工作的專業釀酒師，除了採有機種植，也選擇用最自然的方式釀酒，使用原生酵母，不加糖也不加二氧化硫，在舊桶中發酵培養。因不加糖，加上Courgis的海拔較高，因此須降低每公頃的產量且晚採收，不論夏布利或St. Bris，風味都頗圓潤，有均衡酸味，香氣則以蘋果香氣為主。

Christian Moreau (DN)

- HA: 12 GC: Blanchot(0.1), Les Clos(3.2), Clos des Hospices(0.4), Valmur(1), Vaudésir(0.5) PC: Vaillons
- 原本葡萄園租給隸屬Boisset集團的酒商

J. Moreau，在二〇〇二年收回自釀，買下William Fèvre部分的釀酒窖成立獨立酒莊，並採買一部分村莊級酒。目前由兒子Fabien負責，逐步採用有機種植，全部手工採收，經篩選整串壓榨，村莊級在鋼槽，一級園以上30－50%在舊桶發酵培養。雖然創立較晚，但釀造嚴謹，酒風非常精確乾淨，和William Fèvre非常近似。Vaillons和Les Clos是招牌，精緻卻非常有活力，專有的Clos des Hospices因位在坡底較多土的區域，風格較多熟果，比一般的Les Clos來得可口，少一些礦石。

Louis Moreau (DO)

- HA: 50 GC: Blanchot(0.1), Les Clos(3.2), Clos des Hospices(0.4), Valmur(0.99), Vaudésir(0.45) PC: Vaillons, Vaulignot
- Christian Moreau的姪兒所開設的酒莊，有許多葡萄園相鄰。酒莊亦是二〇〇二年創立，設在Beine，也有村內的Vaulignot一級園，村莊級葡萄園也較多。不同於堂哥Fabien畢業於Dijon的釀酒師學校，Louis在美國修習釀酒與種植。全部鋼槽釀造，但有一部分在乳酸發酵完成後才放進木桶進行極短暫的培養。酒風屬清新多酸風格。

Pinson (DO)

- HA: 13 GC: Les Clos(2.57) PC: Montée de Tonnerre, Mont de Milieu, Montmains, Vaillons
- 由Laurent跟Christoph兩兄弟共同經營，全部人工採收，有一部分在橡木桶發酵與培養。採用較多新桶發酵，也進行較多攪桶，培養的時間相當長，Les Clos的

Domaine des Malandes的女莊主與釀酒師

Fabien Moreau

Long-Depaquit

Authentique特別版甚至長達二年。Pinson的酒風比較濃烈強勁，而且非常有力，木桶的影響也比較多。

Raveneau (DO)

· HA: 9.29　GC: Blanchot(0.6), Les Clos(0.54), Valmur(0.75)　PC: Montée de Tonnerre, Chapelot, Vaillons, Montmains, Forêts, Butteaux

· 夏布利最知名，也可能是最精英的獨立酒莊。一九四八年由François Raveneau建立。現由兒子Bernard和Jean-Marie一起經營。釀造的方式仍然相當傳統，全部手工採收，一部分在橡木桶發酵，偶爾用一些新桶，也有一部分在酒槽進行，但培養熟成全在橡木桶內，不過沒有新桶，也採用一些132公升的Feuillette。培養的時間通常長達十八個月，二〇〇七年新增村莊級的Chablis，是二〇〇三年新種的，只培養九個月。Bernard認為橡木桶也是夏布利的傳統，在十九世紀時區內有非常多的木桶廠，釀成的酒直接裝進Feuillette桶運到巴黎，因為木桶不會再運回來，因此當時採用的大多是新桶。

Ravenaeu的酒風較為強硬，屬久存型的夏布利，但都貼切地表現各葡萄園與年分的特性。Montée de Tonnerre是Raveneau最常見的右岸酒款，葡萄園位在高坡處的Pied d'Aloue屬剛硬堅固的大格局夏布利白酒，左岸的Butteaux多黏土質，葡萄較晚熟，亦屬強硬型，但比Montée de Tonnerre精巧一些，不過隔鄰的Montmains跟Les Forêts卻反而屬柔和風格。三個特級園中Blanchot特別精緻優雅，Les Clos位在中坡處，則既厚實又堅挺有力，而且非常耐久，Valmur位在向陽面，也走類似風格。

Régnard (DN)

· HA: 10　GC: Grenouilles (0.5)

· 由Pouilly-Fumée的de Ladoucette家族所有的夏布利酒商，同時也擁有酒商Albert Pic，沒有木桶，酒風較為老式自然，一級園酒Pic 1er混合左右岸的一級園而成，頗均衡多變。

Servin (DO)

· HA: 30.5　GC: Blanchot(0.91), Les Clos(0.63), Preuses(0.69), Bourgos(0.46)　PC: Montée de Tonnerre, Vaillons, Les Forêts

· 夏布利鎮上的知名酒莊，有相當多名園，除優雅的Blanchot外，特級園都採用橡木桶發酵培養，有些局部使用新桶，但少有明顯桶味。一級園則多不鏽鋼桶發酵，各級酒與左右岸的酒都釀得相當典型。

Simonnet-Febvre (DN)

· HA: 5　GC: Preuses(0.26)　PC: Mont de Milieu

· 出產夏布利、Irancy紅酒與氣泡酒的百年老廠，現為Louis Latour的產業。雖多為採買的葡萄，但酒風越來越精緻均衡，如Montée de Tonnerre和Mont de Milieu。

Château de Viviers (DO)

· HA: 17　GC: Blanchots (0.5)　PC: Vaillons, Vaucoupin

· 位處最東邊的Vivier村，屬酒商Loupé-Cholet在夏布利的酒莊，現由Long-Depaquit的團隊釀造，風格頗近似，但因該區較冷涼，酒風較為多酸。

Vocoret et Fils (DO)

· HA: 51　GC: Blanchot(1.77), Les Clos(1.62), Valmur(0.25), Vaudésir(0.11)　PC: Montée de Tonnerre, Mont de Milieu, Côte de Léchet, Vaillons, Montmains, Les Forêts

· 老牌的精英酒莊，左右岸的傳統名園都相當齊全。特級園大多在3,000到5,000公升裝的木造酒槽發酵，現也採用600公升和一般的木桶來培養。各園的酒風頗為精確，特別是幾個常讓特級園失色的頂尖一級園，如老樹版的Les Forêts和Montée de Tonnerre。

縮寫名稱
DO：酒莊（Domaine）
NE：酒商（Négociant）
DN：酒莊兼營酒商（Domaine + Négociant）
CC：合作社（Cave cooperative）
GC：主要特級園（Grand Cru）
PC：主要一級園（Première Cru）
HA：公頃（自有或有長期租約的葡萄園面積）

Charléne Pinson

Bernard Raveneau

Irancy、St. Bris與其他

歐歇瓦除了葡萄園密集的夏布利，還有相當多的酒村，只是葡萄園的面積不大，而且較為分散，最主要的產區位在歐歇爾市的南郊及西南郊，全區約有1,500公頃，大多屬於Bourgogne等級的地方性產區，其中有相當多用於生產布根地氣泡酒。不過，也有屬村莊級的Irancy、St. Bris和Vézelay。

位在夏布利與St. Bris之間的Chitry也有相當多的Kimméridgien岩層，生產類似的白酒。

Irancy

位在歐歇爾市南郊10公里外的丘陵區，村子本身位在山坳處，葡萄園僅有約160多公頃，大多位在村子的北、西、南三面，主要朝南或朝西的山坡上，跟夏布利一樣，葡萄園的海拔高度在130到250公尺之間，也大都位在Kimmérigien岩層上，有不同比例的泥灰質跟黏土，最知名的葡萄園Palotte在村南，位居Yonne河邊的向南坡地。與夏布利不同的是，在Irancy全部都種植黑皮諾和極小比例的César葡萄，釀造成紅酒以及一點粉紅酒。Irancy向來以產紅酒聞名，並不產白酒，在布根地所有以紅酒聞名的酒村中位置最偏北。

跟金丘區相比，Irancy產的黑皮諾比較清淡，酒體輕盈多酸，常有野櫻桃以及黑醋栗果香。也頗適合釀造粉紅酒，在一九七〇年代也曾經風行過，不過，現在還是以紅酒為主。除了自然因素，Irancy的風味還受到César品種的影響，這個風格非常粗獷，比黑皮諾還晚熟的品種，原本被認為是西元二世紀時由羅馬軍團帶到布根地種植，但透過DNA分析已確定是黑皮諾與德國黑葡萄品種Gänsfüßer自然交配產生的後代，釀成的紅酒顏色比較深，澀味非常重，單獨釀造時幾乎無法入口，即使經十數年熟成仍無法柔化。

在Irancy有些酒莊完全不加César，但也有像Domaine Colinot在大部分的黑皮諾中添加小比例的César以加強個性，添加的比例在3－10%之間，事實上依規定也不得超過10%。這樣的組合並不一定讓酒變得更美味，但肯定更Irancy，不單單只是北方黑皮諾的風格，而且有更緊澀的單寧以及更豐富的香氣。Irancy受年分的影響較大，但葡萄園的位置也逐漸受到重視，如朝南的Palotte、Les Mazelots、Côte du Moutier和Les Cailles。

St. Bris

歐歇瓦距離羅亞爾河上游，以白蘇維濃聞名的Sancerre跟Pouilly-Fumée並不太遠，僅約70公里，地質條件也頗類似，只是白蘇維濃並非布根地傳統品種。歐歇爾市南方7公里的St. Bris在二十世紀初即引進白蘇維濃試種，其中，還有一些老樹葡萄園保留至今，不過，在一九七〇年代才開始有較具規模的種植。因非採用原生種，St. Bris從一九七〇年代設立法定產區以來就一直是等級較低的VDQS（現已取消），直到二〇〇三年才成為獨立的村莊級產區。村內只有133公頃的白蘇維濃，其他還是以夏多內和黑皮諾居多，前者通常占據朝東南的葡萄園，後者

則多位在更溫暖的向南以及朝西南的坡地，白蘇維濃則反而較常種在朝北與西北的位置。St. Bris山坡上的土壤也一樣是Kimmèrigien的岩質。白蘇維濃通常很容易就可釀成帶葡萄柚與草香，清淡多酸的可口白酒，不過也有酒莊如Goisot釀成更濃厚、更多熟果香氣的風格。

Vézelay

位在朝聖起點的歷史古鎮Vézelay，曾為重要產區，在十九世紀後逐漸消失，到一九七〇年代才開始復種，一九九七年成為「Bourgogne Vézelay」，在二〇一七年才成為村莊級產區，有256公頃列級，分布在鄰近的四個村莊，但目前僅有70公頃種植葡萄，氣候較夏布利冷涼，主要還是以侏羅紀泥灰岩和石灰岩為主，只產Chardonnay白酒，酒風較為多酸高瘦，帶礦石感。其他產區雖然是地方性產區，但多為歷史產區，在Bourgogne後加上地區或村名，一共有五個。其中Côtes d'Auxerre因直接位在歐塞爾古城邊，從七世紀起就相當知名，如Clos de Migraine和La Chaînette等名園，不過現在只剩下曾為本篤會修院產業的Clos de la Chaînette還保留的4.5公頃葡萄園；出產較細緻黑皮諾紅酒的Bourgogne Coulanges；鄰近夏布利南區的Chitry；位在北邊，幾乎消失，只有13公頃；曾因三星主廚Michel Lorain而受注意的Côte St. Jacques，曾以產淡粉紅酒聞名；東邊近香檳區的Tonnerre鎮附近的Tonnerre和Epineuil，前者產白酒，後者只產紅酒。🍷

上：St. Bris村雖以白蘇維濃知名，但村內最佳的向陽坡大多還是種植夏多內。

左下：只產紅酒的Irancy村除了黑皮諾，也種植極為少見的César葡萄，但依規定不可添加超過10%。

右下：St. Bris村除了白蘇維濃也種植頗多櫻桃，生產美味的酒釀櫻桃。

酒莊與合作社

Bailly-Lapierre (CC)

· HA: 660

· 歐歐瓦的氣候環境很適合釀造氣泡酒，一九三六年法定產區創立之前，歐歐瓦區內產的葡萄酒有一部分會賣到香檳區製成香檳。除了夏布利的Simonnet-Febvre，區內並沒有專精於氣泡酒的酒廠，本地多酸清淡的基酒還一度賣到德國釀造Sekt。到了一九七二年才在Yonne河邊的Bailly村成立專門釀氣泡酒的合作社Bailly-Lapierre。酒廠直接位在占地4公頃，原為採石場的地下岩洞中，巴黎萬神殿的石材即源自於此。到酒廠參觀的訪客都須直接開車進入岩洞中。

合作的會員共有600多公頃的葡萄園，全位在夏布利以外的歐歐瓦區，在比較炎熱的年分，會員會將大部分的葡萄釀成無氣泡酒銷售，但在比較冷的年分則賣較多酸味佳、成熟度低的葡萄給合作社釀造氣泡酒。地下岩洞提供完美的瓶中二次發酵環境，窖藏約800多萬瓶。Bailly-Lapierre最主要的品種為黑皮諾，有一小部分的加美、阿里哥蝶和夏多內。共產十一款氣泡酒，其中以黑皮諾釀成的Blanc de Noirs品質最佳，如Pinot Noir Brut和熟成更久的Ravizotte Extra Brut，可口多果香的粉紅氣泡酒也相當美味，不只價格低廉，全布根地的氣泡酒也很少能超越其水準。

Domaine Guilhem & Jean-Hugue Goisot (DO)

· HA: 27

· St. Bris產區內的最佳酒莊，二〇〇五年採用自然動力法種植葡萄，不過白蘇維濃只占三分之一，種植較多的是夏多內和黑皮諾。分屬Côte d'Auxerre跟Irancy。現由兒子Guilhem負責釀造。相較於同產區的酒，Goisot的酒無論紅、白，都特別豐滿圓潤、濃厚可口，但都有不錯的酸味，也有不錯的熟成潛力，這也許跟低產量與晚採收，以及有機種植有關，也可能與發酵溫度較高，全部完成乳酸發酵有關。Corp de Garde系列是較高級的酒款，風格更是如此，其中夏多內在橡木桶發酵培養一年多，黑皮諾在木造酒槽釀造木桶培養，但都不為木桶所主宰。Irancy的葡萄園位在村邊向南的Les Mazelots，風格更加濃厚。Goisot另外也推出三款單一葡萄園的夏多內白酒，如Les Gueules de Loup甚至更加圓熟強勁。

Domaine Colinot (DO)

· HA: 12.5

· Irancy村內最知名的酒莊，現由女兒Stephanie負責釀造。Colinot的葡萄園都在村內，擁有相當多的老樹以及最佳區段的葡萄園，如Palotte、Les Mazelots、Côte du Moutier跟Les Cailles，只產Irancy紅酒和一款粉紅酒以及加美釀成的可口Passe Tout Grains。葡萄園的面積雖不大，但前述的葡萄園都推出單一葡萄園版本，是認識Irancy各園風格的重要典範。Stephanie不去梗，採整串釀造，在不同的酒中添加不同比例的César葡萄混釀，Les Mazelots甚至多達10%的極限，因為相當晚採，葡萄成熟度高，即使混合César仍相當均衡可口。培養的階段都在酒槽進行，除了一小部分的Les Mazelots並沒有進橡木桶，約一年之後裝瓶。

Domaine de la Cadette (DN)

· Valentin Montanet承繼父母一九八七年在Vézelay創立的自然派酒莊，採用有機種植，少或無添加的釀造法，但酒的風格卻是相當純淨透明，帶礦石感，真誠反映風土，是Vézelay產區內的明星酒莊。除了夏多內，也種有布根地少見的Melon de Bourgogne。

Vini Viti Vinci (NE)

· Nicolas Vautier從自然派酒吧老闆轉業創立自然酒商，專門釀製布根地北區較少受注意的小眾酒款，如Irancy、Coulange la Vineuse等，但完全避過Chablis。酒風樸直、骨感，時有氧化氣息但卻充滿生命活力。

左：Bailly-Lapierre合作社生產以黑皮諾為主所釀成的氣泡酒。

中右：Guilhem & Jean-Hugue Goisot酒莊。

右：Colinot酒莊產自Irancy村的單一葡萄園紅酒Les Mazelots，是該酒莊少數進行橡木桶培養的酒款。

Nicolas Vautier　　　Valentin Montanet

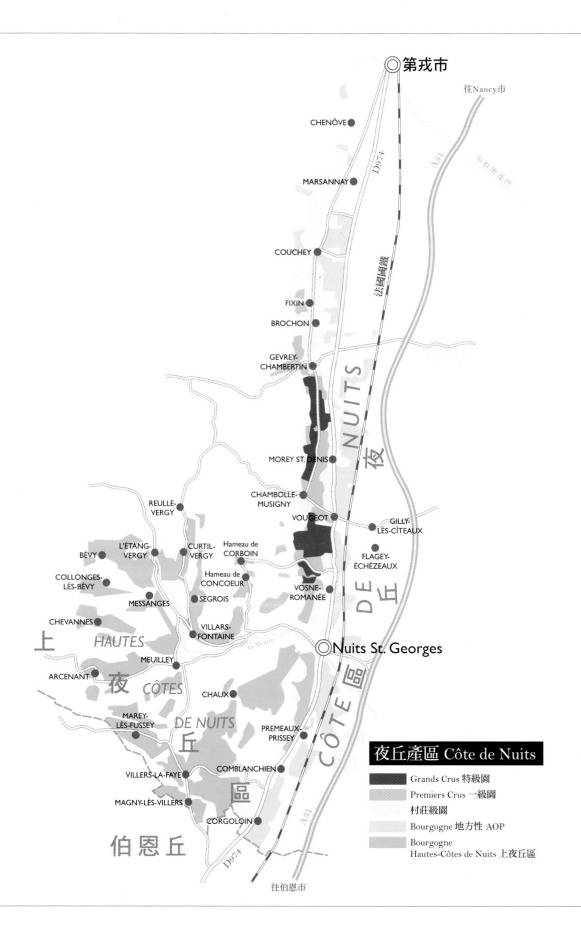

第戎市

往Nancy市

CHENÔVE

MARSANNAY

D974

A31

法國國鐵

COUCHEY

FIXIN

BROCHON

GEVREY-
CHAMBERTIN

夜

MOREY ST. DENIS

REULLE-
VERGY

CHAMBOLLE-
MUSIGNY

丘

VOUGEOT

GILLY-
LÈS-CÎTEAUX

BÉVY

L'ÉTANG-
VERGY

CURTIL-
VERGY

Hameau de
CORBOIN

FLAGEY-
ÉCHÉZEAUX

DE

COLLONGES-
LÈS-BÉVY

Hameau de
CONCOEUR

VOSNE-
ROMANÉE

MESSANGES

SEGROIS

CHEVANNES

VILLARS-
FONTAINE

Le Meuzin

上

HAUTES

MEUILLEY

Nuits St. Georges

ARCENANT

夜

CÔTES

CHAUX

CÔTE

MAREY-
LÈS-FUSSEY

DE NUITS

丘

PREMEAUX-
PRISSEY

產

VILLERS-LA-FAYE

COMBLANCHIEN

區

MAGNY-LÈS-VILLERS

A31

伯恩丘

CORGOLOIN

往伯恩市

D974

夜丘產區 Côte de Nuits

Grands Crus 特級園

Premiers Crus 一級園

村莊級園

Bourgogne 地方性 AOP

Bourgogne
Hautes-Côtes de Nuits 上夜丘區

chapter 2

夜丘區
Côte de Nuits

金丘區（Côte d'Or）是布根地最知名，也最精華的區段，滿布著貧瘠的侏羅紀石灰岩與石灰質黏土的葡萄園，位在細狹長條的面東山丘，南北綿延60公里，匯集了全布根地最多的名村、名莊與名園。北半部以酒業中心夜－聖喬治鎮（Nuits St. Georges）為名，稱為夜丘區（Côte de Nuits）。這裡是種植黑皮諾葡萄的極北界，但卻是全世界最優秀的黑皮諾產區，沒有任何一個地方可與之相比。

南北相接的十幾個村落，每一村都各自成為黑皮諾紅酒的重要典型，如雄渾磅礴的哲維瑞－香貝丹（Geverey-Chambertin）、溫柔婉約的香波－蜜思妮（Chambolle-Musigny）、豐美圓厚的馮內－侯馬內（Vosne-Romanée）以及結實堅挺的夜－聖喬治。除了金丘南部的高登（Corton），所有布根地產紅酒的特級園沒有例外，全都位在夜丘區內。

馬沙內與菲尚
Marsannay et Fixin

　　金丘最北邊，第戎市附近的山坡，在中世紀時以產白酒聞名，曾是布根地重要的產區，稱為第戎丘（Côte Dijonnaise），如今大多已消失，成為郊區、住宅區或甚至是墓園，少數重建存留下來的，只有南邊一點的Chenôve、馬沙內（Marsannay-la Côte）和Couchey村內的少數葡萄園，共同組成夜丘區最北邊的村莊級產區Marsannay，主要生產紅、白與粉紅酒，這是布根地唯一允許同時生產這三種酒的村莊級產區。由於太接近市中心，葡萄園逐漸地被城市所包圍，不過，因為有越來越多的明星酒莊到此投資葡萄園，如Denis Mortet、Méo-Camuzet、Philippe Charlopin和Joseph Roty等等，因此葡萄酒品質與知名度反而日漸提升。

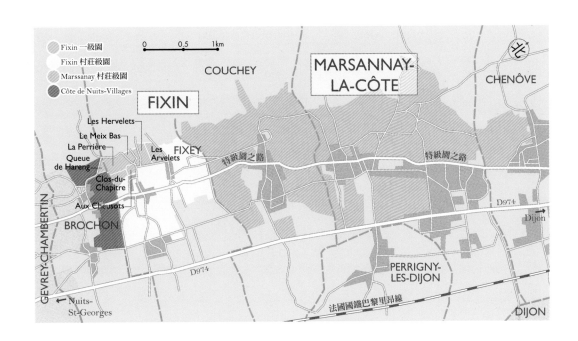

第戎丘雖然已經不存在，但第戎市政府在城西海拔超過400公尺的金丘山頂上擁有一個150公頃的莊園Domaine de la Cras，種有8公頃的葡萄園，由自然派釀酒師Marc Soyard負責管理釀造，酒風窈窕清麗，重拾當年第戎丘的風采。

Marsannay成立的時間相當晚，原本想加入夜丘村莊（Côte de Nuits Villages），被拒後才於一九八七年獨立。事實上，因為生產粉紅酒的葡萄園條件比較寬鬆，幾乎跟Bourgogne等級的葡萄園一樣，Marsannay是由只生產紅白酒的Marsannay和只產粉紅酒的Marsannay Rosé兩個村莊級產區所共同組成的。產區範圍有500多公頃，但目前約只有230公頃的葡萄園，以種植黑皮諾為主，但也有約35公頃的夏多內，是夜丘區最重要的白酒產區，多為清爽、瘦一些的簡單風格。布根地的粉紅酒常添加加美葡萄釀製，在Marsannay則全為黑皮諾，一九二〇年代時由村內的Clair-Daü酒莊（現在的Bruno Clair酒莊的前身）開始釀造後，全黑皮諾的粉紅酒便成為此地的招牌酒種。較大部分的粉紅酒貴一些，但也細緻一些，清爽可口，有櫻桃香氣，頗值得一飲。不過，現在卻逐漸以產紅酒為主。

金丘山坡在Marsannay附近坡度較低，而且有多道背斜谷切穿，常有冷風直接自山區吹過來，葡萄成熟的速度比較慢，在背斜谷邊以及坡底較肥沃的區域大多只能生產粉紅酒，產紅酒的葡萄園則大多位在山坡中段比較溫暖的區域。也許得利於氣候的變遷，此地的黑皮諾常較十年前更容易成熟，有比較厚實的酒體。但無論如何，如果跟南鄰的菲尚（Fixin）紅酒相比，則柔和順口一些，多為中等濃度，不是那麼深厚有力，但卻常更可口易飲。

Marsannay目前並沒有一級園，不過村內的酒莊較為團結，自二〇〇五年起，就有一級園的列級計畫在進行中。現在大部分的酒莊已經習慣將一部分葡萄園單獨裝瓶，其中最知名的是Chenôve村內的Clos du Roy以及Marsannay-la-Côte村北的Longeroies，是最有可能成為一級園的精華區。

村內最重要的明星酒莊為Bruno Clair，擁有最多葡萄園的是伯恩酒商Patriarche所擁有的Château de Marsannay，另外包括Domaine Bart、Jean Fourrier、Olivier Guyot、Hugenot和Sylvain Pataille等，另外也有Bouvier家的兩家酒莊Régis Bouvier和René Bouvier，前者為兒子獨立後開設，後者現由另一兒子Bernard負責（現已搬遷到Gevrey村的新建酒窖）。

不同於Marsannay稍柔和的風格，南鄰的Fixin村的紅酒較為強硬一些，通常有比較多的單寧澀味。雖以紅酒為主，但也有一點白酒。Fixin的面積不大，由Fixin村跟北邊的Fixey村共同組成，有兩個緊鄰的小背斜谷切過山坡，只有約100公頃的葡萄園，也是五個生產Côte de Nuits Villages的村莊之一，有些酒莊也可能賣給酒商調配，因酒風比較多澀，可提高酒的架構。在十九世紀時的分級中，有Clos de la Perrière和Clos de la Chapitre被列為最高等級的Tête de Cuvée，不過，現在並沒有特級園，只有六片一級園，多為石牆圍繞的歷史名園，共21公頃，因大多是獨占園，在市面上並不常見。村內的酒莊不多，以Manoir de la Perrière、Pierre Gelin和Berthaut最為著名。

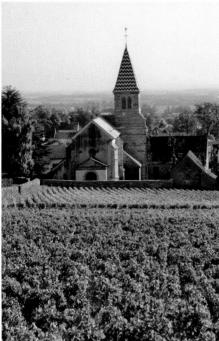

Fixin一級園

Clos de la Perrière是Manoir de la Perrière酒莊的獨占園,有6.8公頃,位在Fixin村南側的最高坡,其中還有一小部分延伸到Brochon村內。是十二世紀時由熙篤會所擁有的歷史名園,因近坡頂,有石灰岩基盤外露,曾為採石場,也因此得名。主要種植黑皮諾,但在廢棄的採石場邊也種有半公頃的夏多內。紅酒風格緊澀,須經陳年方能適飲。白酒則有強勁酸味。Clos de la Perrière的下坡處為Clos du Chapitre,有4.79公頃,為Guy Dufouleur酒莊所獨有,但亦出售葡萄給酒商,如Méo-Camuzet F. & S.。其北側為Pierre Gelin酒莊所獨有的Clos Napoléon,因前任莊主為拿破崙的隨行軍官而有此名,酒風亦是Fixin村典型的強硬風格,相當耐久。Les Hervelets和Les Arvelets兩個相鄰的一級園位在較北邊的Fixey村這一側,酒風稍柔和一點,有多一些圓潤的果味,也較早熟與易飲。擁有葡萄園的酒莊較多,也較為常見。

左:Fixin村有多個背斜谷穿過,引進更冷的風流。

右:Gelin酒莊的獨占園Clos Napoléon是村內最知名的一級園。

主要酒莊

Clos du Roy的黑皮諾和La Charme aux Pretres的夏多內，也釀製多達七個風土的Aligoté白酒。

一。Corton-Charlemagne位在向南的高坡處，有足夠的礦石與酸支撐華麗脂滑的口感。

Berthaut (DO)

· HA: 13 PC: Fixin Les Arvelets, Gevrey-Chambertin Les Cazetiers, Lavaux St. Jacques

· 位於Fixin村內，由Denis和Vincent兩兄弟共同經營的老牌酒莊，較老式的釀法，全部去梗，不降溫直接發酵。舊桶培養，十八個月。Arvelets經常有圓熟的果味與香料香氣，單寧強勁但不粗獷。

Bart (DO)

· HA: 20 GC: Chambertin Clos de Bèze(0.41), Bonne-Mares(1.03) PC: Fixin Les Hervelets

· Martin Bart和Bruno Clair源自同祖父，葡萄園也相鄰近，同為Marsannay村的重要酒莊，不過，生產更多Marsannay的單一葡萄園，如優雅的Langerois、Les Finotte和Grand Vignes，以及結實一些的Echezots和Les Champs Salomo等等。不同於Bruno Clair的堅實，Bart的紅、白酒都有更為柔和的風格，年輕時品嚐不只均衡、細緻，而且新鮮多汁。

Sylvain Pataille

· HA: 17.48

· 夜丘區完全不以列級葡萄園成名的精英酒莊，一九九九年以1公頃葡萄園白手起家，雖擁波爾多大學釀酒師文憑，Sylvain Pataille以有機種植，自然派少添加的釀法，精確詮釋Marsannay的多片葡萄園，如Clemengeots、Les Longeroies、

Bruno Clair (DO)

· HA: 22.7 GC: Chambertin Clos de Bèze(0.98), Bonnes Mares(0.41), Corton-Charlemagne(0.34) PC: Gevrey-Chambertin Clos St. Jacques, Clos du Fonteny, Les Cazetiers, Petite Chapelle; Savigny Lès Beaune La Dominode

· 不僅是Marsannay村內最精英的酒莊，也是金丘區重要的經典酒莊。以堅挺厚實較為多澀的酒風聞名，Bruno Clair年事已高，有釀酒師Philippe Brun協助管理酒莊，從伯恩丘到Marsannay生產二十多款紅、白酒，大部分都能精確地體現各葡萄園的特色，無論葡萄園等級高低，都很值得細心品嚐。在村內，有優雅的Longeroies和濃厚多澀的Les Grasses Têtes。在Gevrey村有五片一級園，其中，1公頃的Clos St. Jacques相當嚴謹硬挺，獨占園的Clos du Fonteny在村南高坡，風格輕盈一些。在Savigny村有百年老樹的一級園，有強硬的堅實風。

特級園中，Clos de Bèze在均衡穩固中常有非常優雅的表現。Bonnes Mares位在Clos de Tart南邊，酒體較龐大，單寧更緊。即使是村莊級的酒也相當值得一試，如Vosne-Romanée村質地精巧輕盈的Champs Perdrix。白酒雖然不多，但亦非常精彩，特別是Morey村的En la Rue de Vergy，為從山頂堅硬石灰岩層開墾成的葡萄園，主要在德國高瘦型的橡木桶以及不鏽鋼桶中發酵培養，成熟卻有非常有勁的靈動酸味，是夜丘最佳的白酒之

Pierre Gelin (DO)

· HA:11.45 GC: Chambertin Clos de Bèze(0.6) PC: Fixin Clos Napoléon, Les Hervelets, Les Arvelets; Gevrey-Chambertin Clos Prieur

· Fixin村內的最佳酒莊，有相當多的優秀葡萄園，現由第三代的Pierre-Emmanuel釀造。酒風較為柔和精緻，有村內少見的細節變化與輕巧質地。木桶培養的時間較長，兩年之後才會上市，也存有許多老年分的酒。以獨有的Clos Napoléon最為招牌，雖硬實，但很優雅，經常是村內最佳的酒款。

Olivier Guyot (DN)

· HA: 14 PC: Gevrey-Chambertin Champeaux, Chambolle-Musigny Les Fuées

· Marsannay村最早的自然動力法酒莊，且以馬犁田。在村內以八十年以上老樹的Montagny最為知名，產自Gevrey村的葡萄酒亦有極佳水準，結構緊實、自然均衡。亦採買葡萄釀造特級園Clos de la Roche和Clos St. Denis。

Huguenot Père & Fils (DO)

· HA: 25 GC: Charmes-Chambertin PC: Gevrey-Chambertin Fontenays

· 由第二代Philippe負責的Marsannay酒莊，在村內有極佳的葡萄園，如Clos du Roy和Champs-Perdrix等等。釀成的紅酒大多圓熟易飲，也產可口的粉紅酒和白酒。

Martin Bart　Bruno Clair　Pierre-Emmanuel Gelin　Olivier Guyot　Bruno Clair酒莊的培養酒窖

哲維瑞－香貝丹
Gevrey-Chambertin

Clos de Bèze園中的修院遺址。

左頁：Clos St. Jacques是Gevrey村最知名的一級園，因曾有一間供奉聖傑克的小教堂而得名。

哲維瑞－香貝丹村（Gevrey-Chambertin，以下簡稱Gevrey村）是夜丘區葡萄園面積最大的村莊，有一百多家酒莊集聚，包括非常多的名莊，村內更有全布根地數量最多的特級園，其中，香貝丹（Chambertin）和香貝丹－貝日莊園（Chambertin Clos de Bèze）兩片歷史名園，讓黑皮諾表現出較剛硬雄渾的氣勢，不僅是村中酒風的典型，也是全球黑皮諾紅酒中最重要的經典風格之一。相較於夜丘區的其他名村，Gevrey紅酒被認為是顏色最深，有最緊澀的單寧，須要較長的木桶培養，也較能承受新桶的影響，在成熟的黑櫻桃香氣之外也有更多的香料香氣和木桶香。Lavalle在一八五五年的書中就提到產自此村的黑皮諾以緊密的口感及嚴謹的結構為特色，是最受酒商們喜愛的葡萄酒，可用來加強其他紅酒的味道。

Gevrey村是羅馬時期就已經存在的古村，當時稱為Gibriaçois，村內在La Justice園東邊的平原區有西元一世紀的葡萄種植遺跡，是布根地現存最早的紀錄。西元六三○年布根地公爵捐獻村內的土地給貝日修院（Abbaye de Bèze）開墾成Clos de Bèze葡萄園，南鄰的土地因由名為Bertin的農民所有，因此稱為Chambertin，這兩片名園一直流傳至今，成為村內最知名的兩片特級園。十三世紀，Cluny修會也在村內擁有大片葡萄園，並在村子高處建立完整保存至今的Gevrey城堡。相較鄰近的夜丘酒村，更具歷史感，是金丘最古老的酒村。一八四七年時在原本的村名之後加上村內最知名的葡萄園Chambertin成為Gevrey-Chambertin村，首開村名行銷的手法，之後有許多布根地酒村進而仿傚，讓布根地的村名變得非常長，而且難唸。

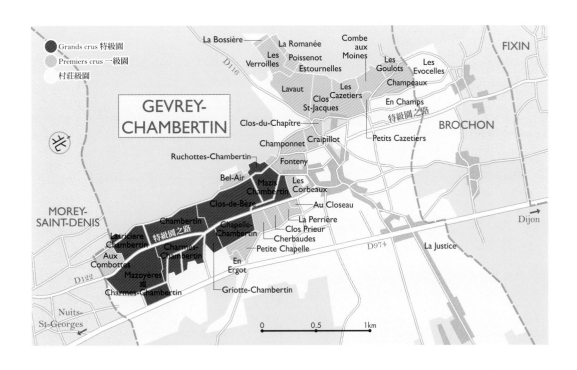

74號公路（Route nationale 74，或簡稱N 74*）北起德法邊境，南及中央山地，在經過金丘縣內的路段，剛好由北而南連接了夜丘與伯恩丘的所有主要酒村。路徑穿越的位置大多位在村子東邊，地勢比較平坦，接近坡底的平原區，74號公路途經的金丘酒村中，剛好將葡萄園劃開成西邊的山坡精華區以及東邊的非精華區。不只所有的特級園都位在西邊，連全區五百多片一級園都僅有一片位在此路的東側。大部分時候，山坡葡萄園到了西側就終止了，延續到路的東側的村莊級葡萄園並不多見。但在Gevrey村卻是少數例外，有很多村莊級的葡萄園一路延伸到東邊的平原區。

此村有夜丘最廣闊的450公頃葡萄園，除了發展早、名氣大之外，多條背斜谷在村子西邊切穿山脈是最重要的關鍵，特別是範圍最大的Combe de Lavaux背斜谷，由西南往東北切穿山脈，讓葡萄園山坡得以往西延伸，比其他村莊多出一片朝東南的向陽坡，是精華區之一，村內大部分的最佳一級園都位於此。Combe de Lavaux的北邊有一較小的背斜谷Combe aux Moines，是此村的北界，往北即進入Brochon村，不過，村莊級葡萄園還是延伸進Brochon村南側，但一級園在村界就已經中止，徒留極佳的村莊級葡萄園Les Evocelles。再往北到Brochon村北側，即屬於夜丘村莊等級。Combe de Lavaux南邊，有另一較小的背斜谷Combe Grisard，是此村的南界，往南即進入Morey村。除了影響山坡的朝向，背斜谷也帶來山區較為寒冷的氣流，多風而寒冷，讓葡萄更健康，但減緩成熟速度。

被背斜谷Combe de Lavaux所侵蝕沖刷下來的岩塊，逐漸往山下堆積成沖積扇，村子本身以及大部分的村莊級葡萄園大多位在這一區，石灰岩塊的數量龐大，一路往坡底堆積，即使跨過了74號公路到平原區，還是有許多平坦，但卻非常多石的優質葡萄園，特別是在村子東北方的La Justice葡萄園，與其他村多河泥的平原區不同，仍可釀出相當高品質的紅酒。最精華區則位在村子南邊的朝東山坡，是所有特級園所在之處。

特級園

在金丘區有一條特級園之路（Route des Grands Crus），位在74號公路西邊，平行穿過金丘區最精華的山坡中段，連貫所有的特級園以及其他最知名的葡萄園。在夜丘區的北段，這條路比較寬敞一些，為縣道D122，在村子的南邊，由北往南將這九片特級園切成兩個南北接連的特級園帶。在西邊的五片位在上坡處，由北往南分別為Mazis-Chambertin、最高坡的Ruchottes-Chambertin、Chambertin Clos de Bèze、Chambertin和最南邊的Latricières-Chambertin。路的東邊則為其他四片位處下坡的特級園，由北往南分別為Chapelle-Chambertin、Griotte-Chambertin、Charmes-Chambertin和Mazoyères-Chambertin。跟村名一樣，這九片特級園的名字都附加Chambertin，在法定產區制度成立之前，Gevrey村以及附近村莊產的紅酒，曾經都全稱為Chambertin。

這些特級園總面積達87公頃，相較於村北的山坡或甚至其他主要的夜丘名村，這片特級園山坡坡度非常平緩，不過，石多土少，表土相當淺，常不及1公尺即是岩層。雖都為侏羅紀中期的岩層，但因為有兩條斷層切過，岩層年代也跟著錯動，最上部是堅硬的培摩玫瑰石石灰

Gevrey村的特級園之路，兩旁經過八片特級園。

左上：Gevrey村獨有九片特級園，是布根地之最。

右上：Gevrey城堡是十一世初由貴族與地區主教捐贈給克里尼修會的產業。

下：Gevrey村子本身位在一背斜谷的沖積扇內，右上角為Gevrey城堡。

部分改成D974的74號公路，是夜丘區葡萄園最重要的分界線。

* 因為緊鄰許多知名酒村與葡萄園而無法拓寬，74號公路在金丘葡萄園區的路面較狹窄，雖然路徑並無更動，但近年已降級為縣道，成為D974公路。

岩層，中段在D122公路的兩旁多為年代更早的海百合石灰岩，在下坡一點的地方，因為岩層陷落，則反而為年代較近、質地更為堅硬的貢布隆香石灰岩。海拔高度則介於260到300公尺之間。

香貝丹（Chambertin，12.9公頃）

村內最知名的特級園，將近13公頃，北鄰的特級園Clos de Bèze依規定也可以稱為Chambertin，但Chambertin卻不能稱為Clos de Bèze。這似乎暗示Clos de Bèze的等級高一些，不過，這樣做的酒莊並不多，Domaine Dujac和Reboursseau是少數的特例。這兩片葡萄園的酒風相當類似，但歷史的差距讓他們無法合而為一。Clos de Bèze是七世紀就有的歷史名園，而且還曾經有石牆圍繞，劃出精確的範圍，但Chambertin在十三世紀才出現。無論如何，這兩片特級園都是布根地最頂尖的黑皮諾名園之一。

做為特級園，Chambertin的坡度出奇的低平，早晨的受光效果並不特別好，因有山頂樹林保護，且遠離Lavaux背斜谷，少有冷風，因此反而有很好的成熟度。表土很淺，僅20到50公分，多為紅褐色的石灰質黏土，混雜著一些白色的石灰岩塊。釀成的黑皮諾紅酒雖然因酒莊而異，但整體而言，有更多的澀味，仿如有強健的肌肉，酒風嚴肅剛直一些，需要十年以上的時間才會柔化適飲，常被形容具雄性風格。相較於其他名園，Chambertin與Clos de Bèze比野性粗獷的Corton細緻，較精巧的Musigny更厚實強勁，較豐厚飽滿的Richebourg更為硬挺結實。

有二十五家酒莊在此園擁有葡萄園，面積最大的分別是Armand Rousseau（2.56公頃）、Trapet（1.85公頃）、Camus（1.69公頃）、Rossignol-Trapet（1.6公頃）、Jacques Prieur（0.84公頃）、Louis Latour（0.81公頃）、Leroy（0.5公頃）、Pierre Damoy（0.48公頃）、Rebrousseau（0.46公頃）、Duband（0.41公頃）、Tortochot（0.31公頃）、Charlopin（0.21公頃）、Bertagna（0.2公頃）、Laurent Ponsot（0.2公頃）、Albert Bichot（0.17公頃）、Bouchard（0.15公頃）、Denis Mortet（0.15公頃）、Chantal Rémy（0.14公頃）。

香貝丹－貝日莊園（Chambertin Clos de Bèze，15.4公頃）

由七世紀至今未曾改變的歷史名園，最早由貝日教會開始整地種植。相較於Chambertin，面積稍大一些，在上坡處也稍微陡一點點，雖較靠近Lavaux背斜谷，但影響並不大，甚至常較Chambertin早一點採收，土壤的結構非常近似。酒的風格也很類似，也許略為多變細緻一些，但一樣雄壯堅實。

擁有此園的酒莊較少，有十八家，面積較大的分別為Pierre Damoy（5.36公頃）、Armand Rousseau（1.42公頃）、Drouhin-Laroze（1.39公頃）、Faiveley（1.29公頃）、Prieuré-Roch（1.01公頃）、Bruno Clair（0.98公頃）、Pierre Gelin（0.60公頃）、Groffier（0.47公頃）、Louis Jadot（0.42公頃）、Bart（0.41公頃）、Rebrousseau（0.33公頃）、Alain Burguet（0.27公頃）、Domaine Dujac（0.24公頃）、Jacques Prieur（0.14公頃）和Joseph Drouhin（0.12公頃）。

上：Chambertin特級園的地勢平緩，但能生產品質相當穩定的優異紅酒。

左下：Clos de Bèze的地勢甚至比Chambertin還要平坦，但酒風更紮實有力。

中下：Chambertin因曾是名為Bertin的葡萄農所有而得名。

右下：Chambertin的最南端與Latricières-Chambertin相接，開始受到背斜谷冷風的影響。

馬立－香貝丹（Mazis-Chambertin，9.1公頃）

金丘位置最北的特級園，分為上坡的Mazis Haut跟下坡的Mazis Bas，後者的表土較深，且混合較多Lavaux背斜谷沖積的土壤，前者則幾乎是Clos de Bèze往北的延伸，一樣的岩層，比後者有較細緻一點的風味，也更接近Clos de Bèze的酒風。整體而言，Mazis的風格在村內五片特級園中常有最多單寧，帶一點粗獷和野性，至少，單寧的質地是如此，在年輕時比較難親近一些。

擁有此園的酒莊多達二十八家，主要的酒莊包括Hospices de Beaune（1.75公頃）、Faiveley（1.21公頃）、Rebourseau（0.96公頃）、Harmand-Geoffroy（0.73公頃）、Maume（0.67公頃）、Armand Rousseau（0.53公頃）、Philippe Naddef（0.42公頃）、Tortochot（0.42公頃）、Domaine d'Auvenay（0.26公頃）、Dugat-Py（0.22公頃）、Joseph Roty（0.12公頃）、Confuron-Cotétidot（0.09公頃）、Charlopin（0.09公頃）。不同的酒莊也有不同的拼法，除了Mazis外，也有Mazy和Mazi等版本。

乎修特－香貝丹（Ruchottes-Chambertin，3.3公頃）

Ruchottes位在Mazis的高坡處，在村內特級園中海拔最高，坡度最陡，土中含有最多的岩塊，亦是此園名稱的來源。分為上下兩片，Armand Rousseau在上坡的Ruchottes Dessus擁有一片獨占園Clos de la Ruchotte。特別貧瘠的土壤與高度，讓此園的酒風有更多的酸味，也有較多紅色漿果的香氣，酒體雖稍輕盈一些，但是仍具有Gevrey村的堅實單寧。並非柔和精緻的酒風，亦需多年窖藏才能成熟適飲。只有七家酒莊擁有此園，主要的有Armand Rousseau（Clos de la Ruchotte，1.06公頃）、Georges Mugneret-Gibourg（0.64公頃）、Frédéric Esmonin（0.52公頃）、Christophe Roumier（0.54公頃）和Fréderic Magnien（0.16公頃）。

拉提歐爾－香貝丹（Latricières-Chambertin，7.4公頃）

位在Chambertin南邊，坡度一樣非常平緩，看似是Chambertin的延長，但土壤卻不相同，因位於Grisard背斜谷的正下方，有較多自山頂沖積下來的土壤與礫石，表土深厚許多。背斜谷亦常帶來冷風，葡萄成熟較慢一些，也較有霜害的風險。諸多因素讓此園雖緊鄰Chambertin，但酒風已經轉變，單寧不是那麼多且堅硬，酒體亦較輕盈一些，也似乎較為早熟。有十家酒莊擁有此園，最主要為Camus（1.51公頃）、Faiveley（1.21公頃）、Rossignol-Trapet（0.76公頃）、Trapet（0.73公頃）、Drouhin-Laroze（0.67公頃）、Leroy（0.57公頃）、Arnoux-Lachaux（0.53公頃）、Chantal Rémy（0.4公頃）和Simom Bize（0.28公頃）。

夏貝爾－香貝丹（Chapelle-Chambertin，5.5公頃）

和Clos de Bèze只隔著特級園之路，位在下坡處，但其實是山坡中段，地勢甚至稍微斜陡一些，仍然是少土多石，極淺的表土，地下的岩層仍是海百合石灰岩。十二世紀曾建有小教室而有Chapelle之名，但教堂原址已經在十九世紀改成葡萄園。進入下坡後，四片特級園的酒風變得比較柔和一些，Chapelle亦是如此，少有Clos de Bèze的架勢，但已經是四園中澀味最強

左上：Mazis-Chambertin和村子之間隔著一級園Les Corbeaux。

右上：雖與Clos de Bèze相鄰，但Mazis-Chambertin的酒風轉為粗獷。

左中：Armand Rousseau酒莊的獨占園Clos de la Ruchotte。

右中：位置較高且地勢陡峭的Ruchottes-Chambertin。

左下：Latricières-Chambertin位在一背斜谷下方，有不同的土壤與微氣候。

右下：Rémy家族的Latricières-Chambertin葡萄園。

的一片。有九家酒莊在此擁有葡萄園，其中Pierre Damoy占有近半，有2.22公頃，其餘較重要者包括Trapet（0.6公頃）、Rossignol-Trapet（0.55公頃）、Drouhin-Laroze（0.51公頃）、Louis Jadot（0.39公頃）和Claude Dugat（0.1公頃）。

吉優特－香貝丹（Griotte-Chambertin，2.7公頃）

在Chambertin與Clos de Bèze交界的下坡處，有一個外露的岩盤，為一舊採石場，今為Jacques Prieur的Clos de Bèze所在，過了特級園之路，山坡突然陷落，形成一個小凹槽，亦曾為採石場，使得北端在朝東的同時有些朝南，而南段略為朝北，園中土壤則來自上坡的Clos de Bèze。布根地的葡萄園除了自然天成的環境外，也有許多葡萄園是人造改變的結果，其中最常見的便是舊採石場改種後的葡萄園，吉優特便是一例。因岩盤裂縫，地底有多處泉水流經。在此特殊環境下，此園所產的紅酒無論哪一酒莊，都相當均衡優雅，單寧的質地在九片特級園中最為精緻，有絲滑的單寧質地和更多的櫻桃果香。葡萄園面積最小，有九家酒莊擁有此園，最大的是以Métayage的方式租給Laurent Ponsot和René Leclerc的Domaine Chézeaux，有1.57公頃，其他包括Joseph Drouhin（0.53公頃）、Fourrier（0.26公頃）、Claude Dugat（0.16公頃）、Joesph Roty（0.06公頃）和Gilles Duroché（0.02公頃）。

夏姆－香貝丹（Charmes-Chambertin，12.2公頃）
馬索耶爾－香貝丹（Mazoyères-Chambertin，18.6公頃）

在過去的一個多世紀間，Mazoyères大多以北鄰的Charmes為名銷售，真正稱為Mazoyères的酒反而比較少見，而Charmes卻只能叫Charmes。因為合起來面積頗大，酒商較易買到，加上不少酒莊在兩邊都擁有葡萄園，一起混合成為Charmes-Chambertin反而成為比較實際的做法，特別是Charmes從字面上來看，也迷人好記許多。就葡萄園的位置而言，Charmes的條件較佳，土少石多，坡也陡一些。Mazoyères是最南邊的特級園，在Latricière的下方，南端甚至位在一級園Combottes的下坡處，有較多沖刷下來的土壤，而且出乎意料地，葡萄園一路往下坡延伸到D974公路旁才中止。Charmes是最常見的特級園之一，酒款非常多，大多較村內其他特級園柔和易飲一些，可以早一點進入適飲期。有多達六十七家酒莊在這裡擁有葡萄園，最大的是Camus，有6.9公頃，其中有3.87公頃在Charmes，Perrot-Minot有1.65公頃，Taupenot-Merme有1.42公頃，這三家因為面積較大，和Dugat-Py（0.72公頃）同為少數將Charmes跟Mazoyères分開裝瓶的酒莊。

一級園

Gevrey村有二十六片一級園，共80公頃，主要分布在三個區域。各有不同的風格，其中還包括有特級園水準的葡萄園，如Clos St. Jacques和Aux Combottes。最重要的一級園區，在村子西邊，Lavaux背斜谷內的向陽山坡，包括Clos St. Jacques等十片一級園。這一面山坡較為陡峭，海拔較高，達360公尺以上，高坡處多為白色的泥灰質土與白色石灰岩塊，坡底則多為含

左上：向下陷落的特級園Griotte-Chambertin。

右上：Chapelle-Chambertin（前）與Griotte-Chambertin（後）的交界處。

左中：上方為Clos de Bèze，下為Griotte，左下為Charmes。

右中上：Chapell-Chambertin因曾建有教堂而得名。

右中下：伯恩酒商Joseph Drouhin擁有超過半公頃的Griotte園。

左下2圖：Charmes-Chambertin隔著特級園之路，位置處於Chambertin下坡處。

中下與右下2圖：Mazoyères-Chambertin的面積廣闊，一路延伸到D974公路邊。

鐵質的紅褐色石灰質黏土。葡萄園的方位較偏南向,有比特級園區更佳的受光效果,但因位在背斜谷內,有較多冷風經過,氣溫較低,葡萄成熟較慢,越靠近谷地內側如Les Varoilles、La Romanée和Poissenot受此影響越大,葡萄較為晚熟,強勁多酸有力,但在冷一點年分會稍微偏瘦,適合陳年。

谷地稍外側,山勢開始轉而朝東,Clos St. Jacques正位在此面朝東南邊的地帶。受到冷風影響但又不會過多,葡萄園從坡底延伸到山頂樹林,達40多公尺,同時兼具黏土與泥灰質土,經常可以釀成均衡且精緻多變的紅酒,是全布根地品質最佳與最穩定的一級園。6.7公頃的葡萄園有石牆圍繞,由Armand Rousseau、Louis Jadot、Bruno Clair、Fourrier和Sylvie Esmonin等五家精英酒莊擁有,更加保證此園的高品質。在Clos St. Jacques南面有兩片一級園可在名稱後加上St. Jacques,下坡平緩多黏土為Lavaux,上坡陡峭多石為Estournelles,兩者都稍微冷一些,也較為晚熟,但都可釀成強勁而且優雅的均衡酒風。Clos St. Jacques的北邊,山坡轉成面東,Les Cazetiers酒風類似Clos St. Jacques,相當均衡強勁而且優雅,但沒有那麼多變。再往北酒風較少精細的內斂,上坡的Combe aux Moines有較硬的單寧,下坡一點的Champeaux則豐滿多果香,相當可口。

第二個區域位於村子南邊與特級園之間,屬Lavaux背斜谷的南坡,有一部分如Champonnet和Craipillot較為簡單柔和一些。但與Ruchottes隔鄰的Fontenay位處朝東的上坡梯田,有相當多外露的岩塊,常釀成均衡有力的精緻型紅酒。下坡的Les Corbeaux與Mazis相鄰,土壤較深少石,有Gevrey村的強硬,但少一些細膩變化。第三個區域是位於Mazis和Chapelle下坡處的一級園,這一區的酒風類似Chapelle的風格,但似乎更柔和細緻一些,如Petite Chapelle和Clos Prieur。

位於村子最南端的Aux Combottes是一塊四周皆被特級園環繞包圍的一級園,據傳因為曾多為鄰村的酒莊所有,而沒有成為特級園。不過此園相當平坦,甚至有些凹陷,又位在Grisad背斜谷的下方,酒風比較沒有那麼挺直堅硬,但仍釀成非常多細緻風格的黑皮諾。在Clos de Bèze上方有另一片孤立的一級園Bel-Air,斜陡多白色石灰岩,常能有輕巧一些的多酸風格。

村內有過百的獨立莊園,老牌、精英與明星酒莊都相當多,如Armand Rousseau、Joseph Roty、Trapet、Rossignaol-Trapet、Geantet-Pansiot、Dugat-Py、Claude Dugat、Denis Mortet、Philippe Charlopin、Denis Bachelet和Fourrier等等,知名的酒商如Louis Jadot和Faiveley也都在村內擁有許多名園,少有其他村莊可及,共同建立此村的經典風味。

上:村子西邊的Lavaux背斜谷是精華區之一,包括Clos St. Jacques都位於此。

左下上:Lavaux背斜谷底的一級園Les Varoilles有較為冷涼的環境。

左下下:特級園Ruchottes-Chambertin旁邊的一級園Fonteny。

中下:村子南邊的一級園Aux Combottes,四周為特級園所環繞。

右下:村內最北端的一級園Champeaux。

Denis Bachelet (DO)

- HA:4.28 GC: Charmes(0.43)；PC: Gevrey-Chambertin Les Evocelles, Corbeaux
- 行事低調，有非常多老樹園，酒風豐滿圓潤卻又相當精緻的精英小酒莊。由自小跟著祖母學習釀酒的Denis Bachelet從一九八三年開始獨立經營，現兒子Nicolas也已加入。採用全部去梗的釀法，經五至六天的低溫泡皮，以手工踩皮釀造，使用較高比例的新桶培養。Denis自己喜歡豐潤風格的酒，他所釀製的每一款酒，即使是Bourgogne都相當肥厚性感，非常好喝。而以超過百年老樹釀成的唯一特級園Charme和種植於一九二〇年的一級園Corbeaux，都是兼具久存與即時享樂的模範酒款。

Olivier Bernstein (NE)

- 微型精英酒商，只專注於特級園與頂尖的一級園，除了自釀，亦參與葡萄園的耕作，由村內的Richard Séguin協助種植與釀造。以Gevrey和鄰近村莊的名園為重心，但釀酒窖設在伯恩市內。Bernstein的紅酒風格相當深厚飽滿，不只可口，而且有頗細緻的香氣，在年輕時就頗易品嚐。

Alain Burguet (DN)

- HA: 9.48 GC: Clos de Bèze(0.27) PC: Gevrey-Chambertin Les Champeaux
- 白手起家的硬漢型莊主。主要為村莊級的葡萄園，少有其他名莊會把大部分的心血花在村莊級的酒上。但他卻能釀出非常有個性的堅實酒風，特別是以二十二片老樹葡萄園調配成的村莊級Mes Favorites，強勁、精緻、多變化如金字塔般均衡穩定。村莊級酒只有La Justice是單一葡萄園，有圓熟飽滿的享樂風格。新增的Clos de Bèze則頗為緊實高雅。釀造時不使用溫控，採自然發酵，有時溫度較高，Alain Burguet說他喜愛濃厚的葡萄酒，但會小心不要過熟和過度萃取。

Philippe Charlopin (DO)

- HA: 25 GC: Chambertin(0.21), Mazis(0.09), Charmes(0.3), Mazoyères(0.3), Clos St. Denis(0.17), Bonnes Mares(0.12), Clos de Vougeot(0.41), Echézeaux(0.33), Corton-Charlemagne(0.21) PC: Gevrey-Chambertin Bel-Air, Chablis L'Homme Mort, Beauroy, Côte de Léchet
- 隨著年紀，Charlopin原本濃厚外放的酒風也變得內斂一些，原本強調晚摘，但現已提早，雖然對喜好老式風味的人仍有些過頭，但多能保有均衡，因兒子Yann加入，開始釀造更多白酒，跟紅酒一樣，也走濃厚堅固風，成熟卻多酸，甚至有些咬勁。全新的現代酒窖位在村外的工業區，讓總數已達數十種的酒款可以釀得更精確一些。在冷一點的年分或冷一點的葡萄園，如村內的Bel-Air、Marsannay、Echézeaux-En Orveaux或甚至南邊的Pernand-Vergelesses、Charlopin反而可以釀出更精緻的酒。

Drouhin-Laroze (DN)

- HA: 12 GC: Clos de Bèze(1.39), Latricières(0.67), Chapelle(0.51), Bonnes-Mares(1.49), Musigny(0.12), Clos de Vougeot(1.03) PC: Gevrey-Chambertin Lavaux, Clos Prieur, Au Closeau, Craipillot
- 頗具歷史的富有酒莊，位在村中心的宅邸內，Philippe Drouhin接班之後，酒風逐漸變得細緻精確，頗能表現葡萄園的風格，也開始有較優雅的質地與變化。女兒加入後甚至還發展酒商事業Laroze de Drouhin。

Pierre Damoy (DO)

- HA: 10.48 GC: Chambertin(0.49), Clos de Bèze(5.36), Chapelle(2.22)
- 在此村少有酒莊，特級園太多，一級園太少，而Pierre Damoy則是最極端的一家，面積相當大的Clos de Bèze，並沒有全部自己釀造，而是直接賣葡萄給許多精英酒商。Pierre Damoy的酒風稍微方正粗獷，需要多一點時間熟成，並不適合太年輕就品嚐。但近年來，已經變得柔和精緻，也更現代一些。

Claude Dugat (DO)

- HA: 6.05 GC: Griotte(0.16), Chapelle(0.1), Charmes(0.3) PC: Lavaux
- 這是一家手工藝式釀造，事必躬親的典型葡萄農酒莊，由Claude Dugat帶領三個子女一起耕作與釀酒，甚至由兒子負責養馬耕田。Claude Dugat的酒風以鮮美的果味和豐郁可口的細緻質地聞名。可以如此美味卻又精緻，剛裝瓶不久就能適飲，但又能耐久，主要在於葡萄園的努力，產量低，但葡萄卻又非常均衡。在釀造上反而很簡單，全部去梗，也少發酵前的低溫泡皮，經十五天的浸皮和每天兩次的踩皮。三片特級園中，以Griotte

Denis Bachelet　　Alain Burguet　　　　　Pierre Damoy的Clos de Bèze園　　　　Claude Dugat父子

最為精緻優雅，Chapelle則最為堅實。一級園Lavaux亦相當細緻，甚至常比Chapelle跟Charmes更迷人。為了訓練兒女學習經營，也成立酒商La Gibryotte，不過並非採買葡萄自釀，只是買進村內的成酒調配與裝瓶。

Dugat-Py (DO)

- HA: 10 GC: Chambertin(0.05), Mazis(0.22), Charmes(0.47), Mazoyères(0.22) PC: Champeaux, Lavaux, Petite Chapelle
- Bernard Dugat和堂哥Claude Dugat同為典型的葡萄農酒莊，也是和兒子一起耕作與釀酒。採用有機與自然動力法種植，一部分葡萄園的種植密度甚至高達14,000株，只能用馬犁田。採部分去梗釀造，沒有低溫泡皮直接發酵，每日一次踩皮，但亦進行一次淋汁，一級園以上全部用新桶培養。Dugat-Py早期（一九八九年開始）風格較為濃厚，也較多新桶影響，但近年酒風更加均衡自然，亦見精巧的細節變化。

Lou Dumont (NE)

- 由來自日本的仲田晃司於二〇〇〇年所設立的酒商，除了購買成酒外，也自釀一小部分的酒款。雖然生產跨金丘區的紅白酒，但最專精於Gevrey村內的紅酒，有較多透過直接的關係買到，而非透過仲介，雖是酒商，但仍具相當水準。不過，因為漫畫的關係，卻是以釀造Meursault的白酒成名。

Gilles Duroché (DO)

- HA:8.5 GC: Clos de Béze(0.25), Latricières(0.28), Griotte(0.02), Charmes(0.41)；PC: Gevrey-ChambertinLavaut, Estournelles, Les Champeaux
- 有多片老樹名園的老牌酒莊，如一九二〇年代種植的Clos de Béze和Lavaut。第四代的Gilles退休後，自二〇〇五年起已由兒子Pierre負責釀造，酒風變得更加細緻精巧，也常能精確地展露葡萄園的經典風格，逐步成為村內的精英酒莊。採理性種植，採收後大部分去梗，無低溫泡皮，馬上發酵。特級園採用50−60%的新桶培養。不只特級與一級園釀製極佳，連村莊園Aux Etelois都有如頂級黑皮諾的精緻質地。

Sylvie Esmonin (DO)

- HA: 7.22 PC: Gevrey-Chambertin Clos St. Jacques, Volnay-Santenots
- 直接位在一級園Clos St. Jacques石牆內的酒莊，擁有此園最北邊的1.61公頃。一九八九年由女兒Sylvie接手酒莊之後才開始自行裝瓶銷售。釀造法從早期的全部去梗轉為大部分整串葡萄，較少低溫泡皮，也使用較多的新桶，特別是來自其男友Dominique Laurent的桶廠。酒風雖細緻精確，但亦頗強勁有力。

Fourrier (DO)

- HA: 8.68 GC: Griotte(0.26) PC: Gevrey-Chambertin Clos St. Jacques, Combe aux Moines, Les Champeaux, Les Goulots, Les Cherbaudes, Morey St. Denis Clos Sorbé, Chambolle-Musigny Les Gruenchers, Vougeot Les Petits Vougeots
- 現由第二代相當聰明理性、具觀察與反

省力的Jean-Marie負責管理酒莊。酒風非常純淨透明，頗能表現葡萄園的風格。葡萄全部去梗，不降溫，自然啟動發酵，每日分多次踩皮。所有等級的酒都只採用20%的新桶。釀成的紅酒常有乾淨新鮮的果味，非常精巧緊緻的單寧質地與漂亮的酸味。在村內的五片一級園都有明確的風格表現，通常以Champeaux最為精緻多變，百年老樹的Clos St. Jacques最為深厚結實，Les Goulots則相當靈巧。唯一的特級園位在Griotte的下坡處，有輕巧的精細風格。

Geantet-Pansiot (DO)

- HA: 13 GC: Charmes PC: Gevrey-Chambertin Le Poissenot, Chambolle-Musigny Les Baudes, Les Feusselottes
- 自一九八九年由Vincent Geantet負責管理。葡萄經多次且逐粒挑選，全部去梗，長達十天的發酵前低溫泡皮、踩皮兼淋汁。所有等級的酒都採用30%的新桶培養十四個月。Geantet-Pansiot有多款村內的村莊級酒，最特別的是En Champ，有未嫁接砧木的百年老樹，頗為堅硬有力。一級園Le Poissenot常是最優雅細緻，特級園Charmes則圓潤豐厚，果味豐沛，雖不是特別堅挺，但濃縮，而且可口性感。Vincent的女兒Emilie Geantet則自創與自己同名的酒商。

Harmand-Geoffroy (DO)

- HA:9 GC: Mazis(0.73)；PC: Gevrey-ChambertinLavaut, Les Champeaux, La Perrière, La Bossière
- 百年歷史的家族酒莊，Gérard退休後，二〇〇七年由兒子Philippe逐步接掌酒莊，

仲田晃司

Pierre Duroché

Jean-Marie Fourrier

Philippe Harmand Geoffroy

Philippe Leclerc

Arnauld Motret

原本較粗獷的酒風也開始變得更加純淨現代。葡萄園平均樹齡超過半世紀，村內的各級酒都有相當高的水準與個性，在Gevrey村的結實酒體中，保留細緻的變化與均衡，獨佔的一級園La Bossière有村內少見的纖細酒風。葡萄多於水泥槽中發酵，全部去梗，但沒有擠出果粒，整粒進酒槽，先進行五天左右的低溫泡皮再開始發酵，先踩皮後段再淋汁，頗小心萃取，以40－80％的新桶培養十至十六個月。

Philippe Leclerc (DO)

· HA: 7.84 PC: Gevrey-Chambertin Les Gazetières, Les Champeaux, La Combe au Moine

· 相當特異的極端風格，極晚收的葡萄，萃取相當多，採用非常多的新木桶，酒極為濃縮粗獷，帶煙燻與木桶香氣，也許是適合卡本內蘇維濃愛好者飲用的布根地紅酒。

René Leclerc (DO)

· HA: 9.5 GC: Griotte(0.75) PC: Gevrey-Chambertin Les Champeaux, La Combe au Moine, Lavaux

· 與Philippe Leclerc源自同一酒莊，但風格完全相反，較為簡單柔和，也頗適合早喝。Griotte是最精緻的酒款，較Domaine Ponsot的版本更順口易飲。

Arnaud Motret (DO)

· HA: 10.87 GC: Chambertin(0.15), Clos de Vougeot(0.31) PC: Gevrey-Chambertin Champeaux, Lavaux, Chambolle-Musigny Les Beaux Bruns

· 因莊主自殺而成為傳奇酒莊，現由兒子Arnauld釀造，風格甚至更勝其具完美主義個性的父親。在Denis Mortret時即相當專注於種植，Arnauld亦延續這樣的傳統，不過，在釀造上有些許的改變，從全部去梗開始有一部分的整串葡萄，低溫泡皮長達五至十日，踩皮的次數也減少，多一些淋汁，新桶的比例也降低。釀成的紅酒延續過去飽滿厚實且濃縮有勁道的風格，但在豐沛的果味外多一些變化跟細節，酒的質地也更優雅精細。從最一般的Bourgogne到Chambertin都釀出精確的葡萄園風味。在Gevrey紅酒有力的肌肉中，Champeaux帶有輕盈式的精緻，Lavaux則是玉樹臨風般的合度。產量極小的Chambertin通常最晚採收，直接在木桶中發酵，不只是厚實強勁，而且可口美味。連位居最東北角落，處坡底的Clos de Vougeot都能釀成優美的細緻風味。

Rossignol-Trapet (DO)

· HA: 14.27 GC: Chambertin(1.6), Latricières(0.73), La Chapelle(0.53) PC: Gevrey-Chambertin Les Cherbaudes, Clos Prieur, Les Combottes, Les Corbeaux, Petite Chapelle, Beaune Les Teurons

· 村內的老牌酒莊，在一九九○年前與Trapet為同一家，也同樣採用自然動力種植法，兩家的葡萄園亦多相鄰。不過，釀法不同，全部去梗，低溫泡皮數日後發酵兩到三週，踩皮逐漸減少，也增加淋汁。使用25－50％的新桶培養一年半。釀成的酒風頗能代表此村的風格，相當具有力量感的優雅，但也許尚不及Trapet那麼精緻透明。

Philippe Roty (DO)

· HA: 9.2 GC: Mazis(0.12), Griotte(0.08), Charmes(0.16) PC: Gevrey-Chambertin Le Fonteny

· 這是一家相當低調的酒莊，不過酒的風格卻是走非常美味性感的路線，特別是其三片產量極少的特級園。現在由兒子負責釀造，他在Marsannay村也擁有葡萄園，以Philippe Roty的名字裝瓶。酒莊的葡萄園大多採有機種植，有相當多的老樹，如種植於一八八一年，超級濃縮的Charmes-Chambertin。葡萄採收之後先經10度以下七到八天的低溫泡皮，之後再經兩週的酒精發酵，踩皮與淋汁兼用，經一年半的培養後裝瓶。葡萄有極佳成熟度，釀成的紅酒顏色相當深，有非常豐富的熟果香氣，單寧圓熟滑細，雖濃縮肥美，但仍具精緻變化，非常吸引人，特別是完全沒有粗獷氣的Mazis和精巧的Griotte。

Armand Rousseau (DO)

· HA: 14.1 GC: Chambertin(2.56), Clos de Bèze(1.42), Mazis(0.53), Clos de Ruchotte(1.06), Charmes(1.37〔包括0.92 Mazoyères〕), Clos de la Roche(1.48) PC: Gevrey-Chambertin Clos St. Jacques, Les Cazetiers, Lavaux

· 村內最重要的老牌精英酒莊，不論從歷史、酒的風格或所擁有的葡萄園來看，都稱得上村內的第一名莊。除了特級園Clos de la Roche外，所有的葡萄園都在村內。Armand Rousseau開獨立酒莊風氣之先，自一九三○年代開始自己裝瓶銷售。雖然沒有特別的種植與釀造法，但長年以來，Rousseau一直是村內水準

Armand Rousseau培養酒窖

Philippe Roty

Nicolas Rossignol-Trapet

Christian Sérafin

Olivier Bernstein

最穩定的酒莊，風格亦少轉換，持續地認真照顧葡萄園也許是關鍵。第二代的Charles已經退休，換第三代的Eric與兩個女兒經營。

採收後最多只留約20%的整串葡萄，其餘全部去梗，先降溫，然後慢慢自然升溫啟動發酵，約維持十八天左右，踩皮和淋汁兼有。之後Chambertin和Clos de Bèze以及有些年分的Clos St. Jacques會進François Frères的全新木桶培養二十個月（亦採用約10%來自遠親所開設的同名桶廠Rousseau的木桶），其餘則放入一年的舊桶。不同於培養階段全不換桶的流行，Rousseau會進行兩次換桶並輕微過濾。Rousseau在村內的四片特級園，以及三片鄰近的一級園都是教科書級的範本。大多酒色深，酒體濃厚結實，強而有力，相當均衡細緻，而且相當耐久，至少，大部分年分的Chambertin、Clos de Bèze以及Clos St. Jacques是如此。

Sérafin (DO)

· HA: 5.18　GC: Charmes　PC: Gevrey-Chambertin Cazetiers, Fonteny, Corbeaux, Morey St. Denis Millandes, Chambolle-Musigny Les Baudes

· 一九八八年起由Christian Sérafin負責，已漸由下一代接任。Sérafin的風格頗為特別，因採用50－100%的新桶，有相當多木桶的香氣，酒的架構也比較堅固嚴肅，年輕時澀味較多。不過頗具潛力，特別是Millandes跟Cazetiers。

Trapet (DO)

· HA: 16　GC: Chambertin(1.85), Latricières(0.73), La Chapelle(0.6)　PC: Gevrey-Chambertin Clos Prieur, Petite Chapelle

· 村內的老牌酒莊，在一九九〇年前與Rossignol-Trapet為同一家。自從Jean-Louis Trapet接手之後，品質逐漸提升，並開始採用自然動力法種植，是村內的先鋒，也影響其他葡萄農加入。現在Jean-Louis保留大部分的整串葡萄釀造，低溫泡皮五至七日後發酵兩週，幾乎沒有使用二氧化硫，新桶的比例也較低。Trapet早期的酒風較為粗獷，Jean-Louis之後，風格轉為嚴謹，更加緊密結實，但二〇〇〇年代開始變得精緻純粹，也更加地自然透明，更多乾淨的果味，也更能精確反應葡萄園特色。除了布根地，Jean-Louis也在阿爾薩斯擁有葡萄園釀製白酒。

Tortochot (DO)

· HA: 11　GC: Chambertin(0.31), Mazis(0.42), Charmes(0.57), Clos de Vougeot(0.21)　PC: Gevrey-Chambertin Les Champeaux, Lavaux, Morey St. Denis Aux Charmes

· 相當多特級園，價格平實的酒莊，由第四代的女莊主Chantal Michel負責釀造，全部去梗，發酵前先低溫泡皮，約兩週釀成，特級園採100%新桶培養十五個月。酒風較為自然一些，單寧稍硬，但適合陳年。

Domaine des Varoilles (DO)

· HA: 10.5　GC: Charmes(0.75), Clos de Vougeot(1)　PC: Gevrey-Chambertin Clos de Varoilles, La Romanée, Les Champonnets

· 莊主是來自瑞士的Gilbert Hammel，擁有多片獨占園，如位在Lavaux背斜谷最內側，較為寒冷的一級園La Romanée和十二世紀即種植葡萄的Clos de Varoilles，另外還有兩片村莊級的獨占園。採全部去梗，五至七日的低溫泡皮與兩週的發酵，特級園有近半的新桶，培養一至兩年。雖不是名廠，但水準頗高，風格相當均衡，大多優雅可口，尤其是高坡的La Romanée相當細緻迷人。（現已經併入由Philipe Chéron創立的Domaine du Couvent。）

René Bouvier (DO)

· HA: 18　GC: Charmes Chambertin(0.3), Clos de Vougeot, Clos St. Denis

· 源自Marsannay的酒莊，一九九二年由兒子Bernard經營與釀造，二〇〇六年新建的酒窖位在村北的工業區內，擁有Gevrey、Marsannay跟Fixin的葡萄園，葡萄採原生酵母發酵，約二十天完成，培養十六至十八個月裝瓶。酒風多結實有力，頗具潛力，雖有三小片特級園，但Marsannay的多款紅酒最為獨特，亦各釀出葡萄園的特色。

Philippe Charlopin

Bernard Bouvier　　Jean-Louis Trapet

Armand Rousseau
桶邊試飲　　Chantal Michel
Tortochot

Gilbert Hammel　　Alain Burguet

莫瑞－聖丹尼
Morey St. Denis

　　介於酒性強勁厚實的Gevrey-Chambertin和酒風溫和細膩的Chambolle-Musigny兩村之間，莫瑞-聖丹尼村（Morey St. Denis，以下簡稱Morey村）的紅酒常被形容為同時兼具強勁與優雅的特點。事實上，Morey村一直不如南北兩個鄰村來得知名，在法國法定產區成立之前，村內的葡萄園經常以鄰村的名稱銷售，也許，村內紅酒沒有明顯特色的原因在此。一九二七年，Morey村於村名之後加上村內特級園聖丹尼莊園（Clos St. Denis），成為現在的村名Morey St. Denis。不過，若論名氣和葡萄酒的水準，Clos de la Roche和Clos de Tart這兩個村內特級園都更適合被加到村名之後以提高知名度。相較於有名園Chambertin跟Musigny加持的鄰村，Morey村的名字也讓他更常被酒迷們忽略。

　　整體而言，在酒風上，Morey村比較接近Gevrey村，強勁厚實，反而少見Chambolle村的溫柔多變或Vosne Romanée村的純美深厚。不過，這完全不會影響此村做為夜丘區的明星酒村，因為村內亦有相當多名園，包括有千年歷史的Clos de Tart在內的五片特級園，以及如Domaine Ponsot或Domaine Dujac等多家頂尖精英酒莊。

　　全村的範圍不大，只有不到150公頃的葡萄園，甚至比Chambolle村還小，在夜丘各村中只比Vougeot大一些。不過，卻有五片總面積達40公頃的特級園，以及二十片，共33公頃的一級

常出現在酒標上的Morey St. Denis村徽。

左頁：歷史名園Clos de Tart與Morey村。

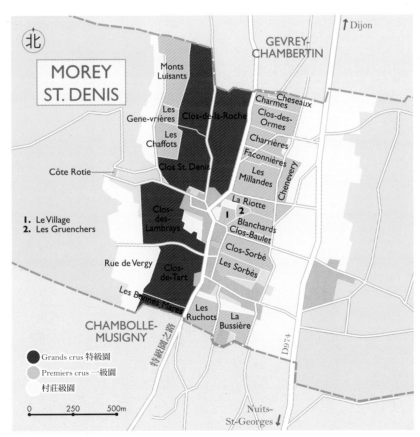

園。除了葡萄園的條件佳，村內的酒莊較為團結也是多特級園及一級園的主因，加上Clos St. Denis和Clos de la Roche的面積分別擴增2.8跟3.7倍，許多村莊級葡萄園也陸續升為一級園才能有現在的規模。全村幾乎都是種植黑皮諾，不過，在坡頂多石的地帶，也生產一點白酒，僅3公頃多，其中還包括不到1公頃的一級園，比較特別的是，除了夏多內也有一部分種阿里哥蝶。

由特級園之路往南，過了Gevrey村的最後一片一級園Les Combottes之後，馬上接連著Morey村的特級園Clos de la Roche，從這裡開始，在特級園之路的西邊山坡是一整片，長達2公里完全沒有中斷的特級園山坡，一直連綿到南邊與Chambolle村交界的特級園Bonnes-Mares。大部分的一級園則位在特級園之路的東邊下坡處。村子的地形相對簡單，只有一個小型的背斜谷Combe de Morey在村子上方切過山坡的上半段。在高坡處是魚卵狀石灰岩，底下是質地柔軟，多泥灰質的石灰岩，Clos de la Roche跟Clos St. Denis的上半部主要位在這樣的岩層上，往下到山坡中段，岩層跟鄰村的特級園Chambertin的下坡處一樣，是侏羅紀中期巴柔階的海百合石灰岩。

特級園

村內五片特級園由北往南彼此相連，位在海拔270到320公尺之間，大多有石牆圍繞，至少，最原初的葡萄園是如此，他們分別為Clos de la Roche、Clos St. Denis、Clos des Lambrays、Clos de Tart和Bonnes-Mares，最後者只有10％的面積位在村內，其他都跨過村界位在南鄰的Chambolle村。

羅西莊園（Clos de la Roche，16.9公頃）

位居山坡中段，原本只有4.57公頃，但在一九三○年代末成立法定產區時，吸納了所有山坡上直到特級園之路的Les Mochamps，甚至再往南一直延續到村邊吸納了Les Froichots、Les Premières和Les Chabiots，往北，還吸納了Monts Luisants的下坡處，一九七○年再繼續往上坡擴充成今日的規模。Roche是岩石的意思，不過，是單數的，意謂著是一塊巨大的岩盤，在山坡中段的原始區域表土非常淺，有時不到30公分即是地底硬岩。

Clos de la Roche是村內面積最大的特級園，也被認為是品質最佳及最穩定的葡萄園。風格與Gevrey村的特級園近似，如Latricières-Chambertin。有極佳的結構與均衡感，深厚結實，且有許多人提到帶有一點野性與土壤的香氣。通常沒有Bonnes-Mares那麼粗獷，也沒有那麼厚實有力。但常比Clos St. Denis濃厚許多，雖然也許沒有那麼精緻，不過極佳的版本卻也可以類似Chambertin。

有多達四十家酒莊擁有此園，其中最主要的酒莊有Domaine Ponsot（3.35公頃）、Domaine Dujac（1.95公頃）、Armand Rousseau（1.48公頃）、Pierre Amiot（1.2公頃）、Georges Lignier（1.05公頃）、Hubert Lignier（1.01公頃）、Lecheneaut（0.82公頃）、Leroy（0.67公頃）、Guy Gastagnier（0.57公頃）、Arlaud（0.44公頃）、Hospices de Beaune（0.44公頃）、Duband

左上：Morey村與一級園Les Ruchots。

右上：一級園Clos Baulet。

左下：Clos de la Roche是村內最大，也可能是最佳的特級園。

右下上：位在山坡中段最早的Clos de la Roche本園。

右下下：Domaine Leroy的Clos de la Roche位在原稱為Les Fremières的地塊。

（0.41公頃）、Chantal Rémy（0.4公頃）、Michel Magnien（0.39公頃）、Gérard Raphet（0.38公頃）、Lignier-Michelot（0.31公頃）。

聖丹尼莊園（Clos St. Denis，6.62公頃）

十一世紀就已經存在的古園，曾是Vergy村的聖丹尼修會的產業。原只有2.14公頃，和Clos de la Roche一樣，在一九三〇年代併入南鄰的Maison Brulée以及上坡處的葡萄園成為現在的面積。雖然此莊園在一九二七年成為村名的一部分，但卻一直是村內最不被看好的特級園，Lavalle在一八五五年甚至只列為第二級。不過，如果從酒風來看，卻是村內最優雅精緻的特級園，或者說，是最接近Chambolle村的酒風，酒體比較輕巧，單寧比較柔和一些，也比較早熟。Clos St. Denis的南邊剛好是背斜谷的邊緣，有比較深厚，自山上沖刷下來的表土，也讓南邊的區域有些朝南，有更佳的受陽效果，但同時也有比較多的冷風吹過，這也許是此園與其他鄰近的特級園風味不同的原因之一。

有二十家酒莊擁有此園，最主要的酒莊如下Georges Lignier（1.49公頃）、Domaine Dujac（1.47公頃）、Laurent Ponsot / Chezeaux（0.7公頃）、Bertagna（0.53公頃）、Castagnier（0.35公頃）、Charlopin（0.2公頃）、Arlaud（0.18公頃）、Jadot（0.17公頃）、 Amiot-Servelle（0.18公頃）、Michel Magnien（0.12公頃）。

蘭貝雷莊園（Clos des Lambrays，8.83公頃）

夾在Clos de Tart和Clos St. Denis之間的山坡，是一片幾乎由Domaine des Lambrays所獨有的特級園，酒莊就蓋在園邊的Taupenot-Merme，擁有0.043公頃。這片十四世紀曾經為熙篤會產業的葡萄園由多個區塊所構成，在法國大革命後還曾經分屬於七十四家酒莊，在十九世紀中才又重組成現在的規模。雖然在一八五五年被Lavalle列為Première Cuvée，但在一九三〇年代並沒有申請成為特級園，至一九八一年才升格。

8公頃多的葡萄園分為四個部分，最主要的部分稱為Les Larrets，坡度較陡，採南北向種植，而且種植密度稍高，達12,000株，北半邊則稍為朝北。坡底的Meix Rentier較平緩多黏土，在乾旱的年分有較佳表現。最北邊的Les Bouchot位在背斜谷邊，面朝東北，與Clos St. Denis相望，較冷，也較少太陽，曾經主要用來生產二軍酒Les Loups。混合這些地塊較易有均衡多變的風格，也讓此園的酒風比隔鄰的Clos de Tart精巧優雅一些。

塔爾莊園（Clos de Tart，7.53公頃）

由本篤會的Tart-le-Haut修院於一一四一年所購置創立的歷史名園，原稱為Clos de la Forge，在法國大革命之前都是由院內的修女負責耕作和釀造。透過贈與，從原初的5公頃逐漸達至今日規模，一直是一片有石牆圍繞的獨占園，未曾分割，歷年來也僅有四任莊主，法國大革命後經拍賣成為私人產業，二〇一七年成為Francois Pinault的產業。7.53公頃的土地種植6.17公頃的葡萄園，其餘近坡底處蓋建石造酒窖，仍保留十六世紀的木造榨汁機。在Lavalle十九世紀的分級中，Clos de Tart是等級最高的Tête de Cuvée。

左上、右上：Clos St. Denis的本園。

左中：酒風較為優雅，幾乎為獨占園的Clos des Lambrays。

右中：Clos des Lambrays的北側位在一背斜谷的東北坡上。

左下：有八百多年歷史的Clos de Tart只換手過三次，目前仍為獨占園。

右下：村後即為Clos de Tart，幾乎占滿大半的山坡。

此莊園雖然不像Clos des Lambrays有差異較大的自然環境，但仍有山坡區段上的差異。最低坡處是跟Chambertin一樣的海百合石灰岩，中段為多泥灰質的黃褐色石灰岩，而最頂層則是白色的石灰岩層，由隔鄰的Bonnes-Mares一直延伸到Clos des Lambrays最上坡處，在這一區可釀出更細緻風味的酒風。為防土壤流失，葡萄園為南北向種植，有一部分是超過百年的老樹，平均樹齡也超過六十年。因是獨占園，各區塊分開釀造後調配，其中一部分調成二軍酒La Forge de Tart跟三軍酒。此區的酒風較為強硬一些，比Clos des Lambrays更有力量，也較濃厚結實。近年來更精確的釀造方式讓酒更細緻，也更具細節變化。

邦馬爾（Bonnes-Mares，1.5公頃）

此特級園最主要的13.5公頃位在Chambolle村，將在下一章一併討論。

一級園

村內有二十片一級園，因有許多被併入特級園，所以面積都不太大。主要分在四個區塊。首先，在Clos de la Roche和Clos St. Denis上方的，是Mont Luisant、Les Genavrières和Les Chaffots，這裡土少石多，坡陡且海拔高，過去種植較多白葡萄，Domaine Ponsot的Monts Luisants一級園白酒主要以百年的阿里哥蝶老樹釀成，即是例證，最近才陸續改種黑皮諾。在這一區酒風偏酸，優雅耐久，但酒體較瘦。

在Clos de la Roche下方，則是村內最主要的一級園所在，也是條件最佳的部分，有六片一級園，最知名的包括Les Milandes、Les Faconnières和Clos des Ormes常能釀出深厚堅實，但帶點野性的Morey風格。最北邊的Aux Charmes和Aux Cheseaux與特級園Mazoyères-Chambertin相連，風格比較柔和一些。

在村子下方有八片面積較小的一級園，較常見的只有La Riotte和Clos Sorbè。最南邊的一級園是位在Clos de Tart下方的Les Ruchots和Georges Roumier的獨占園Clos La Bussiéres，此處山坡有些凹陷，風格較為粗獷一些。

村子下方的一級園Clos Sorbé。

Arlaud (DO)

· HA: 15 GC: Clos de la Roche(0.44), Clos St. Denis(0.18), Bonnes-Mares(0.2), Charmes Chambertin(1.14) PC: Morey St. Denis Les Blanchards, Aux Cheseaux, Les Millandes, Les Ruchots, Gevrey-Chambertin Aux Combottes, Chambolle-Musigny Les Chatelots, Les Noirots, Les Sentiers

· 自二〇〇九年起以自然動力法種植的酒莊，由Cyprien和弟弟Romain一起經營釀造，妹妹Bertille負責照料馬與犁田。除了專注於葡萄園的種植，Cyprien在釀造上亦頗能精確釀出葡萄園與年分風格，酒風細緻，不特別濃厚，相當優雅。通常全部去梗，發酵前低溫泡皮，少踩皮，多淋汁，謹慎使用木桶，即使是一般的Bourgogne都頗具個性。Arlaud的Bonnes-Mares在兩村交界處，有較多的紅土，風格較為圓潤濃厚，Clos de la Roche甚至更加堅挺強硬，也更加高雅，Clos St. Denis則常是最厚實也最有力量，但亦相當細緻，通常使用最多新桶。

Domaine Dujac (DN)

· HA: 15.46 GC: Clos de la Roche(1.95), Clos St. Denis(1.47), Bonnes-Mares(0.59), Chambertin(0.29), Charmes-Chambertin(0.7), Romanée St. Vivant(0.17), Echézeaux(0.69) PC: Morey St. Denis Mont Luisant; Gevrey-Chambertin Aux Combottes; Chambolle-Musigny Aux Gruenchers; Vosne Romanée Malconsorts, Les Beaux Monts.

· 由Jacques Seysses在一九六七年創立的精英酒莊，現逐漸由第二代Jeremy和Alec兄弟管理釀造，同時也開設酒商Dujac Fils & Père。來自巴黎的Jacques Seysses當時採用一些較特別的方法，如用選育的無性繁殖系種植，運用較少見的Cordon de Royat引枝法，架設巨型風扇防霜害，不去梗整串葡萄釀造，自己選購橡木，自行風乾後再委託桶廠製桶。逐漸成為一種流派，以顏色較淡，較為優雅風格的紅酒聞名，但亦具極佳的久存潛力，可以熟成出迷人的細緻風味。

自二〇〇八年起酒莊所有葡萄園以有機種植，為了可以用更自然的方法釀造，仍然盡可能維持整串葡萄，但只有在成熟的年分如二〇〇九年達100%，通常只是簡單地踩皮釀造。Domaine Dujac採用較高比例45−100%的新桶，不過都是Remond桶廠特別訂製的淺培木桶。最重要的兩片特級園Clos St. Denis和Clos de la Roche是最佳的範本，前者優雅細膩，後者強勁結實。

Robert Groffier (DO)

· HA: 8 GC: Bonnes-Mares(0.97), Chambertin Clos de Bèze(0.42) PC: Chambolle-Musigny Les Amoureuses, Les Haut Doix, Les Sentiers

· 這是一家以Chambolle村紅酒聞名的酒莊，不過卻是位在Clos de Tart的葡萄園邊。現由第三代Nicolas負責管理釀造。葡萄大多去梗，但偶爾留一小部分的梗以增加個性，發酵前低溫泡皮四至五天，較高溫發酵，約二到三週完成，非常多次但短暫輕柔的踩皮。木桶培養僅

十二個月，新桶的比例較少，即使特級園也僅35%左右。Groffier的酒風通常相當多奔放的香氣，也較為易飲，年輕時即頗可口，是愛侶園的最大生產者，大部分的年分都相當精緻優雅。

Domaine des Lambrays (DO)

· HA: 10.71 GC: Clos des Lambrays(8.66) PC: Puligny Montrachet Clos des Caillerets, Les Folatières

· 這家以Clos des Lambrays特級園為主的酒莊現為LVMH集團的產業，由Jacques Devauges負責管理釀造，自二〇〇〇年代起已有極高水準，Clos des Lambrays的酒風更加細緻均衡，有多變的細節和優雅的單寧質地。採收稍早一些，大多採用整串葡萄釀造，五至六日的發酵前低溫泡皮，發酵一週後再繼續泡皮一週，多踩皮少淋汁。釀成後採用50%的新桶培養，用的全部都是François Frères桶廠的木桶培養十八個月。

Hubert Lignier (DN)

· HA: 9 GC: Clos de la Roche, Charmes-Chambertin PC: Morey St. Denis Les Chaffots, La Riotte, Clos Baulet, Les Blanchards; Gevrey-Chambertin Aux Combotte, La Perrière; Chambolle-Musigny La Baude

· 由第二代Romain建立名聲的名莊，Romain不幸英年早逝後，由Hubert和兒子Laurent共同經營，現在也產一點酒商酒，酒的品項更多，也有一些伯恩丘的紅、白酒。採用理性種植，先低溫泡皮再發酵，手工踩皮，特級園50%新桶培養近兩年。酒風比Romain時期稍堅實一

Cyprien Arlaud   Alec Seysses   Serge Groffier   Jacques Devauges   Clos des Lambrays酒莊

些，但仍多果香，也頗圓厚飽滿。

Fréderic Magnien (NE)

· 由家族第五代Frédéric創立的精英酒商，他同時也負責管理釀造家族酒莊Michel Magnien，無論酒商或酒莊都有相當高的水準。自二○一○年後採自然動力法種植，在釀造上也有許多轉變，二○一五年開始高比例採用陶罐進行酒的培養，酒的風格更加細緻內斂，也更加可口美味。

Michel Magnien (DO)

· HA: 18 GC: Clos de la Roche(0.39), Clos St. Denis(0.12), Charmes-Chambertin(0.27) PC: Morey St. Denis Les Chaffots, Les Milandes, Aux Charmes, Blanchards; Gevrey -Chambertin Les Cazetiers, Les Goulots, Chambolle-Musigny Les Sentiers, Fremiéres
（見Fréderic Magnien）

Perrot-Minot (DN)

· HA: 13.5 GC: Charmes-Chambertin(0.91), Mazoyéres-Chambertin(0.74) PC: Morey St. Denis La Riotte; Chambolle-Musigny La Combe d'Orveau, Les Baude, Les Charmes, Fuée; Vosne Romanée Les Beaux Monts; Nuits St. Georges Les Crots, Les Murgets, La Richemont

· 自一九九五年起由Christoph Perrot-Minot接手管理酒莊，以低產量、嚴格篩選葡萄和新近的釀造技術，大幅提升酒莊水準。葡萄全部去梗，偶爾添加一小部分的整串葡萄釀造，先經一週發酵前低溫泡皮，約共二十一到二十五天發酵與

泡皮。後經十五到十八個月的木桶培養，約採三分之一的新桶。釀成的酒大都相當濃厚飽滿，有甜潤的熟化單寧，相當多的果味，濃縮但均衡新鮮，年輕時就已經非常可口。除了酒莊外，也以Christoph Perrot-Minot為名生產酒商酒，主要是以跟Pierre Damoy採買的特級園葡萄釀成，包括Chapelle-Chambertin、Chambertin跟Chambertin Clos de Bèze等等，風格與水準也和酒莊酒非常接近。

Domaine Ponsot (DO)

· HA: 8 GC: Clos de la Roche(3.35), Chapelle-Chambertin(0.47) PC: Morey St. Denis Monts Luisants

· 一七七三年創立的老牌酒莊，除賣給酒商之外，一八七二年開始一部分裝瓶供應自家在北義開設的連鎖餐廳Ponsot Frères，一九三四年開始全部自己裝瓶銷售，是布根地最早裝瓶的酒莊之一。一九九○年起由Laurent Ponsot負責經營，在釀法上也頗特別，幾乎不使用二氧化硫，以氮氣和二氧化碳保護，完全不用新桶。酒的命名也相當獨特，多採用以蟲鳥名的Cuvée，如以百靈鳥Alouettes為名的Morey St. Denis，或是蟬Cigales命名的Chambolle-Musigny。一級園的Monts Luisants白酒採用一九一一年種植的阿里哥蝶釀成，是布根地一級園中的特例。二○一七年Laurent Ponsot自創酒商後，家族聘請Alexandre Abel負責釀造，紅酒風格更加濃縮。

Laurent Ponsot (DN)

· HA: 7 GC: Chambertin(0.14), Griotte-Chambertin(0.89), Clos Saint-Denis(0.38)

PC: Chambolle-Musigny Les Charmes

· 釀造家族酒莊Domaine Ponsot 三十六年之後，二○一七年創立自己的酒莊，除了接手原本Domaine Ponsot的長期租約，包括最大面積的Griotte-Chambertin跟一九一一年種植的Clos Saint Denis，也添購一些葡萄園，但Laurent Ponsot卻是以布根地頂級精英酒商自居。白酒和紅酒的釀製都是接近少添加的自然派釀法，且完全不採用新桶，單飛後Laurent的酒風更加精緻多樣，特別是白酒更加精確表現風土特色，有充沛的活力。

Chantal Rémy (DN)

· HA: 1.27 GC: Clos de la Roche(0.4), Chambertin(0.14), Latricières -Chambertin(0.4)

· 相當小巧，常被遺忘的酒莊，但有非常迷人的獨特風格。自二○○九年之後酒莊的葡萄園面積再度縮減，成為有多塊小片特級園的迷你型酒莊，由女莊主Chantal繼續依循家族傳統的方式，釀造較為輕柔，卻頗耐久的風格，年輕的兒子協助管理酒莊，亦將成立酒商採買葡萄。酒莊自存非常多的老酒，待成熟適飲時才釋出，即使連普通的年分都相當均衡多變。

Clos de Tart (DO)

· HA: 7.53 GC: Clos de Tart(7.53)

· 布根地唯一只產獨占特級園的酒莊，同時，也以特級園的名稱做為酒莊名。不同於布根地其他酒莊生產多款葡萄酒，Clos de Tart只生產同名的特級園紅酒以及一款自動降級為一級園的二軍酒La Forge de Tart和一款自動降級，以幼樹釀成的村

Hubert Lignier

Frédéric Magnien

Christoph Perrot-Minot

Laurent Ponsot

Chantal Rémy

莊酒Morey St. Denis，反而比較像是波爾
多的城堡酒莊。前任莊主Mommessin家
族自一九九六年起聘任Sylvain Pitiot負責
管理，逐漸讓Clos de Tart成為村內的精
英酒莊。二〇一八年由François Pinault入
主後，二〇一九年改由 Alessandro Noli負
責釀造，也開始改採自然動力法耕作。
相較於過去的釀法，採用更多整串葡
萄，也降低新橡木桶的比例，酒的風格
更加優雅，單寧質地更加細膩。Clos de
Tart 雖是有石牆圍繞的單一園，但範圍大
且占據整個山坡，適合分區塊釀造再進
行調配，年輕幼樹直接降為村莊酒，約
二十年的樹降為一級園La Forge，只有老
樹園產的才能混調進特級園。（關於Clos
de Tart的葡萄園與酒風請見特級園）

Taupenot-Merme (DO)

· HA: 13.2 GC: Clos des Lambrays(0.04),
Charmes-Chambertin(0.57), Mazoyéres
Chambertin(0.85), Corton Le Rognet(0.41)
PC: Morey St. Denis La Riotte, Le Village;
Chambolle-Musigny La Combe d'Orveau;
Nuits St. Georges Les Pruliers, Auxey
Duresses Les Duresses, Les Grands champs

· 與Perrot-Minot都源自同一酒莊，葡萄園
頗為類似，現由Romain和姐姐Virginie
一起管理經營。自二〇〇二年採有機種
植，不過並未經認證。葡萄全部去梗，
先經發酵前低溫泡皮再發酵泡皮一個半
到兩星期。經十二到十四個月的木桶培
養，30－50%新桶。自二〇〇〇年代後，
酒風逐漸脫離較粗獷酸瘦的風格，更加
均衡也頗堅挺有力。

上：Clos de Tart的培養酒窖位在地下一層，再
往下到地下二層還有一陳年酒窖保存舊年分的老
酒。

左下：Romain Taupenot

右下：Sylvain Pitiot

香波－蜜思妮
Chambolle-Musigny

Chambolle村的酒莊不多，且低調，連酒莊路標都顯冷清。

在夜丘或甚至全布根地所有生產紅酒的酒村中，香波－蜜思妮村（Chambolle-Musigny，以下簡稱Chambolle村）被認為最能表現黑皮諾的優雅特長，較不厚實堅硬，且常能以精巧細緻的質地觸動黑皮諾酒迷的心。尤其是村內的特級園Musigny和一級園Les Amoureuses，常被視為黑皮諾細膩風格的典型代表。即使村子不大，僅有兩片特級園，但似乎不曾影響Chambolle村在布根地與黑皮諾酒迷心中完全無可取代的位置。

雖同樣位在夜丘朝東的山坡上，但村子本身的位置頗特別，由Gevrey-Chambertin村一直平平往南延伸的山坡到了這邊突然中斷。一個稱為Combe d'Ambin的背斜谷在村子的上方切穿金丘的石灰岩層，形成一條長達3公里的谷地，甚至有一條稱為Grône的小溪流經，這讓Chambolle村可以更往西內縮到谷內，村旁即可見山頂外露的白色石灰岩尖峰，原本筆直的特級園之路也被迫改變路徑。這樣的地形位置讓此村有不同於鄰村的環境，也可能影響其獨特的酒風。

因背斜谷的侵蝕而較深入金丘，不同於其他夜丘村莊，南邊有一大片位處高坡，且面朝北邊的葡萄園，比較寒冷少陽，朝北坡蔓延半公里之後，到近Vougeot村的交界才又轉向，回復到原本的面東山坡，為Les Amoureuses與Musigny的所在。此處有斷層經過，也曾為一採石場，大量挖掘的石灰岩讓位在下坡處的Vougeot村彷彿往下陷落，讓Chambolle村南端的精華區葡萄園有如位在外露的石灰岩懸崖之上，此處金丘的山頂特別向外突出，讓葡萄園顯得有些擠迫，離岩床近，表土很淺。到了村子最南端與Flagey Echézeaux村的交界處又遇一背斜谷Combe d'Orveau，與特級園Clos de Vougeot和Echézeaux相鄰。

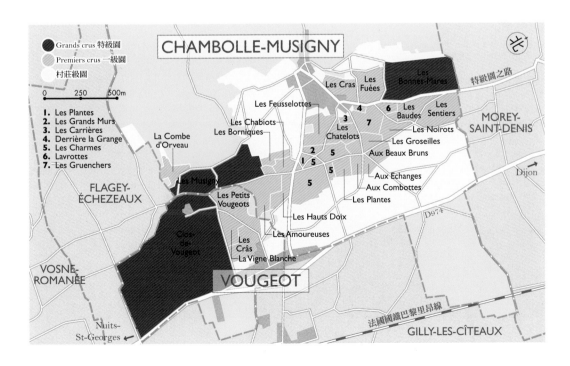

上：一級園Les Borniques。

下：村內的葡萄酒店。

Chambolle村深處於背斜谷內，村子下方的沖積扇上有許多一級園，但特級園卻都位在村子的南、北兩端。

但在村子的下方，直到D974公路，因為堆積作用，形成一片非常和緩平坦，而且地勢開闊的沖積扇，1公里的縱面僅爬升30公尺，這裡是村內最主要的村莊級與一級園所在，土壤較為深厚。在村子北邊的葡萄園，自然條件比較類似典型的金丘山坡，酒風也較近似Morey St. Denis村。從村邊開始有一小片朝東南的陡坡，但很快就轉為朝東的葡萄園山坡，一直延續到Morey村，村內另一特級園Bonnes-Mares就位在中坡處，也有相當多的一級園集中在周圍。

　　Chambolle村的葡萄園有較多的活性石灰質，黏土質反而較少，許多人相信這是Chambolle村的紅酒為何比較優雅的原因，黏土常讓黑皮諾的皮具有更多的單寧，釀成的酒更厚實有力，而石灰質則常能突顯精巧的質地。背斜谷的效應也引進較多山區的冷風，也造成較多朝北的葡萄園，另外也帶來更多自山區沖刷下來的岩石和土壤。當然，大部分的釀酒師在釀造此村的紅酒時，也常會特意地不過度萃取，試圖釀出更精巧細緻的黑皮諾紅酒。也許這些因素共同匯集成此村獨特的酒風。

　　村內約有180公頃的葡萄園，其中兩片特級園Musigny和Bonnes-Mares，共約24公頃，一級園有二十四片，共約61公頃，村莊級約90公頃。小巧優美的Chambolle村雖是布根地重要名村，但因位於山坳內，周圍環繞葡萄園，腹地狹隘，居民少，村內的酒莊不多，且多為小規模酒莊，約僅二十家。稱得上名莊的僅Comte Georges de Vogüé、J.F. Mugnier、Georges Roumier、Amiot-Servelle和Ghislaine Barthod五家，村內的葡萄園也有極大比例為其他村的酒莊所有。

特級園

　　Chambolle村僅有兩片特級園，一南一北，分處兩處，自然環境與葡萄酒的風味也一樣相距甚遠，不過這樣反而有相當大的戲劇性張力，一位在兩處都擁有大片葡萄園的釀酒師說，如果它們是同一家族，應該是遠房親戚吧。在風格上，Musigny比較接近此村的主流，Bonnes-Mares則比較像是Morey村特級園的延伸，因此，一八七八年Chambolle村選擇在村名之後加上Musigny成為今日的村名Chambolle- Musigny。

蜜思妮（Musigny，10.86公頃）

　　最能表現黑皮諾細膩風味的特級園，也是布根地最佳的葡萄園之一。它是一長條帶狀，位在村子最南端的高坡處，雖是面東的山坡，但卻同時朝向南邊，由北往南分成三片有鄉道隔開的葡萄園，最北邊面積最大，稱為Les Musigny，海拔高度最高，在270到305公尺之間，坡度也最陡，可達15%，雨水的沖刷相當嚴重，須經常將沖到山下的表土搬回山上。上坡的岩層以巴通階的魚卵狀石灰岩為主，白色岩塊混合白色的泥灰質，只含少量的黏土質，但下坡處表土的黏土質比例卻非常高，底下則是堅硬的貢布隆香大理岩。絕大部分酒莊的Musigny園全都位於此，占地較大，有5.9公頃，又稱為大蜜思妮。

　　中間的部分有4.19公頃，因為面積較小稱為小蜜思妮（Les Petits Musigny），為Comte Georges de Vogüé酒莊所獨有，海拔稍低，在262到283公尺之間，坡度也比較緩和，直接位在Clos de Vougeot的上方。最南邊的一塊與南界的背斜谷同名，稱為La Combe d'Orveau，原本

上：一級園Les Charmes。

左中：Musigny特級園以優雅細緻的酒風聞名。

中中：Musigny園中的Les Petits Musigny。

右中：Musigny園南端的La Combe d'Orveau在一九二九年併入Musigny園。

左下：Musigny園與Clos de Vougeot僅一牆之隔，但熙篤會修士不曾將此二園的酒相混。

右下：村北的一級園Les Fuées。

不屬於Musigny，在一九二九年才將此園下坡處併入，一九八九年還重新調整成現在的0.77公頃，為Jacques Prieur酒莊所獨有。其餘的La Combe d'Orveau現為一級園以及村莊級園。這裡的海拔更低，在259與270公尺之間。

除了紅酒，Musigny是所有夜丘唯一可以生產白酒的特級園，稱為Musigny Blanc，只有Comte Georges de Vogüé種植了約0.65公頃的夏多內，分別種植於大、小蜜思妮的上坡處。自一九九〇年代中大量種植後，因葡萄樹尚年輕，酒莊直接降級為Bourgogne等級的白酒，到二〇一五年分才又開始生產。風格頗特別，較為堅硬，有時粗獷有力，但不是特別精緻。

有十四家酒莊在這片珍貴的區域擁有土地，但只有十三家種植葡萄，其中最重要的四家擁有此園90%的面積，其餘的九家都相當小片，因為稀有，這些酒莊幾乎都是自己裝瓶，不賣給酒商，所以除了舊年分外，市面上由酒商裝瓶的Musigny極為少見，如Pascal Marchand和Dominique Laurent。這十三家酒莊分別為Comte Georges de Vogüé（7.12公頃，其中包括0.65公頃的夏多內）、 Mugnier（1.14公頃）、Jacques Prieur（0.77公頃）、Joseph Drouhin（0.67公頃）、Leroy（0.27公頃）、Domaine de la Vaugeraie（0.21公頃）、Louis Jadot（0.17公頃）、Faiveley（0.13公頃）、Drouhin-Larose（0.12公頃）、Georges Roumier（0.1公頃）、Domaine Tawse（0.09公頃）、Bertagna（0.02公頃，未種植）。

邦馬爾（Bonnes-Mares，15.06公頃）

Bonnes-Mares以肌肉扎結的厚實口感聞名，濃厚中帶些粗獷氣，和講究細膩變化的Chambolle村酒風有點格格不入。位在村北與Morey村交界的地方，屬於兩村所共有的特級園，不過大部分的面積還是在Chambolle村，占了13.5公頃。北接Clos de Tart，南鄰Chambolle村一級園Les Fuées，海拔高度界於256到304公尺之間。Bonnes-Mares主要由兩種不同的土質構成，北面靠近Morey村的下坡處，為海百合石灰岩區，顏色較深，呈紅褐色，酒風似乎較圓潤豐滿且多果香，南面以及較高坡處，含較多的石灰質，土色淺白，出產單寧緊澀結實的強勁紅酒。混合兩者常成為更均衡的版本，如Georges Roumier。

有二十多家酒莊擁有此處的葡萄園，主要的酒莊如下Comte Georges de Vogüé（2.7公頃）、Drouhin-Larose（1.49公頃）、Georges Roumier（1.39公頃）、Fougeray de Beauclaire（1.2公頃）、Bart（1.03公頃）、Robert Groffier（0.97公頃）、Domaine de la Vaugeraie（0.70公頃）、Domaine Dujac（0.59公頃）、Naigeon（0.5公頃）、Bruno Clair（0.41公頃）、J.F. Mugnier（0.36公頃）、Bertheau（0.34公頃）、Georges Lignier（0.29公頃）、Hervé Roumier（0.29公頃）、Louis Jadot（0.27公頃）、Domaine d'Auvenay（0.26公頃）、Bouchard（0.24公頃）、Joseph Drouhin（0.23公頃）、Arlaud（0.2公頃）、Charlopin-Parizot（0.12公頃）。

一級園

在Chambolle村有二十四片一級園分散在村內多處地方，各有不同的特性，其中最知名的是常被稱為愛侶園的Les Amoureuses，此園直接位在特級園Musigny的下坡處，釀成的酒風頗

為近似,甚至更加精巧,具特級園水準,價格亦常比Bonnes-Mares還高。此園共5.4公頃,分成多片梯田,面朝東南邊,且位置高懸,有極佳的受陽效果。地底下為貢布隆香石灰岩層,表土非常淺,僅20到60公分,含有相當多的活性石灰,常釀成非常優雅的精巧型黑皮諾,有如絲般滑細的單寧質地與新鮮明亮的果味。許多名莊在此園擁有葡萄園,如Roumier、Mugnier、Vogüé、Joseph Drouhin和Louis Jadot,更增此園水準。擁有面積最大的Robert Groffier酒莊認為,愛侶園名稱的由來是因為在葡萄園的下方有泉水、小溪與樹叢,相當幽靜隱密,是許多村內情侶約會的地方。無論如何,此名與此園的酒風似乎亦相當契合。

在此園的上坡處與北側一共有三片略朝向北邊的一級園,分別是Les Borniques和Les Hauts Doix,雖然位置佳,但似乎少有Les Amoureuses的水準。反而在Musigny南邊的一級園La Combe d'Orveau可釀出非常精緻的紅酒,是全村酒風最細膩的一級園之一。在村子的下方,因位於沖積扇上,土壤最深厚,地形寬闊平坦,有幾片較大面積的一級園如Les Feusselottes、Charmes和Les Chatelots等,以及面積小一些的Les Plants和Les Combottes等,在這一區所出產的紅酒風格較多果香,口感較為圓潤飽滿,也較為可口易飲。

在村子的北側到特級園Bonnes-Mares之間,有三片一級園,分別是Les Cras、Les Fuées和極狹小的Les Véroilles。Les Cras稍微朝南邊,土少石多,且受背斜谷影響,成熟稍慢,但酒亦相當高雅,Les Fuées則直接與Bonnes-Mares相鄰,而Les Véroille則是位在Bonnes-Mares的上方。這一區的紅酒,單寧較為緊緻,均衡且細緻,但亦頗具力量,是村北一級園的精華區。另外還有相當多的一級園位在Bonnes-Mares的下坡處,包括知名的Sentier、Les Baudes、Les Noirot和Les Gruenchers。在這一區,風格也許帶一點Bonnes-Mares和Morey村的粗獷氣,但仍然有Chambolle村的精緻質地。

左上:Chambolle村最知名,也可能是最優雅的一級園——愛侶園。

右上:一級園Les Feusselottes。

左下:一級園Les Cras與Les Fuées。

右下:一級園Les Gruenchers。

村南的一級園La Combe d'Orveau常能釀出非常優雅的黑皮諾紅酒。

Amiot-Servelle (DO)

· HA: 7.77 GC: Clos St. Denis(0.18), Charmes-Chambertin(0.18) PC: Chambolle-Musigny Les Amoureuses, Les Charmes, Derrière la Grange, Les Feusselottes, Les Plantes

· 由Morey村的女婿Christian Amiot所經營的酒莊，原稱為Servelle-Tachot。兩片特級園與Morey村的葡萄園皆來自Pierre Amiot酒莊（自二〇一〇年起）。二〇〇三年之後酒莊全部採用有機種植。Amiot-Servelle釀的酒雖然常被認為有Morey村的影子，不過，其在村內的一級園除了近半公頃的Les Amoureuses，其餘主要集中在村子下方較平坦、土壤深厚的區域，酒風頗為濃厚，多新鮮櫻桃果香，鮮美多汁，可口易飲。Les Amoureuses位在中坡偏高處，頗具架勢與力量，但質地相當細緻。

Ghislaine Barthod (DO)

· HA: 6.91 PC: Chambolle-Musigny Les Baudes, Les Cras, Les Fuées, Grunchers, Les Véroilles, Beaux Bruns, Charmes, Chatelots, Combottes

· 雖然沒有特級園，但這家由女莊主釀造的酒莊出產多達九片Chambolle村一級園紅酒，是村內的名莊之一，也是認識此村一級園的重要酒莊。採全部去梗，發酵前先短暫低溫泡皮，踩皮與淋汁兼用，一級園約30%新桶培養十八個月。雖是女釀酒師釀造，但卻相當有膽識，在

反應葡萄園特色的同時，卻也展現較結實的酒風。

Louis Boillot (DN)

· HA: 6.88 PC: Volnay Les Caillerets, Les Angles, Les Brouillardes; Pommard Les Croix Noires, Les Fremiers; Nuits St. Georges Les Pruliers; Gevrey-Chambertin Champonnet, Les Cherbaudes

· 出自Volnay村Lucian Boillot酒莊，分家後，Louis Boillot因和Ghislaine Barthod結婚而搬到Chambolle村，除了伯恩丘，也有許多夜丘區葡萄園，也產一些酒商酒。兩家共用種植團隊與釀酒窖，釀法近似，Louis Boillot泡皮的時間稍長一點，比較常淋汁，少踩皮，釀成的酒也相當高雅均衡。

Jacques-Frédéric Mugnier (DO)

· HA: 14.42 GC: Musigny(1.14), Bonnes-Mares(0.36) PC: Chambolle-Musigny Les Amoureuses, Les Fuées; Nuits St. Georges Clos de la Maréchale

· J.F. Mugnier原是石油工程師，在一九八五年返鄉接管家族位於Chambolle城堡內的酒莊。除了村內最知名的三塊葡萄園，在二〇〇四年自Faiveley收回租約，自己種植釀造將近10公頃的Clos de la Maréchale。新建的地下酒窖就位在城堡的庭園內。Mugnier的酒風不以濃郁取勝，常有相當精巧的變化，酒色也常較為清淡明亮。原本是喜好晚熟的葡萄，在十五年前常是村內最晚採收的酒莊，但現在卻常是最早採。二十年前會留一部分整串葡萄釀造，但現在卻是全部去梗。三到四天發酵前低溫浸皮，先淋汁

後踩皮，大約三個星期完成。新橡木桶的比例也日漸減少，不超過20%，將來可能減少到全不採用。木桶培養十八個月後裝瓶。這是最能表現Chambolle村精巧細緻風味的酒莊，即使是Nuits St. Georges村風格較粗獷的Clos de la Maréchale相較於Faiveley時期，都有較為優雅的表現。

Georges Roumier (DO)

· HA: 11.84 GC: Musigny(0.1), Bonnes-Mares(1.39), Corton-Charlemagne(0.2), Ruchottes Chambertin(0.54), Charmes-Chambertin(0.27) PC: Chambolle-Musigny Les Amoureuses, Les Combottes, Les Cras; Morey St. Denis Clos de la Bussière

· 在Part II第二章裡介紹過這家酒莊的組織架構與運作模式。自一九九二年起負責管理的是第三代的Christophe Roumier，一個相當理性嚴謹而且腳踏實地的釀酒師，這樣的個性也展現在酒莊越來越經典的酒風之中。即使有近三十年的經驗，但在細節上仍考量甚多，除了順應年分，也不斷地嘗試與修正，如去梗，通常只留一小部分的整串葡萄，在他父親Jean-Marie的時期，留的葡萄梗更多，達40－50%，但二〇〇〇年中之後又增加整串釀的比例，等級越高，去梗越少，特級園Musigny因為葡萄太少，甚至全部不去梗。先經發酵前的浸皮數日，有時常達一週才緩慢開始發酵，整個釀造的時間比一九九〇年代更長，約三週左右，原本主要用踩皮，但近年來在前後期改採淋汁。除了Musigny全為新桶外，其餘在15－50%之間。培養的時間約十四到十八個月，這期間只經過一次

Christian Amiot

Jacques-Frédéric Mugnier

Chambolle城堡

Christophe Roumier

Louis Boillot

換桶，不經過濾直接裝瓶。釀成的黑皮諾常有精確的葡萄園風味，在乾淨漂亮的果香中留有一些礦石，口感頗結實嚴謹，但質地細緻絲滑，為高雅內斂式的Chambolle優雅風。

Anne & Hervé Sigault (DO)

- HA: 9.3　PC: Chambolle-Musigny Les Fuées, Les Sentier, Les Gruenchers, Les Groseilles, Les Noirots, Les Carrières, Les Charmes, Les Chatelots; Morey st. Denis Les Charrières, Les Milandes
- 在村內有相當多的一級園，二〇〇〇年中開始釀出迷人的Chambolle村細緻風味。與Amiot-Servelle一樣，也是Chambolle與Morey兩村聯姻形成的酒莊，由夫妻共同經營。有頗先進的兩層酒槽，可不用幫浦釀造，葡萄全部去梗，踩皮兼淋汁約三週釀成，採用約30%的新桶培養。種於一九四七年的Les Sentier是酒莊的招牌，精緻而且可口。

Comte Georges de Vogüé (DO)

- HA: 12.4　GC: Musigny(7.12〔包括0.65公頃的夏多內〕), Bonnes-Mares(2.66)　PC: Chambolle-Musigny Les Amoureuses
- Chambolle村最重要也最知名的歷史酒莊，在村內最重要的三片葡萄園都擁有大片面積，特別是占有70%的Musigny特級園。Vogüé家族十五世紀時就在村內擁有葡萄園，以一九二五年接掌酒莊的Georges de Vogüé伯爵命名，現任的莊主是伯爵的兩位外孫女，不過主要交由專業團隊經營，由François Millet負責釀造，Eric Bourgogne負責耕作，Jean-Luc Pépin負責管理酒莊。為了降低產量，

葡萄園大多採高登式引枝法，精心照顧的葡萄園有如法式庭園般整理得一絲不苟，近年來也開始使用馬匹犁田。François Millet在一九八六年接替Alain Roumier擔任釀酒師，Vogüé酒莊開始進入新的時期。Millet說他並沒有一個固定的釀酒模式，完全依照每年葡萄的情況來釀製，經驗雖然重要，但常會讓人感到太過自信，他覺得自己像個樂師，演奏慢版就該依慢版的要求來演奏。不過整體而言他通常會全部去梗，也很少有發酵前的浸皮，採用傳統的木造酒槽，少踩皮，多淋汁，他說黑皮諾的釀造是要用「浸泡」而非「萃取」的方式來達成。培養的部分，Millet採用15－35%的新橡木桶，一年半後裝瓶。Musigny園中的夏多內葡萄，全部在橡木桶發酵，只採20%新桶。

因酒莊的特級園相當多，村莊級的Chambolle中添加許多一級園，如Les Fuées和Les Baudes的葡萄，頗可口圓潤。而一級園則經常全部採用Musigny特級園十到二十五年的年輕葡萄樹降級釀成，產量有時甚至占全園的40%，相當均衡，常有頗多可口的果味。因為嚴格汰選，多老樹且產量低，Vogüé的紅酒經常顏色相當深，香氣亦頗多變，酒體相當濃厚而且非常結實，不過單寧質地細密，相當有力，反而Les Amoureuses更接近如蕾絲般輕巧柔細的風格。Bonnes-Mares幾乎位在紅土區，濃厚多肌肉，帶有一些野性。

Comte Georges de Vogüé的Musigny

Hervé Sigault　　　François Millet　　　Comte Georges de Vogüé酒莊的培養酒窖

梧玖
Vougeot

左頁：Clos de Vougeot也許不是最佳的特級園，但卻是布根地葡萄酒業的地標。

梧玖莊園（Clos de Vougeot）也許不是布根地最好的特級園，但卻是最知名的歷史名園，特別是位處園內高坡處的梧玖園城堡，是布根地最具象徵意義的歷史建築，九百多年前，熙篤教會的修士們在此種植葡萄與釀酒長達六百多年。這片超過50公頃的歷史遺產，有石牆環繞，全部列級特級園，占了村內大部分的土地，梧玖村（Vougeot）的一級園和村莊級的葡萄園反而相當少，有11.7公頃的一級園，村莊級葡萄園更僅有3.2公頃。由於地層陷落，整個Vougeot村相較於Chambolle村的葡萄園，地勢較低，彷彿位處低窪。

Clos de Vougeot曾經種植與生產白酒，但現在已經完全專產紅酒，不過，現在Vougeot村的一級園和村莊級園仍然繼續種植一部分的夏多內來釀造白酒，出產高比例的白酒反而成為此村的特色，甚至於比紅酒更受注意，價格也更高。一級園共有四塊，全集中在Clos de Vougeot北面的上坡處，村莊級則在下方。因腹地狹隘，葡萄園也不多，村內僅有九家酒莊，最出名的是直接位在圍牆內的Château de la Tour和村內的Hudelot-Noëllat與Bertagna。

Vougeot城堡與酒窖位在Clos de Vougeot園的最高處，現已改為博物館。

特級園

梧玖莊園（Clos de Vougeot，50.97公頃）

　　一一〇九年，熙篤教會收到一片位於現在Clos de Vougeot內的土地，陸續地，有其他捐贈者捐獻周邊的土地與葡萄園，加上修院自行購置一部分的土地，於是在一三三六年擴充成今日的規模，並修築環繞全園的石牆，範圍和今日的莊園幾乎沒有差別。Chambolle村的特級園Musigny與Clos de Vougeot僅有一條鄉道區隔，也一樣自十二世紀起為熙篤會的產業，但是，兩片葡萄園一直未曾合併。

　　雖然離熙篤教會的母院不遠，十二世紀中在園中另外建立了釀造窖，現存園中高坡處的梧玖園城堡則是一五五一年建造，十六世紀文藝復興風格的建築。除了城堡主體外還有年代更老的釀酒窖與十三世紀的儲酒窖。一直到法國大革命收歸國有之前，此莊園一直由熙篤教會所有，前後經營了六百多年。釀成的酒除了教會自飲外，也經常做為餽贈教皇的禮物。一七九一年拍賣後成為私人產業，多次在銀行家手中轉手，一八八九年後才分割由多人共有，布根地的獨立酒莊才開始有機會擁有此園，目前約有八十家酒莊在此擁有葡萄園，面積最大的是石造酒莊直接蓋在園內的Château de la Tour，有5.39公頃。最小的是Ambroisie，僅0.17公頃。

　　因是歷史名園，Clos de Vougeot在分級上全園都列為最高等級，在法定產區成立後也被列為特級園。不過，這50公頃的葡萄園，在地質條件上同質性並不高，有部分的條件並不特別優異，但是如果經過混調，也許能釀成更均衡的酒，畢竟，在歷史上直到近期這片葡萄園才分屬不同的酒莊。現在的八十多家酒莊中也有幾家在園內的不同區域擁有葡萄園，如Bouchard、Leroy、Faiveley、Albert Bichot和François Lamarche，在最低與最高坡處都有葡萄園。因為面積廣闊，園內的不同區塊也各有其名，其中較為知名的包括在梧玖園城堡前的Montiotes Hautes，和特級園Musigny相鄰的Musigni，以及與Grand Echézeaux僅一牆之隔的Grand Maupertui。

　　此園因位居下坡處，坡度相當和緩，僅有3－4%左右。最低處與D974公路相鄰，海拔約240公尺，在最底下三分之一的葡萄園表土非常深，近1公尺，主要是黏土混合細河泥，並非絕佳的土壤，葡萄較難有好的成熟度。比葡萄園高的D974道路甚至像一道牆般讓原本排水不佳的土壤更容易積水。越往高坡，表土越淺，到了海拔約250公尺處，約僅40公分，土中有更多的石灰岩塊，同時，紅褐色的土壤中含有更多的黏土質，質地頗黏密，可釀成較強硬風格的紅酒。在最高處，近梧玖園城堡周圍的部分，黏土質減少，表土更淺，石灰岩塊更多，岩層跟Musigny的下坡處一樣是堅硬的貢布隆香石灰岩。這一處是園內的最精華區，生產風格相當細緻的紅酒。此區最主要的酒莊包括Méo-Camuzet、Gros Frère et Soeur、Eugénie、Domaine de la Vougeraie、Drouhin-Larose以及Anne Gros。

　　有八十二家酒莊擁有此園，其中最重要的包括Château de la Tour（5.48公頃）、 Méo-Camuzet（3.03公頃）、Reboursseau（2.21公頃）、Louis Jadot（2.15公頃）、Paul Misset（2.06公頃）、Leroy（1.91公頃）、Grivot（1.86公頃）、Gros Frère et Soeur（1.56公頃）、Raphet P. & F.（1.47公頃）、Domaine de la Vougeraie（1.41公頃）、Eugénie（1.36公頃）、Comte Liger-Belair（1.35公頃）、Faiveley（1.29公頃）、Jacques Prieur（1.28公頃）、Drouhin-Larose（1.03

上：Clos de Vougeot園最高坡的西北角落與Musigny相鄰的區域稱為Musigni。

左中：位在Clos de Vougeot園高處的Vougeot城堡是十六世紀文藝復興時期的建築。

中中：Louis Jadot擁有超過2公頃，位處中低坡的Clos de Vougeot園。

右中：早在十三世紀Clos de Vougeot就開始用石牆做區隔。

左下：Musigny園與一牆之隔的Clos de Vougeot。

右下：愛侶園與Clos de Vougeot園。

公頃）、Anne Gros（0.93公頃）、Joseph Drouhin（0.91公頃）、Thibault Liger-Belair（0.75公頃）、Daniel Rion（0.73公頃）、 Hudelot-Noëllat（0.69公頃）、Albert Bichot（0.63公頃）、Mongeard-Mugneret（0.63公頃）、Prieuré-Roch（0.62公頃）、Domaine d'Ardhuy（0.56公頃）、Jean-Jacques Confuron（0.5公頃）。

一級園

　　四片一級園都貼著Clos de Vougeot的北面石牆，朝東，但也略微朝北。最上坡的是Clos de la Perrière，原是熙篤會的採石場，梧玖園城堡即是用此處的貢布隆香石灰岩蓋成，後填土成葡萄園，原種植夏多內，但現全產紅酒，為Bertagna的獨占園。往下坡則為Les Petits Vougeots，在熙篤會時期，只產紅酒，現紅白皆產。隔鄰的La Vigne Blanche又稱為Le Clos Blanc，為Domaine de la Vougeraie的獨占園，自十二世紀即種植白葡萄至今，為夜丘區唯一只產白酒的一級園。Les Crâs在最下面，主產較堅硬風格的紅酒。

左上：Le Clos Blanc與Clos de Vougeot園僅一牆之隔，卻是只產白酒的一級園。

右上：Vougeot村的一級園跟村莊級園全都位在Clos de Vougeot北面較平緩的區域。

左下：自Chambolle村的愛侶園往下望，Vougeot村有如位在一個凹陷的巨坑之中。

右下：Clos de la Perrière一級園位在特級園Musigny之下的舊有採石場內。

Bertagna (DO)

· HA: 20.57 GC: Clos de Vougeot(0.31), Chambertin(0.2), Clos St. Denis(0.53), Corton(0.25), Corton-Charlemagne(0.25) PC: Vougeot La Perrières, Les Petits Vougeots, Les Crâs; Vosne Romanée Beaumont, Chambolle-Musigny Les Plantes; Nuits St. Georges Les Murgers

· 一九八二年成為德國Reh家族的產業，現由女兒Eva Reh經營，在一九九九到二〇〇六年期間曾由女釀酒師Claire Forestier釀造，建立了頗為強勁結實且非常有個性的酒風，延續至今。葡萄全部去梗，發酵前低溫泡皮時間較長，超過一週，主要以踩皮為主，經常三到四週才完成釀造。約採三分之一的新桶培養十五到十八個月。如此釀成的紅酒顏色深，萃取多，需要多一點時間陳年才適飲。

Christian Clerget (DO)

· HA:6 GC: Echezeaux PC: Chambolle Musigny Charmes; Vougeot Les Petits Vougeots

· 相當低調的小酒莊，酒風相當自然精緻，仍以腳踩皮，非常小心地萃取，靈巧地應用橡木桶，常能透明地表現葡萄園特色，釀成質地輕巧細膩，且有許多細微變化的美味紅酒。

Hudelot-Noëllat (DO)

· HA: 6.61 GC: Clos de Vougeot(0.69), Richebourg(0.28), Romanée St. Vivant(0.48) PC: Vougeot Les Petits Vougeots; Vosne

Romanée Les Beaumonts, Les Malconsorts, Les Souchots; Chambolle-Musigny Les Charmes; Nuits St. Georges Les Murgers

· 以較輕巧的酒體與細緻且自然的風味聞名，現由第三代外孫Charles van Canneyts負責管理酒莊，與外祖父的時期並沒有太大不同，在流行濃厚酒風時Hudelot-Noëllat較不受注意，但現在卻反顯其精緻的優點，常有新鮮明亮的果味，均衡多酸的口感與絲滑的單寧質地。在釀造上全部去梗，有比較長的發酵前低溫泡皮，主要用踩皮，但在釀造Chambolle村的酒時採用淋汁以保留較精巧的風格，以20－60%的新桶培養十八個月。Charles也以自己的名字採買葡萄釀造風格近似的酒商酒。

Château de la Tour (DO)

· HA: 5.48 GC: Clos de Vougeot(5.48)

· Clos de Vougeot的最大地主，主要位在中坡部分，採南北向種植，十九世紀的城堡酒莊直接蓋在特級園內。一九八六年開始管理釀造家族酒莊的François Labet逐漸交由兒子Edouard負責，酒的風格也開始轉變，緊澀的堅硬單寧開始讓位給絲滑的精緻質地。葡萄園已經採用自然動力法耕作，並由自然派釀酒師Sylvain Pataille擔任顧問。通常採用高比例整串葡萄釀造，輕柔萃取，也降低新桶比例，釀成的酒相當協調有活力，即使單寧少一些應該也能久藏。除了稱為Classique的一般版本，也有以精選的老樹葡萄釀成的Vieilles Vignes和特殊選桶的Hommage à Jean Morin共三款的Clos de Vougeot。

直接位在Clos de Vougeot園內的Château de la Tour是一家只產特級園的酒莊。

馮內－侯馬內
Vosne-Romanée

　　馮內－侯馬內村（Vosne-Romanée，以下簡稱Vosne村）是夜丘最貴氣的精華地帶，不只是有多片布根地極為重要、昂貴的特級園，如Romanée-Conti、La Tâche、Richebourg和Romanée St. Vivant，也因為Vosne村豪華氣派的酒風——點綴著香料氣息的黑櫻桃熟果酒香，配上深厚飽滿的豐碩酒體，也許不像Chambolle村那麼有靈性，但卻非常性感迷人——是最具明星特質的布根地酒村，而村內多達三十多家的酒莊更是眾星雲集。

　　產區範圍其實是由兩個村子（Vosne與Flagey）合併而成的，位在Vougeot村南邊的是Flagey-Echézeaux村，雖然在山坡上有許多葡萄園，但村子本身卻是遠在平原區，也少有酒莊位在村內，葡萄園都歸到Vosne村，名下並沒有自己的村莊級產區。除了Bourgogne等級，全區只產黑皮諾紅酒，兩村合併有200多公頃的葡萄園，其中包括八片共75公頃的特級園，以及十四片共58公頃的一級園，數目不是最多，但卻都各有明確的個性。

　　產區北起Chambolle村交界的Combe d'Orveau背斜谷，直接與Musigny和Clos de Vougeot葡萄園相鄰，蔓延將近3公里直到接近Nuits St. Georges城區才中止。金丘山坡在Vosne與Flagey兩村交界處有一稱為Combe Brulée的中型背斜谷切過，將區內的葡萄園切分成南北兩半，但都同樣是精華區。如同北邊的三個鄰村，村莊級的葡萄園以穿過山坡下方的D974公路為界，從海拔230公尺一路往西邊爬升到330公尺的坡頂。各級葡萄園的分布堪稱布根地分級中的典範。包括布根地第一名園La Romanée-Conti在內的八片特級園都位在山坡的中段區域，而且彼此幾近相連，僅有在Combe Brulée背斜谷經過的地方變成一級園Les Souchots。其他的一級園幾乎都環繞在特級園周圍，大多在特級園的上坡與下坡處，村莊級則大多在坡頂與坡底處，少有例外。

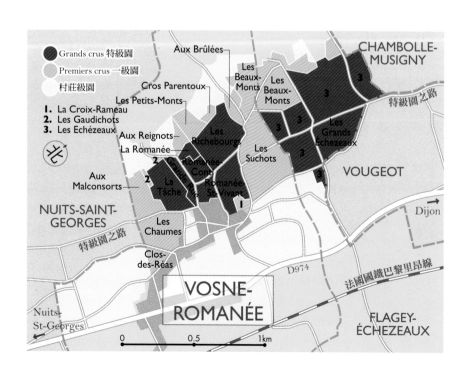

區內的岩層和土壤也是夜丘的主要典型，多為侏羅紀中期的岩層，山坡最上層常為堅硬的貢布隆香石灰岩與白色魚卵狀石灰岩，中坡的特級園多位在培摩石灰岩，與帶小牡蠣化石的泥灰岩層，較下坡的特級園則常位在海百合石灰岩層上。表土則多混合自上坡沖刷下來，較軟質的白色魚卵狀石灰岩塊與較硬帶粉紅的貢布隆香石灰岩塊，土壤多為紅褐色帶泥灰質的黏土。

特級園

　　Vosne村內的六片特級園面積達27.9公頃，在一八五五年Lavalle的分級中，有四片被列為最高等級的Tête de Cuvée，包括Romanée-Conti、La Romanée、La Tâche和Richebourg，而Romanée St. Vivant和La Grand Rue則列為一級。Flagey-Echézeaux村則有Echézeaux和Grand Echézeaux，前者是一級，後者是最高的Tête de Cuvée，這八片合起來共達75公頃。

侯馬內－康地（Romanée-Conti，1.8公頃）

　　布根地最知名的特級園，酒價與名聲都非其他名園可以相比，不只是布根地，即使是全世界也可能沒有太多爭議。不過，產量相當少，年產約3,000到9,000瓶，因價格高昂，收藏者多，所以開瓶喝過的人很少，因此更增添其傳奇性。Romanée-Conti的起源有一點複雜，有不同的版本，但可以確定的是，此園源自St. Vivant de Vergy修院（見特級園Romanée St. Vivant）在Vosne村內一片稱為Cloux des Cinq Journaux的葡萄園。因為不明的原因，修院在一五八四年將此園釋出，成為私人產業。之後輾轉為Croonembourg家族所擁有。雖然此園後來經多次轉賣，但卻一直都是沒有分割的獨占園。

　　Cloux即為Clos，Cinq是五，Journaux是Journal的複數，為葡萄園的面積單位，約等於三分之一公頃。這片五個Journaux的葡萄園，面積約為1.7公頃，即為Romanée-Conti園的前身。在一六五一年之前，Croonembourg家族開始將此園改稱La Romanée，釀成的酒價格相當高，在一七三〇年代常高出其他布根地頂級酒五到六倍的價格，因為珍貴，甚至以容量較小，只有114公升的Feuillette橡木桶銷售。改名為La Romanée的原因至今不明，可能因為曾為羅馬人種植或有羅馬時期的建築，Chassagne-Montrachet村的一級園La Romanée即是一例，在鄰近地區就有羅馬時期的遺址。不過此名晚至十七世紀才出現，也有可能如布根地作家Jean-François Bazin所猜測是源自當時相當知名的希臘葡萄酒Romenie。在一八六六年，Vosne的村名附加了Romanée成為今日的名字。

　　一七六〇年，康地王子（Prince Conti）以比同面積Clos de Bèze葡萄園高出十倍的價格跟Croonembourg家族購買La Romanée（傳聞因為有國王的情婦龐巴度競爭，王子被迫以高價買下），在之後的二十九年間，La Romanée從市場上消失，成為王子自用的葡萄酒。康地王子在村內興建釀酒窖La Goillotte，並繼續顧用Denis Mongeard擔任管理者。王子也許不曾到過此村，但他要求Mongeard降低產量以維持品質。Croonembourg在出售此園時，為彌補面積估計的誤差，而將坡底北側，一小塊約0.1公頃的Richebourg併入La Romanée一起賣給康地王子而成為現在的1.8公頃。

上：布根地的第一名園Romanée-Conti。

左下1：Romanée-Conti與一路之隔的La Grand Rue。

左下2：Romanée-Conti只用馬犁土，不使用耕耘機。

右下1：嫁接來自La Tâche園的接枝，Romanée-Conti的黑皮諾常結著小串的果實。

右下2：靠近十字架旁的0.1公頃地塊，於十八世紀才從Richebourg併入Romanée-Conti。

法國大革命後La Romanée收歸國有，並在十八世紀末拍賣，為了吸引買家，La Romanée被加上Conti一字成為今日的名稱Romanée-Conti。拍賣成私人產業後經多次轉賣，在一八六八年為Santenay村的酒商Duvault-Blochet所有，至今，此園仍為其後代所經營。在一九四二年因一半股權賣給Henri Leroy，於是直接以特級園Romanée-Conti為名，成立了Domaine de la Romanée-Conti酒莊公司。

在全布根地，只有兩片特級園四周都被其他特級園團團圍住，Romanée-Conti便是其中之一。在上坡處為La Romanée，下坡處有石牆，以一鄉道與Romanée St. Vivant為鄰，北側為Richebourg，南側亦有石牆，與La Grand Rue也僅一路之隔。Romanée-Conti的長寬各約150公尺，形狀方正，在坡底的部分，因為有一七六〇年新增的0.1公頃的Richebourg而略為往北延伸，最上坡處也有一小片伸入La Romanée。位處山坡中段，地勢平坦，約有6%的坡度，僅爬升10公尺，約介於海拔260到270公尺之間。地下岩層與隔鄰特級園的山坡中段類似，以小牡蠣化石的泥灰岩層為主，也有認為是海百合石灰岩層，紅褐色表土淺，僅20公分，但也有些區域達50到60公分，在下坡處混合許多細小的牡蠣化石，上坡處則混合較多小型的石灰岩塊。

在Croonembourg的時期曾經自高坡運一百五十車的土填補流失的土壤，一七八五到一七八六年間，康地王子也一樣自山區運來數百車的土壤填入葡萄園。也許這是Romanée-Conti與其他園不同的原因之一。自從法國法定產區制度實施後已經完全禁止運來其他地區的土壤，只能將被沖到下坡處的土壤運回到上坡。Romanée-Conti的中坡處是受陽最好也最溫暖的區域，葡萄較早熟，且沒有霜害。頗特別的是，在二十世紀初，幾乎全布根地的葡萄園都開始嫁接在美州種葡萄的砧木上，但當時Romanée-Conti因採用將波爾多液打入土中防治芽蟲病，整片葡萄園一直沒有嫁接砧木，以黑皮諾原株種植，而且採用稱為provinage的壓條式種法，直接將葡萄藤埋入土中以長出新株，種植密度非常高。不過最後仍不敵葡萄根瘤芽蟲病，在一九四五年全部拔掉，當年只生產600瓶，一九四六年後開始重種由La Tâche園中以Marssala法選育成的黑皮諾。在一九四六到一九五一年之間完全停產。目前酒莊已經自有機種植全面改採自然動力法，亦全部使用馬匹犁土以減少耕耘機重壓土地，讓土壤中有更多的生命。

相較此村的各特級園，Romanée-Conti的風格似乎綜合各園的一些特性，特別是集結了Romanée St. Vivant的優雅與La Tâche的強力，但在年輕時沒有像Richebourg那麼濃厚飽滿，似乎更為內斂，也更傾向於La Tâche，需要許多的時間才能見其本貌。

侯馬內（La Romanée，0.85公頃）

直接位在Romanée-Conti上坡處，僅以一低矮、幾乎看不見的石牆相隔，是全布根地面積最小的特級園，也是全法國產量最少的AOC/AOP法定產區，每年約產三百多箱。在十九世紀初曾分為九片，由Comte Liger-Belair在一八二六年全數購得之後才成獨占園。在二〇〇一年之前，此園由村內的Forey家族耕作與釀造，然後賣給酒商，先後由Maison Leroy、Albert Bichot和Bouchard P. & F.培養與銷售。在二〇〇二年才開始由第七代的莊主Louis Michel Liger-Belair自己耕作與釀造。二〇〇五年之後，全部由Comte Liger-Belair酒莊自己銷售。

此園的名稱跟Romanée-Conti在十七、八世紀時的名稱相同，和La Tâche園一樣，兩家酒

上：Romanée-Conti園下坡處靠近Romanée St. Vivant處相當平坦，幾乎沒有坡度。

左中：下坡的石牆阻擋土石流失，隔一段時間須將土壤運回上坡處。

中中：康地王子在村內所興建的釀酒窖。

右中：全園已經全部採用自然動力法種植。

下：較高坡一點的特級園La Romanée和一級園Aux Reignots坡度開始變陡。

莊曾經有過名稱上的爭執，不過十世紀創立的St. Vivant de Vergy修院資料中並沒有提到此兩園為同一園，而在十九世紀前，此園也不稱為La Romanée。不過，Romanée-Conti曾經在重要的文件上誤植為La Romanée而添加一些爭議。Liger-Belair雖認為可能在十四世紀前為同一園，但並無佐證的資料可考。

　　La Romanée比下坡的La Romanée-Conti（6%）坡度稍陡一點，約12%，但相較於上坡的一級園Aux Reignots的20%坡度還是相當和緩。不過表土有些區域達50公分，反而比La Romanée-Conti的20公分表土還深，紅褐色的石灰質黏土混合著一些培摩玫瑰石塊。因東西向較狹窄，葡萄採南北向種植。此區的酒風在二○○○年之前常偏瘦，顯得酸澀一些，近年來較為濃郁豐厚，也更細膩一些，是相當有潛力的名園。

侯馬內－聖維馮（Romanée St. Vivant，9.44公頃）

　　在Romanée-Conti和Richebourg的下坡處與Vosne村子之間，有一片坡度更平緩，範圍較大的特級園，此為村內的歷史名園——Romanée St. Vivant。在西元十二世紀時，布根地公爵捐贈村內的葡萄園給隸屬於Cluny修會的St. Vivant de Vergy修院，此院在西元九○○年左右創立於距村子西方約5公里的山谷內。此園原稱為Les Cloux（意即clos）de St. Vivant，到十八世紀因鄰近當時更知名的Romanée-Conti葡萄園才改稱Romanée St. Vivant。為了就近耕作與釀造，修會在最下坡處建有釀酒窖，現為Domaine de la Romanée-Conti酒莊的培養酒窖。跟Clos de Vougeot一樣，一直到一七九一年法國大革命之前，此園一直由修會經營。

　　在十六世紀中之前，此區原有四片葡萄園，其中位置最高的Cloux des Cinq Journaux在一五八四年賣掉成為私人產業，這片葡萄園即是今日的Romanée-Conti。其他三片中，最知名的是位在Romanée-Conti下方的Les Quatre Journaux，包括Louis Latour、Arnoux-Lachaux、Domaine Dujac、Sylvain Cathiard、Follin-Arbelet和Poisot都位在這一區。另外最大塊的稱為Clos des Neuf Journaux，位在Richebourg下方，為DRC所獨家擁有。北側靠近一級園Les Souchots旁邊這一區稱為Clos du Moytan，包括Leroy、Jean-Jacques Confuron和Hudelot-Noëllat都位於此。

　　此園地勢非常平緩，海拔高度介於255到260公尺之間，幾乎沒有斜度，表土非常深厚，可達80公分，含有頗多黏土，混合著一些石灰岩塊，排水性並不特別佳，在北側也許因為背斜谷的堆積，土壤中含有較多的石塊，比較沒有那麼黏密。雖然從自然條件上看來，此區似乎不是極佳，不過，就酒的風格來看，卻是村內最為精巧細緻的特級園。即使有許多黏土，但單寧的質地卻經常相當滑細，很少有太粗硬的澀味，再配上Vosne村的深厚口感，相當精緻迷人，雖然很少有Richebourg的豐厚與強勁的酒體，一樣相當耐久。

　　有十一家酒莊擁有此園，分別為Domaine de la Romanée-Conti（5.29公頃）、Leroy（0.99公頃）、Louis Latour（0.76公頃）、Jean-Jacques Confuron（0.5公頃）、Poisot（0.49公頃）、Hudelot-Noëllat（0.48公頃）、Arnoux-Lachaux（0.35公頃）、Follin-Arbelet（0.33公頃）、Domaine de l'Arlot（0.25公頃）、Sylvain Cathiard（0.17公頃）、Domaine Dujac（0.17公頃）。

左上：僅有0.6公頃的特級園La Romanée。

中上：La Romanée園（左上）與Romanée-Conti不同，採南北向種植。

右上上：Domaine Leroy的Romanée St. Vivant位在全園西北角落的Clos du Moytan。

右上下：St. Vivant修院釀酒窖邊的Romanée St. Vivant。

下：Romanée St. Vivant位處Richbourg下方的Clos des Neuf Journaux，為DRC所獨有。

李其堡（Richebourg，8.03公頃）

在布根地各特級園中，Richebourg經常以一種非常深厚飽滿的豐盛酒體展露其獨特的酒風，不同於內斂、有所保留的La Tâche，Richebourg更直接外放，也比Romanée St. Vivant更厚實有力。如此華麗風格的黑皮諾也經常是此村紅酒的招牌特性，只是除了更濃縮，也更常有強勁的架構，以及成熟而細緻的單寧質地。在布根地所有的紅酒中，除了一些獨占園外，Richebourg經常是價格最高的特級園。

位在Romanée St. Vivant的高坡處，南邊和La Romanée與Romanée-Conti直接相鄰，而且位處在同樣高度的山坡中段，海拔在260與280公尺之間。一九二二年，北邊的Les Varoilles sous Richebourg園被併入，成為今日的規模。跟最原始的Richebourg不同的是，新加入的區域已經延伸到Combe Brulée背斜谷邊，從面東開始略為朝北，比較冷一些，通常要晚幾日採收才會有同樣的成熟度。Méo-Camuzet與Gros家族的Richebourg（A. F. Gros是唯一例外，只有43%）主要位在這一區，Domaine de la Romanée-Conti的Richebourg也有四分之一在此區。

熙篤會在法國大革命之前也擁有一大部分的Richebourg，葡萄運到梧玖園城堡釀造，不過並非獨家擁有。現在有十一家酒莊擁有此地，幾乎沒有酒商，而且大多是Vosne村內的酒莊。分別為Domaine de la Romanée-Conti（3.53公頃）、Leroy（0.78公頃）、Gros Frère et Soeur（0.69公頃）、A. F. Gros（0.6公頃）、Anne Gros（0.6公頃）、Thibault Liger-Belair（0.55公頃）、Méo-Camuzet（0.34公頃）、Jean Grivot（0.31公頃）、Mongeard-Mugneret（0.31公頃）、Hudelot-Noëllat（0.28公頃）、Albert Bichot（0.07公頃）。

塔須（La Tâche，6.1公頃）

村內最南邊的特級園，現由Domaine de la Romanée-Conti酒莊所獨有，經常能釀出此村最堅硬結實的黑皮諾紅酒。La Tâche的本園只有1.43公頃，位在較南邊的低坡處，在一九三三年前屬Comte Liger-Belair酒莊所有。上坡處與北側稱為Les Gaudichots，在一九三○年代大多為DRC所有。兩園後來相合成一園有頗複雜的訴訟過程。一九三○年DRC將此園所產的酒全部以La Tâche為名銷售，Comte Liger-Belair酒莊決定提告侵權，不過，在訴訟還沒結束前伯爵就過世，DRC趁機買下被伯爵後代拍賣的La Tâche本園才結束紛爭，兩園在一九三六年合併成為6.1公頃的特級園。不過除了DRC所擁有的部分，Les Gaudichots並沒有全部成為特級園，位在La Grand Rue低坡處有一小片屬村莊級，最南端的高坡處也只被列為一級園。

此區在山坡上的縱深長達400公尺，海拔高度從250公尺爬升到近300公尺，最低處已經貼到村子邊，坡度較平緩，在上坡處開始變得比較斜陡。隔一條鄉道與更陡峭的村莊級園Champs Perdrix相鄰。在中坡處有一便道橫穿過，DRC於此處建排水道以防雨水沖刷流失土壤。全園由上往下跨越三個岩層，最上段為培摩石灰岩，紅褐色的表土淺，約40公分，含有許多石塊；中段為白色魚卵狀石灰岩層，表土仍然相當淺，到下坡處為帶小牡蠣化石的泥灰岩層，表土深達1.5公尺，含有許多黏土質。目前全數採用自然動力法種植，也以馬代替耕耘機犁土。

混合了不同區段的葡萄釀製而成的La Tâchet，除了穩定的品質、非常均衡的口感與多變的

上：酒風豐厚飽滿的Richebourg園。

下：分切Richebourg（左）與Romanée St. Vivant的特級園之路。

La Tâche是DRC的獨占園

右頁上：Richebourg地勢最陡且略朝東北的Les Veroilles。

右頁下：La Tâche園的採收。

香氣，也常能表現出此園相當獨特的特性，有黑皮諾極少見的緊密結實的強力單寧，嚴謹的架構配上此村的深厚與飽滿酒體，體格魁梧卻骨肉勻稱，除了黑櫻桃更常有香料香氣，也許不是村內最優雅細緻的特級園，但有最渾厚的力量，相當耐久以變化出多變的香氣，不過，也常需要更長的時間才能達到適飲，是布根地最頂尖的特級園之一。

大道園（La Grand Rue，1.65公頃）

　　這片位在山坡中段精華區的特級園與La Romanée、Romanée-Conti及Romanée St. Vivant只有一路之隔，和La Tâche則全然相連，在一九三〇年代因莊主考量升級將提高稅金，沒有提出申請，一直晚到一九九二年才成為特級園，升級時同時併入0.22公頃的Les Gaudichots才成為現在的規模。自一九三三年至今為Lamarche家族的獨占園。是村內所有特級園中最不知名的，稱為「大道園」可能是因位處村內往Chaux村的筆直路旁，隔著此路與三片以Romanée為名的特級園相鄰，從村子邊的海拔250公尺爬升到300公尺，地下的岩層與隔鄰三園近似。從葡萄園的條件來看，此園應該有釀成類似La Tâche的潛力，但從此村的特級園標準來看，卻經常顯得粗獷與乾瘦，二〇〇〇年代初之後開始有更為深厚的酒體，但仍少一些細緻。

埃雪索（Echézeaux，37.7公頃）

　　Echézeaux與Grand Echézeaux都和Clos de Vougeot一樣由熙篤會所創，並延續到法國大革命之後才成為私人的產業。最原始的Echézeaux葡萄園是今日稱為Echézeaux du Dessus的地塊，僅有3.55公頃，意思是上坡處的Echézeaux，以和現在稱為Grand Echézeaux，下坡處的Echézeaux（Echézeaux du Bas）區分。在一九二〇及一九三〇年代，當法國開始進行法定產區分級時，Echézeaux周圍葡萄園的地主以其所釀的葡萄酒曾經也叫Echézeaux為由，要求劃入特級園的範圍內，在政治力的運作下才擴充成今日近38公頃的規模，成為此村品質與風格最不一致，價格亦常是最低的特級園。

　　此園共有十一個分區，由上坡處延伸到中下坡處，長達800多公尺，最坡底的Les Quatiers de Nuits、Les Treux與Clos St. Denis在Lavalle的分級中都僅是二級園。其餘較知名的是最北邊與Chambolle村相鄰，位在同名背斜谷下方的Orveaux，位在上坡處，坡度較斜陡的Les Rouges du Bas以及位在本園北邊，曾被修士認為是本園一部分的Les Poulaillères，現主要為Domaine de la Romanée-Conti所有。在最南邊的Les Crouts有較多的白色石灰岩，曾經種植白葡萄。

　　因面積較大，多達八十四家酒莊擁有Echézeaux，主要的酒莊有Domaine de la Romanée-Conti（4.67公頃）、Mongeard-Mugneret（2.5公頃）、Gros Frère et Soeur（2.11公頃）、Comte Liger-Belair（2.05公頃）、Emmanuel Rouget（1.43公頃）、Georges Mugneret-Gibourg（1.24公頃）、Perdrix（1.14公頃）、Christian Clerget（1.09公頃）、Jacques Cacheux（1.07公頃）、Albert Bichot（1公頃）、Jean-Marc Millot（0.97公頃）、Anne Gros（0.85公頃）、Jean Grivot（0.84公頃）、Faiveley（0.83公頃）、Arnoux-Lachaux（0.8公頃）、Domaine Dujac（0.69公頃）、Jean-Yve Bizot（0.56公頃）、Eugénie（0.55公頃）、Jayer-Gilles（0.54公頃）、Louis Jadot（0.52公頃）、Confuron-Cotétidot（0.46公頃）、Joseph Drouhin（0.46公頃）、Méo-

La Grand Rue到一九九二年才升格為特級園。

上：Echézeaux的面積廣闊，最精華區位在本園與中坡處的Les Rouges du Bas。

左下：Grand Echézeaux面積較小，直接緊貼在與Clos de Vougeot相鄰的石牆邊。

中下：地勢較為平緩的Grand Echézeaux有頗深厚的土壤。

右下上：Echézeaux的北端進入Combe d'Orveaux背斜谷，酒風轉為較輕巧些。

右下下：Grand Echézeaux（左）與Echézeaux本園。

Camuzet（0.44公頃）。

大埃雪索（Grand Echézeaux，9.1公頃）

緊貼在Clos de Vougeot園南側，兩面為Echézeaux所包圍，也是十二世紀即為熙篤會教士所開創的葡萄園，原稱為Echézeaux du Bas，但因面積較原初的Echézeaux本園大，後改稱為Grand Echézeaux。此園的地勢更加平坦，表土含許多黏土質，而且相當深，地下的岩層與特級園Musigny相似。因面積較小，品質和風格都較隔鄰的Echézeaux和Clos de Vougeot來得穩定許多。通常有更濃厚的酒體，但單寧更加強勁，年輕時稍粗獷封閉一些，需要多一點時間熟成。

有二十一家酒莊擁有此園，主要的酒莊有Domaine de la Romanée-Conti（3.53公頃）、Mongeard-Mugneret（1.44公頃）、Jean-Pierre Mugneret（0.9公頃）、Thénard（0.54公頃）、Eugénie（0.5公頃）、Henri de Villamont（0.5公頃）、Joseph Drouhin（0.48公頃）、Gros Frère et Soeur（0.37公頃）、Comte Liger-Belair（0.3公頃）、Albert Bichot（0.25公頃）。

Grand Echézeaux也曾經是熙篤會的產業。

上：高坡陽光處為一級園Aux Brûlée與Les Beaux Monts，前景則為La Tâche、La Grand Rue、Romanée-Conti、La Romanée與Richebourg等特級園。

中左：一級園Aux Reignots。

中右：一級園Clos des Réas。

左下：一級園Cros Parentoux。

右下：Les Beaux Monts。

一級園

不只是有精彩獨特的特級園，此村的十四片一級園也都相當有個性，主要分在四個區域。最密集處在村子最南邊與Nuits St. Georges村交界的地方，有五片一級園，最高坡處是Aux Dessus des Malconsorts和Les Gaudichots，前者傾向於輕巧高瘦，後者常相當堅硬帶野性；中坡處為Aux Malconsorts，是最佳一級園，比隔鄰的La Tâche更為柔和可口，也可能更細緻，但常能有此村的豐厚口感；再往下則是Les Chaumes，雖較不精細，但柔和圓潤；最底下的一級園為Michel Gros的獨占園——Clos des Réas，因土壤有些轉變，即使在坡底，卻相當優雅可口。

在Richebourg和La Romanée等特級園的上坡處有三片條件極佳的一級園，大多土少石多，酒風均衡高雅。最北邊為Gros Parantoux，雖有些朝北，也較寒冷，但在Méo-Camuzet跟Emmanuel Rouget唯二的酒莊手中卻常能釀出如Richebourg般飽滿豐厚，但又內斂帶礦石氣的精彩紅酒，常有緊澀單寧支撐，亦頗耐久。南邊為風格較高瘦堅挺，但亦能顯優雅的Aux Reignots。夾在中間，位於Richeboueg本園正上方的則是Les Petits Monts，常可釀出風格相當細膩多變的黑皮諾。

背斜谷Combe Brulée在Vosne村和Flagey-Echézeaux村交界處切穿金丘，形成略朝東南的山坡，亦是精華區，上坡處為Les Beaux Monts，在靠近特級園Echézeaux的附近，甚至常能釀出比下方特級園更精緻且有力的厚實紅酒。背斜谷下坡處的谷底兩側為Aux Brûlées，因地形破碎，有較多樣的風格。小谷地往下延伸則是Les Souchots，位處Romanée St. Vivant和Echézeaux兩片特級園間的凹陷處，是全村最大的一級園。酒風稍粗獷，但極佳者能近似Romanée St. Vivant。在Romanée St. Vivant的最下坡處有一小片稱為La Croix Rameau，比Souchot更具個性的一級園。在Orveaux背斜谷邊有兩片高坡的一級園Les Rouges du Dessus和En Orveaux，氣候比較冷，成熟較慢，常釀成比較輕巧一些的優雅紅酒。

酒莊與酒商

Arnoux-Lachaux (DO)

- HA: 14 GC: Romanée St. Vivant(0.35), Echézeaux(0.8), Clos de Vougeot(0.45), Latriciéres-Chambertin(0.53) PC: Vosne-Romanée Les Souchots, Aux Reignots, Chaumes; Nuits St. Georges Les Procès, Corvées Pagets

- Charles Lachaux接替父親Pascal後，改採自然動力法耕作，以整串葡萄釀造，縮短泡皮時間，減少新桶的使用，酒的風格從濃厚強力轉為精細優雅。

Jean-Yve Bizot (DO)

- HA: 3.1 GC: Echézeaux(0.56)

- 相當小巧的手工藝式的酒莊，採用有機種植與無二氧化硫的自然酒釀法。頗多老樹，葡萄藤採短剪枝，產量極低，採收稍早，亦不加糖，酒精度低，以整串葡萄釀造，全部新桶培養，不混調，完全以手工原桶裝瓶，酒風清淡雅緻，非常獨特。亦釀製Bourgogne白酒Les Violettes，風格頗強硬。

Jacques Cacheux（DO）

- HA: 6.93 GC: Echézeaux(1.1) PC: Vosne-Romanée Croix Rameau; Chambolle-Musigny Les Charmes, Les Plante

- 風格較為老式樸實的酒莊，現由第二代Patrice Cacheux經營，酒風已較為現代，也變得華麗些，全部去梗，低溫泡皮和短暫發酵，三分之一到全新木桶培養。

Sylvain Cathiard (DO)

- HA: 4.25 GC: Romanée St. Vivant(0.17) PC: Vosne-Romanée Les Malconsorts, Aux Reignots, Les Souchots, En Orveaux; Nuits St. Georges Aux Murgers, Aux Thorey

- 小規模釀造，嚴謹認真的葡萄農酒莊，全部去梗與長達一週的發酵前低溫泡皮，一級園以上採用50－100%的新桶，釀成的酒頗為濃厚結實，但亦常能有純粹與自然的多樣變化。

Bruno Clavelier (DO)

- HA: 6.54 GC: Corton Rognet(0.34) PC: Vosne-Romanée Les Beaux Monts, Aux Brûlées; Chambolle-Musigny La Combe d'Orveau, Les Noirots; Gevrey-Chambertin Les Corbeaux

- Bruno Clavelier自一九八七年開始接替外祖父的酒莊，二〇〇〇年採用自然動力種植法，亦擁有相當多老樹。在釀酒上，頗注重保留葡萄園的特色，他自己有一套以葡萄園的岩質與土壤為基礎的黑皮諾風格詮釋。釀法自然卻精準地表現土地特色，大多去梗，小心萃取，低比例的新桶，釀成相當精緻多香，且各有風貌的葡萄酒。Chambolle村的一級園La Combe d'Orveau位於小Musigny上方，非常優雅，是酒莊的招牌。

Confuron-Cotétidot (DO)

- HA: 10.41 GC: Echézeaux(0.46), Clos de Vougeot(0.25), Charmes-Chambertin(0.39), Mazis-Chambertin(0.09) PC: Vosne-Romanée Les Souchots, Gevrey-Chambertin Lavaut, Le Petite Chapelle, Les Craipillots; Nuits St. Georges Vigne Rondes

- Yve和Jean-Pierre Confuron兩兄弟一起經營的酒莊，前者也是Pommard村名莊Domaine Courcel的總管，種植與釀造兼管，後者甚至大部分時間擔任伯恩市酒商Chanson P. & F.的釀酒師，不過這三處的酒風卻很不相同。Yve嚴肅勤奮，常見到他週末在葡萄園工作，葡萄的產量很低，而且等到葡萄非常成熟才採，Yve甚至不太在意酸味，他相信葡萄總會找到自己的均衡。整串不去梗的葡萄在發酵前先經過一週甚至更久的泡皮，開始發酵後浸泡的時間很長，常超過一個月，然後經過至少一年半的時間進行橡木桶培養，有時甚至長達兩年。這樣的釀法確實有些極端，酒經常非常濃縮，相當結實有勁，有趣的是，有時甚至還頗新鮮多果香。

Domaine d'Eugénie (DO)

- HA: 7.51 GC: Grand Echézeau(0.5), Echézeaux(0.55), Clos de Vougeot(1.36) PC: Vosne-Romanée Aux Brûlées

- 原本是村內的老牌名廠René Engel酒莊，於二〇〇六年成為波爾多Ch. Latour莊主的產業，改名為Domaine d'Eugénie。由負責管理Ch. Latour的酒莊總管Fréderic Engeré組成專業的團隊一起管理。波爾多與財團在布根地向來不太受歡迎，釀成的酒風確實有些不同，顏色很深，而且相當濃縮。一部分的葡萄園已經開始採用自然動力法。

Domaine Forey (DO)

- HA: 10 GC: Clos Vougeot, Echezeaux PC: Vosne Romanée Les Gaudichots, Les Petits Monts; Nuits St. Georges Les St. Georges,

Pascal Lachaux

Jean-Yve Bizot

Bruno Clavelier

Yve Confuron

Regis Forey

Les Perrières

- 一八四〇年創立，現由第四代Regis經營。過去的酒風相當老式粗獷，多澀味，需頗長時間熟化。近年來酒風有大幅轉變，加入部分整串葡萄釀造，採用低溫發酵，少採皮，多淋汁，釀成的紅酒靈巧精細且自有個性，逐步成為村內菁英酒莊。

Jean Grivot (DO)

- HA: 15.5　GC: Richebourg(0.32), Echézeaux(0.84), Clos de Vougeot(1.86) PC: Vosne-Romanée Les Beaux Monts, Aux Brûlées, Les Chaumes, Les Souchots, Les Rouges; Nuits St. Georges Boudots, Pruliers, Roncières

- 由第二代Etienne Grivot經營，在一九八〇年代末曾以獨特的發酵前低溫泡皮釀法受到注意，但經過二十多年不斷地精進，從原本稍濃縮與多萃取，演變成現在經常可以釀造出相當均衡多變化，且有精緻單寧質地的優雅風味，是村內重要的精英酒莊。現在葡萄全部去梗，仍有近一週的發酵前低溫泡皮，少踩皮，有些淋汁，約兩週發酵即停止泡皮，約採用40%的新桶培養。除了擁有直昇機，自二〇〇九年起，酒莊也開始使用馬匹犁土。

Anne Gros (DO)

- HA: 6.48　GC: Richebourg(0.6), Echézeaux(0.85), Clos de Vougeot(0.93)

- Gros家族中最小的酒莊，但也是最迷人的一家，Anne Gros釀造的黑皮諾常有非常乾淨鮮美的果味，有著精巧變化，但又飽滿可口的美味口感，似乎從年輕

時就已經開始適飲。近年來有更多的礦石，也更為內斂。通常葡萄全部去梗，沒有發酵前泡皮，約30－80%的新桶培養十五個月。除了位置極佳的Clos de Vougeot和非常豐盛性感的Richebourg，Anne Gros的兩片村莊級園Les Barreaux和La Combe d'Orveau都位在較寒冷的區域，常能釀成優雅的風格，前者強勁，後者輕巧。

Gros Frère et Soeur (DO)

- HA: 18.4　GC: Richebourg(0.69), Grand Echézeau(0.37), Echézeaux(0.93), Clos de Vougeot(1.56) PC: Vosne-Romanée Les Chaumes

- 由Bernard Gros負責管理，相較於目前越來越重自然的風潮，Bernard Gros仍然採用較為主宰式的耕作與釀造法，也較少犁土。Bernard自一九九五年起開始使用真空低溫蒸發法的濃縮機以取代加糖，採用人工選育的酵母，在發酵完成後加溫到40℃，所有的酒都在全新木桶中培養。以此方法釀成的紅酒相當濃厚圓潤，不過，似乎少了較精緻的細節變化。其Clos de Vougeot位在最高處稱為

Musigni的地塊，與Musigny僅一牆之隔。

Michel Gros (DO)

- HA: 23.3　GC: Clos de Vougeot(0.2)　PC: Vosne-Romanée Clos des Réas, Aux Brûlées, Nuits St. Georges Aux Murgers, Vignes Rondes

- 和Gros Frère et Soeur採用類似的理念耕作與釀造，但比較謹慎小心一些。葡萄一樣全部去梗，也使用濃縮機提高濃度，發酵後也會升溫到35℃以加深酒色以及讓單寧更加圓潤。採用50－100%的新桶培養二十個月。Michel Gros釀成的酒相當濃厚、豐滿、可口，特別是獨占園Clos des Réas，常有優雅細緻的單寧質地。

Nicole Lamarche (DO)

- HA: 1.65　GC: La Grand Rue(1.65)

- 曾經是村內的重要酒莊François Lamarche，但分家之後只留下這珍貴的獨佔特級園La Grand Rue。Nicole接手酒莊後改採有機耕作，酒的品質大幅提升，有更深厚的酒體和結實架構。

Gros家族

- 布根地酒莊複雜的家庭網絡常讓人產生混淆，Vosne村的Gros家族就是現成的例子。目前Gros家族有四家酒莊，分別由Louis Gros的第三代經營。首先，Gros Frère et Soeur酒莊是Louis Gros的女兒Colette和長子Gustave共同組成的酒莊，因兩人都未婚，所以由弟弟Jean的次子Bernard負責管理。次子Jean和老婆成立Jean Gros酒莊，現由其長子Michel繼任成立Michel Gros酒莊，Jean的女兒Anne-Françoise嫁入Pommard村的Parent家族，也分到一些葡萄園，現在和丈夫François Parent一起在伯恩市成立Anne-Françoise Gros酒莊。至於Louis Gros的小兒子François和女兒Anne成立Anne et François Gros酒莊，現改為Anne Gros。Anne雖然嫁入Chorey-lès-Beaune村的Tollot-Beaut家族，但仍在Vosne村有自己的酒莊。

Anne Gros　　　François Lamarche

Leroy的Richebourg葡萄園　Lalou Bize-Leroy

Comte Liger-Belair酒莊

Leroy (ND)

- HA: 22.5 GC: Richebourg(0.78), Romanée St. Vivant(0.99), Chambertin(0.7), Latricières-Chambertin (0.57), Musigny(0.27), Clos de la Roche(0.67), Clos de Vougeot(1.91), Corton-Renard(0.5), Corton-Charlemagne(0.43) PC: Vosne-Romanée Les Beaux Monts, Aux Brûlées; Nuits St. Georges Aux Boudots, Aux Vignerondes; Chambolle-Musigny Les Charmes; Gevrey-Chambertin Les Combottes, Volnay-Santenots du Milieu; Savigny-lès-Beaune Les Narbandones

- Leroy自酒商起家,一八六八年創建於伯恩丘的Auxey-Duresses村內,第三代Henri Leroy在一九四二年買下Domaine de la Romanée-Conti酒莊一半的股權。酒商的規模一直不大,一九五五年由Henri Leroy的女兒Lalou Bize-Leroy接手,負責葡萄酒的採購,在一九七四年更接替Henri,和Aubert de Villaine一起成為DRC的管理者直到一九九二年由其姪兒Henri Roch取代。

一九八八年購買Charles Noëllat與Philippe Rémy酒莊的葡萄園,在原本Charles Noëllat於村內的酒窖成立Domaine Leroy。Lalou還獨自擁有一家酒莊Domaine d'Auvenay,擁有3.87公頃,包括Mazis-Chambertin、Bonnes-Mares、Chevalier-Montrachet及Criots-Bâtard-Montrachet等特級園。一九八八年成立後,所有葡萄園採用自然動力法種植,是布根地的先鋒之一。此外,Leroy的葡萄園也完全不修葉,任其蔓延生長後再固定於籬架上。因多為老樹,且留的葉芽與葡萄串少,產量非常低。

釀製的方法和DRC相當類似,葡萄經嚴密挑選,不去梗,整串葡萄放入傳統木製酒槽內,經數日葡萄自然開始發酵,一開始先淋汁,後每天兩次人工踩皮,大約十八到十九天完成發酵與浸皮。發酵溫度較低,主要在18－24℃間。發酵完之後全部放進全新的橡木桶培養十六到十八個月,只換桶一次,完全不過濾直接裝瓶。Leroy酒莊的酒大多相當濃縮,但強勁且均衡,常有外放但多變的熟果、香料與木桶香氣,亦具極佳的陳年潛力。

Domaine de Comte Liger-Belair (DO)

- HA: 20.1 GC: La Romanée(0.85), Echézeaux(2.05), Grand Echezeaux (0.3), Clos Vougeot (1.35) PC: Vosne-Romanée Aux Reignots, Petits Monts, Chaumes, Aux Brûlées, Les Souchots, Les Malconsorts, La Croix Rameau; Nuits St. Georges Aux Cras, Clos des Grandes Vignes, Les Cras

- 一八一五年創立的Liger-Belair家族,曾擁有包括La Tâche在內的重要名園,但一直到二○○二年才開始由第七代的莊主Louis Michel Liger-Belair自己耕作與釀造,現在已經全部自己裝瓶銷售。葡萄全部去梗,一週發酵前低溫泡皮,再經兩週的發酵與浸皮,多淋汁,少踩皮,釀成後進全新的橡木桶培養約一年半後裝瓶。釀成的酒頗為優雅,在Vosne村的豐滿中有比較收斂的高雅姿態。

Méo-Camuzet (DN)

- HA: 20.46 GC: Richebourg(0.34), Echézeaux(0.44), Clos de Vougeot(3.03), Corton(Clos Rognet, Perrières, Vigne aux

St.共1.32) PC: Vosne-Romanée Cros Parentoux, Aux Brûlées, Les Chaumes; Nuits St. Georges Aux Boudot, Aux Murger

- 布根地的重要歷史酒莊,曾擁有Clos de Vougeot城堡,但莊主非農民出身,全部的葡萄園都以Métayage方式租給村內包括Henri Jayer在內的葡萄農,晚至一九八五年才自己裝瓶。現由Jean-Nicoas Méo負責管理。釀造的方式也大致依循Henri Jayer的理念,低產量,全部去梗,發酵前低溫泡皮,先淋汁後踩皮,50－100%的新桶。釀成的酒頗濃厚,也相當結實有力,是Vosne村的典型代表之一,其Clos de Vougeot強勁而細緻,經常是全園最佳的範本。亦開設酒商Méo-Camuzet F. & S.,以買進的葡萄釀成。

Gérard Mugneret (DO)

- HA: 7 GC: Echezeaux PC: Vosne Romanée Les Souchots, Les Brulées, Nuits St. Georges Les Boudots; Chambolle Musigny Charmes

- 二○○五年由原擔任工程師的第二代Pascal返鄉接手經營,釀法精確,有均衡嚴謹的扎實酒風,即使連Bourgogne和Passe tout Grains都極認真釀造,有超高水準。由十五片園混調成的Vosne村莊酒非常性感精緻,是教科書級的佳釀。

Mongeard-Mugneret (DO)

- HA: 33 GC: Richebourg(0.31), Grand Echézeau(1.44), Echézeaux(2.5), Clos de Vougeot(0.63) PC: Vosne-Romanée Les Petits Monts, Les Souchots; Nuits St. Georges Aux Boudots; Vougeot Les Crâs; Savigny-lès-Beaune Les Narbantons;

Pascal Mugneret　　Mongeard-Mugneret 酒莊　　Marie-Christine和 Marie-Andrée　　Jean-Nicolas Méo　　Aubert de Villaine　　St. Vivant修院的釀酒窖 現為DRC的培養酒窖

Pernand-Vergelesses Les Basses Vergelesses; Beaune Les Avaux

- 一九二〇年代創立的老牌酒莊，現已成為全村葡萄園面積最大的酒莊，在Echézeaux和Grand Echézeaux的面積都僅次於DRC。目前負責管理的是第三代的Vincent Mongeard。全部去梗，四至五天發酵前低溫泡皮，踩皮與淋汁併用，泡皮時間短，約兩週即釀造完成，50-70%新橡木桶培養一年半。釀成的酒也許不是特別精緻典雅，但頗為濃厚均衡，而且經常相當可口。

Georges Mugneret-Gibourg (DO)

- HA: 8.36 GC: Echézeaux(1.24), Clos de Vougeot(0.34), Ruchottes-Chambertin(0.64) PC: Chambolle-Musigny Les Feusselottes; Nuits St. Georges Les Vignes Rondes, Les Chaignots
- 由第二代兩姐妹Marie-Christine與Marie-Andrée共同經營，是村內相當迷人的老牌經典酒莊，全部去梗偶爾留一小部分整串葡萄，約兩週的發酵與泡皮，相當傳統簡單的釀法，用20-65%的新桶培養。釀成的酒頗能表現土地特色，亦不會過度濃厚，圓熟卻有力的結實單寧相當精緻均衡。

Georges Noëllat (DO)

- HA: 7 GC: Grand Echezeaux, Echezeaux PC: Vosne Romanée Les Beaumonts, Les Petits Monts, Les Chaumes; Nuits St. Georges Aux Cras, Les Boudeots
- 二〇一〇年，出身香檳區的Maxime Cheurlin剛滿二十歲就從外婆手中接下此塵封多時的酒莊，但卻迅速以相當優雅

精確的酒風成名。他自認與其他酒莊並無不同，但大部分的酒款都頗具特性，均衡而細緻，有無限的潛力。

Domaine de la Romanée-Conti (DO)

- HA: 32.18 GC: Romanée-Conti(1.8), La Tâche(6.06), Richebourg(3.51), Romanée St. Vivant(5.29), Grand Echézeau(3.53), Echézeaux(4.67), Montrachet(0.68), Bâtard-Montrachet(0.17), Corton(Les Bressandes, Le Clos du Roi, Les Renardes 2.27), Corton-Charlemagne (2.91) PC: Vosne-Romanée Les Gaudichots, Les Petits Monts, Au Dessus des Malconsorts
- 經常簡稱為DRC的Domaine de la Romanée-Conti是布根地的第一名莊。擁有包括兩片獨占園在內的九片特級園。此酒莊源自一八一六年由Jacques-Marie Duvault-Blochet於Santenay村建立的酒商，曾在布根地擁有133公頃的葡萄園，其產業由兩個女兒繼承，酒莊成為de Villaine和Chambon兩個家族共有，後者於一九四二年將持分賣給Henri Leroy，才創立了今日由de Villaine與Leroy兩家族共同經營的Domaine de la Romanée-Conti。現任的經營者是Aubert de Villaine及Leroy家族的Perrine Fenal。Aubert的個性嚴謹小心，非常細心地管理葡萄園，亦做了許多研究與試驗，一切都是井然有序，組織嚴密。從一九八〇年代就開始採用有機種植，並試驗自然動力種植法，現在已經全部採行此法，並以馬犁土。通常較為晚收，釀造法簡單自然，大多不去梗，整串葡萄放入木造的釀酒槽中，再用腳踩出葡萄汁，讓葡萄慢慢自己開始發酵，一開始淋汁讓酵母運作，

後踩皮。釀造過程大約十八到二十一天左右。釀成的葡萄酒全部放入大多為François Frères製桶廠所打造的全新橡木桶中培養十六到二十個月，只經一次換桶和一次黏合澄清。通常沒有過濾就直接裝瓶。白酒Montrachet，通常在黑皮諾採收後再採，常為該園最晚收的酒莊，榨汁後，全在新橡木桶中發酵，通常乳酸發酵完成後即裝瓶。DRC的酒風結構相當嚴謹，厚實有力，常有多層次的變化，相當耐喝，需要較長的時間才能顯露其潛力。

Emmanuel Rouget (DO)

- HA: 7 GC: Echézeaux(1.43) PC: Vosne-Romanée Les Beaux Monts, Les Cros Parentoux
- 布根地近代最傳奇的葡萄農Henri Jayer退休後，其葡萄園與葡萄酒大多由外甥Emmanuel Rouget協助耕作與釀造。二〇〇六年Henri Jayer過世後，家族的葡萄園繼續由其經營。酒莊位在Flagey村內，種植與釀造的方式亦保留Jayer的基礎與遺風，低產量的成熟葡萄，全部去梗，發酵前低溫泡皮，常用100%極高比例的新桶。

Cécile Tremblay (DO)

- HA: 4 GC: Echezeaux, Chapelle Chambertin PC: Vosne Romanée Les Rouge des Dessus, Les Beaumonts; Chambolle Musigny Les Feuselottes; Nuits St. Georges Les Murgers
- 村內的新興名莊，但釀酒窖其實位在Morey村。擁有七公頃葡萄園，原租給其他葡萄農，二〇〇二年起開始由Cécile取回自耕。採用有機法種植，大多以整串葡萄在木槽中釀造，少踩皮或淋汁，自然卻極小心萃取，酒風相當精細飄逸，以精巧取勝。

DRC的培養酒窖

Cecile Tremblay

夜－聖喬治
Nuits St. Georges

位在Les Crots一級園的Château Gris有全鎮最佳的視野。

有五千多鎮民的夜－聖喬治市（Nuits St. Georges）是夜丘區裡的最大城，亦是夜丘名稱的由來。全區內主要的酒商，與全布根地規模最大的酒商集團Boisset都位在鎮上。不同於南邊的伯恩市以酒商為主，Nuits St. Georges鎮上同時還有非常多著名的獨立酒莊，如Henri Gouges，Robert Chevillon及Alain Michelot等等，此外Nuits St. Georges也設有濟貧醫院，在採收後的隔年三月舉行拍賣。

Nuits St. Georges城南、城北都是葡萄園，產區範圍延伸到南邊的培摩村（Prémeaux）總共有322公頃的葡萄園，在全夜丘區是僅次於Gevrey-Chambertin的第二大村。全區有三十八片一級園，幾乎占了一半的面積，是夜丘擁有最多一級園的酒村。在一九三〇年代特級園開始分級的時候，Nuits St. Georges相當知名，村內許多優秀的葡萄園，如在十九世紀被列為最高等級Tête de Cuvée的名園Aux Boudots、Les Cailles、Les Vaucrains及Les St. Georges等並沒有申請成為特級園，因為若成為特級園後就不能在標籤上加註Nuits St. Georges。缺乏特級園對於鎮上的酒莊也許是一個遺憾，不過，對於不是億萬富豪的布根地酒迷來說，反而多了一些一級園價格，但卻是特級園品質的選擇。

Nuits St. Georges產區範圍南北長達近6公里，是金丘區最長的村莊級產區，由北往南大致分為與Vosne村相鄰的鎮北區、鎮南區以及更南邊的Prémeaux村三區，因自然環境的差異，風格有些不同。鎮南和鎮北之間有夜丘規模最大的Meuzin河谷切穿金丘山坡，城區沿著河岸兩旁往山坡下蔓延。北面的葡萄園比較寬廣，位在海拔240到340公尺之間，是全然面東的山坡，和Vosne村連成一氣，地質與地勢的條件相當類似，酒風也頗接近，有較圓潤的口感。一級園都

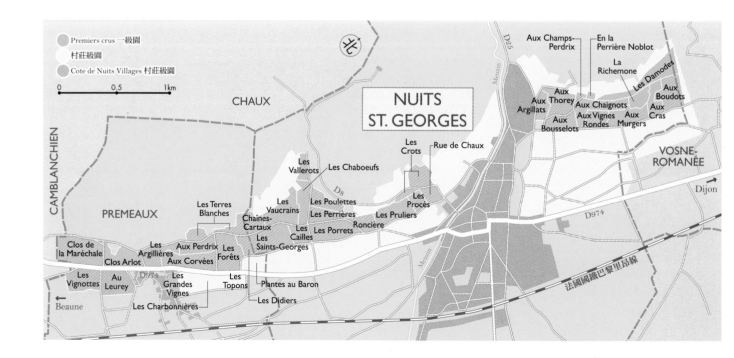

位在偏上坡處，多為侏羅紀中期，巴通階的石灰岩層，表土為多石塊的石灰質黏土，山坡下段則轉為更晚近的漸新世（Oligocene）岩層，表土混合著黏土與沙子，離鎮上較近的葡萄園則覆蓋著由Meuzin河谷自山區沖刷下來的河積沙石。

鎮南的葡萄園山坡比較狹隘，山勢也較斜陡一些，北邊較近Meuzin河谷出口側也較為狹隘且略為朝北，越往南，山勢越朝東，葡萄園山坡也越寬闊，直到與Prémeaux村交界處，有一背斜谷切過，此處為全區最精華地區，山坡中段的一級園Les St. Georges是本鎮名園，在一八九二年加上鎮名Nuits之後成為現在的Nuits St. Georges。此處的酒風較為堅硬結實，雖少一些柔情，但相當有力且耐久，也許不是最為可口，但卻是Nuits St. Georges最重要的典型酒風。

往南進入Prémeaux村之後，葡萄園山坡又開始逐漸變窄，成為細長狀，在Prémeaux村子附近，僅及120公尺，是全夜丘區最狹窄的地段。大部分的葡萄園都直接位在岩床上，這裡的岩層大多是與村子同名的培摩石灰岩，是侏羅紀中期巴通階年代最早的岩層，為堅硬的大理岩，常出現在夜丘較下坡處。因多石且斜陡，表土非常淺，但有較多黏土。在這部分共有十片一級園，幾乎所有在D974公路上坡處的葡萄園全都屬一級園，而且還有全布根地唯一位在D974公路下坡處的一級園Les Grands Vignes。到了最南端與Comblanchien村交界處，山勢轉而平緩，開始進入Côte de Nuits Villages的產區範圍。

Nuits St. Georges主產紅酒，但也產一點白酒，葡萄園主要分布在坡頂多白色岩塊的地帶，如城北的En la Perrière Noblo、城南的Les Perrières，以及Prémeaux村的Les Terres Blanches、Clos de l'Arlot與Clos de la Maréchale等。採用的品種主要為夏多內，但也有一些由黑皮諾突變而成的白皮諾，甚至灰皮諾。此地的白皮諾主要為村內的黑皮諾突變產生，和別處的白皮諾不是同一無性繁殖系。

一級園

鎮北共有十二片一級園，最知名的，是直接和Vosne村相鄰的Les Damodes和Aux Boudots。前者位在上坡處，酒體稍清淡一些，後者與隔村的知名一級園Les Malconsorts直接相連，釀成的黑皮諾酒體飽滿厚實，單寧細滑精緻，亦具結實硬骨的內裡，是鎮北最佳的一級園。往南的三片一級園Aux Cras、La Richemone和Aux Murgers亦接近Aux Boudots性感而優雅的酒風。南邊較接近鎮邊的一級園，如Aux Vignerondes、Aux Bousselots以及一部分的Aux Chaignots，表土層有較多的河積礫石與沙質，酒風轉而較為柔和。

鎮南有十六片一級園，最知名的區段在最南邊的Les St. Georges，位處山坡中段，較深的表土中混合相當多的石塊，常能生產單寧質地嚴密，且相當濃厚結實，又非常強勁有力的頂尖Nuits St. Georges紅酒，是將來最有可能升為特級園的夜丘區一級園之一。Les Vaucrains位在Les St. Georges的上坡處，雖亦多石，但卻含有更多的黏土質，釀成的紅酒更加堅硬多澀。相反地，和Les St. Georges同在中坡的Les Cailles反而表現了非常精緻、細緻的質地，是鎮南最為優雅的一級園。但其上坡的Les Chaboef位處冷風經過的背斜谷，風格稍粗獷一些。

上：上村南的Les Pruliers一級園。

左下：村北的平原區位在沖積扇上，也可釀成頗均衡優雅的紅酒。

中下：村南的葡萄園常釀出較多澀味的堅實風格。

右下下：看似小巧的Nuits St. Georges鎮是夜丘的酒業中心。

在Les Cailles北邊的中坡處接連三片一級園亦是精華區，Les Poirets（或寫成Les Porrets）有接近Les St. Georges的風格，也最為優雅；Roncière坡度較陡一些，多白色與黃色的土壤，有更成熟的風味；往北到了Les Pruliers坡度稍緩，轉回紅褐色土壤，多熟果香，常被形容成矮壯風格。在Les Poirets的高坡處有Les Perrières和Les Poulettes兩片位在多石梯田上的一級園，表土極淺，多為高瘦風格。Les Pruliers的上坡處也有Les Hauts Pruliers和Les Crots，有稍清淡一些的酒體。

在Prémeaux村有十片一級園，普遍而言，這邊的地形變化大，酒風多變，但多偏粗獷。最北邊與Les St. Georges相鄰的Les Didiers即是相當強硬粗獷的例子，但似乎頗耐久存，為Nuits St. Georges鎮的濟貧醫院所獨有。在此區有相當多的獨占園，酒莊風格常凌駕葡萄園，如Domaine de l'Arlot的Clos de l'Arlot與Clos des Forêts St. Georges有較精巧的特色，不過，後者仍有Les St. Georges般的結實口感。或如Prieuré-Roch酒莊結構非常嚴謹結實，有如金字塔般屹立不搖的Clos des Corvées；最南端的Clos de la Maréchale則由原本Faiveley時期帶野性的粗獷有力，變成Mugnier酒莊的均衡細緻；Domaine des Perdrix幾乎獨占的Aux Perdrix則有飽滿厚實的酒體。

右頁：Prèmeaux村與一級園Clos St. Marc。

左上：村北的一級園Aux Chaignots與Vigne Rond有較為圓潤的口感。

中上：村內最知名的一級園Les St. Georges。

右上：雖位於Les St. Georges旁，但酒風卻非常優雅的Les Cailles。

左下：村北近背斜谷的Aux Thorey一級園。

右下：Prieuré-Roch酒莊的獨占一級園Clos des Corvées。

酒莊與酒商

Domaine de l'Arlot (DO)

· HA: 15 GC: Romanée St. Vivant (0.25) PC: Nuits St. Georges Clos de l'Arlot, Clos des Forêts St. Georges; Vosne Romanée Les Souchots

· 金融集團的葡萄酒投資部門ＡＸＡ Millésime在布根地的酒莊，自二〇〇三年開始採用自然動力種植。跟Domaine Dujac一樣，也自買橡木風乾後由Remond桶廠製作。有兩片獨占的一級園Clos de l'Arlot和Clos des Forêts St. Georges，因面積大，各分成多片種植與釀造，最後再調配。前者甚至有一半產白酒，以夏多內混種一點灰皮諾釀成相當多香、豐滿圓潤且多酸的白酒。紅酒採用整串葡萄釀造，酒風較輕巧，頗均衡細緻。

Jean-Claude Boisset (NE)

· 布根地最大的釀酒集團，在布根地擁有包括Charles Vienot、Bouchard Ainé、Jaffelin、Mommessin和Antonin Rodet等二十多家酒商，以及位在Prémeaux村內的獨立酒莊Domaine de la Vougeraie，並在法國南部與美國加州等地擁有酒廠。現已逐漸由第二代Jean-Charles接班，他在二〇〇九年迎娶美國最大酒廠E. & J. Gallo的Gina Gallo為妻。以Jean-Charles Boisset為名的廠牌自二〇〇〇年代初改由Gregory Patria全權釀造，不再採買成酒，僅買葡萄自釀，酒風開始有極大改變，相當精緻均衡，而且不是特別商業，即使是買進的葡萄亦頗能表現土地特色。白酒全部整串榨，不除渣，在500公升大桶中緩慢發酵。紅酒發酵前低溫泡皮加發酵後延長泡皮，釀造時間常超過一個月以上。

Robert Chevillon (DO)

· HA: 13 PC: Nuits St. Georges Les St. Georges, Les Vaucrains, Les Cailles, Les Perrières, Les Chaignots, Les Prulieres, Les Bousselots

· Nuits St. Georges村內的精英酒莊，已經由第二代Denis和Bertrand接手。同時比較Chevillon產的Les St. Georges、Les Vaucrains、Les Cailles是比較此三片一級名園的最佳方式。除了典型，Chevillon在Nuits St. Georges堅硬的風格中多一些圓潤與細緻。葡萄全部去梗，發酵前低溫泡皮加上長達一個月的泡皮，以30%新桶培養十八個月。

Jean-Jacques Confuron (DO)

· HA: 8.42 GC: Ree St. Vivant (0.5), Clos de Vougeot(0.52) PC: Nuits St. Georges Boudots, Chaboeufs

· 現由女婿Alain Meunier負責管理，酒風相當乾淨純粹，葡萄全部去梗，短暫發酵泡皮，50-100%的新桶培養，常有細緻的單寧質地和可口的果味。

Faiveley (NE)

· HA: 115 GC: Chambertin Clos de Bèze (1.29), Mazis-Chambertin(1.2), Latricières-Chambertin(1.21), Clos de Vougeot(1.29), Musigny(0.13), Echézeaux(0.87), Corton Clos de Corton Faiveley(3.02), Corton-Charlemagne(0.62), Bâtard-Montrachet(0.5), Bienvenues-Bâtard-Montrachet(0.51) PC: Nuits St. Georges Les St. Georges, Les Porèts, Aux Chaignots, Aux Vignerondes, Les Damodes; Chambolle-Musigny Combes d'Orveau; Gevrey-Chambertin Les Cazetiers, Combe aux Moines, Champonnets, Crapillots, Clos des Issarts; Beaune Clos des Ecu; Pommard Rugiens; Volnay Fremiets, Puligny-Montrachet Clos de la Garennne

· 雖是酒商，但更像一家超大型的獨立酒莊，擁有上百公頃葡萄園，大部分在夏隆內丘，有近80公頃，其他在金丘，在夏布利也擁有Billaud-Simon酒莊。Erwan是Faiveley成立以來的第七代，從二〇〇四年開始，由父親François手中接管這家自一八二五年創立的酒商。家族同時擁有以製造高鐵電動門聞名的科技公司——Faiveley工業。因資本雄厚，在許多地方較不計成本，如較低的產量以及特殊的瓶型。在François時期，較為崇尚堅固均衡的古典風格，濃郁強勁，結構嚴謹，有點嚴肅，但不失細膩，須要相當長的時間熟成才能適飲。

Erwan接任之後的酒風開始有些轉變，有較多的果味，單寧亦較柔和精細一些，但仍保有Faiveley的硬骨。葡萄全部去梗，經發酵前的低溫泡皮後，發酵溫度控制在25-26℃的低溫，讓發酵泡皮的時間可以長達一個月，不淋汁，輕柔地踩皮。一級園以上採用手工裝瓶，約60%的新桶，培養十八個月。新增的許多伯恩丘葡萄園讓Faiveley成為更重要的白酒釀造者，仍然不攪桶，採滾動木桶的方式以減少氧化，白酒風格也比過去多酸清新。

Domaine de l'Arlot

Robert Chevillon

Gregory Patria

Faiveley

Henri Gouges (DO)

- HA: 14.69　PC: Nuits St. Georges Les St. Georges, Les Vaucrains, Clos des Porrets St. Georges, Les Pruliers, Les Chaignonts, Chaines Carteaux
- 無論從歷史或酒風來看都是Nuits St. Georges最具代表的酒莊，現由第三代的Christian和姪兒Grégory一起經營。在Henri時期，因認為鎮南的酒風較具典型，因此現有的葡萄園大多在南邊，自二○○八年起採有機種植。Gouges的酒風相當具有威嚴，封閉緊澀，年輕時最好不要輕易品嚐。自二○○七年後有新的釀酒窖，釀法經過調整之後有更多的果味以及較為滑細的單寧質地。葡萄全部去梗，二至三天的發酵前低溫泡皮，發酵後每天一次淋汁和五到六次的踩皮。

Hospices de Nuits (DO)

- HA: 12.4　PC: Nuits St. Georges Les St. Georges, Les Boudots, Les Vignerondes, Les Murgers, Les Didiers, Les Porets, Rue de Chaux, Les Terres Blanches
- 相較於每年十一月舉行的伯恩濟貧醫院葡萄酒拍賣會，Nuits St. Georges鎮上的Hospices de Nuits濟貧醫院每年三月底在Clos de Vougeot城堡舉行的拍賣就很少受到注意，買主大多是本地酒商。12.4公頃由善心人士捐贈的葡萄園，釀成十八款酒，各以捐贈者為名，大多產自Nuits St. Georges，但也有一些Gevrey-Chambertin，主產紅酒，但也有一點點Les Terres Blanches白酒，每年大約有140桶。最珍貴的是獨占的一級園Les Didiers。過去的酒風較為堅實粗獷，但

近年來新建的酒窖與新的管理團隊讓風格越來越細緻。

Dominique Laurent (NE), Laurent Père & Fils (DO)

- HA: 9　GC: Clos de Vougeot(0.5), Echézeaux(0.26) PC: Nuits St. Georges Les Damodes; Meursault Les Poruzots
- 一九八○年代末成立的微型酒商，原是甜點師傅，一開始只專注於購買成酒培養，以極濃縮且多新木桶的風格成名，後亦成立自己的橡木桶廠。其後因兒子的加入才開始成立酒莊，並自己種植和釀造。自二○○九年開始有較具規模的葡萄園，且採有機種植。在釀造上採用較為自然的釀法，大多整串葡萄不去梗，有些酒款甚至不加二氧化硫，風格較過去更為均衡，亦較精確多細節。

Lechenaut (DO)

- HA: 10　GC: Clos de la Roche(0.08)　PC: Nuits St. Georges Les Pruliers; Morey St. Denis Les Charrières; Chambolle-Musignt Les Plantes, Les Borniques
- 一九八六年之後由Philippe和Vincent兩兄弟一起負責酒莊，釀製相當精緻可口的美味紅酒。幾乎全採有機種植，葡萄大多去梗，但有一小部分整串葡萄，數日發酵前低溫泡皮，先多踩皮後多淋汁，釀成後經十八個月培養，採用30－100%的新桶。酒風雖較強勁，但更細緻優雅，是鎮上較為少見的風格。

Chantal Lescure (DO)

- HA: 18　GC: Clos de Vougeot(0.3)　PC: Nuits St. Georges Les Damodes, Les

Vallerots; Vosne-Romanée Les Suchots; Pommard Les Bertins; Beaune Les Chouacheux
- 一九七○年代創立的酒莊，但一九九六年才開始自產，由François Chavériat協助管理。酒莊位在鎮上十九世紀名酒商Marey & Comte Liger-Belair的原址。釀法頗特別，全部去梗後在封閉的不鏽鋼桶中發酵，約二十天完成，只踩皮五次，釀成的紅酒相當新鮮豐厚且多果香，質地亦頗為細緻。

Thibault Liger-Belair (DN)

- HA: 8　GC: Richebourg (0.55), Clos de Vougeot(0.73)　PC: Nuits St. Georges Les St. Georges; Vosne-Romanée Les Petits Monts
- 同樣源自Comte de Liger-Belair家族，由Thibault在二○○一年重整家族的葡萄酒產業，除了夜丘區，自二○○九年也在薄酒萊的Moulin à Vent成立酒莊釀酒。採有機耕作，夜丘區的紅酒頗均衡高雅，常有礦石氣。Moulin à Vent則相當濃厚結實。

Marchand-Tawse (DN)

- HA: 7　GC: Mazis-Chambertin, Mazoyères-Chambertin, Musigny (0.09), Corton-Charlemagne PC: Gevrey-Chambertin Lavaux Saint-Jacques, Les Champeaux, Les Cherbaudes, Savigny-les-Beaune Vergelesses, les Lavieres, Beaune Clos du Roi, Teuvillans, Teurons, Volnay les Fremiets, Puligny-Montrachet les Champ Gains, Chassagne-Montrachet Abbaye de Morgeot

Christian和Grégory Gouges

Hospices de Nuits

Vincent Lechenaut

François Chavériat

Thibault Liger-Belair

- 來自加拿大魁北克的Pascal Marchand曾先後擔任Comte Armand和Domaine de la Vougeraie的釀酒師，二〇一一年和加拿大人Moray Tawse合作成立酒商Marchand-Tawse以及酒莊Domaine Tawse。葡萄園採用自然動力法耕作，部分整串葡萄釀造，新桶比例較高，釀成的紅酒較為強硬結實，也較濃縮，但仍能兼具均衡與葡萄園特性。

Louis Max (NE)

- HA: 27　PC: Mercurey Les Vasses
- 位在鎮邊的中型酒商，較專長於紅酒，平價的紅、白酒有不錯的水準，在Mercurey有自有葡萄園，是最值得的酒款。

Alain Michelot (DO)

- HA: 7.74　PC: Nuits St. Georges Les St. Georges, Les Vaucrains, Les Cailles, Les Forêts St. Georges, Les Chaignots, La Richemone, Les Champs Perdrix, En la Perrière Noblot; Morey St. Denis Les Charrières
- 現已逐漸由女兒接手釀造，但仍具圓熟飽滿的風格。全部去梗，七天的低溫浸皮，發酵與浸皮兩週，先除酒渣一個月再入桶，新桶比例不超過30%。因通常乳酸發酵非常晚才完成，木桶培養亦較長。Alain Michelot雖然較為柔和易飲，但和Robert Chevillon一樣亦是認識Nuits St. Georges不同一級園風格的典範，其Les St. Georges常是最易親近的優雅版本。

Domaine des Perdrix (DO)

- HA: 10.03　GC: Echézeaux(1.14)　PC: Nuits St. Georges Aux Perdrix, Les Terres Blanches(紅/白)
- Devillard家族在夜丘區的酒莊（在Mercurey亦擁有Château de Chamirey酒莊）。一九九六年才成立，現多由第二代Amaury負責，不過釀造的是Robert Vernizeau。釀成的酒相當濃厚，也頗圓潤，全部去梗，一週發酵前低溫泡皮，以踩皮為主，60－90%的新桶，經一年半熟成。其一級園Aux Perdrix頗為優雅，有一款相當濃縮的版本，以一九二二年高密度種植的老樹釀成，稱為Les 8 Ourvées。

Nicolas Potel (NE)

- Nicolas Potel於Nuits鎮成立的小型精英酒商，曾經以非常少量，但非常多種的酒款受到矚目，雖曾釀造出極佳的品質，但因財務問題而轉賣給釀酒集團，現為Henri Maire所有。Nicolas Potel已於伯恩市另成立Domaine de Bellene，不再與此酒商有關聯。

Prieuré-Roch (DO)

- HA: 10.56　GC: Chambertin Clos de Bèze(1.01), Clos de Vougeot(0.62)　PC: Nuits St. Georges Clos des Corvées; Vosne-Romanée Les Souchots, Clos Goillotte
- 一九八八年由Leroy家族的Henri-Frédéric Roch所創立的酒莊。採用有機種植，首任釀酒師Philippe Pacalet建立了無二氧化硫的自然酒釀法，清晨採收，整串葡萄不去梗，原生酵母緩慢發酵，人工踩皮，橡木桶培養則長達兩年以上，不同於較清淡的自然酒，Prieuré-Roch的酒風頗濃厚，而且結構非常嚴謹內斂。5.21公頃的獨占園Clos des Corvées屬Aux Corvée的一部分，釀造成三款酒，除了只稱1er cru的一般版本與老樹外。真正標示稱為Clos des Corvées的是更加濃縮、只使用結成無籽小果（Millerandage）的葡萄釀造。

Daniel Rion (DO)

- HA: 17.94　GC: Clos de Vougeot(0.55), Echézeaux(0.35)　PC: Nuits St. Georges Les Hauts Pruliers, Les Terres Blanches, Les Vignerondes, Vosne-Romanée Les Beaux Monts, Les Chaumes
- 位在Prèmeaux村的老牌酒莊，現由第二代三兄妹一起經營。Rion的酒質曾經較為乾瘦，但近年來卻已逐漸轉變成極佳的Nuits鎮風格，強勁而細緻，相當迷人。通常全部去梗，發酵前低溫泡皮，十多天的發酵之後經十八個月的橡木桶培養，有50－70%的新桶。

Domaine de la Vougeraie (DO)

- HA: 34　GC: Musigny(0.21), Bonnes Mares(0.7), Charmes-Chambertin(0.74), Clos de Vougeot(1.41), Corton(Le Clos du Roi 0.5), Corton-Charlemagne(0.22)　PC: Nuits St. Georges Les Damodes, Corvée Pagets; Gevrey-Chambertin Bel Air; Vougeot Clos Blanc, Les Crâs; Beaune Les Grèves, Clos du Roi; Savigny-lès-Beaune Les Marconnets
- 一九九九年，Boisset集團將所屬的酒商所擁有的葡萄園，全部集中到這家位在Prèmeaux村的獨立酒莊，並聘請原在Comte Armand的Pascal Marchand釀造。所有葡萄園都採自然動力種植法耕作，

Pascal Marchand　　Louis Max　　　　　Elodie Michelot　　Amaury Devillard　　Prieuré-Roch酒莊　　Olivier（左）和Pascale Ri

自二○○五年後由Pierre Vincent接手。
Pascal Marchand釀出相當結實強勁,非常
有力量的主宰式風格,完全一改過去因
紅酒過於清淡而造成的不佳名聲。接任
的Pierre Vincent則試圖釀造稍輕柔一些,
有多一點細節,更新鮮可口的酒風。保
留30－50%的整串葡萄,全在木造酒槽釀
造,先發酵前低溫泡皮,稍低溫發酵,
每日踩皮一次,約二十五至二十八天完
成。二○一七年Pierre離開後由副手接
任,維持近似的風格。

其他重要酒莊

· Nuits鎮上還有相當多優秀的酒莊,如酒風
優雅精緻的Georges Chicotot,傳統派的
經典酒莊Jean Chauvenet,由Daniel Rion
長子自創的酒莊Patrice & Micheèle Rion,
酒風堅硬的Remoriquet,以及同時經營酒
商的Bertrand Amboise等等。

Loupé-Cholet的地下酒窖,現已經成為Albert Bichot的產業,是釀造Domaine Clos Frantin的主要地點。

Domaine des Perdrix

Domaine de la Vougeraie

夜丘村莊
Côte de Nuits Villages

夜丘的精華區集中於中段，在最南端和北端各有一些較不出名的村莊也出產葡萄酒，他們全部集中起來稱為「夜丘村莊（Côte de Nuits Villages）」，包括Fixin村，一部分納入Gevrey-Chambertin的Brochon村，大部分劃入Nuits St. Georges的Prémeaux村，最南端的Comblanchien村和Corgoloin村全都含括在內，其中Fixin村雖然已經獨立成村莊級AOC/AOP，但仍然可以選擇以夜丘村莊的名義銷售。目前幾個村子合起來大約有300公頃的葡萄園，主產黑皮諾紅酒和一點點白酒。跟南邊的Côte de Beaune Villages可以混合許多村莊級的酒不同，Côte de NuitsVillages只能使用來自上述的五個村莊。

夜丘往南經過Nuits St. Georges之後山勢變得低緩，適合種植葡萄的山坡也跟著窄縮成只有1、200公尺，馬上就進入太過肥沃的平原區，這一帶有幾家採石廠，以美麗的貢布隆香大理岩聞名。Comblanchien村和Corgoloin村就位在這個最南端和伯恩丘交界的地帶。產區內知名酒莊不多，但有一些認真、品質穩定的小酒莊像Domaine Chopin et Fils、Domaine Gille及Domaine Gachot-Minot等。

Comblanchien和Corgoloin的酒莊

Domaine d'Ardhuy (DO)

· HA: 44 GC: Corton(Les Renardes, Le Clos du Roi, Pougets, Hautes Murottes, 3.35), Clos de Vougeot(0.56), Corton-Charlemagne(1.280) PC: Beaune Les Champs Piemont, Petit Clos Blanc de Teuron; Pommard Les Fremiers; Volnay Les Fremiets, Les Chanlins; Savigny-lès-Beaune Les Peuillets, Clos des Guettes, Aux Clous, Les Narbantons, Les Rouvrettes; Puligny-Montrachet Sous le Puits

· Arshy家族晚至二〇〇三年賣掉酒商Corton André之後才獨立成酒莊，是區內最重要的酒莊，聘任Carel Voorhuis釀造，開始自產葡萄酒。酒莊位在夜丘最南邊的葡萄園Clos des Langres內，是十一世由Cluny修會的修士所創，為一獨占園。自一開始即採用有機種植，之後採自然動力法，在二〇〇九年得到認證。葡萄大部分去梗，只留10－20%的整串葡萄，通常直接發酵，沒有發酵前泡皮，主要用踩皮，但後段有些淋汁，兩週之內即釀成。新桶的平均比例低於20%，只有特級園可能達50%。雖是新廠，但已釀成極佳水準，大部分的酒都相當均衡優雅。

上夜丘與上伯恩丘
Hautes-Côtes-de-Nuits et Hautes-Côtes-de-Beaune

　　新生代第三紀的造山運動在中央山地與蘇茵河平原的交界處造成許多以侏羅紀岩層為主的數道南北向山脈，金丘區是其中的第一道山坡，但在金丘區之後還有許多和金丘區類似的山坡，稱為上丘區（Les Hautes-Côtes），由於海拔較高，葡萄園的位置必須要能避風和受光良好才容易成熟。在這個廣大的區域裡，葡萄園比較分散，和樹林、牧場、小麥田與黑醋栗園相鄰。跟金丘區一樣，上丘區也分為南北兩區，北面叫上夜丘（Hautes-Côtes-de-Nuits）包括十九個村莊，600多公頃葡萄園。南面的區域叫上伯恩丘區（Hautes-Côtes-de-Beaune），二十九個村莊，800多公頃的葡萄園。主要生產黑皮諾紅酒，白酒約只有20%。

　　上丘區的葡萄園較常見採低密度高籬笆的種植法，過去上丘區的農莊多半以畜牧和穀物為主業，葡萄只是副業，低密度種植可讓農民用一般機械種植葡萄。

　　在金丘區葡萄園已經飽和，很少有新葡萄園，但在上丘區還有許多機會，有很多金丘區的酒莊和酒商到此區創立新的葡萄園，讓釀酒水準大幅提升，有相當多平價的布根地葡萄酒，特別是在比較溫暖的年分，會有十分可口的黑皮諾。其實，在上夜丘區也開始有一些精英廠，亦生產夜丘區的頂級酒，如Jayer-Gilles、Jean Féry、Naudin-Ferrand、David Duband、Mazilly、Aurélien Verdet等等。另外也有專精於上丘區的酒莊，如上伯恩丘的Didier Montchovet和上夜丘區的Domaine de Montmain和Recrue des Sens等。🍷

夜丘區Meuillet村的低密度種植葡萄園。

主要酒莊

David Duband (DO), François Feuillet (DO)

· HA: 18.28 GC: Chambertin(0.22), Latriciéres-Chambertin(0.28), Mazoyères-Chambertin(0.65), Clos de la Roche(0.41), Echézeaux(0.5) PC: Nuits St. Georges Les Pruliers, Aux Thorey, Les Procès, Les Chaboeufs; Morey St. Denis Clos Sorbè

· 位在Chevanne村，自一九九五年開始由David Duband管理釀造，以Métayage的方式與François Feuillet合作，有頗多夜丘區名園。葡萄園已採有機種植，因位在上夜丘，汰選葡萄的輸送帶直接運到葡萄園邊進行，運回的都是選過的葡萄。在釀造上約留30%的整串葡萄，偏重發酵前低溫泡皮，多淋汁少踩皮，常釀出相當細緻的單寧質地，酒風現代乾淨，也很有個性，雖以夜丘葡萄園聞名，其上夜丘的Louis August紅酒亦相當鮮美多汁。

Jean Féry (DO)

· HA: 11 GC: Corton(0.7) PC: Savigny-lès-Beaune Les Vergelesses; Pernand-Vergelesses Les Vergelesses; Vougeot Les Crâs; Chassagne-Montrachet Abbaye de Morgeot

· 位在Echevronne村，葡萄園採有機種植，由Pascal Marchand擔任釀酒顧問。保留一部分整串葡萄釀造，少踩皮多淋汁，長時間泡皮，因為氣候比較寒冷，橡木桶的培養長達兩年。釀成的酒頗具水準，接近Pascal Marchand相當結實有力量的黑

皮諾風格。

Naudin-Ferrand (DO)

· HA: 22 GC: Echézeaux (0.34) PC: Nuits St. Georges Les Damodes; Ladoix La Corvée

· 位在Magny-lés-Villers村的老牌上丘區酒莊，一九九四年起即由女兒Claire負責釀造，是上丘區最具代表的關鍵酒莊，所生產的可能是全金丘區最超值有趣的紅酒與白酒。20多公頃的葡萄園主要都在上丘區，有各式的剪枝與種植密度，亦有相當多老樹，有一部分採有機或自然動力法種植。近年來一部分酒款以自然酒的方式釀造，讓酒風更加純粹鮮美。將近三十款的酒中有非常多獨特的酒款，釀造方式亦都不同。如以近百年阿里哥蝶老樹釀成的Les Clous 34，與極少萃取，非常輕巧可口的Bourgogne紅酒等等。和先生Jean-Yves Bizot也一起共同釀造多款以BiNaume 為名的可口自然酒。

Aurélien Verdet (DN)

· HA: 12 PC: Nuits St. Georges Les Boudots, Les Damodes, La Richemone

· 位在Arcena村，年輕莊主曾與David Duband一起釀酒，葡萄園採有機種植，100%去梗，少踩皮，酒風相當現代乾淨，專精於精巧細緻的夜丘村莊級酒，三片新增的Nuits St. Georges一級園亦有少見的優雅質地。

Recrue des Sens (DN)

· HA: 3

· 由Prieure Roch 前任釀酒師Yann Durieux在二○一○年接手Messanges村內的這家

小酒莊，將它轉化成布根地自成一格的自然派名莊。葡萄園主要分布在上夜丘區，以自然動力法耕作，也採買一些有機葡萄，以全然無添加的方式釀造，除了黑皮諾紅酒和夏多內白酒，也釀造經過泡皮的Aligoté橘酒。他釀的酒自有風格，經常活力充沛，也帶一些野性和不羈。

上：Jean Féry酒莊的培養酒窖

下：Naudin-Ferrand酒莊

David Duband

Aurélien Verdet

Jean Féry酒莊的壁畫

295　part III

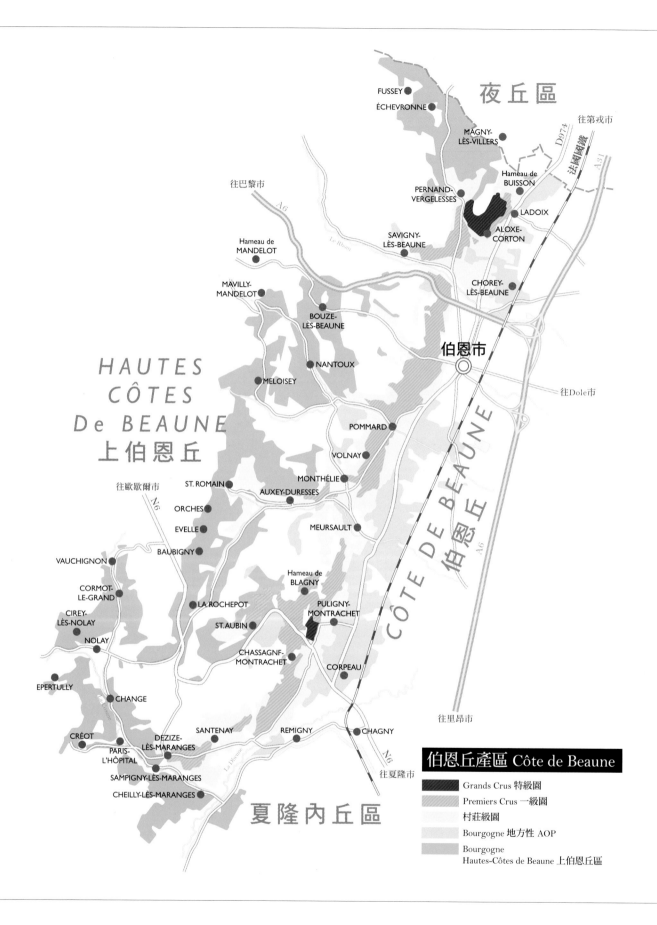

夜丘區

往第戎市

往巴黎市

Hameau de
BUISSON

FUSSEY

ÉCHEVRONNE

MAGNY-
LÈS-VILLERS

PERNAND-
VERGELESSES

LADOIX

ALOXE-
CORTON

SAVIGNY-
LÈS-BEAUNE

Hameau de
MANDELOT

CHOREY-
LÈS-BEAUNE

MAVILLY-
MANDELOT

BOUZE-
LÈS-BEAUNE

伯恩市

往Dole市

HAUTES
CÔTES
De BEAUNE
上伯恩丘

NANTOUX

MELOISEY

POMMARD

VOLNAY

往歐爾市

ST. ROMAIN

MONTHÉLIE

AUXEY-DURESSES

ORCHES

EVELLE

MEURSAULT

BAUBIGNY

VAUCHIGNON

Hameau de
BLAGNY

CORMOT-
LE-GRAND

LA ROCHEPOT

PULIGNY-
MONTRACHET

CIREY-
LÈS-NOLAY

ST. AUBIN

NOLAY

CHASSAGNF-
MONTRACHET

CORPEAU

EPERTULLY

CHANGE

往里昂市

CRÉOT

DEZIZE-
LÈS-MARANGES

SANTENAY

REMIGNY

CHAGNY

PARIS-
L'HÔPITAL

SAMPIGNY-LÈS-MARANGES

往夏隆市

CHEILLY-LÈS-MARANGES

夏隆內丘區

CÔTE DE BEAUNE
伯恩丘

伯恩丘產區 Côte de Beaune

▨	Grands Crus 特級園
▨	Premiers Crus 一級園
☐	村莊級園
▨	Bourgogne 地方性 AOP
▨	Bourgogne Hautes-Côtes de Beaune 上伯恩丘區

chapter 3

伯恩丘區
Côte de Beaune

從金丘山坡向外分離的高登山，形成廣闊的三面向陽的坡地，是特級園Corton和Corton-Charlemagne的所在。

金丘區南段以最大城伯恩市為名，稱為伯恩丘（Côte de Beaune）。伯恩丘的葡萄園山坡變得更加開闊，葡萄園往切過金丘的谷地與平原區延伸，面積將近是夜丘區的一倍，也有更長串的葡萄酒村。

因地層的巨大變動，伯恩丘的葡萄酒風格也跟著變化多端，紅酒常比夜丘柔和易飲一些，但特級園Corton以及紅酒名村如渥爾內（Volnay）、玻瑪（Pommard）和伯恩市，也都能釀出精緻耐久的頂尖黑皮諾紅酒。

但這裡不只產黑皮諾，伯恩丘毫無爭議的，是全球夏多內白酒的最佳產區，在厚實的酒體與充滿勁道的酸味中常能保有別處少有的均衡與細緻。這裡眾多的白酒名村如梅索村（Meursault）、普里尼－蒙哈榭村（Puligny-Montrachet），連同Montrachet、Chevalier與Corton-Charlemagne等特級園，一起標誌出夏多內白酒的典範風格。

拉朵瓦、阿羅斯－高登與佩南－維哲雷斯
Ladoix-Serrigny, Aloxe-Corton et Pernand-Vergelesses

　　夜丘區的葡萄園到了南端變得狹窄細長，但一進入伯恩丘區，葡萄園馬上變得相當廣闊，著名的高登山從金丘山坡向外分離，形成了一個圓錐形的小山，提供了一大片向南與面東的坡地，這是特級園高登（Corton）和高登－查里曼（Corton-Charlemagne）的所在。環繞著高登山，有伯恩丘區最北端的三個產酒村莊，拉朵瓦村（Ladoix-Serrigny，以下簡稱Ladoix村）在山的東北側，阿羅斯－高登村（Aloxe-Corton，以下簡稱Aloxe村）在東南山腳下，佩南－維哲雷斯村（Pernand-Vergelesses，以下簡稱Pernand村）則出現在山的西側谷地內，這三個村莊共享這兩片著名的歷史名園，也形成金丘北端，同時以黑皮諾和夏多內聞名的精華區。

　　三條背斜谷從三面切過高登山，形成金丘少見的面南與面西的山坡，北面有背斜谷Combe de Vry在Ladoix村切穿金丘成為前往Magny村的天然通道，夜丘與伯恩丘岩層之間的斷層也約略在這附近切過。此背斜谷也讓高登山的東北端略為朝向東北，為Ladoix村的村莊級園與一級園的所在。另一條背斜谷Combe de la Net範圍更大，從西南邊切過高登山，自山區帶來大批的泥沙，在高登山西南邊與Aloxe村的南邊堆積成極為廣闊平坦的沖積扇。Pernand村本身就位在谷內的向陽坡上。第三條背斜谷較為狹小，為一南北向的小谷，在高登山西邊將Pernand村跟

左上：從空照圖可以清楚看到Le Rognet凹陷的採石場以及下方由碎石堆成、專產Corton白酒的Vergennes小圓丘。

右上上：中高坡處的Le Clos du Roi是高登特級園內的精華區。

右上下：中坡的Les Bressandes在高登特級園中以產雄厚有力的紅酒聞名。

下：Les Bressandes和背後陡坡上的Les Renardes。

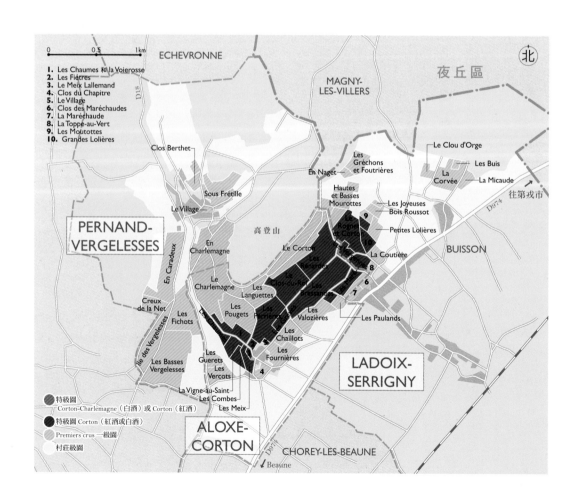

Charlemagne的葡萄園分切開來，亦形成Pernand村內面朝東南，與高登山相望的一級園。

特級園

　　Corton跟Corton-Charlemagne是局部相交疊的兩片特級園，總面積超過160公頃，兩者都是布根地面積最大的紅酒與白酒的特級園。範圍橫跨三個村莊，吸納了許多周圍的葡萄園，Corton的本園稱為Le Corton，只有11.67公頃，但現已擴至近百公頃，Corton-Charlemagne最初的本園Charlemagne只有不到2公頃，現則擴至50公頃。這兩片特級園幾乎占滿了整個高登山。全園一共劃分成二十六個自有名稱的小區，各區有各區的自然條件與酒風。有些較知名的分區名也常出現在酒標上，如Le Clos du Roi、Les Bressandes和Les Renardes。

　　不過，複雜的部分不只是葡萄園本身，還包括這兩片特級園之間的關係，而且，事實上是三片。主產白酒的兩個小區分別是Aloxe村的Le Charlemagne和Pernand村的En Charlemagne，都是高登山產Corton-Charlemagne白酒的精華區，這兩區可使用另一特級園法定產區Charlemagne，不須加Corton，雖然現在已經非常少酒莊採用，但其實這是最原初的名字。在Charlemagne區域外也有生產Corton-Charlemagne白酒的葡萄園，包括一些鄰近小區，如Les Pougets和Les Languettes，以及位在高登山坡頂貼著樹林的區域，如Le Corton、Les Renardes、Basses Mourottes、Hautes Mourottes以及坡頂部分的Le Rognet，這七個小區也產Corton紅酒，如果種植夏多內，釀成的白酒也都可以稱為Corton-Charlemagne。Lavalle在一八五五年即提到Le Corton本園一半種白的，一半種紅的。不過，最麻煩的是，在這七個區之外主產Corton紅酒的其他十七個小區，如果種植夏多內釀成白酒，雖不能叫Corton-Charlemagne，但仍可以稱為Corton，也是屬特級園等級的白酒，通常標示為Corton Blanc，如伯恩濟貧醫院的Cuvée Paul Chanson即是產自Corton-Vergennes的白酒。Corton跟Musigny一樣都是可以同時產紅酒和白酒的特級園，它們都是以紅酒聞名，白酒只是因為歷史因素而存在。

　　在Charlemagne的兩個小區內雖然主要都種植夏多內，但是，仍然有少數的酒莊種植黑皮諾，釀成的紅酒則稱為Corton，如Bonneau du Martray的Corton紅酒。由於這三片特級園的園區彼此重疊，很難有精確的葡萄園面積，特別是Corton-Charlemagne的價格通常較Corton紅酒還高，酒莊改種夏多內頗為常見，實際的面積經常變動。無論如何，目前這三片特級園列級的面積為160公頃，約種植150公頃，有三分之一的Corton-Charlemagne和三分之二的Corton。

　　因為岩層陷落，高登山與北鄰的夜丘山坡有相當不同的岩層結構，分界點在Ladoix村往Magny村的道路附近，有一斷層橫切過金丘，南邊這一面往下陷落，是年代比較近的侏羅紀晚期岩層。夜丘在山頂上是頗為常見的貢布隆香石灰岩，進入伯恩丘後反而沉陷到地底下，在高登山腳下的葡萄園則是侏羅紀晚期的珍珠石板岩，往上接近中坡處是含有高比例鐵質的紅色魚卵狀石灰岩。通常有較深的表土，顏色也比較深，多為紅褐色。

　　接著在中坡以及上坡處都是屬於Argovien（又稱Oxfordien）時期的泥灰質岩，跟夜丘常見的紅色泥灰岩不同，這裡的有些顏色較淺，有時呈黃色或白色，特別是山坡的南邊和西邊主要種植夏多內的區域。但在朝東邊的Corton這一側則較偏紅褐色。在高登山頂上是更為堅硬的

位在Ladoix村內的Le Rognet生產酒風較粗獷的高登紅酒。

左頁：Le Corton本園位在高登山朝東的高坡處。

Rauracien石灰岩，靠近坡頂的葡萄園常在極淺的表土中混合著相當多的白色石灰岩塊。山坡上部種夏多內，下部種黑皮諾，確實也符合這樣的岩層結構。高登山北端在Ladoix村境內有些特級園部分位在斷層北側，屬夜丘岩層，這可能是此處的酒風較粗獷多澀的原因之一。

高登（Corton，160.19公頃）

Corton是伯恩丘唯一產紅酒的特級園，產區範圍內共分為二十六個小區，真正種植的面積大約100公頃，其中有約4公頃的Corton Blanc。大部分的Corton葡萄園主要位在朝東偏南的山坡上，葡萄園從海拔240公尺爬升到350公尺，從坡頂到坡底跟Clos de Vougeot一樣寬達700公尺，但是坡度卻相當斜陡。Lavalle在一八五五年的分級中，將Corton中最高坡的Le Clos du Roi、Les Renardes和Le Corton都列為最高等級的Hors Ligne。其中Le Corton位在最高坡處，是Corton全區的本園，只有產自此園的葡萄酒可以在標籤上註明有加冠詞「Le」的Le Corton，如Bouchard P. & F.的Le Corton。其餘除了直接標Corton外也可加上小區名，如Corton-Clos du Roi。

中低坡的Les Perrières、Les Gréves和Les Bressandes，以及較多白色泥灰岩的Les Pougets和Les Languettes，在Lavalle的分級中都只列為一級，至於更低坡的Les Combes和Les Paulands則只是二級。其他還有許多當時未被提及的小區。這樣的分級也頗符合現在的看法，最佳的葡萄園大多在朝東的中坡與中高坡處，特別是Le Corton的下坡處往下，經Le Clos du Roi到Les Bressandes這一區的葡萄園，以及稍北邊的Les Renardes與Rognet的下半部，是最精華區，釀成的酒相當濃厚，結實有力，甚至帶一點粗獷氣，相當耐久。山坡轉朝南邊的區域釀成的黑皮諾大多較為柔和，少有雄渾的酒體，但卻可能釀成精緻、精巧的風格，如一部分的Les Languettes、Les Pougets和La Vigne au Saint，以及產自Charlemagne區內的Corton紅酒。

約有兩百家酒莊在Corton擁有葡萄園，其中最重要的二十八家如下Louis Latour（17公頃）、Hospices de Beaune（6.4公頃）、d'Ardhuy（4.74公頃）、Comte Senard（3.72公頃）、Bouchard P. & F.（3.25公頃）、Faiveley（3.02公頃）、Chapuis（2.8公頃）、Domaine de la Romanée-Conti（2.27公頃）、Chandon de Brailles（1.9公頃）、Louis Jadot（2.1公頃）、Dubreuil-Fontaine（2.1公頃）、Pousse d'Or（2.03公頃）、Bellend（1.73公頃）、Tollot-Beaut（1.51公頃）、Rapet P. & F.（1.25公頃）、Michel Gaunoux（1.23公頃）、Michel Juillot（1.2公頃）、Jacques Prieur（0.73公頃）、Follin-Arbelet（0.7公頃）、Ambroise（0.66公頃）、Nudant（0.61公頃）、Cornu（0.56公頃）、Albert Bichot（0.55公頃）、Champy（0.5公頃）、Leroy（0.5公頃）、Méo-Camuzet（0.45公頃）、Bruno Clavelier（0.34公頃）、Dupond-Tisserandot（0.33公頃）。

高登－查里曼（Corton-Charlemagne，71.88公頃）

Corton-Charlemagne源自一片由查理曼大帝在西元七七五年捐贈給St. Andoche教會的2公頃葡萄園。此教會經營此園近千年，直到法國大革命之後，才擴充至3公頃，但現在可以生產Corton-Charlemagne的葡萄園已經擴至近72公頃。全部集中在高登山的南邊與西邊，以及東邊最靠近山頂的區域。在此範圍內的葡萄園大多含有較多白色泥灰岩以及較多石灰岩塊，石灰質

含量較高，黏土少一些，比較適合種植夏多內，而此區的黑皮諾則比較輕柔一些。

即使面積擴充，但Corton-Charlemagne的水準與風格還是比Corton來得一致，不過，仍有高坡與低坡，朝東、朝南與朝西的差別。位在Aloxe村這邊的Le Charlemagne是最初的本園所在，因全面向南，日照時間更長，加上山勢更陡，向陽角度更佳，非常溫暖多陽，在山坡中段的區域常能釀成帶有豐沛的熟果香氣，口感濃厚圓潤，是兼具極佳酸味的雄壯型夏多內白酒。位處西坡，在Pernand村內的En Charlemagne則較為冷涼，特別是在西邊谷地盡頭的部分，甚至已經開始朝向西北方，只有下午西曬的陽光，加上背斜谷亦引來上丘區的冷風，成熟更加緩慢，但常能保有非常高的酸味，酒體比較輕盈，有高瘦堅挺的內斂風格，亦常有更多礦石香氣。產自Les Pougets的Corton-Charlemagne，則較類似Le Charlemagne的濃厚風格，但東邊山坡高坡處（如Le Corton所產）則轉為多礦石氣，且更多酸的風格。

約有七十五家酒莊在Corton-Charlemagne擁有葡萄園，其中最重要的二十一家為Louis Latour（9.64公頃）、Bonneau du Martray（6.59公頃）、Bouchard P. & F.（3.67公頃）、Rapet（3公頃）、Domaine de la Romanée-Conti（2.91公頃）、Michel Voarick（1.66公頃）、Louis Jadot（1.6公頃）、Albert Bichot（1.2公頃）、d'Ardhuy（1.04公頃）、Roux P. & F.（1公頃）、Champy（0.8公頃）、Michel Juillot（0.8公頃）、Dubreuil-Fontaine（0.7公頃）、Faiveley（0.62公頃）、de Montille（1.04公頃）、Leroy（0.43公頃）、Hospices de Beaune（0.4公頃）、Bellend（0.36公頃）、Bruno Clair（0.34公頃）、Coche-Dury（0.34公頃）、Joseph Drouhin（0.34公頃）、Charlopin-Parizot（0.3公頃）。

拉朵瓦（Ladoix-Serrigny）

夜丘進入伯恩丘的第一個村莊，村內亦生產Corton跟Corton-Charlemagne，不過卻非知名的酒村，村名是聯合相鄰的兩村而成，並非如其他村莊加入村內的名園。規模頗大的背斜谷Combe de Vry在Ladoix村切穿金丘山坡，分出南邊較陡的高登山以及北邊較和緩的向南坡。村內約有100公頃的葡萄園，其中有25公頃列為一級園，共十一片。不過，在擁有自己的一級園之前，Ladoix村內靠近Aloxe村旁，位在Corton特級園下坡處的六片一級園被列為Aloxe-Corton村的一級園，讓Ladoix更失重要性。

Ladoix村主要產紅酒，約占80%，大多屬柔和風味的黑皮諾，也常混調成Côte de Beaune Villages紅酒。在屬於高登山北邊延伸的區域，因山勢轉而朝北，有幾片主產白酒的一級園，如En Naget和Les Gréchons。位在北邊向南坡的La Corvée，因仍屬夜丘區的地質，風味較為強勁有力。此村位在交通要道的兩旁，所以路邊就可見許多賣酒的市招。著名的酒莊包括Capitain Gagnerot、Michel Mallard、Chevalier P. & F.及Domaine Nudant等。

阿羅斯－高登（Aloxe-Corton）

Aloxe村是伯恩丘區最小巧美麗的酒村，位處高登山東南角的下坡處。Corton和Corton-

Aloxe-Corton一級園La Courtière卻是位在Ladoix村內。

Charlemagne兩片特級園占了全村最佳的山坡，大部分的村莊級酒都位處在平緩的最低坡處，以及Combe de la Net背斜谷的沖積扇上，約有80公頃。一級園連同延伸進Ladoix村內的六片，一共有十四片約38公頃，幾乎全部都緊貼在Corton特級園的下坡處。這些一級園條件較佳的上半部分都被吸納進Corton成為特級園，因此常出現一級與特級的名稱相同，如Les Meix、Les Paulands、La Maréchaude等等，其中以又稱為Clos du Chapitre的Les Meix最知名，常釀成圓熟細緻的紅酒。唯一不與Corton相鄰的是位在沖續扇上的Les Guérats和Les Vercots，後者常可釀成深厚且結構緊密的獨特紅酒。雖然村內有聞名的Corton-Charlemagne，但是村莊級與一級園幾乎都是以黑皮諾為主，夏多內只有不到2公頃。

因村子就位在高登山的最精華區，土地珍貴，村落發展受限，居民不多，酒莊也較少，但村內仍有大型的酒商，如Pierre André和Reine Pédauque，連Louis Latour自有酒莊的釀酒窖也設在村內，位於Corton特級園的葡萄園內。另外也有一家英澳合作的小型酒商Mischief & Mayhem。獨立酒莊以Comte Senard和Follin-Arbelet最為知名。

佩南－維哲雷斯（Pernand-Vergelesses）

Ladoix村內的Corton園包括Les Vergennes、中坡的Le Rognet和高坡的Hautes Mourottes，較高坡處也可產Corton-Charlemagne白酒。

Pernand村的位置頗為獨特，位在一谷地內，而且村子本身位在兩個谷地相交會的陡坡之上，這樣的環境讓Pernand村擁有幾乎朝向各個方位的葡萄園，釀造成的葡萄酒亦具多重風格，紅酒稍多一些，但亦產相當多的白酒。因為谷地的影響，村內的氣候較為冷涼，葡萄比較

晚熟，釀成的紅酒常帶有一些野性，也較偏瘦多礦石。村內的白酒亦相當獨特，常能保有乾淨明亮的酸味，非常生動有精神，是布根地最常被忽略的精彩白酒，即使是村內產的Corton-Charlemagne亦大多屬於這樣的風格。

除了Corton-Charlemagne，Pernand村有將近150公頃的葡萄園，其中約60公頃列為一級園，分屬八片。白酒的精華區在村邊小山谷的兩側，東邊在面西的Corton-Charlemagne西側有三片只有白酒列級的一級園，都是二〇〇〇年才被升級。包括位在高坡面東與面南的一級園Sous Frétille，以及兩片獨占園Clos Berthet和Clos du Villages。Pernand村的紅酒也許較淡一些，不是特別厚實，但卻也常有緊澀的單寧，顯得較為嚴肅。紅酒的精華區在村子南邊，谷地外的面東山坡上，一共有五片一級園，以南端位於中坡處的Ile des Vergelesses最為知名，常能釀成相當耐久且極為有力的精彩紅酒。Pernand村亦在一九二二年將此園加進村名。此園下方為Les Vergelesses和Les Fichots，酒風轉而粗獷一些。村內有幾家著名的酒莊，包括擁有Charlemagne本園的Bonneau du Martray，老牌的Dubreuil-Fontaine、Pierre Marey和Rapet P. & F.等等。

上：Aloxe-Corton一級園Les Chaillots。

中上：高登山腳下迷你優美的Aloxe-Corton村。

中下：Pernand村內的Corton-Charlemagne因環境較冷涼少日照，風格較為多酸有勁。

下：Pernand村後高坡上的Sous Frétilles一級園以多酸的白酒聞名。

Bonneau du Martray (DO)

· HA: 8.09　GG: Corton-Charlemagne(6.59), Corton(1.5)

· 這是一家只產特級園的精英酒莊，亦是伯恩丘北部的第一名莊，葡萄園全部連成一片，Corton-Charlemagne位在兩村交界，兩村約各一半，幾乎占了山坡下半部的所有葡萄園，Corton位在Aloxe村低坡處有較多紅色土壤的部分。目前全園都採用有機種植。二〇一七年在納帕谷擁有Screaming Eagle的美國富豪Stan Kroenke入主這家由Le Bault de la Morinière經營兩世紀的酒莊，並交由Armand de Maigret負責管理。雖然只有一片葡萄園，但Corton-Charlemagne卻分成多片分開釀造，之後再調配在一起。葡萄整串不去梗直接榨汁，之後全在橡木桶發酵，約採用三分之一新桶，小心攪桶，培養十二到十八個月後裝瓶。釀成的Corton-Charlemagne並不特別濃厚飽滿，在風味上越來越高雅細緻，帶一點貴族氣，有極佳的酸味與礦石氣，也較為內斂。紅酒雖較不受注意，但仍與白酒有類似風格，亦相當優雅細膩，少有Corton紅酒的濃厚與粗獷。

Chevalier P. & F. (DO)

· HA: 155　GG: Corton-Charlemagne(0.5), Corton(Le Rognet 1.15)　PC: Ladoix-Serrigny Les Corvée, Le Clou d'Orge, Les Gréchons; Aloxe-Corton Valoziéres

· 自從Prince Florent de Mérode酒莊併入

Claude Chevalier　　Chevalier酒莊

Domaine de la Romanée-Conti之後，這家由Claude Chevalier負責經營的酒莊便成為Ladoix村內最知名的一家。白紅酒全部去梗，經八天的發酵前低溫泡皮，再經兩週的發酵與泡皮，以踩皮為主，但極小心，有些年分甚至完全沒有踩皮，之後全在舊桶培養十個月，酒的風格相當可口迷人，亦頗均衡細緻。白酒則有20－50%的新桶，亦相當均衡，常有活潑生動的酸味。

Dubreuil-Fontaine (DO)

· HA: 20.25 GG: Corton-Charlemagne(0.69), Corton(Le Clos du Roi,Les Bressandes, Perriéres, 2.02) PC: Pernand-Vergelesses Ile des Vergelesses, Clos Berthet, Sous Frétille; Aloxe-Corton Les Vercots, Savigny-Lès-Beaune, Les Vergelesses;Beaune Montrevenots; Pommard Epenots

· Pernand村的經典老牌酒莊，二○○○年開始由第五代的女兒Christine Gruere-Dubreuil負責，釀成的酒均衡細緻，也許不是風格強烈的精英風格，但仍非常迷人而且可口。雖處Pernand村，但白酒頗為圓潤，紅酒較為結實且適合陳年，採全部去梗，經短暫發酵前低溫泡皮釀成。

Follin-Arbelet (DO)

· HA: 6 GG: Corton-Charlemagne(0.35), Corton(Les Bressandes, Le Charlemagne 0.8), Romanée St. Vivant(0.4) PC: Aloxe-Corton Clos du Chapitre, Les Vercots; Pernand-Vergelesses En Caradeeux, Les Fichots

· Aloxe村內位在Corton的小巧精英酒莊，

一九九三年由Franck Follin-Arbelet所成立，酒風非常精細輕盈，如其Corton紅酒採種植於Le Charlemagne的黑皮諾釀造，是全高登山最靈巧細緻的紅酒。其Romanée St. Vivant位於Les Quatres Journaux亦相當精緻高雅。葡萄全部去梗，極小心萃取，約四分之一新桶經一年培養而成。

Mischief & Mayhem (NE)

· 由澳洲Two Hand莊主與來自英國的Michael Rag合作的小型酒商，在Aloxe村邊設有相當新派的品酒室。二○○四年成立，以白酒居多，但也有頗可口風格的黑皮諾紅酒。

Rapet P. & F. (DO)

· HA: 20 GG: Corton-Charlemagne(3), Corton(Les Pougets, Les Perrières 1.3) PC: Pernand-Vergelesses Ile des Vergelesses, Les Vergelesses, En Caradeux, Sous Frétille, Clos deu Villages;Beaune Les Bressandes, Clos du Roi, Les Grèves;Savigny-Lès-Beaune Aux Fourneaux

· Pernand村有兩百年歷史的重要酒莊，Vincent Rapet所釀造的Pernand紅酒與白酒，是認識此村酒風的範本。其Corton-Charlemagne有2.5公頃位在Pernand村這一側，0.5公頃在與Aloxe村交界處，整串葡萄榨汁後在木桶中發酵培養，約三分之一的新桶。年輕時，常帶有極強硬的酸味與冷冽的礦石氣，須久存方能適飲。其Corton亦較偏內斂風格，常留10－20%的整串葡萄，經一週發酵前浸皮，以40%的新桶培養一年。Rapet的酒在年輕時雖細緻均衡，但帶有保留，須多一些時間

等待。

Domaine Comte Senard (DO)

· HA: 8.25 GG: Corton-Charlemagne(0.35), Corton(Le Clos du Roi, Les Bressandes, Clos de Meix, Paulands 4.19), Corton Blanc(0.46) PC: Aloxe-Corton Les Valoziéres

· Aloxe村內的歷史酒莊，創立於一八五七年，現由Philippe Senard和女兒Lorraine一起管理。釀酒窖已遷往伯恩市，原酒莊則成為品酒室。Comte Senard是最早進行發酵前浸皮的酒莊，現仍採相當長的發酵前低溫泡皮，葡萄全部去梗，發酵的溫度也特別低，讓發酵速度慢一些，約只在25℃左右。Philippe採用的新桶比例不高，都在30%以下，但培養達兩年之久。釀成的紅酒濃厚豐滿頗為可口，如Les Bressandes，而Le Clos du Roi則較強勁有力，獨占園Clos de Meix除了柔和的紅酒，亦產相當強勁並帶一點粗獷的Corton白酒。

Bernard Dubreuil和女兒Christine

Franck Follin-Arbelet

Vincent Rapet

Armand de Maigret

酒商Mischief & Mayhem

薩維尼與修瑞－伯恩
Savigny-lès-Beaune et Chorey-lès-Beaune

伯恩丘的葡萄園到了薩維尼村（Savigny-lès-Beaune，以下簡稱Savigny村）附近再度加寬，Rhion河切過山脈形成一個寬而深的河谷，自山區沖刷而下的石塊在平原區堆積成廣闊平坦的沖積扇，讓葡萄園得以往山下延伸至已經位在平原區的修瑞－伯恩村（Chorey-lès-Beaune，以下簡稱Chorey村）。因為鄰近伯恩市，兩村的村名都加了lès-Beaune，有靠近伯恩市之義。

Savigny村的範圍不小，完全位在Rhion河谷之內，有咖啡館和麵包店，還有一座設有飛機與古董車博物館的十八世紀城堡。葡萄園面積頗大，分布在谷地兩旁的山丘以及沖積平原上，近360公頃，大部分種植黑皮諾，白酒不多。村內的一級園有二十二片，總數140公頃，分列在村南與村北的山坡上。北邊靠Pernand村的部分全面朝南或東南，葡萄的成熟度較高，以含鐵質的魚卵狀石灰岩為主，下坡處則有較深厚，多黏土的紅色石灰質土壤。其中，鄰近Pernand村，位在一級園Ile des Vergelesses上坡處的Aux Vergelesses，常釀成村內最深厚與強勁的紅酒。較下坡的Les Lavières和Aux Gravains則有較為輕柔的質地，相當可口。越往西邊的山坡越深入

上：Savigny村內的精英酒莊 Chandon de Briailles。

下：Savigny村的一級園Aux Clous。

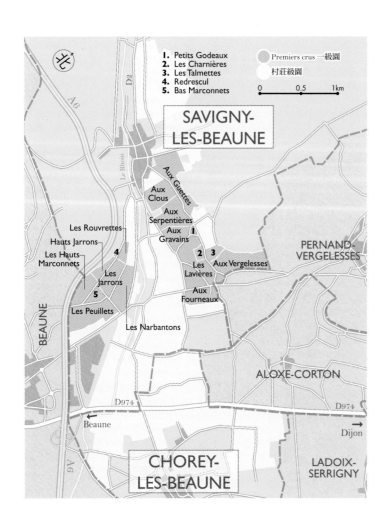

1. Petits Godeaux
2. Les Charnières
3. Les Talmettes
4. Redrescul
5. Bas Marconnets

Premiers crus 一級園
村莊級園
0   0.5   1km

SAVIGNY-LES-BEAUNE

Le Rhoin
Aux Guettes
Aux Clous
Aux Serpentières
Aux Gravains
Les Rouvrettes
Hauts Jarrons
Les Hauts Marconnets
4
Les Jarrons
2 3
Les Lavières   Aux Vergelesses
Aux Fourneaux
PERNAND-VERGELESSES
5
Les Peuillets
Les Narbantons
BEAUNE

ALOXE-CORTON

D974   D974
← Beaune
Dijon →

CHOREY-LES-BEAUNE

LADOIX-SERRIGNY

Savigny村的一級園Les
Lavières。

河谷，氣候較冷，酒風比較堅硬粗獷一些，如西邊終端的一級園Aux Guettes，甚至也能釀成多酸有個性的白酒。

　　南邊的一級園主要在面東與朝東北的山坡，這一區有較多含沙質的石灰質黏土，即使面朝北邊，似乎不是極佳的環境，卻也常能釀出精彩的紅酒，最知名的是位在中坡的Dominode，為Les Jarrons的一部分，有相當多名酒莊擁有此園。最南端的Les Marconnet和下坡一些的Les Peuillets與伯恩市隔著A6高速公路相鄰，山勢較偏東，有較佳的受陽效果，常釀成均衡，稍帶一點野性的黑皮諾紅酒。在貼近山頂樹林的多石區，有Les Hauts Jarrons和Les Hauts Marconnets，除了紅酒，也釀造相當均衡多酸的白酒。

　　Savigny村有相當多優秀的酒莊群集，如Chandon de Briailles、Simom Bize、Maurice Ecard、Antonin Guyon、Jean-Marc Pavelot、Jean-Michel Giboulot、Jean-Jacques Girard及Philippe Girard。除了名莊，村內也有幾家酒商，包括中型的傳統派酒商Daudet-Naudin和大型的Henrie de Villamont，以及微型酒商Alain Corcia等等。

　　Chorey村是全金丘區唯一葡萄園大多位在D974公路東側的村莊級產區。全村的葡萄園都在平坦的平原區，主要生產清新可口的柔順型黑皮諾紅酒。修瑞村約有150公頃的葡萄園，是一九七〇年才成立的村莊級產區，幾乎都種黑皮諾，白酒的產量非常少。村內沒有任何的

一級園，大部分的酒都賣給酒商混合其他村莊的葡萄酒，製成伯恩丘村莊（Côte de Beaune Villages）紅酒，溫柔可愛的Chorey紅酒具有柔化硬澀口感的功能。村子雖不知名，但也有幾家名莊，如老牌的Tollot-Beaut，其他還包括Jean-Luc Dubois、François Gay和Maillard P. & F.以及二〇一〇年走入歷史的Jacques Germain酒莊等等。當然，這些酒莊大多靠產自高登山的特級園和其他鄰近村莊的葡萄園建立聲譽，很少單以Chorey紅酒聞名。

上：Chorey村並無一級園，近河岸邊的Aux Clous有些礫石地。

中：Chorey村的葡萄園位在自Rhion河上游沖積石塊堆積成的沖積扇上，雖然地勢平坦，但仍能產不錯的紅酒。

下：Tollot-Beaut酒莊的地下酒窖。

主要酒莊

Chandon de Briailles (DO)

- HA: 13.9 GC: Corton-Charlemagne(0.3), Corton (Le Clos du Roi, Les Bressandes, Maréchaudes 1.9), Corton Blanc(0.6) PC: Savigny-lès-Beaune Aux Vergelesses, Aux Fournaux, Les Lavières; Pernand-Vergelesses Ile des Vergelesses; Aloxe-Corton Les Valozières, Volnay Les Caillerets

- Savigny村最精英的酒莊，無論葡萄園或酒風皆然，所產的紅酒、白酒都非常精彩。現由François Nicolay和妹妹Claude負責管理。自二〇〇五年開始採用自然動力法種植，在釀造上大多保留整串葡萄，泡皮的時間短，兩個多星期完成。Claude偏好老桶，大部分的木桶都超過六年以上，有些甚至已經二十多年，如此釀成的紅酒相當均衡細緻，經數年之後常能有迷人多變的自然美貌。白酒雖然不多，但都非常特別，除了Corton-Charlemagne還有產自以黑皮諾聞名的Vergelesses、Ile des Vergelesses以及Corton Les Bressandes的白酒。以整串葡萄榨汁，不添加二氧化硫釀製，同樣非常優雅，有精巧多變的迷人細節。

Alain Corcia (NE)

- 由Alain Corcia於一九八三年創立的酒商，專精於經銷布根地的知名酒莊酒，但亦與多家酒莊合作生產以Alain Corcia為名的酒商酒。大部分的酒都由各酒莊代工生產裝瓶，其中不乏名廠，不過酒風亦較不一致，伯恩丘的紅酒都有不錯

Claude Nicolay

的水準。除了布根地，亦生產許多隆河區的教皇新城堡（Châteauneuf-du-Pape）紅酒。

Doudet-Naudin (NE)

- HA: 15　GC: Corton-Charlemagne(0.7), Corton (Les Maréchaudes0.8)　PC: Savigny-lès-Beaune Aux Guettes, Redrescut; Pernand-Vergelesses Les Fichots, Les Sous Frétille; Aloxe-Corton Les Maréchaudes, Les Guérets; Beaune Clos du Roi, Les Cent-Vignes
- 位在Savigny村內，一八四九年建立的中型酒商，現由Yve Doudet跟他的釀酒師女兒Isabelle一起經營，亦擁有自己的葡萄園釀造酒莊酒。布根地的老式風格酒商已經越來越少見，Doudet-Naudin是少數僅存，但近年來酒風開始轉為現代一些，不過仍保有舊風，酒年輕時稍堅硬粗獷，但卻非常耐久，在有兩百多年歷史的地下酒窖中還存有相當多的陳年美酒。

Jean-Michel Giboulot (DO)

- HA: 12　PC: Savigny-lès-Beaune Aux Gravains, Aux Seoentières, Les Narbantons, Les Peuillets
- 頗為誠懇的葡萄農酒莊，一半的葡萄園已採用有機種植，主產紅酒，但也產一些以自然酒方式釀造的白酒。紅酒全部去梗，五天發酵前低溫泡皮，先踩皮後淋汁，約三週完成。酒風均衡自然，以一級園Aux Gravains最為細緻迷人。

Antonin Guyon (DO)

- HA: 48　GC: Corton-Charlemagne(0.55),

Corton (Les Bressandes, Le Clos du Roi, Les Renardes, Les Chaumes 1.96), Charmes-Chambertin(0.9)　PC: Pernand-Vergelesses Les Vergelesses, Les Fichots, Sous Frétille; Aloxe-Corton Les Vercots, Les Fournières, Les Guérets; Volnay Clos des Chênes, Meursault Les Charmes

- 少見的大型酒莊，在一九六〇年代創立，雖有一半在上夜丘，但葡萄園仍相當可觀，已逐漸採用有機種植。現由Dominique Guyon管理，釀造則聘任Vincent Nicot負責。葡萄全部去梗，在老式的木造酒槽釀製，經一週10℃低溫泡皮，與兩週的發酵與泡皮、踩皮和淋汁並用。頗能跟隨潮流，釀出風格現代、均衡細緻的紅酒，只占15%的白酒也相當多酸有勁，特別是Corton-Charlemagne。

Jean-Marc Pavelot (DO)

- HA: 12.47　PC: Savigny-lès-Beaune La Damode, Les Narbantons, Les Peuillets, Aux Gravains, Les Serpentières, Aux Guettes, Pernand-Vergelesses Les Vergelesses, Beaune, Les Bressandes
- Savigny村的精英酒莊，主要的葡萄園都在村內，有六片一級園。現由Jean-Marc跟兒子Hugues一起釀造，葡萄酒全部去梗，經短暫低溫泡皮，謹慎萃取，先踩皮，但後段僅淋汁，新桶的比例並不高，約只有10－20%，存十到十二個月即裝瓶。釀製成的紅酒頗豐厚飽滿，產自老樹的La Dominode濃厚結實，是酒莊的招牌。

Tollot-Beaut (DO)

- HA: 23.25　GC: Corton-Charlemagne(0.24),

Corton (Les Bressandes 0.91)　PC: Savigny-lès-Beaune Les Lavières, Champs Chevrey; Aloxe-Corton Les Vercots, Les Fourmières; Beaune Clos du Roi, Les Grèves

- Chorey村最知名的老牌酒莊，由Tollot家族團隊一起共同經營，曾經遇過Nathalie和Jean-Paul，似乎都是相當認真嚴肅的人，但他們釀造的酒卻都相當圓潤迷人。除了高登山的特級園，亦生產相當可口的Chorey村紅酒，如產自Rhion河岸邊有較多礫石的單一葡萄園Les Crais，圓潤鮮美，且多果味。葡萄全部去梗釀造，而且絕無發酵前低溫泡皮，釀造時間相當短，即使是特級園Corton也只有兩週，平均採用三分之一的新桶培養，但即使一般的Bourgogne也用25%的新桶，是一家對全部十六款酒都一樣認真對待的酒莊。

Alain Corcia夫婦

Jean-Michel Giboulot

Antonin Guyon

Natalie和Jean-Paul Tollot

伯恩
Beaune

　　伯恩市是布根地的酒業中心，酒商匯聚，也是一個非常迷人的歷史古城，在西元十四世紀之前曾經是布根地公國的首都，除了有國會、主教堂以及建於一四四三年，由公爵掌印大臣Nicolas Rolin創建的伯恩濟貧醫院，舊城四周還完整地保留著石造城牆與稱為bastion的大型防衛碉堡。幾家伯恩酒商如Bouchard P. & F.和Chanson P. & F.等，都在這些有著數公尺厚牆的碉堡窖藏陳酒。因位居北歐前往地中海岸的交通要道，順道經過的觀光客非常多，雖僅是兩萬人的小鎮，但市中心不時地擠滿人潮，隨處是葡萄酒鋪與紀念品店。伯恩濟貧醫院的原址l'Hôtel Dieu是許多遊客前來的目的，濟貧醫院擁有幾世紀以來善心人士捐贈的80公頃葡萄園，釀成的酒在每年十一月的第三個星期日舉行拍賣會，是法國葡萄酒界的年度盛會。

　　伯恩市小巧美麗的街巷如迷宮般彎繞，隨處可見酒商招牌，不過，在城裡越是知名的酒商越低調，同為百年以上的五大名門酒商雖都在舊城之內，但除了Bouchard P. & F.開始接待觀光客，其他四家Joseph Drouhin、Louis Jadot、Louis Latour及Chanson P. & F.都相當低調，訪客常不得其門而入，即使開放也常需事先訂約。也許城市太過吸引人，以至於讓人忽略了伯恩市原來也擁有許多葡萄園，除了大酒商，也藏著一些小酒莊。

　　以Beaune為名的村莊級與一級園共約412公頃，在全金丘區僅次於Gevrey-Chambertin村和Meursault村，不過，卻有最多的一級園，不只多達四十二片列級，而且總面積達317公頃，相較起來，只有95公頃的村莊級園反而比較稀有。葡萄園全都位在西邊的山坡上，從北邊與Savigny村交界的A6高速公路往南蔓延到Pommard村，長達4公里。葡萄園從海拔220公尺爬升

上：伯恩濟貧醫院。

下：伯恩一級園Les Teurons一直往山下延伸到鎮邊的公園。

伯恩市的市場廣場Place de la Halle。

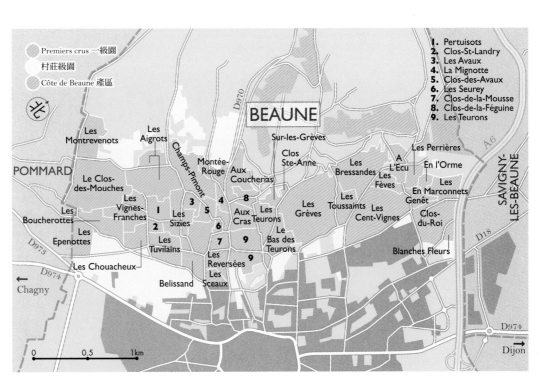

到300公尺的坡頂，與高登山、Volnay村和Pommard村相較，稍微低一些。其實，自坡頂往上還有第二層葡萄園山坡，不過，已經是屬於另一個法定產區Côte de Beaune的葡萄園。

此區紅酒與白酒都產，不過絕大多數種的是黑皮諾，夏多內只占不到15%。即使是一級園，標準似乎有點太寬鬆，但是，確實擁有非常優秀的葡萄園，例如在一八五五年被Lavalle列為最高等級Tête de Cuvée的Les Fèves、Les Grèves、Aux Cras（當時稱為Aux Crais）和Les Champs Pimont，甚至上坡處的Les Teurons和Les Vignes Franches，以及南、北兩端的Les Marconnets跟Clos des Mouches也都該被加入。但即使如此，伯恩市卻很少被認為是伯恩丘的精英紅酒村，也沒有真正的明星級一級園。

這確實頗不尋常，伯恩市的葡萄園大部分為酒商所有，如Bouchard P. & F.在區內即擁有超過50公頃，Chanson P. & F.也有近30公頃，而這些酒商甚至曾經是布根地葡萄酒在外銷市場上最重要的推廣者，不過，Beaune的知名度還是不如Volnay村和Pommard村，更不要提Corton或夜丘區的明星村莊了。較少明星酒莊專精於伯恩市的葡萄酒也許是原因之一，畢竟，相較於酒商，那才是布根地最耀眼的部分。

Lavalle在十九世紀中認為雖然此區有許多絕佳，且具個性的葡萄園，但大多由酒商混調成紅酒，較少保留葡萄園的個性和特色。確實，混調各園確實更能釀成更均衡協調、品質更高的葡萄酒，不過，卻也常掩蓋了迷人的明星特質，後者，也許才是布根地最關鍵的價值所在。現在的情況其實已經不同，大部分的酒商都推出多款伯恩一級園，不過，各家酒商各有主打招牌，如Louis Jadot的Clos des Ursules、Joseph Drouhin的Clos des Mouches、Chanson P. & F.的Clos des Féves，以及Bouchard P. & F.的Gréves Vignes de L'Enfant Jésus，大部分是獨占園，也免於為人作嫁。

伯恩市的葡萄園地勢相對簡單一些，只有一條往Bouze-lès-Beaune村的小背斜谷從中間切過金丘山坡，除了此區的一小部分葡萄園，幾乎全部都是正面朝東。近坡底處與城市相連，較為平坦，高坡處則頗斜陡，也較多石，有些葡萄園甚至構築成梯田。不過因為長達4公里，眾多一級園其實各有特色。此區的一級園有許多面積廣闊，占滿整個山坡，如超過31公頃的Les Grèves或21公頃的Les Teurons，即使是非常優秀的一級園，也只有中高坡處的葡萄園具有這樣的潛能。

一級園

由北往南，幾個最佳的一級園酒風如下，Les Marconnets經常生產濃厚，但堅硬多澀的紅酒，帶有粗獷氣，但是卻也相當耐久，常能熟成出迷人的多變香氣。Les Fèves位處中坡，常釀成伯恩最優雅的紅酒，多酸味與礦石，有較柔和的單寧與細緻的質地。Les Bressandes則常有極佳單寧結構，但亦相當精緻均衡。Les Grèves有可能是最佳的伯恩一級園，當然僅止於中高坡處，特別是中段稱為Vignes de L'Enfant Jésus那一部分，可以釀成頗深厚卻又相當精緻高雅的頂尖紅酒，有許多細節變化，特別是亦相當耐久。Les Teurons的上半亦能釀出接近Les Grèves水準的紅酒，香氣多變，單寧緊緻，飽滿且耐久。Aux Cras位在Les Teurons高坡的谷地邊緣，一

上：伯恩市擁有高比例的一級園，具深厚壤土的地帶大多蓋成房舍，村莊級園反而較少見。

左下：村南鄰近Pommard村的一級園低坡的Les Boucherottes和高坡的Clos des Mouches。

右下：一級園Les Avaux與高坡的Champs Pimont。

部分略朝南相當豐裕，有一部分位在梯田上，較均衡多礦石。更高坡的Clos de la Féguine紅、白酒皆產，白酒相當強勁多酸。

　　往南跨過往Bouze-lès-Beaune村的小背斜谷進入南半部的一級園，下坡的Clos de la Mousse常釀成柔和可口的細緻紅酒，為Bouchard P. & F.的獨占園。上坡的Champs Pimont，可釀成頗濃厚強勁的紅酒，很具水準，但也許沒有Les Teurons那麼細緻多變。中坡的Les Vignes Franches多石少土，酒風細緻，頗有Volnay村的精巧風格。最南端與Pommard村相鄰的Clos des Mouches雖位處高坡，但在此又遇一背斜谷，山坡轉向東南，有極佳的受陽效果，釀成的紅酒非常厚實圓潤，有接近Vosne-Romanée村的風格。此園亦產頗多白酒，風格相當濃郁圓潤。

　　在伯恩市內有相當多的知名酒商，除了前述的五大名門酒商外，亦有歷史最悠久的Champy、老廠浴火重生的Camille Giroud、酒風開始變得摩登新潮的Albert Bichot、由久居布根地的美國人所建立的Alex Gambal、自然酒先鋒Philippe Pacalet、由Rotem Brakin所創立的微型奢華酒商Lucien Lemoine、名莊釀酒師自釀的Benjamin Leroux，以及原酒商Chanson P. & F.的Marion家族、另起爐灶的Séguin-Manuel。伯恩市較少酒村氣氛，並不以明星獨立酒莊聞名，除了最知名的伯恩濟貧醫院，亦有酒風相當有膽識的Albert Morot、自Pommard遷來的A-F Gros和François Parent、來自美國華盛頓DC的Blair Pethel所建立的Domaine Dublère，以及一樣來自美國的Roger Forbes所創的Domaine des Croix、Nicolas Potel東山再起的Domaine de Bellene，自然動力法先鋒酒莊Jean-Claude Rateau，同樣採自然動力法種植的Emmanuel Giboulot，以及隱身窄巷中的Coudray-Bizot等等。

左：位處極北的一級園Les Marconnets與Savigny村的同名一級園隔著A6高速公路相鄰。

右上：Clos des Avaux一級園。

右下：同時以紅、白酒聞名的村南一級園Clos des Mouches。

Domaine de Bellene (DN)

· HA: 24 PC: Beaune Clos du Roi, Les Perrières, Les Grèves, Les Teurons, Pertuisots, Montée Rouge; Savigny Les Hauts Jarrons, Les Peuillets; Vosne Romanée Les Suchots; Nuits St. Georges Aux Chaignots

· 由Nicolas Potel所成立的酒莊，同時亦經營酒商Roche de Bellene，採買葡萄酒培養，也有精選貼標老酒的Collection Bellenum系列。葡萄園多老樹園，遍及金丘各區，採用有機種植，釀法相當自然，採原生酵母發酵，連踩皮都越來越少，只用簡單無幫浦的人工淋汁，甚至讓葡萄在黑暗中發酵以避免光線的破壞。釀成的紅酒更加純粹，透明展露葡萄園特色。白酒則以垂直木造榨汁機壓榨，在600公升木桶發酵培養，風格較為濃厚堅實。

Albert Bichot (NE)

· HA: 99.2 GC: Chambertin(0.17), Clos de Vougeot(0.63), Richebourg(0.07), Echézeaux(1), Grand Echézeaux(0.25), Corton(Clos des Maréchaudes 0.55), Corton-Charlemagne(1.09) PC: Vosne-Romanée Les Malconsorts; Beaune Clos des Mouches; Aloxe-Corton Clos des Maréchaudes; Pommard Les Rugiens; Volnay-Santenots; Meursault Charmes; Mercurey Champs Martin

· 一八三一年創立，現由Alberic Bichot經營管理，正大規模改造這家沉睡已久的伯恩酒商。Bichot將近100公頃的自有葡萄園是由三家半獨立酒莊所組成，各自有釀酒窖與團隊，在夏布利有Long-Depaquit，夜丘區有位在Nuits St. Georges的Clos Frantin，伯恩丘有位在Pommard的Domaine du Pavillon，最近還增加了Adélie，此外，Nuits St. Georges鎮還另外擁有一獨立經營的酒商Loupé-Cholet，及24公頃的葡萄園。

在酒莊之外，Albert Bichot的酒商酒在Alberic父親的時期，大多採買成酒調配，二〇〇六年在Bouchard P. & F.的釀酒窖遷到城外後，Albert Bichot買下原址，添購最先進的釀酒設備，開始只採買葡萄，自釀大部分的白酒和紅酒。在金丘的部分由Alain Serveau負責統領釀造，自二〇〇七年分之後，Albert Bichot的酒風出現全新的轉變，香氣乾淨明晰，更多細緻的變化，也看到更多的葡萄園特色，後成為新興的精英酒商。

Bouchard P. & F. (NE)

· HA: 130 GC: Montrachet(0.89), Chevalier-Montrachet(2.54), Bâtard-Montrachet(0.8), Corton-Charlemagne(3.25), Bonnes-Mares(0.24), Chambertin(0.15), Echezeaux(0.39), Clos de Vougeot(0.45), Le Corton(3.94) PC: Beaune Les Grèves Vigne de l'Enfant Jésus, Les Teurons, Les Marconnets, Clos de la Mousse, Clos St. Landry; Gevrey-Chambertin les Cazetiers; Nuits St. Georges les Cailles; Volnay Les Caillerets, Frémiets Clos de la Rougeotte, Clos des Chênes, Taillepieds; Pommard Rugiens, les Pézerolles; Savigny-lès-Beaune Les Lavières; Monthélie Les Duresses; Meursault Perrières, Genevrières, Charmes, Les Gouttes d'Or, Le Porusot

· 若論在布根地的影響力與重要性，除了Louis Jadot外，沒有其他酒商可與創立於一七三一年的Bouchard P. & F.相提並論，不過，這樣的地位卻是在最近十多年內才逐漸建立起來的。一九九五年由來自香檳的Joseph Henriot買下這家歷史酒商與葡萄園。Henriot相繼買了夏布利的William Fèvre，以及美國奧立岡州的Beaux Frères，葡萄園的總數超過200公頃，成為布根地重要的酒業集團。

第一代的Michel Bouchard原是布商，後和兒子Joseph一起在Volnay村成立酒商，購買許多葡萄園。一八二一年才遷入伯恩市內的現址Château de Beaune。這座路易十一時期建立的十五世紀防禦碉堡內部，被整建成儲酒的地下酒窖，許多十九世紀中以來的陳年葡萄酒在此長眠至今。經過十多年的投資與改造，Bouchard P. & F.已經建立起相當現代且細緻的風格，越來越接近乾淨純粹、透明般地表現葡萄園風味，不論紅酒與白酒都有相當高的水準。

新的釀酒窖自二〇〇六年之後已經遷往Savigny村的平原區，由Frédéric Weber負責釀造，十多年來釀法逐漸調整，越來越精進。白酒不去梗採整串榨汁，經短暫沉澱後先在鋼槽開始發酵，再進橡木桶中進行緩慢低溫的酒精發酵與培養，原本的攪桶也逐漸改成滾桶，以防氧化與保留細緻的風味，新桶的比例也日漸降低到只有十分之一，即使是Montrachet也是如此。也首開先例地以Diam膠合塞封瓶。在紅酒方面，通常大部分去梗

Albert Bichot　　　Alberic Bichot　　　Bouchard P. & F.　　　Frédéric Weber　　　Bouchard 城外釀酒窖

只留一小部分的整串葡萄。原採低溫長泡皮的方式，但近年來逐漸縮短泡皮時間，依葡萄園不同，約八到二十天左右，有一部分發酵前的低溫泡皮。主要為踩皮，少淋汁。採新式的垂直式榨汁機壓榨。村莊級以上的酒全都在橡木桶中培養十個月以上。

在每年生產的近百款酒中，伯恩市的紅酒是Bouchard最重要、也最擅長的部分，Volnay村亦是，白酒除了特級園外，則以多款的Meursault村白酒最為完整精彩，都是具教科書意義的經典。（有關Bouchard P. & F.亦可參考PartII第二章）

Maison Champy (NE)

· HA: 27　GC: Corton(0.5 Rognet, Les Bressandes), Corton-Charlemagne(0.8) PC: Beaune Aux Cras, Les Teurons, Champs Pimont, Tuvilains, Les Reversées; Pernand-Vergelesses Iles des Vergelesses, Les Vergelesses, Les Fichots, Creu de la Net, En Caradeux, Sous Frétille; Savigny-lès-Beaune Les Vergelesses, Aux Fourches; Pommard Les Grands Epenots; Volnay Les Taillepieds

· Champy是全布根地現存歷史最悠久的酒商，於一七二○年創立，曾擁有許多名園，一九九○年Meurgey父子將Champy逐步重建。二○一○年買入Laleure-Piot酒莊後已經擁有27公頃的葡萄園，採用自然動力法種植。現由Dimitri Bazas負責釀造與管理，逐漸讓Champy成為伯恩市內的精英酒商，酒風也越來越精緻透明，頗能表現葡萄園特性。紅酒保留一部分不去梗，以整串葡萄釀造，在木造酒槽中先短暫進行發酵前低溫泡皮，盡量緩慢完成發酵。釀成的酒風均衡，不

過度萃取，相當精緻自然。Dimitri致力將酒釀成年輕時即相當可口，但也具久存潛力。

Chanson P. & F. (NE)

· HA: 45　GC: Corton Blanc(Vergennes 0.65)　PC: Beaune Clos des Fèves, Clos des Mouches, Les Bressandes, Les Grèves, Clos des Marconnets, Vignes Franches, champs Pimont, Clos du Roi; Savigny-lès-Beaune Dominode, Les Hauts Marconnets; Pernand-Vergelesses Les Vergelesses, En Caradeux; Chassagne-Montrachet Les Chenevottes; puligny-Montrachet Les Folatières; Santenay Beauregards

· Chanson P. & F.的前身是Simon Very，於一七五○年所創立的酒商，只比最古老的Champy晚了三十年。一七七四年遷入現址，在十五世紀的防衛碉堡Bastion de l'Oratoire內釀酒。Chanson家族在十九世紀和Very合夥經營，一八四六年才改名為Chanson P. & F.。一九九九年成為香檳名廠Bollinger的產業，開始進行全面的革新。二○○二年由Pommard村歷史酒莊Domaine de Courcel的莊主Gilles de Courcel擔任總經理，由Vosne-Romanée村Confuron-Cotétidot酒莊的Jean-Pierre Confuron擔任釀酒師，以幾乎全部翻新的方式重新定義，自二○○○年代中開始釀造出非常迷人的精緻酒風，二○○九年起開始採有機種植，Chanson P. & F.也再度進入新的黃金時期。

Jean-Pierre喜愛採用整串葡萄完全不去梗釀造，並且經常運用發酵前低溫泡皮，以釀出有奔放果味與圓滑細膩口感的黑皮諾紅酒。泡皮的時間也延長至近

一個月，每日進行多次踩皮。採用更多的新桶，培養增長為十八個月，善用死酵母，不換桶，過濾直接裝瓶。釀成的酒相當飽滿豐厚，果味充沛，單寧的質感相當柔滑精緻，甚至常比Domaine de Courcel和Confuron-Cotétidot的紅酒還要可口細膩。白酒亦相當精細，不只多礦石，並有乾淨明亮的果香，也常有極新鮮的細緻酸味。Chanson P. & F.主要的自有葡萄園都在伯恩附近，以Clos des Mouches和獨占園Clos des Fèves最為著名。特級園只有Corton-Vergennes，位在採石場的石灰岩堆上，生產酸緊耐久的Corton白酒，和濟貧醫院的Cuvée Paul Chanson來自同一片葡萄園。

Coudrey-Bizot (DO)

· HA: 1.47　GC: Echézeaux(0.39) PC: Vosne-Romanée La Croix Rameau; Gevrey-Chambertin Les Cazetières, Champeaux; Puligny-Montrachet Les Combettes

· 一家隱身在伯恩巷中的超小型酒莊，跟Vosne-Romanée的Jean-Yve Bizot同源自於外科醫師Denis Bizot所創立的莊園。現在負責的外孫Claude Coudrey也是一位醫師，葡萄園由各酒村的葡萄農代耕，自二○○○年才由Claude在自宅內釀造，屬自釀自飲型，存有相當老年分的葡萄酒。

Joseph Drouhin (NE)

· HA: 75　GC: Montrachet(2.1), Bâtard-Montrachet(0.1), Corton-Charlemagne(0.34), Corton(Les Bressandes 0.26), Musigny, Bonnes Mares, Chambertin Clos de Bèze(0.13), Griotte-

Dimitri Bazas　　　　Jean-Pierre Confuron　　　Gilles de Courcel　　　　　　國王酒窖　　　Veronique Drouhin

Chambertin(0.53), Grands Echézeaux(0.48), Echézeaux(0.46), Clos de Vougeots(0.91)
PC: Beaune Clos desMouches, Les Grèves; Chassagne-Montrachet Les Mogeort; Chambolle-Musigny Les Amoureuses; Nuits St. Georges Les Procès; Vosne-Romanée Les Petits Monts; Volnay Clos des Chênes; Savigny-lès-Beaune Aux Fourneaux (包含 Marquis de Laguiche，但不含39公頃的 Chablis，見Part III第一章)

· 一八八〇年Joseph Drouhin買下一家一七五六年設立的酒商，並開始一百多年的葡萄酒事業。在伯恩市，這當是歷史較短的酒商，不過Joseph Drouhin在城內擁有布根地公爵府、法王亨利四世別府、布根地公國國會，及教務會等伯恩市最古老區段的歷史建築地窖做為儲酒窖，讓Drouhin擁有城裡最顯赫與古老的酒窖。相較城內其他酒商，Joseph Drouhin的紅酒以較為優雅婉約的風味見長，非以濃郁強勁與圓潤濃厚為尚。在葡萄園的種植上，亦是布根地最早採用有機種植與自然動力種植法的酒商。

現由第四代的四兄妹一起經營，包括位在夏布利39公頃葡萄園的Drouhin-Vaudon酒莊，以及在美國奧勒崗州42公頃葡萄園的Domaine Drouhin。由長子Philippe負責所有自有莊園的種植，新種的莊園依舊採用約三分之一的傳統式選種法，其餘混合多種人工選種。妹妹Vronique主要負責釀造和美國酒莊的經營，另外還有兩個弟弟Frédéric和Laurent擔任管理與銷售的工作，是典型的傳統布爾喬亞家族企業。

原本的女釀酒師Laurence Jobard已經退休，繼任的是Jérome Faure-Brac。所有金

丘區的白酒在榨汁後經短暫沉澱直接入木桶發酵，低溫發酵十五至六十天，發酵完成後才攪桶，最特別的是，類似自然酒的釀法，乳酸發酵後才添加二氧化硫。一般存上十到十二個月不再換桶，最後經皂土黏合澄清後裝瓶。新桶的比例不高，最多的特級園也只用35%。紅酒的釀製經兩道挑選，第二次會選出較佳的葡萄整串釀造。並不刻意進行發酵前浸皮，全部採用原生酵母，發酵後踩皮淋汁並用，泡皮時間十五至二十一天左右，以垂直式榨汁機壓榨。紅酒的培養則採用較多新桶，約40%，培養一到一年半後裝瓶。相較其他酒商，Josephe Drouhin的釀造法顯得中庸適度，常能表現均衡細緻的一面。

紅、白酒皆產的Clos des Mouches（法文mouche在中世紀指的是蜜蜂，但現今是蒼蠅的意思）是Drouhin最招牌的酒款，擁有近14公頃之多。下半部種植黑皮諾，上半部為夏多內。酒風較輕巧的Chambolle-Musigny村紅酒亦相當擅長，各級酒都相當精緻經典。是伯恩城內風格最為優雅的精英酒商。

Domaine Dublère (DN)

· 來自美國華盛頓DC的記者Blair Pethel，二〇〇四年開始在伯恩市與Chorey村交界的地方成立酒莊——Domaine Dublère，不過，約僅有2公頃的葡萄園，有一半的葡萄是買進的酒商酒，但仍是生產十多款頗具古風的葡萄園，紅酒頗為清淡輕巧，白酒酸緊有勁。

Alex Gambal (NE)

· 久居布根地的美國人Alex Gambal，於

一九九八年所建立的小型酒商，大多自釀，生產十多款共6萬瓶的紅白酒。

Emmanuel Giboulot (DO)

· HA: 10 PC: Rully La Pucelle
· 位在平原區的農民酒莊，擁有85公頃的穀物田地，自一九七〇年開始實行有機種植，一九八〇年代才開始種植葡萄釀酒，一九九〇年開始採自然動力法種植。葡萄園主要在Côte de Beaune的La Grande Chatelaine和Les Pierres Blanches。白酒較佳，全在橡木桶中發酵，經十到十二個月培養後裝瓶。口感頗圓厚但有均衡酸味。

Camille Giroud (NE)

· HA: 1.15 PC: Beaune Aux Cras, Aux Avaux
· 一八六五年建立的老派酒商，曾堅持出產堅固耐久的布根地紅酒，年輕時大多粗獷多澀，相當詭奇且頑固，每個年分都會有三分之一的酒被藏入地下酒窖繼續成熟，待數年或數十年成熟之後再出售。後因無酒莊供應此種風格紅酒，便開始自釀。不過，因與時代脫節，庫存過多，在二〇〇二年賣給包括知名加州釀酒師Ann Colgin在內的美國基金，並指派住在伯恩市的美國酒商Becky Wasserman負責經營，由David Croix負責釀造。開始逐漸轉變成一家小型的精緻酒商。

原本Camille Giroud的酒風雖然不再，但新的團隊仍然小心地保存一部分的傳統，更重要的是，他們的地下酒窖中還存著為數龐大，上到一九三七年，仍然相當勇健的陳年老酒。現在依然以紅酒為主，更專精於夜丘區的一級園和特級

教務會酒窖

Blair Dublère

Dublère酒莊

Camille Giroud

David Croix

園的紅酒。全部去梗，多踩皮少淋汁，有時一天三到四次，發酵完成後延長泡皮，並採用老式的木造榨汁機壓榨。酒的培養採用相當少的新橡木桶，有許多五到六年以上的老桶，培養的時間由原本的三年縮短為一年半。釀成的酒雖然完全不同，但仍有一點當年的遺風，不會有過多的桶味，而且喝起來相當有咬勁，都有頗結實的結構，相信應該也能耐久存，不過卻乾淨新鮮，而且可口許多。釀酒師David Croix亦兼任隔鄰的酒莊Domaine des Croix的酒莊總管，二〇〇五年成立，擁有6.5公頃，包括Corton-Charlemagne和Corton Vigne au Saint以及多片伯恩一級園，酒風則與Camille Giroud頗為類似。

A-F Gros / François Parent (DO)

· HA: 12 GC: Richebourg(0.6), Echézeaux(0.28) PC: Beaune Montrevenots, Boucherottes; Pommard Les Arvelets, Les Pézerolles, Les Chanlins; Savigny-lès-BeauneClos des Guettes

· 源自Vosne村Gros家族的Anne-Françoise嫁給自Parent酒莊獨立出來的François Parent，兩人一起在座落於伯恩市的酒窖釀酒，大部分都由François負責一起釀造，但兩家酒莊還是分別採用自己的標籤和酒莊名。François偏好在夏季除葉，讓葡萄顏色更深更少病害。釀造的方式和Gros家族的兄弟類似，也採用較多新桶，釀成的紅酒也許不是特別精緻，但頗濃厚，而且結實有力。

Hospices de Beaune (DO)

· 有關Hospices de Beaune請參考PartII第二章。

Louis Jadot (NE)

· HA: 150 GC: Chevalie-Montrachet Les Demoiselles(0.52), Corton-Charlemagne(1.6), Corton(Pougets, Grèves 1.66), Chambertin Clos de Bèze(0.42), Chapelle-Chambertin(0.39), Musigny(0.17), Bonnes Mares(0.27), Clos de Vougeot(2.15), Clos St. Denis(0.17), Echézeaux(0.52) PC: Beaune Les Chouacheux, Clos des Ursules, Clos des Couchereaux, Les Boucherottes, Les Grèves, Les Bressandes, Les Cents Vignes, Les Avaux, Les Teurons Gevrey; Chambertin Clos St. Jacques, Combe aux Moines, Les Cazetiers, Estournelles, Lavaux, Poissenots; Chambolle-Musigny Les Amoureuses, Les Baudes, Les Fuées, Les Feusselottes; Savigny-lès-Beaune La Dominode, Les Guettes, Les Narbantones, Les Lavières, Les Vergelesses, Les Hauts Jarrons; Pernand-Vergelesses Clos de la Croix de Pierre; Pommard Rugiens, La Cormaraine; Meursault genevrières, Les Poruzots; Puligny-Montrachet La Garenne, Clos de la Garenne, Les Folatières, Les Referts, Champ Gain, Les Combettes; Chassagne-Montrachet Morgeot Clos de la Chapelle, Abbaye de Morgeot

· 一八二六年Louis Jadot由伯恩城邊的葡萄園Clos des Ursules起家，一八五九年以自己的名字創立酒商，並逐漸買入葡萄園，傳到第四代時委託André Gagey管理。一九八五年，Jadot家族將酒廠賣給美國進口商Kobrand公司，繼續由Gagey的第二代Pierre-Henri繼續負責經營管理

至今。Louis Jadot在布根地擁有驚人的150公頃葡萄園，包括數量非常龐大的十片特級園，除了上述表列的金丘葡萄園外，在薄酒來還有Château des Jacques酒莊，在Pouilly-Fuissé產區還有Ferret酒莊，都是當地風格強烈的經典名莊。在金丘的部分除了公司的葡萄園外，還包括由家族所有的Domaine Gagey和Domaine Heritier Louis Jadot等等，此外Jadot也擁有Domaine Duc de Magenta的專銷權。

一九七〇到二〇一二年間由Jacques Lardière擔任首席釀酒師，採用特殊釀法，建立了非常獨特的風格，也讓Louis Jadot成為過去幾十年來品質最為穩定的酒商。接班的Frédéric Barnier，也仍沿續他的釀法。在紅酒的釀造上，偏好高溫發酵，有時甚至到達38-40℃，超長浸皮亦是Jadot的特色，常長達三十天或甚至更久。白酒亦沒有跟隨潮流變得更多酸輕盈，仍然是濃厚多木香的豐富型夏多內，但是卻也經常能保有極佳的均衡與新鮮多變的香氣。也常會半途中止乳酸發酵。一九九七年啟用的釀酒窖位在城郊，有舊式木製酒槽環繞著新式的自動控溫與攪拌的不鏽鋼槽，直式、橫式，密封式、開蓋式、人工踩皮、氣墊式踩皮全都俱全。大多以去梗方式釀造，葡萄在約攝氏12℃的酒槽中進行三到四天的發酵前浸皮，酒精發酵後，不降溫直接升到35-40℃以萃取顏色，因浸皮時間很長，所以通常不淋汁以免氧化，但早晚各踩皮一次。即使發酵結束，也可能繼續延長浸皮。Louis Jadot紅酒的風格經常顯得濃厚，結構緊密，屬耐久存型的酒，風格經典。Jadot的

Nicolas Potel

François Parent

Jacques Ladière

Frédéric Barnier

Louis Jadot釀酒窖

獨特釀法標誌了酒商的獨特風格,卻也常能保留葡萄園與年分的特色。因為是創廠第一園的歷史因素,酒風非常細緻的Clos des Ursules常被視為Jadot的招牌,但從風格與所擁有的葡萄園來看,夜丘區的Gevrey-Chambertin村才是Jadot最擅長、也最招牌的區域,如Clos St. Jacques和Clos de Bèzes等等。白酒的專長則在Puligny村和Chassagne村,最能表現Jadot濃厚有活力的特長,最知名的是Chevalier-Montrachet Demoiselles特級園白酒。

Maison Kerlann (NE)

· HA: 2.85

· 位在平原區Laborde城堡的小型酒商,莊主Hervé Kerlann主業為海外經銷布根地名莊的葡萄酒,有不錯的採買關係,一部分自有葡萄園與自釀,較專精於Bourgogne與Gevrey,以及少見的IGP等級Sainte Marie de la Blanche,風格典型,價格實惠。

Louis Latour (NE)

· HA: 50 GC: Corton-Charlemagne(9.64), Chevalier-Montrachet Demoiselles, Corton(Le Clos du Roi, Les Grèves, Les Bressandes, Les Pougets, Les Perrièrs, Clos de la Vigne au Saint, Les Chaumes 17), Chambertin(0.81), Romanée St. Vivant(0.76) PC: Beaune Les Vignes Franches, Les Perrières, Clos du Roi, Les Grèves, Aux Cras; Aloxe-Corton Les Chaillots, Les Founières, Les Guérets; Pommard Epenots, Volnay Les Mitans; Pernard-Vergelesses Ile des Vergelesses

走入Louis Latour位在Aloxe村的酒窖Chteau Grancey,會讓人誤以為時光倒退到上個世紀末,機械主義萌興的時代,酒窖看來像是座活生生的現代釀酒博物館,自有莊園的紅酒都在此釀製。如果Louis Latour的紅酒有迷人的地方,也許就在他對抗時代更換的自信,和因此營造出的獨特酒風。自一七三一年Latour家族便開始在伯恩市附近擁有葡萄園,一七六八年後建基在Aloxe村,買入許多Corton葡萄園,兩百多年來一直由家族經營。一八六七年Louis Latour買下伯恩市內一家創立於一七九七年的酒商Lamarosse,開始由獨立酒莊跨入酒商的事業,一八九〇年接續買入直接位在Corton特級園裡的釀酒窖Château Grancey。

Louis Latour擁有約50公頃的葡萄園,其中有近30公頃的特級園,是全金丘區之最。在夏布利擁有一家酒商Simmonet-Febvre,在薄酒來擁有Henri Fessy,在全布根地共有超過120公頃的葡萄園。Louis Latour也擁有自己的橡木桶廠,製作符合自己需求與標準的木桶。歷代家族裡有許多都叫Louis,現在接任的是第十一代的Louis-Fabrice Latour,負責釀造的是Jean-Charles Thomas,Boris Champy負責葡萄園的管理。

Louis Laour以豐滿圓潤的可口白酒聞名,紅酒也圓潤柔和,非常特別。採收後的黑皮諾經過篩選後100%去梗、破皮擠出果肉,葡萄的溫度如果太低,會加熱葡萄以利發酵馬上進行,完全沒有發酵前低溫泡皮的過程。發酵在傳統的木槽內進行。每天進行多次人工踩皮,很少淋汁。浸皮與發酵的時間只有八到十天。

紅酒極少存入新橡木桶培養,大部分的新桶用來釀造白酒,一兩年後再存紅酒,培養十四到十八個月後經巴斯得滅菌法殺菌後裝瓶。

白酒的釀造也相當特別,通常夏多內葡萄非常成熟時才採,先去梗擠出果肉之後再榨汁,然後完全跳過沉澱去酒渣的程序直接發酵,啟動之後放入橡木桶發酵,完全省略攪桶。乳酸發酵完成後,換桶一次去酒渣,發酵培養約一年的時間完成,最後經黏合澄清,過濾裝瓶。新橡木桶的比例相當高,Corton-Charlemagne經常是100%新桶,加上晚採收,讓Louis Latour的白酒在濃郁的果味中常帶有香草與榛果香,口感圓潤豐美。

Louis Latour最經典的紅酒為Corton Grancey,因獨擁17公頃的Corton園,分屬於七個小區,只有2.66公頃的La Vigne au Saint獨立裝瓶,其餘六個Corton園小區挑選品質最好的葡萄,先分別釀造,最後再混合而成,是布根地少見的調配型城堡酒。常保有Louis Latour紅酒圓熟可口的特色,因為是混調,品質亦相當穩定。白酒自然是以Corton-Charlemagne最具代表,Latour的葡萄園大多位在正面朝南的中坡處,葡萄非常成熟,釀成的Corton-Charlemagne經常是最濃厚甜熟的版本,有相當多熟果、香草與煙燻香氣,屬豪華版的夏多內風格。

Albert Morot (DO)

· HA: 7.91 PC: Beaune Les Grèves, Les Teurons, Les Bressandes, Les Marconnets, Les Aigrots, Les Toussaints, Les Cents Vignes; Savigny-lès-Beaune La Bataillières,

Hervé Kerlann　　　Louis Latour

Château Grancey

Château Grancey釀酒窖

Les Vergelesses

- 伯恩市內的獨立酒莊，除了酒商，應該就屬這家最為重要，特別是擁有七片頗佳的一級園。現在負責釀造的是Geoffroy Choppin，在其姑媽Françoise Choppin的時期，酒風較為粗獷，常有相當多堅硬的單寧，而Geoffroy則是等葡萄更成熟之後再採，全部去梗，減少踩皮，多淋汁，也採用較多的新桶，釀成無須等待十數年，較為圓潤可口的風格。

Jean-Claude Rateau

- HA: 8　PC: Beaune Les Coucherias, Les Bressandes, Les Reversées
- 布根地最早施行自然動力法的酒莊，一九七九年Jean-Claude依據在薄酒萊的經驗，在Beaune城邊自家的混種園Clos des Mariages開始實踐這種農法至今。誠懇低調的個性配上自有秩序連結環境力量的葡萄園，以及自然少添加的釀法，讓他的酒常能精確反映每一片葡萄園的風土個性。

Philippe Pacalet (NE)

- 如果自然酒屬於一個流派，Philippe Pacalet便是此派在布根地最重要的代表人物，從一九九一到二〇〇〇年，他擔任Prieuré-Roch酒莊的釀酒師，成功地不添加二氧化硫，以最自然方式，沒有太多人為干擾的製程，釀造出非常精彩的頂尖布根地紅酒。Philippe Pacalet經常強調他是生物學的科學信徒，做為薄酒來自然酒先驅Marcel Lapierre的外甥，在釀造技術上，受到Jules Chauvet頗多的啟發與影響。二〇〇一年才開始自立酒商，並沒有擁有葡萄園，除了採買葡萄釀造，

也租用葡萄園。以金丘的紅酒為主，但也產一些白酒，因嚴選葡萄園，每批都是小量釀造。跟大部分的自然酒釀法一樣，以整串葡萄在木造酒槽中發酵，採用原生酵母，釀造時不加糖不添加二氧化硫，不過，增加用腳進行人工踩皮，以多一些萃取，泡皮的時間也較長，約三週左右。培養較少新桶，亦不換桶，約一到一年半裝瓶，只有在裝瓶時才添加一點二氧化硫。如此釀成的葡萄酒有迷人的優雅風味，除了更能反應葡萄園特色，常有輕巧細膩的酒體和更多的細緻變化。

Séguin-Manuel (NE)

- HA: 4.5　PC: Beaune Clos des Mouches, Les Champs Pimont, Les Cents Vignes
- 家族原擁有Chanson P. & F.的Thibaut Marion，在二〇〇四年重建這家創立於一八二四年的酒商，紅酒非常濃厚，白酒則極為多酸有勁，特別是自有葡萄園Savigny-lès-Beaune的Goudelette，跟Beaune的一級園Clos des Mouches，即使葡萄極為成熟，但酸味像石頭一樣硬，如刀刃般鋒利，頗有膽識的風格。

伯恩市北區的一級園：Les Bressandes（左上）、A l'Écu（右上）、Les Fèves和Clos des Fèves（中），以及Les Cent Vignes（下），而位在更接近山頂的葡萄園則為Côte de Beaune。

伯恩山（Côte de Beaune）與伯恩丘村莊（Côte de Beaune Villages）

伯恩山的葡萄酒並不常見，但卻容易弄混。一般Côte de Beaune指的是整個伯恩丘產區，但如果是當成法定產區名時，卻是指位在伯恩市山區，藏匿在樹林裡的52公頃葡萄園，因海拔較高，且地勢較平坦，稍微寒冷一點，葡萄酒的口感比較清淡，也產較多的白酒。

這和Côte de Beaune Villages不同，但標示法卻很類似。在伯恩丘區內有Auxey-Duresses、Chorey-lès-Beaune、Ladoix、Maranges、Meursault、Monthélie、Pernand-Vergelesses等十四村的村莊級紅酒可以在村名後面加上Côte de Beaune，如Ladoix Côte de Beaune，但如果是混合這十四個村莊的紅酒調配成的，則標示為Côte de Beaune Villages。

Geoffroy Choppin　　Albert Morot　　　　Thibaut Marion　　Séguin-Manuel　　　Philippe Pacalet

玻瑪
Pommard

Cave de Pommard葡萄酒鋪。

玻瑪（Pommard）和南邊的渥爾內（Volnay）是伯恩丘最知名，專產紅酒的村莊，雖然都沒有特級園，但都有明星級的一級園，以及明顯的酒村風格，即使是貼近的兩村，但位處較高坡的Volnay村酒風較為輕柔優雅，Pommard村卻是濃厚結實，常有較多堅固的澀味，有主宰式的強硬酒體。村子本身位在L'Avant Dheune溪谷的出口，這條小溪將Pommard村分為南北兩半，同時也讓村內的葡萄園沿著細長的溪谷延伸進金丘山區內近2公里，而村內大半的葡萄園都位在其沖積扇上，包括村內最佳一級園Les Epenots，跟其他的酒村不同，Pommard村內最佳的葡萄園並不在高坡處。

夾在伯恩市與Volnay村之間，Pommard村的葡萄園看似不大，但村內的葡萄園其實多達321公頃，位在海拔高度230到340公尺之間。一級園有二十八片，共約122公頃，海拔高度在240到300公尺，屬中低坡，跟其他酒村不同，Pommard村的村莊級葡萄園反而較多位在較高坡的地方。南邊靠近Volnay村的Les Rugiens和北邊靠近伯恩市的Epenots，是村內最知名的兩片一級園，如果將來有任何升級特級園的可能，應該不出這兩園。而這兩園的鄰近區域也是一級園分布的主要區域。

在Epenots這一側的一級園地勢比較低平，面積超過30公頃的Epenots占了大部分的低坡處，又分為南面10公頃的Les Grands Epenots，北邊是約20公頃的Les Petits Epenots直接和伯恩市同名的一級園Les Epenots相接。在兩者中間還有一片橫跨兩區的Clos des Epeneaux，為Comte Armand酒莊的獨占園。雖位處沖積扇上，但是此區地底的珍珠石板岩岩層其實相當接近地表，覆蓋其上的表土僅數十公分，南邊的Les Grands Epenots有較多L'Avant Dheune溪自山區沖積而下，含有鐵質的紅色黏土，酒風比較堅硬多澀味，也更結實有力；北邊的Les Petits

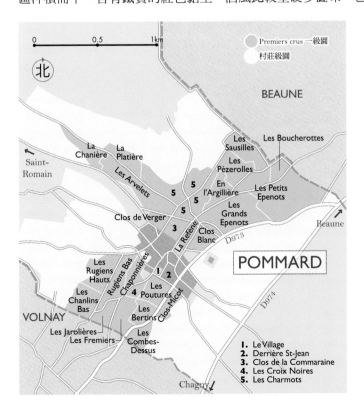

Avant Dheune溪谷內的Pommard村。

Epenots則比較優雅一些，至於混合兩園的Clos des Epeneaux則可能是兩者最佳的綜合。

直接位在村邊的一級園則多為沉積土壤，酒風較為粗獷，如Clos de la Commaraine，也有較為簡單可口的Clos Blanc。位在Epenots之上的一級園表土反而變深，有較多白色的泥灰質土壤，釀成的酒比較柔和可口一些，如Les Pézerolles，高坡一點的Les Charmots有一部分向南，常能釀成圓潤甜熟的風格。

在村子南邊的Les Rugiens有12.66公頃，又分為下坡的Les Rugiens Bas和上坡的Les Rugiens Hauts，分別為5.83和6.83公頃，雖然大部分的酒莊很少在標籤上註明，但這兩區所釀成的酒卻有相當大的差別。下坡Les Rugiens Bas的表土有較多含鐵質的紅色黏土，亦是Rugiens名字的由來，和Les Grands Epenots的表土頗為近似，亦可能源自L'Avant Dheune溪的堆積。這一區所產的黑皮諾紅酒酒體深厚且相當強勁結實，是此村最具代表的典型，甚至比Les Grands Epenots更堅硬、多澀味一些。至於上坡的Les Rugiens Hauts坡度更斜陡，土壤的顏色亦較灰白，釀成的酒雖然均衡，但力量與重量感都不及Les Rugiens Bas。與Les Rugiens Bas同高度的Les Jarolières，以及下坡處的幾片一級園，如Les Fremiers和Les Bertin等等，酒風轉而較接近隔鄰的Volnay村，稍柔和一些，也較為早熟。

村子雖然不大，但有相當多的酒莊，最醒目的是常能吸引觀光客參觀的Pommard城堡。不過，最精英的，當屬Comte Armand和歷史酒莊Domaine de Courcel，另外也有非常老式傳統的Michel Gaunoux，紅白酒皆佳，同時亦經營酒商的Jean-Marc Boillot，另外Domaine Parent、Aleth Girardin以及Albert Bichot的Domaine du Pavillon也都有不錯的水準。

左：村北一級園Les Petits Epenots位在平緩的平原區。

中上：一級園Les Epenots。

中下：村南的一級園位在較高坡處，如知名的Les Rougiens。

Comte Armand (DO)

· HA: 9 PC: Pommard Clos des Epeneaux; Volnay Les Frémiets; Auxey-Duresses

· 村裡最知名，也最具代表性的名莊。獨家擁有的一級園Clos des Epeneaux是此村紅酒風格的典範，非常精緻優雅，但暗藏著Pommard嚴密結實的口感。源自Marey-Monge家族，現為Armand伯爵的產業，Pascal Marchand、Benjamin Leroux等知名釀酒師都發跡自此。早年即開始引進自然動力法種植。葡萄採收後全不去梗，經一週發酵前低溫泡皮才開始升溫發酵，再進行一到兩週的發酵泡皮以柔化單寧。兩年的木桶培養後裝瓶。酒風非常細膩，即使是村莊級酒都非常迷人。

Jean-Marc Boillot (DN)

· HA: 11 PC: Pommard Les Rugiens, Les Jarollières, Les Saussilles; Volnay Les Pitures; Beaune Les Epenots, Les Montrevenots; Puligny-Montrachet Les Combettes, Champ Canet, Les Referts, Les Truffières, La Garenne

· 在布根地少有紅酒與白酒皆釀得好的獨立酒莊，但Jean-Marc Boillot卻是兩者皆好的一家，我自己也相當贊同，因為無論紅酒或白酒都有非常美味好喝的享樂風格。這不是強調內斂和保留的酒莊，當他釀造較為寒冷的年分或較高坡的葡萄園時，常有出乎意料的均衡與細緻。

Clos des Epeneaux　　Jean-Marc Boillot

紅酒全部去梗，經五天的發酵前低溫泡皮，發酵完成後會延長泡皮八到十天，讓單寧更圓滑，很少踩皮和淋汁亦是關鍵，培養的時間也較短約十三個月即裝瓶。白酒都在橡木桶中發酵，約25－30％新桶，雖然許多酒莊已減少攪桶，但喜好豐滿口感的Jean-Marc Boillot仍然每週一次，每桶在十一個月的培養過程中都經過約四十次的攪桶。除了自有酒莊的葡萄酒，Jean-Marc Boillot亦經營一家同名的小型酒商，主要生產夏隆內丘區的白酒。

Domaine de Courcel (DO)

- HA: 8.9 PC: Pommard Les Rugiens, Les Grand Clos des Epenots, Les Fremiers, Les Croix Noires
- 村內的精英酒莊，所有的葡萄園全在村內，現由Gilles de Courcel負責管理，不過耕作與釀造則委由Vosne-Romanée村Confuron-Cotétidot酒莊的Yve Confuron負責，Gille則花較多的時間替香檳名廠Bollinger管理伯恩市的酒商Chanson P. & F.。不同於Confuron-Cotétidot紅酒非常成熟飽滿的風格，以及Chanson P. & F.精巧細膩的酒風，Domaine de Courcel有非常嚴謹沉穩，相當內斂的古典風格，也許正是配合Pommard村葡萄園風格的最佳呈現，不過須要等待相當長的時間才能適飲。在Les Rougiens擁有最大的面積，上下坡都有，是最佳範例之一。葡萄通常非常晚摘，不去梗整串放入木造酒槽，先低溫泡皮，低溫緩慢發酵，甚至延長泡皮至一個月以上。經二十到二十二個月，25－30％的新桶培養而成。

Michel Gaunoux (DO)

- HA: 10 GC: Corton(Les Renards1.23) PC: Pommard Les Grands Epenots, Les Rugiens
- 一九八四年Michel Gaunoux過世之後，她的太太保留Michel生前的釀造方式，和兒子Alexandre一起經營這家看起來非常老式的酒莊。不論酒風或是經營的方式都是如此。因年輕時較為堅實多澀，不提供桶邊試飲，也保留非常多的老年分，待成熟後才上市，與Meursault村的Ampeau頗為類似，即使在保有最多傳統的布根地，這樣的酒莊已經非常少見，因此顯得特別的珍貴。葡萄全在舊式的開口木槽中進行發酵，全部去梗，不經發酵前低溫泡皮，經八到二十一天的酒精發酵，淋汁與踩皮每日各一回。釀成後十八到二十四個月的橡木桶培養，新桶的比例只有10％。依照老式的方法，得換桶二至三次，並且在蛋白凝結澄清與過濾等多道手續後才裝瓶。雖然年輕時單寧非常強勁，但卻非常適合久存，即使連一般的Bourgogne等級都相當耐久。

Aleth Girardin (DO)

- HA: 6.29 PC: Pommard Les Rugiens, Les Epenots, La Reféne, Les Charmots; Beaune Clos des Mouches, Les Montrevenots
- 由女莊主Aleth Le Royer釀造，不同於傳統的Pommard風格，常釀造出迷人的溫柔酒風。約保留10％的整串葡萄，數日低溫泡皮，踩皮次數少且輕柔，二到三週釀製完成。30－40％的新桶培養，十二到十八個月後裝瓶。釀成的紅酒口感較肥厚，單寧質地滑細，相當可口，是較年輕時即能適飲的Pommard紅酒。

Château de Pommard (DN)

- HA: 26 PC: Chassagne-Montrachet Les Caillerets, Les Chaumées
- 布根地少見的城堡酒莊，創立於一七二六年，城堡本身位在低坡的村莊級葡萄園中，擁有整片從伯恩市界到Pommard村邊的所有村莊級園，是布根地面積最廣的獨佔園之一。現為美國矽谷富豪Michael Baum的產業，聘請專業團隊釀造管理。除了自有的葡萄園，也釀造一些酒商酒。城堡的酒窖亦設立博物館，是布根地少見兼具觀光價值的酒莊。20公頃的獨佔園Clos de Marey-Monge有石牆圍繞，分為七片園分開釀造，除了混調各園的版本，也推出多款園中園。

Domaine de Courcel獨占園Grand Clos des Epenots

Ch. de Pommard　　　　Michel Gaunoux酒莊　　　Michel Gaunoux酒莊　　　　　Domaine de Courcel　　Gaunoux 家族

渥爾內
Volnay

渥爾內（Volnay）之於伯恩丘，就如同Chambolle-Musigny之於夜丘，各自表現了黑皮諾在各區內最優雅細緻的一面。在歷史上，Volnay村成名得相當早，十三世紀，布根地公爵在村內即擁有葡萄園，並建有城堡，受到布根地公爵的影響，法王路易十一和路易十四等也都頗喜愛Volnay紅酒，都曾在村內擁有葡萄園，村內有相當多石牆圍繞的古園。在十六世紀之前，歷任布根地公爵的偏好，讓Volnay村的紅酒一直被認為是布根地最好的紅酒產區之一，在當時甚至比夜丘區的葡萄園還知名。即使是現在，Volnay紅酒也和高登山以及北鄰的Pommard村，同為伯恩丘最知名的紅酒產區，甚至在一部分的布根地酒迷心中，居此三者之最。

伯恩丘的山勢到此些微地轉向東南，幾乎全村的葡萄園都位在受陽極佳的向陽坡。村子本身位在接近坡頂的背斜谷中，居高臨下，視野相當好。Volnay村南邊進入金丘區最寬闊的區域，在高坡處與Monthélie村相鄰，下坡處則與Meursault村相接連，不過，Volnay村本身的葡萄園並不大，約有210公頃，和Pommard村一樣只產紅酒，葡萄園的海拔較高，也較為斜陡，從坡底的230公尺一直爬升到將近370公尺。跟Pommard村相比，Volnay村的黏土較少，有較多的石塊和石灰質，海拔也稍高一些，也許這是酒風較為精巧的主因之一，但是，村子的南北兩端並非全然如此。因為地層變動，村子南端和Meursault村的交接處附近，有許多夜丘區較為常見

不同於位在河谷內的Pommard，Volnay村位在海拔較高的坡頂。

右頁：村南山頂上的一級園Taille Pieds（削腳園），因陡峭多石而有此名。

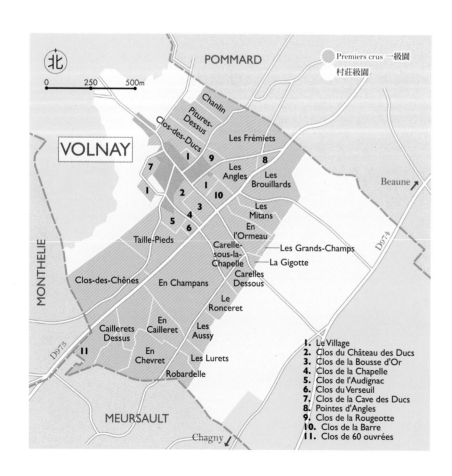

1. Le Village
2. Clos du Château des Ducs
3. Clos de la Bousse d'Or
4. Clos de la Chapelle
5. Clos de l'Audignac
6. Clos du Verseuil
7. Clos de la Cave des Ducs
8. Pointes d'Angles
9. Clos de la Rougeotte
10. Clos de la Barre
11. Clos de 60 ouvrées

的巴通階石灰岩，紅酒的風格轉而強硬，有較嚴密緊澀的口感。在村北的山坡中段也有類似的岩層，也常有類似的酒風。

　　雖是伯恩區最小的酒村之一，Volnay村卻有相當多的一級園，隔鄰的Meursault村在靠近Volnay村邊有以產紅酒聞名的幾片一級園，如Les Pitures、Clos de Santenots和Les Santenots du Milieu等六園，也劃歸Volnay產區，統稱為Volnay Les Santenots，此區位處巴通階石灰岩層，有相當多紅褐色的石灰質黏土，幾乎全種植黑皮諾，不過若是種植夏多內所釀造的白酒則仍屬於Meursault。除了這一部分約20公頃的一級園，Volnay村還有三十五片約115公頃的一級園。Volnay村的一級園集中在中坡處，坡頂和坡底都是村莊級，不過相較於Pommard村，一級園更貼近山頂，大部分的村莊級酒都位在低坡處。因一級園數量實在太多，二〇〇六年起將一部分相鄰且酒風接近的一級園合併，如村北較低坡的三片一級園，Les Mitans、L'Ormeau和Les Grands Champs合併成Les Mitans。不過，如果酒莊堅持，仍可使用原名。

　　村內的一級園各區段各有不同特色。村北靠近Pommard村的一級園分別有上坡的Les Pitures，中坡的Les Frémiets和Les Angles，以及下坡一點的Les Brouillards和Les Mitans，這一帶的紅酒常被認為帶有較多的澀味，特別是中間的Les Frémiets，也有一些類似Pommard村Les Rugiens的含鐵質紅色黏土，風格較為堅硬，少一些Volnay村的精緻質地。在村子周邊的一級園大多統稱為Le Villages，有很多是有石牆圍繞著的舊有古園，面積都不大，也大多是獨占園，如Clos du Château des Ducs、Clos de la Barre、Clos de la Cave des Ducs、Clos de la Chapelle和Clos de la Bousse d'Or，最知名也是最獨特的，是位在村子西北角高坡處的Clos des Ducs，偏向東南，且斜陡多石，常可釀成非常強勁細緻的頂尖紅酒。

　　在村子南方的山坡上坡處有兩片重要的一級園，近村子的為有「削腳園」之稱的Taille Pieds，是一非常陡且多石的山坡，表土多灰白色的石灰質黏土，南邊與Monthélie村相鄰的Clos des Chênes山勢開始轉而向南，坡度稍緩一些，下半部轉為紅褐色的表土。這一區釀成的酒接近Volnay村的最佳典型，有帶著精巧質地的強勁力量，南邊的Clos des Chênes常有更加堅挺的背骨，但仍保有優雅均衡。在此二園的下坡處為此村的另一精華區，Les Caillerets和En Champans，此區亦相當斜陡多石，Lavalle在一八五五年時將此兩園列為全村之最，亦是強勁且具絲滑質地的Volnay典型，北邊的En Champans常更飽滿一些，南邊的Les Caillerets還分上下兩園，上園的條件較佳，園中有一知名的獨占園Clos des 60 Ourvées。跨過Meursault村的Les Santenots亦是精華區，有更濃厚，也較強硬的黑皮諾風格。

　　名園環繞的Volnay村位居狹迫的陡坡上，在彎繞的街巷中，擠著二十多家名莊，其中最知名的為Marquis d'Angerville，及已經拓展至夜丘區的Pousse d'Or和Domaine de Montille，還有村內的自然動力法先鋒Michel Lafarge。除了這四家老牌名莊，亦有年輕充滿企圖的Nicolas Rossignol，和酒風樸實迷人的Jean-Marc Bouley。村內原本有多家Boillot家族的酒莊，但因分家或由第二代接手，現多已遷往別處，如Meursault村的Henri Boillot、Chambolle-Musigny村的Louis Boillot，以及Pommard村的Jean-Marc Boillot等等。

上：Volnay村邊有非常多石牆圍繞的古園，如圖左，石牆後即有Clos de la Bousse d'Or、Clos de la Chapelle、Clos du Verseuil和Clos de l'Audignac四園。

中左：小村內擠滿許多小酒莊。

中中：小巧擁擠的Volnay村。

中右：En Champans一級園。

左下：Les Caillerets一級園。

右下：村南高坡的一級園Clos des Chênes。

Marquis d'Angerville (DO)

- HA: 14.95 PC: Volnay Clos des Ducs, Les Caillerets, Les Champans, Taille Pieds, Les Pitures, Les Frémiets, Les Angles, Les Mitans; Meursault Les Santenots; Pommard Les Combes Dessus

- 一八〇四年創立的Angerville侯爵酒莊，自一九二〇年代起即開風氣之先，自行裝瓶銷售，是全布根地最老牌的獨立酒莊之一。現由第三代的Guillaume跟姐夫Renaud de Vilette一起經營釀造，在其父親Jacques時期，建立了全伯恩丘最迷人的細膩酒風，常有清新、純淨的黑皮諾果香。二〇〇九年起全部採用自然動力法種植。近15公頃的葡萄園大部分在村內，唯一的白酒是Meursault Santenots，亦是以紅酒聞名的一級園。葡萄全部去梗，在老式的木造酒槽中進行，先經三到八天的發酵前低溫泡皮，短暫的發酵與浸皮，完全不踩皮，以每天兩次的淋汁取代，最後經三到八天的延長泡皮，然後進行十五到二十四個月的橡木桶培養，新桶比例不超過三分之一，只有換桶和凝結澄清，不經過濾即裝瓶。

Jeam-Marc Bouley (DO)

- HA: 7.16 PC: Volnay Les Caillerets, Clos des Chênes, Les Carelles, En l'Ormeau; Pommard Les Rugiens, Les Fremiers; Beaune Les Reversées

- 酒莊就建在村子最頂端的獨占園Clos de la Cave內，由Jean-Marc跟兒子一起耕作釀造，年輕有衝勁的兒子跟腳踏實地的父親是頗佳的組合。釀成的Volnay也許不是特別精緻高雅，但相當誠懇實在，也頗為可口，常能表現葡萄園的風格。有時保留一些整串葡萄，短暫發酵前低溫泡皮，約二到三週釀成。25−50%新桶培養十三到十六個月。新桶的比例Pommard比Volnay多，Clos des Chênes比Les Caillerets多。

Michel Lafarge (DO)

- HA: 11.68 PC: Volnay Clos des Chênes, Les Caillerets, Clos du Château des Ducs, Les Mitans; Pommard Les Pézerolles; Beaune Les Grèves, Les Aigrots

- 有百年歷史的經典老廠，亦是一家酒風相當細緻的酒莊，現由Fréderic Lafarge管理大部分的事。葡萄園從一九九七年就開始採用自然動力法種植。紅酒的釀法相當簡單，全數去梗，無發酵前低溫泡皮，約兩週即完成，採用非常少的新橡木桶培養，即使是強勁多澀的Clos des Chênes也僅有15%，培養成的葡萄酒非常緊緻絲滑，成為此園的最佳範本。

Domaine de Montille (DN)

- HA: 17.02 GC: Clos de Vougeot(0.29), Corton(Le Clos du Roi0.84), Corton-Charlemagne(1.04) PC: Volnay Taille Pieds, Champans, Mitans, Brouillards, La Carelle sous Chapelle; Pommard Les Rougiens, Les Grands Epenots, Les Pézerolles; Beaune Les Grèves, Les Perrières, Les Aigrots; Vosne-Romanée Les Malconsorts; Nuits St. Georges Les Thorey; Puligny-Montrachet Le Cailleret

- 由Hubert de Montille建立起名聲的老牌酒莊，目前由兒子Etienne負責管理，已經逐漸擴充為中型酒莊，也跨足到夜丘區。村內的酒窖已經不敷使用，現已遷往Meursault村釀造。Etienne跟妹妹Alix亦雇有專精於白酒的酒商Deux Montille，Etienne同時也是Château de Puligny-Montrachet的酒莊總管。現在釀造主要聘任Cyril Raveau負責，相較於其他村內風格優雅精巧的名莊，Montille的酒風較為結實緊澀，年輕時稍帶一點粗獷氣。從二〇〇五年開始，葡萄園亦採自然動力法耕作。在釀造時通常保留一部分不去梗的整串葡萄，踩皮的次數也減少許多，以避免萃取太多單寧。採用20−50%的新桶培養十四到十八個月後裝瓶。在Etienne接手之後，酒的質地越來越細膩，其Taille Pieds和Pommard村的Les Rougiens已成為此二名園的最佳典範。二〇一二年Etienne de Montille集資買下曾經由他擔任酒莊總管的Château de Puligny-Montrachet（見P357），新增包括Chevalier Montrachet在內的20公頃葡萄園，成為一家極少見的大型獨立酒莊。

Domaine de la Pousse d'Or (DO)

- HA: 17 GC: Bonnes-Mares(0.17), Corton(Les Bressandes, Le Clos du Roi 1.93) PC: Volnay Clos des 60 Ouvrées, Clos de la Bousse d'Or, Clos d'Audignac, En Caillerets; Pommard Les Jarolières; Chambolle-Musigny Les Amoureuses, Les Charmes, les Feusselottes, Les Groseilles; Santenay Clos Tavannes, Les Gravières; Puligny-Montrachet Clos du Cailleret

- Patrick Landanger在一九九七年買下這

Renaud de Vilette

Marquis d'Angerville

Jean-Marc Bouley父子

Fréderic Lafarge

Michel Lafarge

Domaine de Montille

家曾為布根地公爵所有的酒莊，更重要的是，在村內擁有三個條件極佳的獨占園，其中Clos des 60 Ouvrées更是全村最佳葡萄園。Landanger原本雇用酒莊總管，但一九九九年開始自己釀造，酒風頗現代，色深多果香，亦頗濃厚結實。Landanger亦陸續買進更多葡萄園，包括Corton特級園，以及二〇〇九年新增的Chambolle-Musigny村的Les Amoureuses。紅酒的釀造頗為新式，採全部去梗，先經一週極低溫8℃的發酵前泡皮，若有須要也可能採用逆滲透濃縮機，主要以踩皮為主，輔以淋汁，約三週釀成。之後30%新桶培養十五到十八個月後裝瓶。

Nicolas Rossignol (DO)

· HA: 16　PC: Volnay Les Caillerets, Fremiets, Taille Pieds, Santenots, Cheveret, Clos des Angles, Le Ronceret; Pommard Epenots, Les Jarolières, Chanlins, Les Chaponnières; Beaune Clos des Mouches, Clos du Roi, Les Reversées; Savigny-lès-Beaune Lavières, Les Fichots, Fourneaux

· 村中最年輕也最有活力的酒莊，源自Rossignol-Jeanniard酒莊，但一九九七年開始自立，從原本的3公頃逐漸擴充成現在的16公頃。Nicolas的酒中充滿現代感的活力和衝勁，濃厚結實且有力。Nicolas強調他不喜歡太多果香的酒，亦不喜歡太圓潤的酒體，所以並沒有採用流行的發酵前低溫泡皮，較有個性的葡萄園通常都去梗，有些則保留一部分，如Clos des Angles保留50%，約三週釀成，新桶最多80%，培養十到二十個月。

左上：Jean-Marc Bouley在Clos de la Cave園內的地下培養酒窖。

右上：位處Clos de l'Audignac之上的Pousse d'Or酒莊。

中：Nicola Rossignol酒莊在Les Angles園內的地下酒窖。

Etienne Montille　　　Nicolas Rossignol

蒙蝶利、歐榭－都赫斯與聖侯曼
Monthélie, Auxey-Duresses et St. Romain

　　在Volnay和Meursault兩村的交界處，一條非常深遠的東西向山谷切開伯恩丘，小溪des Cloux穿過其間，在這一個谷地內，金丘破例往西延伸4公里，進入應該屬於上丘區的領域，葡萄園從海拔350公尺爬升到430公尺的高度。在這條谷地中共有三個酒村各有獨立的村莊級法定產區，最外側的是與Volnay村相鄰的蒙蝶利村（Monthélie），中段為歐榭－都赫斯村（Auxey-Duresses，以下簡稱Auxey村），谷地盡頭則是聖侯曼村（St. Romain）。這三個酒村紅、白酒皆產，但越往山區，因為氣候較冷，黑皮諾較難成熟，所以種植較多的夏多內。

蒙蝶利（Monthélie）

　　夾在Volnay、Meursault和Auxey三村之間的Monthélie村雖已經位在東西向的谷地出口，但是仍有另一南北向的背斜谷將村子切分成兩半，形成面向東、西、南三面的山坡，海拔雖高一些，但卻因向陽而頗為溫暖。村莊的範圍不及平原區，占地較小，葡萄園大多位處多石的坡地，大約有120公頃的葡萄園，幾乎全產紅酒，白酒只占不到10%。村內產的紅酒過去經常以

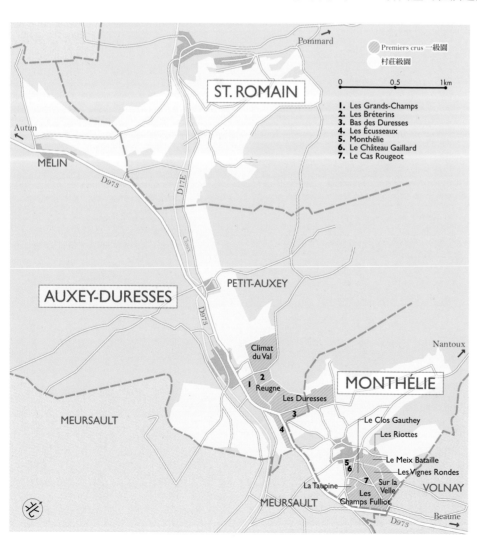

上：Monthélie一級園Les Clos Cauthey。

左下上：Monthélie位處三個背斜谷交界處，有朝非常多面向的葡萄園。

左下下：因為E上有重音須唸成蒙蝶利。

中下：跟Volnay村名園Clos des Chênes相鄰的一級園Les Champs Fuillot。

右下：從Auxey村往Volnay的D973公路，Monthélie村看似層層疊疊的山間小村。

地圖標示：

Premiers crus 一級園
村莊級園

0　　0.5　　1km

1. Les Grands-Champs
2. Les Bréterins
3. Bas des Duresses
4. Les Écusseaux
5. Monthélie
6. Le Château Gaillard
7. Le Cas Rougeot

ST. ROMAIN
MELIN
AUTUN
PETIT-AUXEY
AUXEY-DURESSES
MEURSAULT
Climat du Val
Reugne
Les Duresses
MONTHÉLIE
Nantoux
Le Clos Gauthey
Les Riottes
Le Meix Bataille
Les Vignes Rondes
La Taupine
Sur la Velle
Les Champs Fulliot
MEURSAULT
VOLNAY
Pommard
Beaune

Pommard或Volnay的名義銷售，不過就酒風來看，Monthélie紅酒頗具架勢，跟Volnay比起來質地比較粗獷一些。

村內有十五片一級園，面積共約36公頃，大多位在與Volnay村的Clos des Chênes相鄰的山坡，山勢在兩村交界處轉而向南，可接收更多的太陽，下坡處的Les Champs Fuillot常被認為是村內最佳一級園，有夜丘岩層經過，表土亦多紅色土壤，上坡一點的Sur la Velle和Le Clou des Chênes則有較多白色石灰岩，酒風較為輕盈一些。在村子西邊與Auxey村相鄰的山坡也有兩片一級園，最知名者為Les Duresses，風格頗為濃厚堅實。村內的酒莊頗多，較有名氣的包括伯恩濟貧醫院前任釀酒師André Porcheret釀造的Monthelie Douhairet Porcheret、Château de Monthélie、Darviot-Perrin以及Paul Garaudet等等。

歐榭－都赫斯（Auxey-Duresses）

Auxey村完全位在山谷內，葡萄園位處南北兩坡，北坡面東南，與Monthélie村相連，主產紅酒，南坡朝北，在村子的東南角與Meursault村相連，可以釀出不錯的白酒。村內產的紅酒雖然較多，但白酒亦頗具潛力。因位處谷地內，即使有向南坡，氣候仍較隔鄰的Monthélie村寒冷，黑皮諾成熟較慢，釀成的紅酒較有生澀的單寧。不過，在比較溫暖或過熱的年分，Auxey村反而可以有比較均衡的表現。Auxey的葡萄園約有135公頃，其中約30公頃（共九片）列為一級園，全都位在村北向南的山坡上。一級園中以最東邊與Monthélie村交接的Les Duresses最為著名，位在面朝東南的陡坡上，有較多白色的泥灰質，雖然成熟較佳，但仍帶Auxey村的粗獷氣。最西邊的一級園為Climat du Val，氣候較冷，常釀成較硬瘦的紅酒，園中的Clos du Val為Prunier家族的獨占園，有較飽滿與細緻的表現。

知名的精英酒商Leroy藏身在Auxey靜僻的村邊，村內有多家獨立酒莊，以Michel Prunier最知名，其他亦有Jean-Pierre Diconne、Gilles & Jean Lafouge、Alain Creussefond，和Philippe Prunier-Damy等釀造價格相當平實的葡萄酒。

聖侯曼（St. Romain）

地勢險峻的St. Romain村，有群山環繞，已經離伯恩丘有點距離，反而像是上伯恩丘的村莊，產的酒也有點類似，事實上聖侯曼是在一九四七年由上伯恩丘產區變成伯恩丘村莊級產區。因為海拔較高，氣候寒冷，黑皮諾成熟不易，主要種植夏多內，雖然酒體偏瘦，但常有極佳的酸味，除了果香，亦帶一些礦石氣。黑皮諾較少，只有較為炎熱的年分才能全然成熟，通常口感較為清瘦。村內只有約93公頃的葡萄園，主要位在村子東面向南與向東的陡坡上，全屬村莊級，沒有一級園。村內酒莊不多，以Alain Gras最為知名，另外有專精於自然酒釀造的Domaine de Chassorney和酒商Frédéric Cossard，以及老牌的Henri & Gilles Buisson。不過村內最知名的並非酒莊，而是橡木桶廠François Frères，不只為布根地最大廠，在國際上亦相當知名。

上：Des Cloux小溪流經Auxey村後，續流往Meursault村。

左下：Auxey村的紅酒常帶一些粗獷氣。

中下：St. Romain的上村位在高聳的懸崖之上。

右下：St. Romain的葡萄園海拔較高，酒風類似上伯恩丘的風格。

酵，只人工踩皮不淋汁。酒風頗自然均衡，特別是村內的兩片一級園，有時亦有細緻質地。

Paul Garaudet (DO)

- HA: 10 PC: Monthélie Les Duresses, Le Meix Bataille, Clos Gauthey, Les Champs Fuillots; Volnay Les Pitures, Le Ronceret
- Monthélie村內的精英酒莊之一，已經部分由兒子Florent接手，酒風較濃厚，雖帶一點粗獷，但頗為可口。葡萄全部去梗之後經五至七天的低溫發酵前泡皮，再經十五天的發酵。橡木桶的儲存約一年，有三分之一的新桶。Champ-Fuillot種的是夏多內，有相當可口的風格。紅酒Clos Gauthey頗細緻，Les Duresses則較多澀。

Alain Gras (DO)

- HA: 14
- St. Romain村最知名酒莊，位在高坡近城堡處。大部分的葡萄園都在村內。Alain Gras的白酒只有10－15%是在橡木桶中發酵，其餘全在大型酒槽中進行，最後再混合，不論是木桶或酒槽，全都定時進行攪桶以提高圓厚的口感。常有新鮮的果味與圓潤的口感，再配上St. Romain強勁的酸味相當均衡可口。

Château de Monthélie (DO)

- HA: 8.85 PC: Monthélie Sur la Velle, Le Clou des Chênes; Rully Meix Caillet, Preaux
- 位在Monthélie村內的城堡中，由Eric de Suremaine管理，以自然動力法耕作，釀造亦相當傳統，白酒以垂直木造榨汁機壓榨，紅酒全部去梗，在木造酒槽內發

Michel Prunier (DO)

- HA: 12 PC: Auxey-Duresses Clos du Val; Volnay Les Caillerets; Beaune Les Sizies
- Auxey村內最知名的酒莊，亦是村內Prunier家族的多家酒莊中最重要的一家。現由女兒Estelle負責釀造，酒風非常優雅，特別是其家族獨有的Clos du Val。葡萄大多局部去梗，經發酵前低溫泡皮釀成。白酒先在酒槽發酵再進木桶培養一年，八十年老樹的村莊級白酒亦相當精彩。

Maison Leroy (DO)

- 一八六八年由François Leroy創建於Auxey村，在第三代Henri Leroy時期買下一半的Domaine de la Romanée-Conti酒莊的股權，也曾經擁有DRC的經銷權。酒商的部分規模一直不大，一九五五年，Henri Leroy二十三歲的女兒Lalou Bize-Leroy接手酒商至今。一九八八年日本高島屋入股，Lalou在Vosne村建立Domaine Leroy（見P279），還在離Auxey村不遠的上伯恩丘區另有一家獨立酒莊Domaine d'Auvenay酒商的部分主要跟各酒村內的精英酒莊採買釀製好的成酒培養與裝瓶，很少自釀。在Auxey村內的酒窖內還保存有非常大量，甚至超過半世紀的陳年布根地老酒。

Domaine de Chassorney (DN)

- HA: 10 PC: Volnay Carelle la Chapelle, Roncerets, Lurets; Pommard Pezzerolles

Château de Monthélie

- 布根地自然派的重要酒莊，由Frédéric Cossard在St. Romain村內創立，也以酒商Frédéric & Laure Cossard名義採買葡萄，釀造一些金丘區的名村紅、白酒。有機式的種植，自然酒釀法，不添加二氧化硫，僅以原生酵母發酵。紅酒以整串葡萄釀造，無人工控溫設備，僅以灌進二氧化碳保護，發酵與泡皮約經四十天才完成，之後在橡木桶培養十二到十五個月。白酒則以整串榨汁，無沉澱即直接入橡木桶進行發酵與培養。

Alain Gras

Paul Garaudet

Michel Prunier

Château de Monthélie

Domaine de Chassorney

梅索
Meursault

Meursault是伯恩丘南段的主要大村,不只酒莊集聚,也有較多的商店與餐廳。

　　梅索村（Meursault）是伯恩丘的最大酒村,即使村內沒有特級園,但卻仍是布根地最知名的白酒村莊之一,三片最知名的一級園Les Perrières、Les Genevrières和Les Charmes也都是布根地的白酒名園。Meursault村曾經以圓熟滑潤的口感與帶有奶油與香草的濃郁香氣聞名,成為夏多內白酒的重要典型風格。不過,Meursault村的廣闊面積、多變的地形與自然條件,以及數量龐大的酒莊,讓村內常能生產全布根地最多樣的白酒風格,特別是山坡頂上的葡萄園亦常能釀成酸瘦敏捷、帶著礦石香氣的清新夏多內,雖非一級園,但卻是村內相當值得注意的精華區。雖以白酒聞名,但亦產紅酒,不過,釀成的酒大多以鄰村為名,最知名的是位在村北與Volnay村相鄰的Volnay-Santenots,村南與僅有幾戶房舍的布拉尼村（Blagny）交界處亦產一些紅酒。

　　一條寬闊的東西向山谷在Meursault村橫切過金丘山坡,葡萄園得以往坡頂與坡底延伸,伯恩丘再度變得相當開闊,坡頂和坡底、村南和村北的葡萄園差異相當大。有一條小溪des Cloux沿著山谷往下流往蘇茵平原。不只是葡萄園,有上千居民的Meursault村亦相當廣闊,位在山谷的沖積扇上,街道蜿蜒交錯,有多座城堡,亦密藏著一百多家酒莊,是伯恩丘最密集的酒村,梅索城堡（Château de Meursault）位在村子靠近平原區的一側,因每年十一月第四個星期一舉辦的La Paulée de Meursault餐會而聞名。村內屬於Meursault AOP的葡萄園約有400多公頃,分屬於二十一片,共132公頃被列為一級,不過,還須再加上被併入Volnay與Blagny村的黑皮諾葡萄園。在村莊級葡萄園的下方還有非常多屬於Bourgogne等級的葡萄園,一直延伸到D974公路邊才終止。

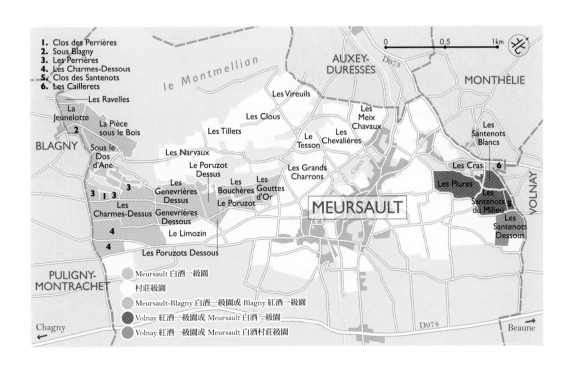

1. Clos des Perrières
2. Sous Blagny
3. Les Perrières
4. Les Charmes-Dessous
5. Clos des Santenots
6. Les Caillerets

Meursault 白酒一級園
村莊級園
Meursault-Blagny 白酒一級園或 Blagny 紅酒一級園
Volnay 紅酒一級園或 Meursault 白酒一級園
Volnay 紅酒一級園或 Meursault 白酒村莊級園

村北與Volnay村和Monthélie村相鄰，山坡略朝東南，因有斷層經過，抬升年代較早的岩層，葡萄園大多位在夜丘區常見的巴通階石灰岩層上，有相當多紅褐色的石灰質黏土，比較適合種植黑皮諾，有多個以紅酒聞名的一級園，如Les Plures、Les Santenots du Milieu、Sentenots Dessous、Sentenots Blancs、Clos de Santenots等等近30公頃，如種植黑皮諾，釀成的紅酒便成為Volnay村的一級園，統稱為Volnay Les Santenots。雖然相當少見，但這幾片一級園如果種植夏多內釀成白酒，則仍是Meursault一級園，不過，Sentenots Dessous因為位置太接近平原區，若種植夏多內則只能是村莊級酒。

村子北側葡萄園的海拔高度較低，從230公尺爬升到290公尺左右即進入位處高坡的Monthélie村。在三村交界處還有另外兩片一級園Les Cras和Les Caillerets，後者甚至更像是Volnay村一級園Les Caillerets的一部分。這兩園紅、白酒皆產，但都只能稱為Meursault一級園不能叫Volnay-Santenots，即使比較適合種植黑皮諾，但還是主產夏多內白酒。極為少見的Meursault一級園紅酒僅有1公頃多，全都來自此二園。在村北這邊，往南越近村子通常種植越多的夏多內，如村莊級園Les Corbins以及Domaine des Comtes Lafon酒莊的獨占園Clos de la Barre，都產極佳的白酒。越往北或坡底的平原區則較適合種植黑皮諾，如村莊級園Les Malpoiriers和Les Dressoles，在其下半部較低平的部分都只能生產紅酒，若種植夏多內則降為Bourgogne等級。

村子南邊的山坡是產白酒的精華區，整片山坡從村子西邊與Auxey-Duresses村相鄰，略朝東北東的村莊級園Les Meix Chaux開始，往南逐漸轉為正面朝東，蔓延到Puligny村界的一級園Les Charmes以及更高坡Blagny村的La Jeunellotte，葡萄園從坡底的海拔230公尺一直爬升到370公尺。土壤的顏色較淺，也較多石灰岩塊，相當貧瘠，有多處地區岩層外露幾乎沒有表土，特別是在中坡處，有堅硬的貢布隆香岩層橫亙，幾乎無法種植葡萄，只能生長矮樹叢，不過，透過磨石的機械絞碎岩層，還是可以改造成多石卻完全無土的葡萄園，如Chaumes des Narvaux和Les Casse Têtes兩片村莊級園。

貢布隆香岩石硬盤將山坡橫切為上下兩部分，上部土壤貧瘠，有相當多的白色泥灰岩石塊，排水佳，因海拔較高，所以冷涼一些，雖為村莊級葡萄園，但亦是此村的精華區，常能釀成多酸有勁，帶礦石氣的夏多內白酒。不過，太靠近山頂的部分在較寒冷的年分會偏酸瘦一些。此區有相當多知名的村莊級葡萄園，經常單獨裝瓶，較少混合其他葡萄園。中高坡最知名的有Les Chevalières和Le Tesson；高坡較知名的則有Les Vireuils、Les Clous、Les Tillets和Les Narvaux等，大多又分為上坡的Dessus和下坡的Dessous，後者通常有較佳的均衡。在村內有相當多的葡萄園都分成上、下兩部分，如果是在高坡處，通常標為Dessous的下部較佳，若是位在坡底，上坡一點的Dessus則大多有較好的條件。

貢布隆香岩石硬盤的下方則是此村的最精華區，有六片最知名的一級園分列在山坡中坡與中下坡處，正向朝東，呈長三角型的形狀，越近Puligny村界，面積越大，由南往北分別是高低坡相連的Les Perrières和Charmes，接著是Les Genevrières、Le Porusot、Les Bouchères和Les Gouttes d'Or。其中，Les Perrières是所有一級園中最接近特級園品質的葡萄園，在Lavalle時期也被列為最高級的Tête de Cuvée。如同其名，位處在一片舊的採石場之上，園中的土壤可能來

村公所廣場上的噴泉。

左上：Meursault一級園Le Porusot。

中上：Meursault村公所。

右上上：Meursault城堡。

右上下：位居山頂的Les Narvaux雖僅是村莊級園，但有非常有力且漂亮的酸味。

下：村子最北端與Volnay交界處種植相當多的黑皮諾，紅酒的一級園歸Volnay-Santenots。

自回填的岩塊以及自上坡沖刷下來的土壤與石塊。近14公頃的葡萄園還分為三塊，上坡的Les Perrières Dessus土少石多，雖強勁結實，但酒風較為輕盈。下坡的Les Perrières Dessous則有稍深厚一些的表土，條件較佳，常有強勁且細緻的迷人酸味，酒風比四周隔鄰的葡萄園都來得均衡，而且也更加耐久。園中有一石牆圍繞的Clos des Perrières，為Albert Grivault酒莊的獨占園。

位在Les Perrières下坡處的Charmes則剛好相反，上坡的Charmes Dessus其條件明顯地較表土深厚肥沃、極少石塊的下坡Charmes Dessous為佳。不同於Les Perrières的精緻風味，Charmes則以濃厚肥潤的口感聞名，有較甜熟的果香，酸味也較為柔和，下坡處的Charmes已經延伸到近平原區，常會顯得過於濃膩少酸。北鄰的Les Genevrières則像是Charmes跟Les Perrières的綜合，非常均衡協調，強勁且濃厚，是Meursault平均水準最佳的一級園之一，特別是位在較上坡的Les Genevrières Dessus。在往北的一級園面積開始限縮在山坡中段，Le Porusot、Les Bouchères和Les Gouttes d'Or三片一級園常能釀成頗為均衡的白酒。再往北，山坡開始轉而朝東北東，成為村莊級的葡萄園。在這些一級園的下坡處則是Meursault重要的村莊級葡萄園所在，釀成的白酒較為圓熟滑潤，帶有奶油與香草香氣，是過去村內最典型的酒風。其中以Les Genevrières坡底的Les Limozin最為知名。

在一級園Les Perrières的上方，山勢略轉朝東南，葡萄園更往山區逼近，是此村另一個一級園集聚的區域，因位在橫跨Puligny和Meursault村的小村Blagny範圍內，又稱為Meursault-Blagny。這裡的海拔相當高，在300到370公尺之間，山勢相當斜陡，受陽佳，產的白酒風格近似Meursault村上坡處的村莊級酒，較多礦石，酸味相當強勁，有時口感較為酸緊。有La Jeunellotte、La Pièce sous le Bois、Sous le Dos d'Ane、Sous Blagny和Les Ravelles五片一級園，大多釀成白酒，除了稱為Meursault一級園，有時也稱為Meursault-Blagny一級園，不過，此區也產一點較為粗獷酸瘦的紅酒，但卻是以Blagny一級園為名。

右頁：Meursault村的下坡處常可釀成圓潤豐滿的白酒，如位在一級園Les Genevrières坡底的Les Limozin。

左：在Meursault村的一級園之後，還有另一道更高的村莊級山頂葡萄園。

中：一級園Les Bouchères，以及山頂的Les Tillets。

右上：以豐潤口感聞名的一級園Les Charmes。

右下：一級園Clos des Perriéres位在遺棄的採石場之下，土少石多。

主要酒莊

Robert Ampeau (DO)

· HA: 9.42 PC: Meursault Les Perrières, Charmes, Les Pièce sous le Bois; Blagny La Pièce sous le Bois; Puligny-Montrachet Les Combettes; Volnay Les Santenots; Beaune Clos du Roi; Auxey-Duresses Les Ecusseaux

· 相當老式的酒莊，傳統式釀造，白酒約採15%的新桶，每週一次攪桶，紅酒新桶更少，僅10%。紅、白酒皆佳，紅酒的產量甚至比白酒還多一些。因釀造耐久型的葡萄酒，不銷售新年分，待酒陳年適飲之後才會上市，大多相當耐久。

Arnaud Ente (DO)

· HA: 4.81 PC: Meursault Les Gouttes d'Or ,Volnay Les Santenots; Puligny-Montrachet Les Referts

· 手工精釀的微型葡萄農酒莊，雖然沒有太多名園，但單位產量相當低，即使連一般的阿里哥蝶或Bourgogne都相當濃厚，亦有極佳的均衡和酸味。

Ballot-Minot (DO)

· HA: 11.3 PC: Meursault Les Perrières, Charmes, Les Genevrières; Volnay-Santenots, Taillepieds; Pommard Rugiens, Les Charmots, La Refère, Les Pézerolles; Beaune Les Epenotes; Chassagne-Montrachet Morgeot

· 由第十五代的Charles Ballot負責釀造，白酒採用整串葡萄榨汁，25－30%的新桶發酵培養十二個月，很少攪桶，釀成的

白酒再經半年酒槽培養，風格較為精巧細瘦，是村內的新銳精英。紅酒亦相當精緻優雅，採全部去梗，發酵前低溫泡皮，50%新桶培養。

Henri Boillot (DN)

· HA: 14 PC: Meursault Les Genevrières, Volnay Les Caillerets, Les Fremiets, Les Cheverets, Clos de la Rougeotte; Puligny-Montrachet Les Pucelles, Les Perrières, Clos de la Mouchère; Pommard Les Rugiens, Clos Blanc; Savigny Les Lavières, Les Vergelesses

· Volnay村的老牌酒莊Jean Boillot，自二〇〇五年由Henri Boillot全部接手，現已遷至Meursault村的工業區內，連同酒商成為一家主要生產白酒的精英酒商。Henri Boillot跟Jean-Marc Boillot同為兄弟，而且紅、白酒都釀造得相當好，不過酒風卻頗不相同，Henri主要生產的白酒通常較早採收以保有酸味與礦石氣，也較能耐久。榨汁後沒有除渣，直接進容量較大的350公升木桶發酵培養，而且沒有攪桶。白酒風格頗乾淨多酸，而且相當細緻多變。不過他卻認為黑皮諾要晚採一點，須等單寧成熟。採全部去梗，發酵前低溫泡皮，多踩皮少淋汁，約四週釀成。

Michel Bouzereau (DO)

· HA: 10.61 PC: Meursault Les Perrières, Charmes, Les Genevrières, Blagny; Volnay Les Aussy; Puligny-Montrachet Le Cailleret, Le Champ Gain; Beaune Les Vignes Franches

· 村內多家Bouzereau酒莊中最知名的一

家，亦擁有村內最佳的一級園與村莊級園，大部分的年分都相當均衡，亦頗具葡萄園特色，但酒風稍微偏柔和，較可口易飲。

Domaine Chavy-Chouet

· HA: 15 PC: Puligny-Montrachet Les Champs-Gain, Les Folatières; Meursault Les Charmes, Les Genevrières; Saint Aubin Les Murgers des Dents de Chien; Pommard Les Chanlins; Volnay Sous la chapelle

· Puligny村的Chavy家族和Meursault村的Ropiteau家族聯姻的酒莊，家族第七代Romaric Chavy接手後，開始逐步成為村內的新明星，早年追隨François，酒風純淨多礦石感。

Coche-Dury (DO)

· HA: 11.5 GC: Corton-Charlemagne(0.33) PC: Meursault Les Perrières, Les Genevrières; Les Caillerets; Volnay 1er Cru

· 村內最傳奇的酒莊，由Jean-François Coche-Dury於一九七三年創立，以非常勤奮謙虛的葡萄農精神建立這家酒莊的國際名聲。二〇一〇年後由兒子Raphaël接手管理酒莊，因不喜假手他人，大部分的葡萄園都親自耕作，釀法亦相當傳統，仍保有一台老式的水平式Vaslin榨汁機，兼用一台新的氣墊式，擠汁後壓榨，經較長的沉澱後進橡木桶發酵，約四分之一新桶，緩發酵，經攪桶，培養十五到二十二個月後才裝瓶。如此釀製成的白酒常帶細緻的火藥礦石香氣，口感頗濃縮，但亦非常均衡，而且有難以拒絕的可口美味。雖然唯一的特級園Corton-Charlemagne是Coche-Dury最傳

Guy Roulot

Charles Ballot

Henri Boillot

Thierry Matrot

Coche-Dury

Raphaël Coche-Dury

奇昂貴的酒款，但其村莊級的Meursault白酒也都釀得極為精彩。不只是白酒，其紅酒亦相當迷人，全部去梗，且萃取不多，風格相當細緻輕巧。雖然Coche-Dury的酒價經酒商轉手之後即以數倍飆漲，但Coche-Dury仍然保留一部分的葡萄酒平價配售給餐廳與常客，在薄酒來與布根地的一些餐廳仍可用平實的價格喝到，是一家講情義的布根地名莊。

Jean-Philippe Fichet (DO)

· HA: 7 PC: Puligny-Montrachet Les Referts; Monthélie Les Clous

· 雖然僅擁有極少的一級園，但Jean-Philippe Fichet只靠著村莊級的Les Chevalières和Le Tesson就足以成為村內的精英酒莊。雖然釀法頗為傳統，採用約30%的新桶，亦經謹慎的攪桶，但酒風相當乾淨透明，常有極強勁的堅實酸味，卻又非常可口均衡，是村內最佳的新一代酒莊。

Vincent Giradin (NE)

· 源自Santenay村的Vincent Girardin，於一九九〇年代中創立，曾經是紅、白酒皆產的重要精英酒商。除了擁有不少Santenay村的葡萄園，自二〇〇二年之後開始投資葡萄園，轉以生產白酒為主的獨立酒莊，自二〇〇八年起全部採用自然動力法種植。但二〇一二年賣給酒商Compagnie des Vins d'Autrefois，原釀酒師Eric Germain繼續留任，除了採買葡萄之外，也繼續以購買葡萄的方式釀造原來Vincent Giradin個人自有的葡萄園。自二〇〇〇年代中，酒風即大幅改變，更早採收，減少攪桶與新橡木桶的比例，釀成的白酒更乾淨少木香，而且有更堅挺有勁的強勁酸味，更精確地表現葡萄園特性，Eric Germain也頗忠實地繼續維繫這樣的風格。

Albert Grivault (DO)

· HA: 6 PC: Meursault Clos des Perrières, Les Perrières

· 獨家擁有0.95公頃的Clos des Perrières，是村內條件最佳的葡萄園之一。現由Badet家族繼續經營，採用20%的新桶，經不到一年的發酵培養後即裝瓶。兩片分開釀製的Les Perrières都有極佳水準，簡單釀造，但頗具潛力。

Patrick Javillier (DO)

· HA: 9.58 GC: Corton-Charlemagne(0.17) PC: Meursault Les Charmes; Savigny Les Serpentières

· 一家並無太多一級園，卻能以精彩的村莊級酒聞名的精英酒莊，仍然使用機械式的Vaslin榨汁機，雖然相較於氣墊式壓力較大，且汁較渾濁又易氧化，但常能釀成更具個性，甚至更耐久的白酒。新桶不多，特級園甚至全無新桶，經十二個月的橡木桶發酵培養，後於水泥酒槽再培養數月後裝瓶。酒風相當嚴謹結實，也頗為耐久，但在年輕時品嘗亦非常可口。

Antoine Jobard (DO)

· HA: 4.8 PC: Meursault Charmes, Les Genevrières, Le Porusot, Blagny

· 村內的老牌經典酒莊François Jobard，現已交由兒子Antoine負責，酒莊名稱也跟著更改，不過較為內斂的酒風並無太多改變，釀法亦改變不多。不去梗整串壓榨，幾乎不除渣直接發酵，只採用15%的新桶，不攪桶經近兩年的培養才裝瓶。釀成頗為老式的堅硬風格。年輕時稍封閉粗獷一些，但相當有個性。

Rémi Jobard (DO)

· HA: 8 PC: Meursault Les Charmes, Les Genevrières, Le Porusot; Volnay Les Santenots; Monthèlie Les Champs Fuillots, Sur la VelleLes Vignes Rondes

· Rémi是Antoine Jobard的堂兄弟，亦晉升Meursault的精英酒莊，不過風格並不一樣。二〇〇五年開始有機種植，不去梗整串緩慢壓榨，採用20%新桶，偏好來自奧地利的桶廠，亦很少攪桶，部分白酒也採1,000公升裝的橢圓形木造酒槽發酵。經一年木桶發酵培養，再經六個月酒槽sur lie培養才裝瓶。釀造成的白酒非常優雅均衡，相當年輕即可適飲，亦頗貼近葡萄園特性，是現代版的精緻風味。

Domaine des Comtes Lafon (DO)

· HA: 17 GC: Montrachet(0.32) PC: Meursault Les Perrières, Charmes, Les Genevrières, Les Gouttes d'Or, Poruzot, Clos des Boucheres; Volnay-Santenots du Milieu, Les Champans, Clos des Chênes; Puligny-Montrachet Le Champ Gain; Monthèlie Les Duresses

· 村內最重要，也可能是全布根地最重要的白酒酒莊。原本葡萄園以Métayage方式租給Pierre Morey，自一九八二年由Dominique Lafon接手管理酒莊後逐漸收回自己耕作與自釀。葡萄園全部採用自

Vincent Girardin

Rémi Jobard

Comtes Lafon

Dominique Lafon

然動力法，是布根地重要的引導先鋒之一。自二〇〇三年起在馬貢區購買葡萄園，成立Les Heritiers des Comtes Lafon酒莊。雖然白酒極為知名，但紅酒亦有極高水準。白葡萄採收後整串慢速榨汁，經短暫沉澱後進橡木桶緩慢發酵，只用野生酵母，村莊級酒全無新桶，但Montrachet則為100%新桶，極少攪桶，只在發酵快完成前進行兩三次。乳酸發酵完成後經一次換桶，通常在木桶培養十五個月之後才會裝瓶。紅酒則全部去梗，低溫泡皮再發酵，踩皮不淋汁，經十八個月木桶培養。Dominique Lafon所釀的酒風從早期的濃厚強勁逐漸轉成現在更精巧多變，而且更有純粹乾淨多礦石的迷人風格，酸味更多，即使仍然強勁有力，但增添許多靈敏的細節變化。

Thierry & Pascale Matrot (DO)

· HA: 19.63 PC: Meursault Les Perrières, Charmes, Blagny; Blagny La Pièce sous le Bois; Volnay Les Santenots; Puligny-Montrachet Les Combettes, Les Garennes, Les Chalumeaux

· 村內的資深酒莊，現由Thierry跟太太Pascale以及三個女兒租用家族成員的葡萄園生產，釀造十分精彩的白酒，紅酒亦頗具水準。自二〇〇〇年起葡萄園全部採用有機種植，榨汁後通常不經沉澱，直接進橡木桶發酵，而且全無新桶，只用一到五年的舊桶，釀成的酒亦頗能表現葡萄園的特色。如Blagny的La Pièce sous le Bois紅酒與Meursault-Blagny的白酒版本，都常帶有礦石香氣且非常有力，甚至在年輕時微顯粗獷的酸味。更特別的是亦生產阿里哥蝶釀成的甜酒L'Effronté。

François Mikulski　　Nadine Gublin（左）與 Edouard Labruyère

François Mikulski (DN)

· HA: 8.5 PC: Meursault Les Charmes, Les Genevrières, Le Porusot, Les Gouttes d'Or, Les Caillerets; Volnay-Santenots

· 一九九二年創立，接手舅舅Pierre Boillot的葡萄園，亦採買小量的葡萄汁釀造。已逐漸成為村內的經典酒莊。因特別注重礦石香氣與酸味，白酒採收較早以保有新鮮的果味酸味，只採用10－15%的新桶釀造，亦不進行攪桶，培養十八個月後裝瓶，酒風非常清新有勁，而且耐久，最好能等上五年以上有更好的表現。Les Genevrières以及Le Porusot是François最喜愛的兩片一級園，特別是前者經常有著充滿律動與活力的均衡酒體，比買進的Les Perrières精彩許多。

Pierre Morey (DN)

· HA: 10.13 GC: Bâtard-Montrachet PC: Meursaul Les Perrières; Volnay-Santenots; Pommard Les Grands Epenots

· 布根地白酒的重要釀酒師，除了家族酒莊的自有葡萄園，在Dominique Lafon接手之前，Domaine des Comtes Lafon酒莊的葡萄園都由其釀造，後成立酒商Morey Blanc採買葡萄汁釀造酒商酒，在一九八八到二〇〇八年之間更擔任Domaine Leflaive的酒莊總管，退休後二〇一〇年起還擔任Olivier Leflaive的顧問。現由女兒Anne協助經營酒莊和酒商事業。葡萄園全部採用自然動力法。白酒釀法頗為傳統，只用野生酵母，最高採用50%的新木桶，每週攪桶兩、三次，木桶培養時間長達一年半。釀成的白酒質地濃厚飽滿，亦常有堅挺酸味，具久存潛力。

Jacques Prieur (DO)

· HA: 22.22 GC: Montrachet(0.59), Chevalier-Montrachet(0.14), Corton-Charlemagne(0.22), Chambertin(0.84), Chambertin Clos de Bèze(0.15), Musigny(0.77), Clos de Vougeot(1.28), Echézeaux(0.36), Corton(Les Bressandes 0.73) PC: Meursault Les Perrières,

Charmes; Volnay Les Santenots, Clos des Santenots, Les Champans; Puligny-Montrachet Les Combettes; Beaune Les Grèves, Le Champs Pimont, Clos de la Fégine; Chambolle-Musigny La Combe d'Orveau

· 布根地的獨立酒莊少有橫跨伯恩丘與夜丘，並同時擁有重要名園，Jacques Prieur幾乎是唯一的特例，不只有大面積的夢幻特級園，而且紅、白酒的名園兼具。現由擁有Pomerol的Château Rouget與薄酒來的Clos du Moulin的Labruyère家族與原本的Prieur家族共有，主要由Edouard Labruyère和Martin Prieur共同管理，釀酒則仍由個性剛強的女釀酒師Nadine Gublin負責。她喜好晚摘成熟的葡萄，而且釀造時選擇全部去梗，然後是五天發酵前泡皮和十至十六天的浸皮。為防氧化，沒有淋汁，多踩皮，酒風較為濃厚結實。白酒則採用整串葡萄榨汁，特級園白酒全都採用100%的新桶發酵培養，十八到二十個月後裝瓶。

Guy Roulot (DO)

· HA: 15.5 PC: Meursault Les Perrières, Charmes, Le Porusot, Les Bouchères, Clos des Bouchères; Monthélie Les Champs Fulliots; Auxey-Duresses 1er cru

· 村內最具影響力的酒莊，自一九八九年由原本為劇場演員的Jean-Marc Roulot負責管理與釀造。酒莊最早的名聲建立在以村莊級單一葡萄園釀成的白酒，主要來自上坡，有強勁酸味的葡萄園，首開風氣之先，現在亦在村內蔚為風潮。酒莊全採有機種植，Jean-Marc喜愛清新多酸的白酒，為保有足夠的酸味，他主張早一點採收，葡萄較為不熟的年分如二〇〇四、二〇〇七和二〇〇八對他反而都是好年分。為了讓酒保有更乾淨的香氣與新鮮的活力，很少進行攪桶，也沒有使用太多的新桶，這讓酒莊的Meursault白酒更常有清新的礦石香氣與銳利的酸味，而且常保新鮮且非常耐久，最好十年後再品嚐。

普里尼－蒙哈榭
Puligny-Montrachet

Le Montrachet酒店餐廳。

要選出布根地的最佳紅酒村莊也許會有些爭議，但如果是最佳白酒村，除了普里尼－蒙哈榭村（Puligny-Montrachet，以下簡稱Puligny村）並沒有其他更具說服力的選項，當然，夏多內的酒迷更常將此視為全球最佳的酒村。伯恩丘其他兩個白酒名村包括北鄰的Meursault村和南鄰的Chassagne-Montrachet村也許有更多的名莊，但是，Puligny村卻標誌了夏多內葡萄最為難得，也可能最完美的酒風，在豐厚飽滿的酒體中加入鋼鐵一般的強力酸味，卻又能常顯優雅與靈巧，而且帶有一點咬感般的質地，以及非常獨特、葡萄花般的細緻香氣。村內有全布根地最知名、數量最多的白酒特級園，如Montrachet、Chevalier-Montrachet、Bâtard-Montrachet以及Bienvenues-Bâtard-Montrachet。

不過，相較於眾多名園，位在坡底平原區的村子本身卻顯得平實許多，並沒有麵包店，在兩個主要的廣場Place de Monument和Place des Marronniers分別有Olivier Leflaive和Montrachet兩家旅館餐廳。亦有新舊兩座城堡Vieux Château和Château Puligny-Montrachet。僅有十多家酒莊，較為知名的也只有Domaine Leflaive、Paul Pernot、Jean Chartron和二〇一〇年分家的

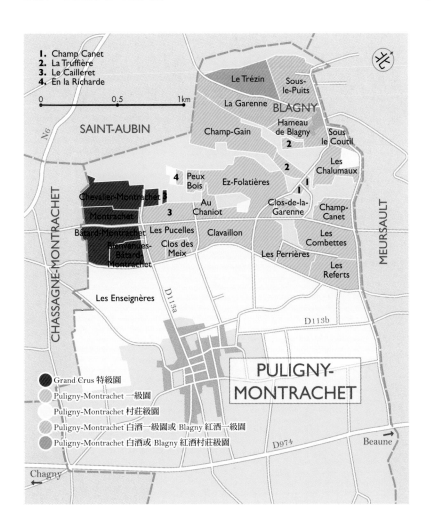

1. Champ Canet
2. La Truffière
3. Le Cailleret
4. En la Richarde

0   0.5   1km

SAINT-AUBIN

Le Trézin
Sous-le-Puits
La Garenne   BLAGNY
Champ-Gain   Hameau de Blagny
2   Sous le Couril
2   Les Chalumaux
4   Peux Bois
Ez-Folatières
1
Chevalier-Montrachet
Montrachet   3   Au Chaniot   Clos-de-la-Garenne   Champ-Canet
Bâtard-Montrachet   Les Pucelles   Clavaillon   Les Combettes
Bienvenues-Bâtard-Montrachet   Clos des Meix   Les Perrières   Les Referts

CHASSAGNE-MONTRACHET   MEURSAULT

Les Enseignères

D113a   D113b

● Grand Crus 特級園
○ Puligny-Montrachet 一級園
○ Puligny-Montrachet 村莊級園
○ Puligny-Montrachet 白酒一級園或 Blagny 紅酒一級園
● Puligny-Montrachet 白酒或 Blagny 紅酒村莊級園

PULIGNY-MONTRACHET

D974   Beaune

Chagny

Jacques 與François Carillon，另外也有兼營酒商的Etienne Sauzat與Olivier Leflaive，無法與Meursault村的上百家與Chassagne村的數十家相比。因地下水位非常高，村內的酒莊無法挖掘地下酒窖，葡萄酒的培養較為不便，有些酒莊必須在平面酒窖中裝設空調設備以保持較佳的溫濕度。

Puligny村約有230公頃村莊級以上的葡萄園，其中，有21公頃的特級園以及100公頃的一級園，幾乎都產白酒，但跟Meursault村一樣，在坡頂高處靠近Blagny村一帶也產一些紅酒。沒有背斜谷的切割，村內的葡萄園幾乎都正面朝東，大約位在海拔225到380公尺之間，所有村莊級園幾乎都位在240公尺以下，接近平原區的坡底處，很少位在高坡，除了土壤深厚較為肥沃外，因村內地下水源較接近地表，土壤也比較潮濕。不同於Meursault村有相當多頂尖的村莊級園甚至能釀出超越一級園的水準，Puligny村內的村莊級酒缺乏高坡的葡萄園，反而較少有令人驚艷的傑出表現，村莊級園的名稱亦較少出現在酒標上，唯一位在高坡的Le Trézin和特級園下坡處的Les Enseignères是少數的例外。

海拔稍高一點的一級園和特級園才是Puligny村最精華的區段。跟Meursault村南邊的山坡一樣，Puligny村的葡萄園亦有極為堅硬的貢布隆香岩層橫貫山坡上段，在海拔280與320公尺之間形成岩床外露，無法種植葡萄的岩石硬盤，粗疏地長著一些矮樹叢，在村北形成一些分散在樹林間，多酸味與礦石氣的一級園。在此堅硬岩盤的下坡處是Puligny村最佳的一級園所在，其上則是畫歸Puligny和Meursault兩村的Blagny村，這裡的葡萄園彷彿位在後段的第二道山坡，陡峭的葡萄園直接爬升到海拔380公尺，有多片一級園位在這邊，除了白酒也產一些Blagny紅酒。

堅硬的貢布隆香岩層延伸到了村南則成為低矮荒禿的蒙哈榭山（Mont Rachet），其名有禿頭山的意思，布根地白酒第一名園Montrachet正是以此山為名，由「Mont」與「Rachet」兩字併成的Montrachet，讀音則仍維持未併前的唸法。環繞著Montrachet園的其他四片特級園也都位在此山之下，是全布根地最精華的白酒產區所在。哈榭山已經位處在Puligny村與Chassagne村的交界，有Montrachet跟Bâtard-Montrachet兩片特級園分屬兩村。在哈榭山的山頂之上，則進入St. Aubin村最精華的葡萄園，此三村交界雖為醜惡的平凡山頭，但都是各村的最佳葡萄園所在。深廣的St. Aubin背斜谷在Chassagne村北切穿過金丘山坡，是過去通往巴黎的重要道路。哈榭山在跨進Chassagne村後馬上進入此背斜谷的邊坡，開始往南傾斜，但在Puligny村這一側則仍維持全面向東。不過，背斜谷仍會帶來山區的冷風，低矮的哈榭山只能略為遮蔽。

在哈榭山的貢布隆香硬盤山坡下，有多道斷層穿過，岩層先抬升，出現年代更早的白色魚卵狀石灰岩，以及與培摩玫瑰石同時期的夏山石灰岩（Pierre de Chassagne）上下相疊。此為特級園Chevalier-Montrachet的所在，因坡度斜陡，侵蝕頗為嚴重。但山下的岩層則向下陷落，出現侏羅紀晚期Callovien時期的岩層，地勢也更趨平緩。表土含有許多紅色魚卵狀石灰岩，覆蓋在珍珠石板岩之上。包括Montrachet以及更下坡的Bâtard-Montrachet都位在這樣的岩層之上，只是後者更加低平，幾乎沒有斜度，前者則接收自上坡沖刷而下，較常出現在夜丘區，屬侏羅紀中期的岩石與風化土壤。

上：Puligny村子本身位在平原區，地下水位高，無法挖掘地下酒窖。

左中：一級園Clavaillon。

右中：秋耕之後，已完成覆土的Bâtard-Montrachet園。

左下：與Bâtard-Montrachet相鄰的一級園Les Pucelles。

右下：Montrachet園旁的一級園Le Cailleret。

特級園

村內的四片特級園全位在與Chassagne村交界處，由哈榭山頂往山下分別為Chevalier-Montrachet、Montrachet、Bâtard-Montrachet以及Bienvenues-Bâtard-Montrachet。

歇瓦里耶－蒙哈榭（Chevalier-Montrachet，7.36公頃）

以一若隱若現的斷層與下坡的Montrachet相隔。位在海拔260到300公尺高，坡度達15%的陡坡上，較陡的地帶甚至須開闢成梯田才能種植葡萄，園內的地下岩層是與夜丘區類似的侏羅紀中期岩層，上坡為白色魚卵狀石灰岩，下坡有較多夏山石灰岩，表土淺，顏色灰白，土中含有非常多的白色石灰岩塊，也有多處岩床幾近外露。自然環境與下坡相鄰的Montrachet完全不同，釀成的夏多內白酒有較為瘦高勻稱的酒體，香氣經常是水果與礦石兼具，雖然有非常優雅細緻的質地，但也有相當硬挺的強勁酸味，只有極佳的Meursault Les Perrières才能有類似的水準。

全園還分處在多片彼此相隔的區域。最北邊的1公頃多是位在一級園Les Caillerets的上方，是較晚近才陸續升級成的，其中最知名的是Louis Latour跟Louis Jadot兩家酒商所擁有的Les Demoiselles小姐園，因曾為Voillot姐妹的產業而有其名。往南接續為Chartron的獨占園Clos des Chevalier，最南端的部分則開闢成以石牆相隔的多層梯田，最低一層幾乎與Montrachet融為一園，酒商Bouchard P. & F.獨立釀成的特別款La Cabotte即來自此區。

只有16家酒莊擁有此園，Bouchard P. & F.獨占2.54公頃，其餘重要的酒莊包括Domaine Leflaive（1.82公頃）、Louis Jadot（Les Demoiselles 0.52公頃）、Louis Latour（Les Demoiselles 0.51公頃）、Jean Chartron（Clos des Chevalier 0.47公頃）、Château de Puligny-Montrachet（0.25公頃）、Philippe Colin（0.24公頃）、Michel Niellon（0.23公頃）、Olivier Leflaive（0.17公頃）、Domaine d'Auvenay（0.16公頃）、Michel Colin-Deléger（0.16公頃）、Vincent Girardin（0.16公頃）、Jacques Prieur（0.13公頃）、Alain Chavy（0.1公頃）、Vincent Dancer（0.1公頃）、Ramonet（0.09公頃）。

蒙哈榭（Montrachet，8公頃，有3.99公頃在Chassagne村）

全世界釀造夏多內白酒最知名的葡萄園，位在Puligny和Chassagne兩村的交界上。為向此園致敬，也為拉抬村莊名聲，這兩家以夏多內白酒聞名的酒村在一八七九年同時將Montrachet加進各自的村名之中。屬熙篤會的Maizières修會在十三世紀曾獲贈多片此園的葡萄園，亦曾在園中興建房舍與教堂，不過，Montrachet在當時並不特別知名，在十七世紀中才成為名園，當時還包含了現今範圍之外的一些葡萄園，環繞的石牆是十八世紀才砌成。修院院長Claude Arnoux曾在一七二八年的著作中提到，Montrachet特有的甜美滋味即使用拉丁文或法文都難以形容。

Lavalle在書中將Puligny村部分的Montrachet列為最高級的Tête de Cuvée，並額外再加上Extra一字，在Chassagne村的部分則亦列為最高級的Hors Ligne，當時在Chassagne村內的

上：Jean Chartron的獨占園Clos des Chevaliers。

左下上：Chevalier-Montrachet南端多闢成梯田。

左下下：布根地最知名的白酒特級園Montrachet。

中下：Montrachet南側轉為朝南，上坡處有從一級園升級劃入的Dents de Chien。

右下：Montrachet與Chevalier-Montrachet山頂的貢布隆香岩石硬盤，完全無法種植。

Montrachet有13公頃之多，包括Criots、Blanchot、En Remilly和Dents de Chien等等。但十八世紀末法國大革命後收歸國有的Montrachet兩村加起來也只有7.7公頃，真正位於山坡中段的本園當時又稱為Grand Montrachet或Montrachet Aîné。一九二一年伯恩法院在酒莊訴訟的判決中才確認了今日的實際範圍，除了排除大部分本園外的葡萄園，亦加進Chassagne村內在上坡處的幾片稱為Dents de Chien的梯田，成為今日的8.08公頃，但實際種植的面積是7.998公頃。

　　位在山坡中段的Montrachet海拔高度在250到270公尺間，看似高低差大，但其實大部分的坡度都相當平緩，主要原因在於南北兩側的差距拉大了高度差，北側在Puligny村內僅有2%的斜度，不過，當進入Chassagne村之後原本正面朝東的山坡開始往東南邊傾斜，海拔高度驟降20公尺，原本順著坡勢東西向種植的葡萄園在Chassagne村內有一部分開始轉成南北種植。雖然看似平凡，但此地的土壤卻有其特別的地方，因斷層剛好穿過本園上緣與上坡的特級園Chevalier-Montrachet相交會的地帶，讓園中同時混合了夜丘與伯恩丘的土壤，較接近表層有紅色魚卵狀石灰岩層，讓表土的顏色相當深紅，混合著從上坡沖刷下來的夏山石灰岩。除了多石少表土的Dents de Chien梯田區，Montrachet的表土較深厚，常達50到150公分，石灰質黏土中含有頗多石塊，排水性佳，種植其上的夏多內常能有不錯的成熟度。

　　因為盛名與高價，Montrachet雖常有頗佳水準，但品嚐時卻常以略為失望收場，不過此園確實有其特出之處，特別是相較於Chevalier-Montrachet有更為深厚強力的口感，比起下坡的Bâtard-Montrachet亦明顯地有更精確明晰的細膩變化，在圓潤豐沛的果味中潛藏著極為強力的酸味。這樣的風格在經常同時釀製此三園的酒商中都頗常顯現。年輕時的Montrachet常較為內斂且帶保留，偶爾稍多木香，甚至帶一點澀感，較長的瓶中培養或過瓶醒酒則能有更佳的香氣表現。

　　現有十六家幸運的酒莊擁有Montrachet的葡萄園，最大的Marquis de Laguiche獨有最北端的2.06公頃，全部由酒商Joseph Drouhin獨家釀造銷售，此家族從一七七六年即擁有此園，在法國大革命後，意外地未被沒收拍賣，而成為布根地現今擁有時間最長的一片葡萄園。至於面積最小的René Fleurot和François Pinault則只有0.04公頃。大部分的酒莊全都自釀，只有Baron Thénard（1.82公頃）由Louis Latour代理榨汁，Regnault de Beaucaron與Guillaume兩家族共有（0.8公頃）的兩家酒莊會將部分售與酒商。另外十一家酒莊分別為Bouchard P. & F.（0.89公頃）、Domaine de la Romanée-Conti（0.67公頃）、Jacques Prieur（0.59公頃）、Domaine des Comtes Lafon（0.32公頃）、Ramonet（0.25公頃）、Marc Colin（0.11公頃）、Guy Amiot（0.09公頃）、Domaine Leflaive（0.08公頃）、Jean-Marc Blain-Gagnard（0.08公頃）、Fontaine-Gagnard（0.08公頃）、Lamy-Pillot（0.05公頃）。

巴達－蒙哈榭（Bâtard-Montrachet，11.87公頃，其中5.84公頃在Chassagne村）

　　特級園之路分開Montrachet跟下坡的Bâtard-Montrachet，兩園之間亦有些落差，Bâtard園往下陷落進地勢更平坦、土壤更肥沃深厚的平原區，坡度也僅有幾乎無法看出來的1%。跟Montrachet一樣，此園亦橫跨兩村，在Chassagne村這邊亦稍微朝南，表土較淺，也有較多石塊。因為酒莊較多，Bâtard的風格也許沒有前述兩園那麼一致，但大多較為圓潤肥碩一些，有

Montrachet園的土色為偏紅褐、間雜白色的夏山岩。

上：禿頭山Mont Rachet之上為St. Aubin村的一級園，往下則依序為Chevalier、Montrachet跟Bâtard三片最知名的白酒特級園。

左下上：Puligny（左）和Chassagne兩村的交界處，Chassagne側的Montrachet園改成南北向種植。

左下下：Bouchard P. & F.的Montrachet園，其與Chevalier園之間幾乎完全相連沒有分界。

中下上：Montrachet與Bâtard園間有一斷層，地形往下陷落成更平緩的葡萄園。

中下下：Bâtard園的南端延伸進Chassagne村，在南端也開始略為朝南改為南北向種植。

右下：Bâtard園的夏多內常有很好的成熟度，可釀成豐厚圓潤的白酒。

稍多的重量感，及多一點的熱帶熟果香氣，但亦常能保有Puligny村的堅硬酸味。

　　有多達四十九家酒莊擁有此園，以Domaine Leflaive的1.71公頃最大，其他主要的擁有者包括Ramonet（0.64公頃）、Paul Pernot（0.6公頃）、Bachelet-Ramonet（0.56公頃）、Faiveley（0.5公頃）、Pierre Morey（0.48公頃）、Caillot-Morey（0.47公頃）、Jean-Marc Blain-Gagnard（0.46公頃）、Jean-Noël Gagnard（0.36公頃）、Hospices de Beaune（0.35公頃）、Fontaine-Gagnard（0.33公頃）、Olivier Leflaive（0.21公頃）、Vincent Girardin（0.18公頃）、Jean-Marc Boillot（0.18公頃）、Etienne Sauzet（0.14公頃）、Jean Chartron（0.13公頃）、Vincent & François Jouard（0.13公頃）、Marc Morey（0.13公頃）、Domaine de la Romanée-Conti（0.13公頃）、Morey-Coffinet（0.13公頃）、Louis Lequin（0.12公頃）、Michel Niellon（0.12公頃）、Marc Colin（0.1公頃）、Joseph Drouhin（0.1公頃）、Thomas Morey（0.1公頃）、Vincent et Sophie Morey（0.1公頃）、Bouchard P. & F.（0.08公頃）、Château de Puligny-Montrachet（0.05公頃）。

Bienvenues-Bâtard-Montrachet
已經接近平原區，幾乎沒有坡度。

彼揚維呂－巴達－蒙哈榭（**Bienvenues-Bâtard-Montrachet**，3.69公頃）

　　位在Bâtard-Montrachet東北角的Bievenues更貼近平原區，無論是自然條件與釀成的酒風，都和Bâtard沒有太大的差別，依規定，亦可以Bâtard-Montrachet之名銷售。十五家酒莊擁有此園，Domaine Leflaive是最主要的擁有者，達1.15公頃，其他面積較大的包括Faiveley（0.51公頃）、Vincent Girardin（0.47公頃）、Ramonet（0.45公頃）、Paul Pernot（0.37公頃）、Guillemard-Clerc（0.18公頃）、Etienne Sauzet（0.15公頃）、Bachelet-Ramonet（0.13公頃）、Jacques Carillon（0.12公頃）。

一級園

　　Puligny村有十七片一級園，最精華區位在與特級園北側同樣海拔高度的山坡上，一直連綿到Meursault村邊。最知名的是緊鄰著Montrachet的Le Cailleret，其最南端直接與Montrachet相連的0.6公頃又稱為Les Demoiselles。Le Cailleret經常是最昂貴的一級園，具生產接近Montrachet水準的潛力，但沒有那麼堅實有力。園中最北端有一石牆圍繞的Clos du Cailleret，在十九世紀，這一帶的一級園大多種植黑皮諾釀造紅酒，此園中還生產一點黑皮諾紅酒。在Le Cailleret的下坡處為與Bâtard-Montrachet同海拔的Les Pucelles，這裡產的夏多內白酒甚至比Bâtard-Montrachet還要來得優雅精細一些，園中有Chartron酒莊的獨占園Clos de la Pucelle。

　　在村子的北界，有與Meursault村一級園Les Perrières同高的Champ Canet，以及與Charmes Dessous同高的Les Combettes，和更下坡處的Les Referts三片一級園。其中，以中坡的Les Combettes最為特出，是村內最佳的一級園之一，同時結合了Les Perrières和Les Charmes的優點，由Puligny村堅實而高雅的酸味撐起豪華富麗的酒體。下坡的Les Referts土壤較深厚，混有較多的黏土，酒風稍粗獷肥厚一些。上坡的Champ Canet因有一部分位在舊的採石場之上，坡度比較平緩且多石。往南葡萄園突然中斷成為一片朝東南、多岩石的樹林區，林中有兩片附屬

CRIOTS-BATARD
MONTRACHET
GRAND CRU

本就已經納入一部分的Dents de Chien，但仍有一小部分Dents de Chien一級園位處硬岩上，釀造類似Chevalier-Montrachet風格的白酒。與Montrachet南端相鄰的Blanchot Dessus位處一朝南的凹陷中，但仍常釀出圓潤成熟的豐厚白酒。

村北的一級園大多位在略為朝東北東的背斜谷側坡，主要產白酒為主，中高坡處為白酒的精華區，最高坡為Les Chaumées，常有強勁卻細緻的酸味。中坡為Les Vergers，雖然表土不深，但含有較多黏土，稍冷一些，亦包含北邊的兩片一級園，釀成的白酒非常堅實有力道。下坡則為Les Chenevottes，風格比前兩園再柔和一些，此園亦包含背斜谷底的Les Commes和Les Bondues。在採石場下方的Clos St. Jean雖看似適合白酒但卻是以細緻的紅酒聞名，釀成的黑皮諾不是很濃厚，常表現出相當精巧的質地。此園亦包含Les Rébichets和Les Murée等三片一級園。村子下方的Maltroie紅、白酒皆佳，白酒稍柔和一些，此園南側有Clos de Maltroie，北側為獨占園Clos du Château de la Maltroye，周邊的Les Places等三園亦都可稱為Maltroie。

村南的上坡處以生產白酒較佳，也幾乎都種植夏多內，最近村子的是Cailleret，除了本園還包含了其他三片分園，是村內最佳的一級園之一，豐厚且精緻多酸。下坡一點的Les Champs Gain常釀成較厚實的白酒。往南的山坡有較多的岩床外露，坡頂的葡萄園變得比較分散，多石少土，有五片可以稱為La Grand Montagne的一級園位在此區，不過，最精彩與知名的是精緻均衡的Les Grand Ruchottes和精巧帶礦石氣的La Romanée。最南端與Santeney村交界的一級園區域稱為Bois de Chassagne，但較知名的是坡頂的Les Baudines和下坡的Les Embazées，都有非常緊緻的酸味，後者豐厚一些，但仍常帶礦石香氣。

在村南的下坡處幾乎全都屬於Morgeot一級園群組的產區範圍，二十片一級園，總面積超過58公頃。這一區表土深，多紅色石灰黏土，較適合種植黑皮諾，釀成的紅酒頗為深厚堅實，具耐久潛力，不過，如果萃取多，單寧的質地會較為粗獷一些。最知名的除了Morgeot還有La Bourdiotte，不過後者還包括了其他五片一級園。此區的白酒較為柔和圓潤一些，不是特別精緻，但也有少數較適合夏多內的一級園位在區內，如最靠近村子的Les Fairendes、位在較高坡的Tête du Clos，以及Morgeot本園北側的Vigne Blanche。

Blanchot Dessus雖然位處凹陷中，但因與Comtes Lafon以及Baron Thénard酒莊的Montrachet園（圖上方）相接，而成為村內最知名的葡萄園之一。

左：位處採石場下的Clos St. Jean，卻以生產精緻細膩的紅酒聞名。

右：La Romanée位處多岩石的坡頂，酒風精巧帶礦石氣。

- 村內的酒莊相當多，因家族兄弟分家，同姓的酒莊也很多，常造成混淆，如現有超過六家以上的Morey酒莊，Colin、Pillot、Coffinet跟Gagnard也有多家。Marc Morey和Albert Morey為同一家族的堂兄弟，後者的兩個兒子分別成立了Jean-Marc Morey和Bernard Morey酒莊，Bernard在二〇〇六年退休後兩個兒子分別成立Vincent Morey跟Thomas Morey酒莊。Marc Morey的兒子Michel和老婆一起成立Michel Morey-Coffinet酒莊。Pillot家族在村內主要有三家酒莊，Alphones和Henri兄弟分家後，後者成為現在的Paul Pillot酒莊，Alphones的兩個兒子各自成立酒莊，分別為Fernand & Laurent Pillot和Jean-Marc Pillot兩家酒莊。另外在Mogeot村有一重要酒莊Lamy-Pillot則沒有太直接的親戚關係。

Colin主要有三家，Michel Colin-Deléger酒莊分成Philippe Colin和Bruno Colin，而St. Aubin村，Michel的堂兄弟Marc Colin酒莊的長子與Jean-Marc Morey的女兒在Chassagne村成立Pierre-Yve Colin-Morey酒莊。三家Gagnard家族的酒莊源自Gagnard-Coffinet與Delagrnge-Bachelet酒莊的聯姻，長子成立Jacques Gagnard-Delagrange酒莊，次子則成立Jean-Noël Gagnard酒莊。Jacques Gagnard的兩個女兒和女婿各自成立Blain-Gagnard和Fontaine-Gagnard。Ramonet家族則有Pierre Ramonet成立的Domaine Ramonet，他的姐姐嫁給Georges Bachelet後成立Bachelet-Ramonet酒莊。

Guy Amiot (DO)

- HA: 12.45 GG: Montrachet(0.09) PC: Chassagne-Montrachet Les Baudins, En Cailleret, Les Champs Gain, Clos St. Jean, Les Chaumées, Les Vergers, Les Macherelles, La Maltroie; Puligny-Montrachet Les Demoiselles; St. Aubin En Remilly
- 村內建於一九二〇年的老牌精英酒莊，現由Guy Amiot和兒子Thierry一起經營。擁有一些稀有的葡萄園，如位在Dent de Chien的Montrachet與Puligny村僅0.6公頃的一級園Les Demoiselles。

Blain-Gagnard (DO)

- HA: 8.17 GG: Montrachet(0.08), Bâtard-Montrachet(0.46), Criot-Bâtard-Montrachet(0.21) PC: Chassagne-Montrachet En Cailleret, Clos St. Jean, La Boudriotte, Morgeot; Volnay Pitures, Champans
- 來自羅亞爾河谷松塞爾（Sancerre）產區的Jean-Marc Blain原本是到布根地學習釀酒，但娶了Gagnard-Delagrange酒莊的女兒後留在村內創立Blain-Gagnard。第二代Marc-Antonin逐漸接手經營。釀法頗為傳統，新桶不多，也少攪桶，酒風頗為優雅均衡。

Bruno Colin (DO)

- HA: 8.39 PC: Chassagne-Montrachet En Remilly, Blanchot Dessus, Les Chaumées, Les Vergers, Les Chenevottes, La Maltroie, La Bourdiotte, Morgeot; Puligny-Montrachet La Truffière; St. Aubin Le Charmois; Santenay Les Gravières; Maranges La Fussière
- Colin-Deleger酒莊在二〇〇三年分家，二兒子Bruno留在村內原本的釀酒窖。採用整串榨汁，在鋼桶開始發酵再入木桶，約30%新桶，很少攪桶，培養十八個月後裝瓶。釀成的白酒比父親釀得更加乾淨透明，甚至更能表現葡萄園特色，眾多的Chassagne村一級名園是認識Chassagne風格的極佳範本。

Philippe Colin (DN)

- HA: 11.5 GG: Chevalier-Montrachet(0.24) PC: Chassagne-Montrachet En Remilly, Les Chaumées, Les Vergers, Les Chenevottes, La Maltroie, Clos St. Jean, Embrazées, Morgeot; Puligny-Montrachet Les Demoiselles; St. Aubin Le Charmois, Combes, Champelots; Santenay Les Gravières; Maranges La Fussière; Montagny Sous les Feilles
- Michel Colin-Deléger的長子Philippe分家後在村外往Chagny的路邊成立新的酒莊。釀法和Bruno頗為接近，亦是在鋼桶開始發酵再入木桶，新桶少一點，攪桶稍多一些，但培養時間較短。釀成的白酒相當可口，風格較Bruno優雅，但也帶柔和一些。分家後Michel Colin-Deléger還留有最珍貴的兩片葡萄園，Puligny村內的Chevalier-Montrachet和一級園Les Demoiselles主要由兒子Philippe代釀。

Pierre-Yve Colin-Morey (DN)

- HA: 6 PC: Chassagne-Montrachet Cailleret, Les Chenevottes; St. Aubin En Remilly, Les Champelots, La Chatenière, Les Combes, Les Créots

Colin-Deleger

Bruno Colin

Bruno Colin

Fontaine-Gagnard

Abbaye de Morgeot

- Marc Colin酒莊的長子Pierre-Yve與Jean-Marc Morey酒莊的女兒結婚後先成立微型精英酒商，於二〇〇五年底成立酒莊，主要以St. Aubin為主。採用350公升的木桶釀造，30%新桶，沒有攪桶，也完全不換桶，培養十二到十八個月裝瓶。釀成的白酒頗為堅實有力而且頗濃厚。

Vincent Dancer (DO)

- HA: 5.15　GG: Chevalier-Montrachet(0.1) PC: Chassagne-Montrachet La Romanée, Tête du Clos, Les Grands Bornes; Meursault Les Perrières; Pommard Les Pézerolles; Beaune Les Monttrevenots
- 一九九六年成立的小型精英酒莊，葡萄園面積不大卻遍及多村，以有機種植，小量精釀為主，白酒釀得越來越有精神，口感酸緊多礦石，充滿活力與靈性，不只是彰顯各園的特性，還常有意料不到，如與自然相唱和的曼妙變化。

Fontaine-Gagnard (DO)

- HA: 11　GG: Montrachet(0.08), Bâtard-Montrachet(0.33), Criots-Bâtard-Montrachet PC: Chassagne-Montrachet Les Vergers, Cailleret, Clos St. Jean, La Maltroie, Les Chenevottes, La Romanée, La Grand Montagne, La Boudriotte, Morgeot, Clos de Murées; Pommard Les Rugiens; Volnay Clos des Chênes
- Richard Fontaine娶了Gagnard-Delagrange酒莊的女兒後所創立的酒莊，現在由女兒Céline逐漸接手釀造。有Chassagne村最完整的特級園和一級園。釀法頗為傳統，葡萄先破皮再榨汁，經一日沉澱後再發酵，最多三分之一新桶，換桶、攪桶、過濾，培養十二個月後裝瓶。白酒極佳，一級園中以La Romanée最為特出，常帶花香，精緻迷人。紅酒亦頗具水準。

Jean-Noël Gagnard (DO)

- HA: 9.42　GG: Bâtard-Montrachet(0.36) PC: Chassagne-Montrachet Blanchot Dessus, Cailleret, Les Champs Gain, Les Chaumées, Les Chenevottes, Clos St. Jean, Clos de Maltroie, La Bourdriotte, Morgeot; Santenay Clos de Tavannes
- 跟哥哥Jacques一樣，Jean-Noël亦是由女兒繼承，不同的是，女兒Caroline Lestimé自己負責管理釀造，而不是交給女婿。雖然釀法仍頗傳統，但酒風更加細緻多變，也更加現代乾淨。通常採用30%新桶，經十八個月培養而成。

Château de la Maltroye (DO)

- HA: 13.16　GG: Bâtard-Montrachet(0.08) PC: Chassagne-Montrachet Dent de Chien, La Romanée, Les Grandes Ruchottes, Clos du Château de la Maltroye, Vigne Blanche, Clos St. Jean, La Bourdriotte, Chenevottes; Santenay La Comme
- 布根地少見，帶有當代新潮風的城堡酒莊，在我拜訪過的兩百多家布根地酒莊中，這是唯一讓我覺得自身穿著不夠正式的一家。現任莊主Jean-Pierre Cournut自一九九五年接手管理後，近年來開始建立酒莊的名聲。夏多內採整串榨汁，在鋼槽發酵到中途才入木桶完成最後發酵與培養，約採用30－100%的全新木桶，培養一年後裝瓶，釀成的白酒頗圓熟均衡，紅酒則相當細緻。

Marc Morey (DN)

- HA: 8.33　GG: Bâtard-Montrachet(0.14) PC: Chassagne-Montrachet Cailleret, Les Vergers, Les Chenevottes, En Virondot, Morgeot; Puligny-Montrachet Les Pucelles; St. Aubin Le Charmois
- 兒子與媳婦成立Michel Morey-Coffinet酒莊之後，現由女婿Bernard Mollard負責經營，釀成頗誠懇自然的白酒。葡萄先破皮後再榨，不經沉澱即入鋼槽發酵，快完成時才放入約25－30%新桶培養，每週約一次攪桶，約十一個月後裝瓶。

Thomas Morey (DO)

- HA: 7.44　GG: Bâtard-Montrachet(0.1) PC: Chassagne-Montrachet Dent de Chien, Vide-Bourse, Les Embrazées, Les Baudines; Puligny-Montrachet La Truffière, St. Aubin Les Combes, Le Puits; Santenay Grand Clos Rousseau; Marangee La Fussière; Beaune Les Grèves
- Bernard Morey的次子在祖父Albert Morey的酒窖成立自己的酒莊，釀造更清新風格的夏多內白酒。先破皮再榨，只經短暫沉澱直接入木桶發酵，完全不攪桶以保留更清爽有勁，帶一點張力的口感。

Vincent & Sophie Morey (DO)

- HA: 20　GG: Bâtard-Montrachet(0.1)　PC: Chassagne-Montrachet Cailleret, Embrazées, Les Baudines, Morgeot, Puligny-Montrachet La Truffière, St. Aubin Le Charmois; Santenay Gravières, Passtemps, Beaurepaire; Maranges La Fussière
- Bernard Morey退休後，長子Vincent繼續使用位在Morgeot村的酒窖，連同來自

Blain Gagnard

Richard（左）和Céline Fontaine

Château de la Maltroye

Morey-Coffinet

Santenay村Coffinet酒莊的妻子，成立一家擁有近20公頃葡萄園的酒莊。酒風與父親頗為近似，較為圓厚，但在較冷一些的葡萄園，如Embrazées則有極佳的均衡。

Michel Niellon (DO)

· HA: 6.93 GG: Chevalier-Montrachet(0.22) PC: Chassagne-Montrachet Les Chaumées, Les Vergers, Les Chenevottes, Clos St. Jean, Maltroie, Champs Gain

· Chassagne村的老牌精英酒莊，以豐滿圓潤的白酒聞名，現由女婿Michel Coutoux整串榨汁，極短暫沉澱即入桶發酵，約用20－25%新桶，每週攪桶一次，但一直到一年後裝瓶前不再換桶。

Jean-Marc Pillot (DO)

· HA: 11 PC: Chassagne-Montrachet Cailleret, Les Vergers, Chenevottes, Marcherelles, Clos St. Jean, Champs Gain, Fairendes

· 承襲自父親Jean Pillot的酒莊，Jean-Marc逐漸建立起酒莊的名聲，釀成的白酒不只細緻，而且相當有個性。夏多內先破皮再榨，只經極短暫沉澱即直接入木桶發酵，30%以內的新桶，約十天才攪桶一次，培養十八個月後才裝瓶。

Paul Pillot (DO)

· HA: 13 PC: Chassagne-Montrachet Cailleret, Champs Gain, Les Grandes Ruchottes, La Romanée, La Grand Montagne, Clos St. Jean; St. Aubin Le Charmois

· 現由第二代Thierry和Chrystelle逐漸接手。釀法簡單自然，頗能表現葡萄園特色，採收較早一些，榨汁後只採用20－30%的新桶，培養十二到十八個月後裝瓶，很少攪桶。釀成的白酒大多均衡多酸，相當可口，已逐漸晉升精英酒莊，一級園Cailleret是最精彩的酒款。

Ramonet (DO)

· HA: 15.53 GG: Montrachet(0.26), Bâtard-Montrachet(0.64), Chevalier-Montrachet(0.09), Bienvenues-Bâtard-Montrachet(0.45) PC: Chassagne-Montrachet Les Chaumées, Les Vergers, Clos St. Jean, Cailleret, Les Grandes Ruchottes, La Boudriotte, Clos de la Boudriotte, Mogeot; Puligny-Montrachet Champs Canet; St. Aubin Le Charmois

· Chassagne村老牌的第一名莊，由Pierre Ramonet於一九二○年代創立，在一九三○年代，Pierre Ramonet是第一家外銷到美國的布根地酒莊，商業上的成功讓Pierre得以買入包括Montrachet在內的名園。現在經營的是第三代的Noël及他的弟弟Jean-Claude。在葡萄園與釀造上，和他們爺爺的時期並沒有太多改變。榨完汁之後不經沉澱除殘渣是Ramonet釀造的特色，雖有草味或還原的風險，但也可能釀成更圓厚的酒體與較多變的香氣，Noël幾乎沒有攪桶，直到隔年完成乳酸發酵才換桶，以避免攪動沉澱的酒渣。新桶的比例不高，一級園約30%，特級園多一些。除了白酒，紅酒亦頗具水準，Clos St. Jean和Clos de la Bourdiotte一優雅一堅實，是Chassagne極佳的紅酒典型。

Paul（右）和Thierry Pillot

René Lamy-Pillot

聖歐班
St. Aubin

隱身谷內的St. Aubin村，生產許多品質極佳的夏多內白酒。

　　位處高海拔谷地內的聖歐班村（St. Aubin）也許算是地球暖化的受益者，經常生產非常多迷人的夏多內白酒，特別是在比較溫暖的年分，仍然能保有鋼鐵般的酸味，其最佳的葡萄園甚至不遜於全世界最知名的白酒明星酒村Puligny村和Chassagne村。此二村的酒莊亦相繼在St. Aubin村內添置葡萄園，以供應更實惠的白酒。

　　狹長的St. Aubin背斜谷在Chassagne村橫切過金丘山坡，伯恩丘的葡萄園藉此向山區延伸了4公里，St. Aubin的葡萄園就位處於谷地的兩側。St. Aubin村是由本村跟Gamay村所組成，後者位在谷地的外側，很有可能是加美葡萄的發源地，St. Aubin則隱藏在谷地內。在山谷最外緣的地方，地勢最為開闊，葡萄園直接和Puligny和Chassagne村相鄰，是全村最精華的區域，特別是在谷地北坡，面朝東南邊的葡萄園En Remilly和Les Murgers des Dents de Chien，是St. Aubin村的招牌名園。這一帶的葡萄園相當斜陡，由與Chassagne村交界處的255公尺爬升到北面與Puligny村相鄰的380公尺。

　　東西向的背斜谷到了Gamay村時，山谷轉而與金丘平行的南北向，谷地更加狹迫，西側的山坡相當陡峭，全然面向東南邊，雖然清晨的陽光被對面的山坡所阻隔，但仍有不錯的受陽

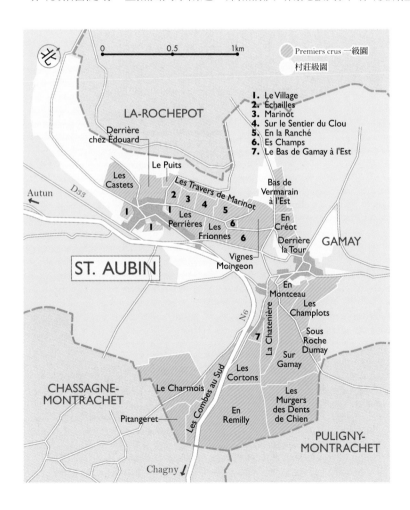

效果，從270公尺到幾近420公尺的山頂，有相當多葡萄園，St. Aubin村就位在這片山坡下方。精華區在村子的上方以及往Gamay村的山坡上，村南的山坡海拔更高，更加寒冷，葡萄較難成熟，全為村莊級葡萄園。

　　St. Aubin村雖有237公頃的土地列級，但實際種植的葡萄園大約只有170公頃。紅、白酒皆產，但現在主要種植夏多內，黑皮諾約占三分之一，而且正快速減少中。在一九七〇年代，紅酒曾經有較佳的市場，有三分之二的葡萄園種植黑皮諾，但近年來白酒市場較佳，跟Chassagne村一樣，夏多內又逐漸取代黑皮諾，但不同的是，若就自然環境而言，St. Aubin村較為清淡的紅酒也許可以有不錯的水準，但白酒的水準更高，常有絕佳的表現。

一級園

　　村內有156公頃被列為一級園，實際種植近130公頃。為數眾多的一級園幾乎占滿村內大部分的葡萄園，只有村南具較多的村莊級葡萄園。村內的一級園分屬三十片，跟Chassagne村一樣，有些也聯合成同一群組。主要分為四個區塊，蒙哈榭山（Mont Rachet）山頂的向陽坡是村內最知名的一級園區域，幾乎全都種植夏多內。最貼近蒙哈榭山的是面朝南南西、坡勢極陡的En Remilly，在最斜陡處甚至須開闢成梯田，離Chevalier-Montrachet僅數公尺，距離Montrachet則有26公尺，是村內最佳的一級園，常有類似Puligny村的堅實酒體。此園下坡處往西延伸稱為Les Cortons，亦屬En Remilly的一部分。位居En Remilly上坡處的Les Murgers des Dents de Chien可能是全布根地名稱最長的一級園，意思為狗牙石堆，因園中滿覆著白色的尖銳石灰岩塊而得名，此園北側與Puligny村的一級園Champ Gain相鄰，同位處堅硬的山頂硬盤，石多土少，具礦石氣。

　　在En Remilly對面的山坡有一片朝向東北方的一級園山坡，與Chassagne村的Les Chaumées和Les Vergers等一級名園相連，不過山勢更朝北邊一點。此區有四片一級園，都可以統稱為Les Combes，不過，最常見的卻是Le Charmois，常能釀成酸味強勁卻精緻的夏多內白酒，有非常多的Chassagne村酒莊擁有此園。Gamay村周邊也有許多一級園，最知名為La Chatenière，位處略朝西的南坡，較多熟果香氣與圓潤口感。最後一區在St. Aubin村邊的朝東南山坡，下坡統稱為Les Frionnes，較常在對面山頭的陰影中，上坡統稱為Sur le Sentierdu Clou，葡萄有較佳的成熟度。

上：Mont Rachet山頂上極為多石的一級園Les Murgers des Dents de Chien。

左下：朝南的En Remilly是St. Aubin村內的最佳一級園之一。

右下：En Remilly跟對面山頭上的Le Charmois分占St. Aubin背斜谷兩側的最佳位置。

St. Aubin東南側的一級園Le Charmois和Chassagne村的名園Les Chaumées完全相連。

主要酒莊

Marc Colin (DO)

· HA: 19.6 GC: Montrachet(01), Bâtard-montrachet(0.1) PC: St. Aubin En Remilly, Le Charmois, La Chatenière, Sur Gamay, Les Combes, Le Sentier du Clou, En Montceau, Créot; Chassagne-Montrachet Vide-Bourse, Cailleret, Les Chenevottes, Les Champs Gains; Puligny-Montrachet La Garenne

· 創立於一九七〇年代末，是村內最知名的酒莊，除了名園，亦頗具規模，原由長子Pierre-Yve接手釀造，但現已獨立，改由其他三個兒女共同經營，次子Joseph負責白酒，老三Damien釀造紅酒，他們改變Pierre-Yve的釀法，重回父親時期更為簡單的傳統法釀造，其白酒酸味強勁

而細緻，是St. Aubin跟Chassagne村的重要典範。

Dominique Derain (DO)

· HA:6 PC: St. Aubin Le Puits, En Remilly, Murgers des Dents de Chien, Le Sentier du Clou, Les Combes au Sud

· 布根地自然酒與生物動力農法的先鋒，一九八七年創立，全部採用生物動力法耕作和無添加的方法，但酒的風格相當多元多樣，如以Aligoté釀造的氣泡酒，混釀20％灰皮諾的紅酒等等，但都釀出充滿生命感，同時兼有美味和優雅的獨特布根地。Dominique退休後由徒弟Julien Altaber接手管理和釀造，他同時也有自己創立的酒莊Domaine Sextan，白酒常有更多的礦石感，部分採買葡萄釀造，包含一些風格前衛的布根地酒款，如Aligoté氣泡橘酒或灰皮諾橘酒等。

Hubert Lamy (DO)

· HA: 17.18 GC: Criots-Bâtard-montrachet(0.05) PC: St. Aubin En Remilly, les Murgers des Dents de Chien, Clos de la Chatenière, Derrière Chez Edouard, Les Frionnes, Clos du Meix, Les Castets; Chassagne-Montrachet Les Macherelles

· 自一九九五年由第二代的Olivier接手，在種植與釀造上進行新嘗試。他相信透過提高種植密度可種出高品質的葡萄。現在酒莊新種的葡萄園每公頃都達1萬4千棵，唯一的特級園Criots-Bâtard-Montrachet提升到2萬棵，因為密度太高，所有的農事都必須用手工耕作，村內的一級園Derrière Chez Edouard更有種植2萬8千棵的超高密度，每棵葡萄樹只長三串葡萄，葡萄特別早熟，可釀成St. Aubin村內最濃縮的白酒。在釀造上亦頗特別，夏多內榨汁後不經沉澱直接入木桶發酵培養，但完全不攪桶。Olivier在早期即啟用500－650公升的大容量橡木桶釀造，現在只使用600與300公升的木桶，其中約20％新桶。相當有拼勁的Olivier釀成的白酒極有個性，酒體厚實圓潤，但有均衡有勁的酸味，有時又細膩多變，如Criots。

Dominique Derain

Damien Marc Colin

Damien Colin

Hubert Lamy

Olivier Lamy

高密度葡萄園

松特內與馬宏吉
Santenay et Maranges

在伯恩丘南端盡頭，接續在以夏多內白酒聞名的Chassagne村南邊的，是兩個主要生產紅酒的酒村，松特內（Santenay）與馬宏吉（Maranges）。不過，此兩村產的紅酒並非以優雅細緻聞名，而是帶著野性的多澀風格。Santenay村的葡萄園位處在正面朝東的金丘山坡上，蔓延3.5公里，有將近330公頃的葡萄園。接在金丘最尾端的Maranges其實是由三個小村結合而成，而且已經跨出金丘縣進入Saône et Loire縣內。不過，若就自然環境而言，Maranges村南邊的La Cosanne河才是金丘南界。因此河侵蝕切穿山脈，金丘南端的葡萄園山坡由朝東轉為朝向東南和正南，南北蔓延50公里的金丘葡萄園在此畫下句點。

曾以賭場和水療中心聞名的Santenay村，分為帶著中世紀氣氛的上城與新興熱鬧的下城。由南往北的Dheune河流經下城東邊，將金丘與東南邊的夏隆內丘區分隔開來，Dheune旁則有中央運河（Canal de Centre）流經，過了運河不遠就進入夏隆內丘最北邊的葡萄園。在十九世紀，Santenay產的紅酒曾經相當知名，於Lavalle的分級中，村內的Clos de Tavannes曾經與夜丘區的特級園如Mazis-Chambertin和Echézeaux齊名，同列Tête de Cuvée第二級，而且亦強調Santenay紅酒相當耐久存的特色。不過，即使此園仍繼續生產極佳的黑皮諾紅酒，但名氣與酒價都無法與夜丘名園相提並論，而Santenay現在亦是金丘最不受注意的角落之一，在許多酒莊的努力下，現在的Santenay紅酒也經常能釀成更細緻的風格。除了紅酒，Santenay村的自然條件亦頗適合種植夏多內，且已釀成許多極佳範例，不過種植面積仍不大，僅約15%而已。

村內的一級園雖只有十二片，卻有125公頃之多，分別位在三個不同的區段，自然條件和風格都有些不同。村子北端靠近Chassagne村的面東山坡中段有七片一級園，位在海拔

上：Santenay村（後）與夏隆內丘（前）僅隔著Dheune河谷。

左下上：Santenay村的紅酒稍微粗獷一些，但頗耐久存。

左下下：Santenay村北的最佳一級園之一Les Gravières。

中下：Santenay上城的葡萄園海拔更高。

右下：Santenay村北的一級園Beauregard。

220到320公尺之間，下坡稍微和緩，上坡有堅硬岩層通過，地形比較崎嶇。以最北段的Les Gravières、Clos de Tavannes和La Comme最為知名，出產村內最細緻多變的黑皮諾紅酒，特別是位在下坡，坡度平緩的Les Gravières和Clos de Tavannes，上坡的La Comme有較多硬岩與黏土質，釀成的酒有較為堅實的單寧，較靠近村子上坡的Clos Faubard則常有圓厚一些的酒體均衡澀味。另有兩片一級園位在下城上坡處，分別是Beaurepaire和La Maladière，亦能釀出不錯的紅酒，特別是後者常能有較細緻的表現。村南的Clos Rouseau又分為les Fourneaux和Grand Clos Rousseau等三園，直接和Maranges村的一級園相接壤，風格較為濃厚粗獷一些。

　　Maranges甚至更不知名，一九三七年時，原本Dezize-lès-Maranges、Sampigny-lès-Maranges及Cheilly-lès-Maranges三村分別成立獨立的產區，在一九八九年才聯合起來成為一片有170公頃葡萄園的村莊級產區。Maranges也一樣以出產黑皮諾紅酒為主，白酒很少，僅約5%，不過，在十九世紀時白酒種植的面積曾超過紅酒。村內紅酒的風格甚至更為粗獷，有較多澀味，是許多酒商調製Côte de Beaune Villages時常用的基酒，可以提高其他酒的單寧和酸味。酒風雖粗獷，但Maranges紅酒卻也頗耐久放。村內有84公頃的一級園，全位在三村交界，朝東南的高坡處，共有六片葡萄園列級，以上坡處的La Fussière較為知名，常能釀出相當堅硬的單寧質地，其西側高坡有一小片一級園Le Croix Moines，可釀出村內少見的細緻風味。🍷

左上：Maranges一級園Le Clos des Loyères。

左下：Maranges高坡的一級園La Fussière。

中：酒風優雅的Maranges一級園Le Croix Moines。

右：Maranges一級園Les Clos Roussots。

主要酒莊

- Santenay和Maranges的酒莊不少，自從Vincent Girardin遷至Meursault之後，知名的並不多。De Villaine家族的前身，一八六八年買下Romanée-Conti的酒商Duvault-Blochet曾位在村內的Château du Passetemps，其地下兩層的大型酒窖現為擁有一小片Montrachet園的René Fleurot所有。村內酒莊以Lucien Muzard、Roger Bellend、Antoine Olivier與René Lequin-Colin最為知名。Maranges的酒莊較知名的包括Domaine Chevrot、Domaine Contat-Grangé，以及晚近成立的Domaine des Rouges Queues，亦皆是村內僅有的三家採用有機種植的酒莊。

Roger Bellend (DO)

- HA: 23.9 GG: Criots-Bâtard-Montrachet(0.61) PC: Santenay Les Gravières, La Comme, Beauregard; Chassagne-Montrachet Clos Pitois; Maranges La Fussière; Puligny-Montrachet Champs Gains; Meursault Santenots; Volnay-Santenots
- 在伯恩丘南段各村擁有許多葡萄園，包括在特級園Criots，以及Chassagne村最南端的獨占園Clos Pitois。採部分整串釀造，低溫泡皮，少踩皮，每日淋汁，經五週釀成，最後以40℃高溫結束，其Santenay紅酒如La Comme跟Beauregard，以及Chassagne村的Clos Pitois都有相當細緻的表現。在坡頂的Comme Dessus亦釀成相當多酸可口的村莊級酒。

Chevrot et Fils (DO)

- HA: 18 PC: Maranges Le Croix Moines, La Fussière, Le Clos Roussots; Santenay Le Clos Rousseau
- 位在Cheilly-lès-Maranges村，由第三代Pablo跟Vincent兄弟一起經營，自二〇〇八年起採有機以及一部分的自然動力法種植。葡萄大多全部去梗釀造，短泡皮，20%新桶培養一年到一年半，年輕時頗多澀味，但有不錯的果味，新增的Le Croix Moines則有Maranges極少見的輕巧細緻質地。

René Lequin-Colin (DO)

- HA: 9 GG: Bâtard-Montrachet(0.12), Corton-Charlemagne(0.09), Corton(Lanquette 0.09) PC: Santenay La Comme, Le Passe-Temps; Chassagne-Montrachet Les Vergers, Morget, Cailleret
- 由第二代François接手經營，自二〇〇九年開始採有機種植並採用部分自然動力法。夏多內榨汁後不經沉澱直接入橡木桶發酵，採用約20－30%的新桶，每週攪桶一次，培養約十個月後裝瓶。黑皮諾採收後全部去梗，先進行六至八天的發酵前低溫泡皮，後發酵約十天，踩皮淋汁並用，即使特級園亦僅20%新桶。紅酒與白酒都釀得頗乾淨細緻。

Lucien Muzard (DN)

- HA: 16 PC: Santenay Les Gravières, Clos de Tavannes, Beauregard, Clos Faubard, Maladièr; Maranges La Fussière
- Santenay村名莊，在村內擁有五片一級園，亦經營酒商事業。已由第二代接手，Hervé負責種植，Claud掌管釀酒。

紅酒現全部去梗，進行延長的發酵前泡皮，盡可能減少淋汁和踩皮。經過十八個月的木桶培養後不過濾直接裝瓶。釀成的紅酒濃厚，多果味，單寧頗為細緻，以Clos de Tavannes最為優雅。白酒則採用50%的新桶釀造，亦極具水準，如村內一級園Clos Faubard坡頂產的高雅白酒。

Antoine Olivier (DN)

- HA: 10 PC: Santenay Beaupaire; Savigny-lès-Beaune Les Peuillets
- 位在Santenay村上城的新銳酒莊，也採買葡萄經營一小部分的酒商酒，紅、白酒各半，是生產最多Santenay村白酒的酒莊，水準與精彩度甚至更勝紅酒，多採用高坡的村莊級園如Sous la Roche和Biéveaux，以及一級園Beaurepaire等釀成圓潤卻多酸味，且帶一些咬感的個性白酒。

Domaine des Rouges Queues (DO)

- HA: 5
- 位於Maranges村內，由Jean-Yve Vantey所經營的小型酒莊，只有村莊級園，自二〇〇八年採有機種植，釀造相當可口的上伯恩丘紅、白酒與典型多澀的Maranges。

Roger Bellend　　Clos Pitois

Antoine Olivier　　Antoine Olivier

Jean-Yve Vantey　　Domaine des Rouges Queues

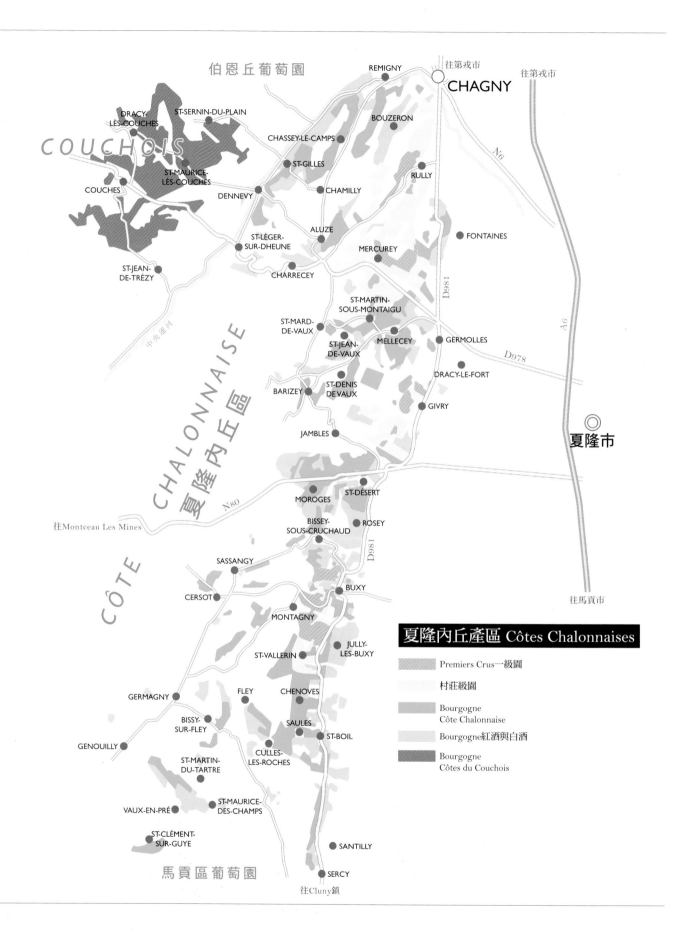

伯恩丘葡萄園

REMIGNY

往第戎市
CHAGNY

往第戎市

DRACY-
LÈS-COUCHES
ST-SERNIN-DU-PLAIN
BOUZERON

COUCHOIS
CHASSEY-LE-CAMPS

ST-GILLES
RULLY

ST-MAURICE-
LÈS-COUCHES
CHAMILLY

COUCHES
DENNEVY

FONTAINES

ST-LÉGER-
SUR-DHEUNE
ALUZE

MERCUREY

ST-JEAN-
DE-TRÉZY
CHARRECEY

中央運河

ST-MARTIN-
SOUS-MONTAIGU

ST-MARD-
DE-VAUX

ST-JEAN-
DE-VAUX
MELLECEY
GERMOLLES

CÔTE CHALONNAISE 夏隆內丘區

DRACY-LE-FORT

BARIZEY
ST-DENIS
DE-VAUX

GIVRY

JAMBLES

夏隆市

ST-DÉSERT
MOROGES

往Montceau Les Mines

BISSEY-
SOUS-CRUCHAUD
ROSEY

SASSANGY

往馬貢市

CERSOT
BUXY

MONTAGNY

JULLY-
LES-BUXY

ST-VALLERIN

GERMAGNY
FLEY
CHENOVES

BISSY-
SUR-FLEY
SAULES

GENOUILLY
ST-BOIL

CULLES-
LES-ROCHES
ST-MARTIN-
DU-TARTRE

VAUX-EN-PRÉ
ST-MAURICE-
DES-CHAMPS

ST-CLÉMENT-
SUR-GUYE
SANTILLY

馬貢區葡萄園
SERCY

往Cluny鎮

夏隆內丘產區 Côtes Chalonnaises

Premiers Crus 一級園

村莊級園

Bourgogne
Côte Chalonnaise

Bourgogne紅酒與白酒

Bourgogne
Côtes du Couchois

chapter 4

夏隆內丘區
Côte Chalonnaise

位在金丘南邊的夏隆內丘區，彷如金丘的延伸，釀製風格類似的紅、白酒。這裡的環境也有如金丘與馬貢內區之間的過渡地帶，葡萄園變得斷續分散。

無論那一個，夏隆內丘區在布根地的葡萄酒世界中，都扮演一個不是特別重要的陪襯角色，只有當金丘葡萄酒價格飆漲的時刻，才有較多的布根地酒迷願意到這裡找尋一些平價的替代品。

也許十多年前是如此，但今日的夏隆內丘各村，如Mercurey和Givry的紅酒與Rully、Montagny和Bouzeron的白酒，早自有獨特的酒村風格，也有相當多的精英酒莊，釀造世界級的布根地葡萄酒，獨缺的，只是酒迷心中難以打破、只鍾情於金丘的偏好。

Givry村是夏隆內丘最精彩的紅酒村，雖然面積不大，卻有相當多古園，釀造清麗優雅的黑皮諾紅酒。

接續在金丘縣（Côte d'Or）南邊的是蘇茵－羅亞爾縣（Saône et Loire），這個布根地最南邊的縣內主要有夏隆內丘以及馬貢內兩個南北相連的產區，不過，在西邊還有一個稱為Couchois的歷史葡萄園，而伯恩丘南邊的Maranges以及薄酒來北部的St. Amour也都跨進縣界之內。在十九世紀之前，因有蘇茵河的便利水運相通，夏隆內丘、馬貢內與薄酒來聯合成為一個不同於伯恩市的酒商系統，當時縣內有多達4萬公頃的葡萄園。

以夏隆市（Chalon sur Saône）為名的夏隆內丘，紅、白酒皆產，雖然現今已非布根地的明星產區，但在中世紀頗知名，布根地公爵菲利普二世送給公爵夫人瑪格麗特的葡萄園城堡Château de Germolle即位在區內。夏隆市位處蘇茵河畔，且有布根地運河流經，因水路之便自羅馬時期即為重要的商業中心。類似夏布利的情況，自從水運沒落、鐵道興起，便不敵地中海岸北運的葡萄酒。在十九世紀末葡萄根瘤芽蟲病摧毀了大部分的葡萄園後，即改種其他作物，在二十世紀初的前三十年，葡萄酒業幾乎在夏隆內丘匿跡，之後復甦的腳步比金丘區晚且緩慢，即使在一九八〇年代後重新種植了許多葡萄園（現在已經有超過2,000公頃的葡萄園），但都不及十九世紀極盛期的半數。

就地理上來看，金丘山坡在Chassagne與Santenay兩村之間，Dheune河谷分切出接續在南邊的夏隆內丘。山坡上的岩層年代與土壤結構與金丘區相似，都為侏羅紀中、晚期的石灰岩層，只有南邊的Montagny附近，因岩層抬升，出現侏羅紀早期的里亞斯岩層，以及比侏羅紀更早的三疊紀岩層。但夏隆內丘的葡萄園山坡稍微低平一些，地形也變得較為破碎和零散，山丘不只斷續，而且分裂成多道山谷。近2,000公頃的葡萄園不再像金丘一樣南北連貫地蔓延在朝東邊的山坡上，而是集中在Mercurey、Rully、Givry和Montagny等主要的產酒村莊附近，各村之間，常相隔著樹林、牧場甚至農田，葡萄不再是唯一的作物。

夏隆內丘的葡萄園分級與金丘類似，但並沒有特級園，地區性等級除了Bourgogne之外，也有專屬的Bourgogne Côte Chalonnaise，不過，卻是在一九九〇年才成立。區內共有五片村莊級的產區，由北往南分別為專產阿里哥蝶的Bouzeron，以白酒聞名的Rully，主產紅酒的Mercurey和Givry，以及只產白酒的Montagny，其中除較晚成立的Bouzeron，其餘都有一級園。最早的一級園分級在二次大戰德國占領期間，為避免德軍沒收而倉促成立，在一九八〇年代才經專家重新精細地再度分級。

在布根地的六個主要產區裡，夏隆內丘因較少獨特的地方特色，且與鄰近伯恩丘，種植的品種和自然條件很類似，酒風亦頗接近，常被當成伯恩丘區較不知名且廉價的鄰居。知名三星餐廳Lameloise所在的夏尼鎮（Chagny）是夏隆內丘最北邊的起點，由此往南沿著D981公路的25公里路程內，幾乎所有夏隆內丘的葡萄園全位在公路的西面山坡上。

布哲宏（Bouzeron）

夏尼鎮西南郊有一窄小的南北向谷地，位在此山間谷地內的是小巧隱密的Bouzeron村，在一九九八年才升格為村莊級產區。不同於其他布根地白酒產區，村內的葡萄園必須採用阿里哥蝶才能釀成Bouzeron葡萄酒，是布根地唯一以此品種葡萄聞名的酒村，若種植夏多內則反而只

能釀成一般的Bourgogne Côte Chalonnaise。Bouzeron得以讓此看似平庸的品種有較佳的表現，主要是此品種在別處大多種植於條件較差的平原區，但在Bouzeron則多種植於山坡上。此外，村內還保有一些產量較低且葡萄粒較小的老樹，成熟後皮色會轉黃，稱為金黃阿里哥蝶，比其他皮色青綠的阿里哥蝶有較好的成熟度。

　　不過，因為價格的關係，在Bouzeron村內朝東南的葡萄園大多還是種植夏多內和黑皮諾，只有朝西北與較高坡處種植阿里哥蝶，因此生產Bouzeron白酒的葡萄園還不到50公頃，因依規定村莊級酒在標籤上不得標示品種名，而且產量規定較嚴格，有些酒莊還會將Bouzeron降級為Bourgogne Aligoté銷售。如果和Bouzeron村內的夏多內相比，阿里哥蝶的口感較為清淡，有比較多的酸味，常有檸檬與青蘋果香氣，有時甚至帶一點花香。不過，若比較平原區產的阿里哥蝶則又較為濃厚有個性一些。這樣的差異也常跟Bouzeron白酒較少在橡木桶中培養有關，但Rully村的Jacquesson酒莊則是以100%橡木桶發酵培養，採用一九三七年的老樹，也能有非常豐滿圓潤的均衡口感。

　　因產區小，Bouzeron村內的酒莊並不多，以A. et P. de Villaine最為著名，另外還有Domaine Chanzy，擁有最靠近夏尼鎮的獨占園Clos de la Fortune。伯恩市的酒商Bouchard P. & F.也有5.5公頃的Bouzeron葡萄園。

胡利（Rully）

　　可釀出高品質夏多內白酒的Rully村，是許多伯恩丘酒商和酒莊的後院酒倉，以平實的價格供應伯恩丘風格的白酒。Rully的葡萄園北從夏尼鎮開始，南郊的面東山坡有一部分的葡萄園劃入Rully產區，由此往南經過一段硬岩外露的山坡後才進入Rully村的主要葡萄園，全區總共有350公頃的葡萄園，分布在海拔225到375公尺，彼此相疊的三片面東山坡上。東邊的第一

上：Rully村曾以氣泡酒聞名，許多氣泡酒廠都源自此頗具歷史的酒村。

左中：高坡略朝東南的Rabourcé是全村最佳的白酒一級園之一。

中中：低坡處的一級園主要種植黑皮諾，如Préau和Chapitre。

右中：相當知名的白酒一級園La Pucelle。

左下：除了白酒，Rully也產頗可口的黑皮諾紅酒。

右下：建於十二世紀的Rully城堡是夏隆內丘區的地標。

Premiers crus 一級園
村莊級園

0　　0.5　　1km

在Chagny鎮內有兩片一級園:
Clos du Chaigne
Clos Saint-Jacques

↑Chagny

Marissou
Rabourcé　La Fosse
Raclot
Cloux
Chapitre
Le Meix Caillet　Pillot
Préaux
Agneux
Les Pierres　Molesme
La Renarde
Champs Cloux
La Bressande
Montpalais　La Pucelle
Le Meix Cadot
Vauvry
Grésigny
Margotés

RULLY

D981

FONTAINES

北

↙Mercurey　↓Givry

道坡與平原區相連，海拔較低，往西進入一南北向的谷地，面朝東的向陽坡是精華區。坡頂樹林之後還有一海拔更高、較為寒冷的第三道坡，幾乎與Bouzeron村的葡萄園相連，是較晚開闢成的葡萄園。

Rully約有三分之二的面積種植夏多內，主要種植於較高坡的石灰岩山坡（以白色泥灰岩為主），低坡處則種植較多黑皮諾。Rully在十九世紀時就已經開始生產氣泡酒，曾是知名產區，也曾有許多氣泡酒廠位在村內，不過，現在Rully村內的酒莊都以釀製無氣泡酒為主，André Delorme是少數村內僅存主產氣泡酒的酒廠。

Rully產區有二十三片一級園，雖有110公頃列級，但種植面積僅約90公頃。類似金丘區，這些一級園主要位在山坡中段，村莊級酒則主要位在海拔較高的後段山坡，以及接近平原區的低坡處。村子西邊的第二道山坡是大部分一級園所在的區域，最平坦的低坡一級園，如Molesme、Préau和Chapitre等主要種植黑皮諾。白酒的精華區在高坡處，如Cloux、Rabourcé和Raclot，以及村子南邊的La Pucelle、Mont Palais，在更南邊的盡頭還有Grésigny和Margotés。一般村莊級的Rully白酒大多走圓潤均衡風格，但近年新增高坡的葡萄園如Les Cailloux，也能保有較多的酸味和活力。產自高坡與南邊幾片條件較佳的一級園白酒，亦常能有強勁酸味搭配厚實的酒體，除了熟果也能有一些礦石風味。

Rully村子本身腹地大，有多座城堡，其中建於十二世紀的Château de Rully城堡是夏隆內丘區最醒目的酒莊建築，在村內亦擁有廣大的葡萄園，由酒商Antonin Rodet負責釀造。除了有相當多的伯恩丘酒商與酒莊釀造Rully葡萄酒，村內也有相當多的獨立酒莊，其中以Henri et Paul Jacqueson、Vincent Dureuil-Janthial和Michel Briday最為知名，Domaine Belleville和擁有獨占一級園Clos St. Jacques的Domaine de la Folie以及Domaine Ninot亦頗具水準。

梅克雷（Mercurey）

Mercurey是夏隆內丘最知名，也是最大的產酒村，現有多達650公頃的葡萄園，幾乎占滿全村各處的山坡。並且延伸到南鄰的St. Martin Sous-Montaigu村。Mercurey主要以紅酒聞名，在夏隆內丘的各酒村中，以最濃厚結實的酒風為特色，也被認為是最耐久存的紅酒產區，在布根地公爵時期即頗為知名，過去Rully和Givry村的紅酒也常借用Mercurey之名銷售。村內的白酒反而較少，約只占10％。

除了葡萄園面積廣，Mercurey的地形也相當複雜，有各種面向和坡度的山坡，以及多種質地的土壤與不同年代的岩層。夏隆內丘的多條山脈在Mercurey村突然轉為東西向，由Le Giroux溪流經的谷地所切穿，從Autun市往Chalon市的D978號公路亦取此自然的通道穿過谷底。Mercurey村子本身便直接分布在此主要道路的兩旁，成為一長條型的村莊。葡萄園則被分成南北兩部分。村子北邊的葡萄園除了最東邊靠近平原區的第一道山坡是朝向東邊外，大部分的葡萄園主要位在向南坡，不過因有多道背斜谷切過，形成多個谷中谷，有相當多葡萄園是位在朝西南與東南的谷邊山坡上。位在谷底的葡萄園土壤深厚肥沃，釀成的酒較為柔和易飲，但山坡中段處則為Mercurey的精華區，有最多的一級園在這一區。續往北邊到Rully村邊界的地方原多

Mercurey村內的Caveau di Vin提供村內四十二家酒莊的六十四款酒單杯試飲。

左頁：Mercurey是夏隆內丘最知名的酒村，也有最廣闊與最多面向的葡萄園，最精華區就位在村北開闊的背斜谷上。

為樹林，但也已開闢為葡萄園，其中包括Faiveley在一九六〇年代後建立的數十公頃葡萄園。谷地南邊則多為朝北面的山坡，不過，仍然有一些小谷內有略朝東邊的山坡，有較佳的自然環境，但南邊最精華的區域則在最東邊近平原區的面東山坡，由村南一路蔓延進St. Martin Sous-Montaigu村內。

Mercurey擁有超過150公頃的一級園，有多達三十二片葡萄園列級，其中最知名的精華區段為位在村北舊村上方背斜谷內的幾片一級園，由東往西分別為Clos des Barraults、Les Champs Martin、Les Combins、La Cailloute和Les Croichots。前者位在谷邊斜坡，全面朝南，釀成的紅酒相當濃厚且多澀。Les Champs Martin則位處谷內朝西南的斜坡上，主要為帶石灰質的泥灰質土壤，是村內最佳的葡萄園之一，經常釀成全村風格最優雅的紅酒，有特別細緻的單寧質地與細節變化。朝東南斜坡的Les Croichots與La Cailloute以及位居谷中的Les Combins有較多的石灰質與岩塊，有稍緊澀的風格，但仍均衡細緻。此區的一級園在坡頂高處也種植一些夏多內，可釀成均衡多酸的白酒。

由此區續往東有連續多個面南的一級園，高坡處多白色泥灰岩，種植較多夏多內如Les Crêts，中坡的條件較佳，有較多紅色泥灰岩，可釀製相當成熟但也相當強勁有力的紅酒如Les Naugues。再往東則為向東的山坡，是另一精華區，以廣達20公頃的Le Clos l'Evêque最為知名，生產出Mercurey村厚實多澀，亦頗耐久的典型紅酒風格。其他較知名的包括位處下坡平坦區多深厚黏土層的Clos Marcilly，以及位處石灰岩層上的Clos des Myglands。

南邊的一級園除了面朝東北，較為多澀有力的En Sazenay，其餘的主要位在與St. Martin Sous-Montaigu村交界的面東山坡，包括坡頂多石灰岩、只產白酒的La Mission，以及環繞其

上：Le Giroux溪谷由西往東穿過Mercurey產區。

左下上：以優雅精緻聞名的一級園Les Champs Martin。

左下下：Mercurey南區St. Martin sous-Montaigu村內的一級園Les Ruelles。

中下：含石灰岩塊的白色泥灰質土壤。

右下：專門出產白酒的一級園La Mission。

下，酒風豐滿圓厚的Le Clos du Roy。再往南一些的高坡處有多泥灰岩的Les Velley，具有礦石氣的優雅風格。St. Martin村內以上坡的Les Montaigus和Clos de Paradis較為知名，多一些黏土與泥灰質，酒風濃厚結實。較坡底的La Chassière和Les Ruelles帶一些沙子，酒風較為柔和。

Mercurey村因葡萄園面積較大，吸引較多金丘酒商如Faiveley、Louis Max、Michel Picard（Emile Voarick）和Boisset（Antonin Rodet）等到此投資，是夏隆內丘區在海外最常見的酒種。但村內亦有相當多獨立酒莊，其中包括規模相當大的Michel Juillot和Château de Charmirey，兩者都擁有超過30公頃以上的葡萄園。精英的名莊首推François Raquillet和曾擔任釀酒顧問的Bruno Lorenzon，其他還包括Meix-Foulot、Theulot-Juillot、Brintet、Philippe Garrey和Aluz村的Les Champs de L'Abbaye幾家。

吉弗里（Givry）

位在Mercurey村南方的Givry距離Chalon sur Saône市只有5公里的路程，它曾是有石牆環繞的古鎮，不太像一般的酒村，更像是一個優雅的小型城市。Givry雖然也以紅酒聞名，但跟Mercurey的葡萄園並不相連，隔著3公里的農田與樹林，兩村的酒風亦不相同。有較多石灰質，較少黏土的Givry村似乎更常釀出精緻，喝起來更可口，有更多新鮮果味的黑皮諾紅酒。Givry的葡萄酒在歷史上亦相當知名，跟西南部的Jurançon一樣，傳聞在十六世紀時都曾經是法王亨利四世最喜愛的葡萄酒。相較其他夏隆內丘的酒村，Givry的葡萄園面積較小，也比較集中，都位在蘇茵河平原邊，同一個彼此相連的朝東與朝南山坡，連同一小部分跨到鄰村的葡萄

上：Givry是一優雅的古鎮，葡萄園多位於鎮西的向陽山坡上。

左下：Givry一級園Le Paradis。

中下：Givry鎮的紋徽是一束麥穗，但現在卻以葡萄酒聞名。

右下：鎮中心的圓型市場Halle au Blé。

園共約280公頃，其中有二十五片一級園，約110公頃。除了紅酒，亦產一些白酒，約占15%的葡萄園。

Givry的葡萄園北起於Dracy-Le-Fort村的一級園Clos Jus，此園於一九九〇年代才重新種植，在紅色石灰岩土壤上混種新選育的黑皮諾無性繁殖系，常釀成相當鮮美多汁、可口卻又多細緻變化的紅酒。因普遍種植品質較佳的黑皮諾無性繁殖系，所以讓Givry村相較於其他夏隆內丘的酒村（如Mercurey）有更為乾淨細緻的酒風。Givry村北有突出的荒禿硬岩區橫據山坡，是採石場所在，此硬岩區南坡即為Givry村北的精華區，全面向南，坡度頗斜陡，知名的兩片一級園Cellier aux Moines和Servoisine都位在此坡。前者為十三世紀即建立的歷史名園，除有石牆圍繞，在坡頂還留有熙篤會的酒窖，現為Domaine du Cellier aux Moines酒莊所在。在Givry，有相當多古園，鎮邊的葡萄園幾乎都有石牆環繞，如隔鄰的Servoisine亦稱為Clos de la Servoisine。

由此往南的一級園都位在朝東的山坡上，葡萄園從鎮邊的海拔225公尺高度爬升到325公尺的坡頂，村莊級園多位在坡底以及接近坡頂的高處，一級園則多位在中高坡處。其中最知名的是歷史名園Clos Salomon，為獨占園，常有迷人的果味與細緻的單寧，是Givry紅酒的典型。經此園往南的山坡開始慢慢轉向，進入通向Russilly村的背斜谷出口，葡萄園山坡轉為朝東南，最後延伸進谷地內成為完全向南，葡萄園甚至爬升到400公尺以上，此區有一級園En Choué。過此背斜谷後朝東山坡繼續往南，在高坡處有La Grande Berge和En Cras Long，都為黃灰色的石灰質土壤，常釀造出頗成熟卻均衡的黑皮諾，也產一些白酒。此處為Givry村的南界，有一大型的谷地切過，相當開闊，村莊級酒除了往平原區擴展，更往西延伸進Jambles村，坡頂的一級園Crausot多石灰岩，紅、白酒皆產。

村內的酒莊數量不多，但卻有多家精英酒莊，而且多為勤奮的小型葡萄農酒莊，最知名的為Domaine Joblot和François Lumpp兩家，其他較知名的還包括Domaine Ragot、擁有同名獨占園的Clos Salomon、Vincent Lummp、Parize Père et Fils，以及酒風圓熟可口的Gérard Mouton等等。另外，擁有1.8公頃Montrachet的Domaine Thénard酒莊，Devillard家族的Domaine de la Ferté和Domaine du Cellier aux Moines，以及伯恩酒商Albert Bichot的Domaine Adélie等皆位在村內。

蒙塔尼（Montagny）

夏隆內丘南邊的葡萄園更加地分散，侏羅紀岩層構成的山坡也變得斷續，甚至消失。過了Givry之後，往南約5公里後才進入最南邊的村莊級產區Montagny。葡萄園的範圍除了Montagny-lès-Buxy本身，還囊括了Buxy、Jully-lès-Buxy和St. Vallerin等三個村子。Montagny是一個只產夏多內白酒的產區，不過，在二次世界大戰前，卻生產廉價紅酒以供應附近的礦區市場，種植的並非黑皮諾而是加美，而且大多是品質低劣的紅汁加美。在一九六〇年代才開始大規模改種夏多內。

區內的土壤明顯地與其他北部產區不同，開始出現侏羅紀最早期的里亞斯岩層，以及比侏羅紀更早的三疊紀岩層。這些土壤的特性也許是Montagny獨特酒風的原因之一。雖然偏處南

上：鎮西的面東山坡是精華區，比鄰的成片一級園，其中包括知名的Clos Salomon。

左下上：最北邊的一級園 Clos Jus常釀出鮮美果香的美味紅酒。

左下下：十三世紀中有熙篤會修院創立的一級古園Cellier aux Moines。

中下：村內全面朝南的一級園Servoisine。

右下：自十三世紀即存在的面東一級園Les Bois Chevaux。

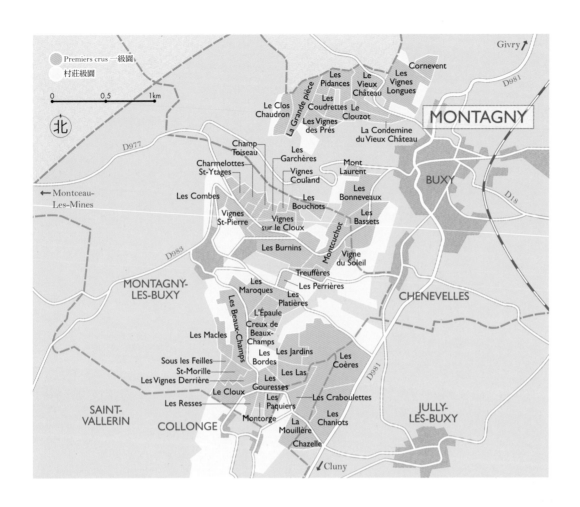

方，且有極佳的朝東與朝南的向陽坡，但Montagny的酒體比較偏高瘦，口感極乾不是特別圓潤，也常帶一點礦石味，酒香中較少甜熟水果，反而常有一些植物以及礦石氣，酒風和北部較為豐盛圓潤的Rully白酒形成對比。

　　Montagny有300多公頃的葡萄園，一級園非常多，有五十三片之多，幾乎大部分都列為一級，村莊級反而較為少見。不過這些一級園的名字並不常出現在標籤上，有些甚至從來不曾單獨裝瓶，即使產量占四分之三的釀酒合作社Cave de Buxy也只採用三片一級園：Montcuchot、Les Coères和Les Chaniots。其他較知名的一級園還有Le Vieux Château、Les Burnins、Les Maroques和Le Cloux。因釀酒合作社仍然扮演非常重要的角色，所以區內的獨立酒莊不多，名莊更少，Stéphane Aladame和Laurent Cognard 是少數較知名者。🍷

上：Montagny是夏隆內丘南端專產白酒的村莊級產區。

左中：特殊的土壤讓Montagny的白酒常有特殊的礦石氣。

中中：Buxy鎮人口較多，是Montagny的酒業中心。

右中：Montagny面積最大，也最常見的一級園Les Coères。

左下、右下：產區北端的知名一級園 Le Vieux Château。

主要酒莊

Stéphane Aladame (DN)

- HA: 7 PC: Montagny Le Burnins, Les Coères, Les Platières, Les Maroques
- Montagny村唯一的明星酒莊，十八歲就接手不願加入合作社的Millet家族的老樹葡萄園。大部分的酒都在酒槽內發酵，僅一小部分在木桶中進行，如30%的一級園和50%的老樹（Vieilles Vignes）。在酒風清淡的Montagny中常釀成濃厚多酸的精彩白酒。

Domaine Belleville (DO)

- HA: 28 PC: Rully Cloux, Rabourcé, Chapitre, La Pucelle; Mercurey Clos L'Evêque
- Rully村的重要酒莊，在村內有極佳葡萄園，白酒頗具水準，大多有極佳的酸味，均衡而且可口，全橡木桶發酵，但新桶少，且不攪桶，經十八個月培養的Rabourcé是招牌。

Michel Briday (DN)

- HA: 15 PC: Rully Cloux, La Pucelle, Grésigny, Les Pierres, Les Champs Cloux; Mercurey Clos Macilly
- Rully村的精英酒莊之一，現由第二代Stéphane Briday經營，釀製非常均衡可口的Rully白酒，除了誠懇的平易酒風，一級園Grésigny也極有活力，其位在Rabourcé旁的獨占園Clos de Remenot甚至可能是全村最佳的村莊級園。

Cave de Buxy (CO)

- Montagny產區內最大的生產者，於一九三一年創立，現有五百五十八位葡萄農會員加入，共計擁有860公頃的葡萄園遍布夏隆內丘區的二十二個產酒村莊，年產近500萬瓶，大量供應價格平實的Bourgogne。其產量占Montagny的75%，亦生產相當多其他夏隆內丘的葡萄酒。

Château de Charmirey (DO)

- HA: 37.7 PC: Mercurey La Mission, Le Clos du Roy, Les Ruelles, Les Champs Martin, En Sazenay, Le Clos l'Evéque
- Devillard家族離開Antonin Rodet之後，在Mercurey另外成立Domaines Devillard管理自有的多家酒莊，除在Mercurey擁有Château de Chamirey外，在夜丘也擁有Domaine des Perdrix，另在Givry還擁有Domaine de la Ferté，並代釀Domaine du Cellier aux Moines，此外亦成立酒商Maison Devillard釀製酒商酒。現已由第二代Amaury協助管理，由釀酒師Robert Vernizeau釀造。釀成的紅酒顏色很深，相當濃厚，也頗圓潤，有非常美味的風格，一級園亦頗精緻，已逐漸成為村內精英名莊。黑皮諾全部去梗，十五至二十五天的發酵與泡皮，每日踩皮，約30－50%的新桶培養十二到十九個月裝瓶。白酒則頗圓潤易飲。

Les Champs de L'Abbaye (DO)

- 位在鄰近Mercurey的Aluze村內，由白手起家的Alain Hasard負責種植與釀造，主要生產Bourgogne等級的葡萄酒，但也擁有Mercurey和Rully的葡萄園，全部採用自然動力法種植，手工藝式的簡單釀造。雖無一級園，但紅、白酒皆佳，都頗具個性，且有很細緻的變化，如Rully的Les Cailloux和Mercurey的Les Macoeurs常超越知名一級園的水準。

Domaine du Clos Salomon (DO)

- HA: 8.4 PC: Givry Clos Salomon, La Grande Berge; Montagny Le Cloux
- 擁有Givry村獨占的同名歷史古園，酒莊就位在園內南側，現為du Gardin家族所有，由Fabrice Perrotto負責管理。此園只產紅酒，在Givry的鮮美果味背後有頗緊澀的單寧結構，須多一點時間熟成。其他兩片一級園都產白酒。

Laurent Cognard (DO)

- HA: 7.5 PC: Montagny Le Vieux Château, Les Bassets
- Montagny村內新銳酒莊，二○○八年才開始自釀裝瓶，局部採用500公升的木桶發酵與培養，較一般的Montagny白酒更加濃厚有個性，但仍保有極典型的礦石與酸味。Maxence則以晚熟葡萄釀成，可能是有史以來最濃縮的Montagny。

Domaine Vincent Dureuil-Janthial (DO)

- HA: 17 PC: Rully Margotés, Meix Cadot, Chapitre; Puligny-Montrachet Champs Gains; Nuits St. Georges Clos des Argillières
- Rully村內的精英酒莊，除了葡萄園變多，改採有機種植，Vincent從早期的新派路線逐漸轉化成更內斂、較均衡與細膩的風格，除Rully，亦有一些Nuits St. Georges的紅酒與Puligny村的一級園。白酒採用較少的新桶，酒風也變得更為自

Stéphane Aladame　　Amaury Devillard　　François Lumpp　　Stephane Briday　　Marie Jacqueson　　Laurent Juillot

然。一級園Meix Cadot的九十年老樹白酒一直是酒莊的招牌，強勁有力，雖濃厚，但也輕盈精緻，是最佳的Rully白酒之一。

Philippe Garrey (DO)

· HA: 4.5 PC: Mercurey Clos de Paradis, Clos de Montaigu, La Chassières

· Mercurey村的新銳酒莊，位在St. Martin Sous-Montaigu村內，主要專長於附近的三片一級園紅酒，採自然動力法種植，紅酒小量精釀，局部去梗，踩皮與淋汁並用，酒風頗為精緻。也產相當有個性的村莊級白酒。

Henri et Paul Jacqueson (DO)

· HA: 11 PC: Rully La Pucelle, Cloux, Margoté, Grésigny

· Rully村內最知名的經典酒莊，由第二代的女兒Marie逐漸接手管理跟釀造。Jacqueson成名早，白酒採用橡木桶發酵培養，長年以來就以特別圓潤飽滿的酒風聞名，延續至今一直是Rully村白酒風格的代表，雖濃郁卻也能有清新的均衡酸味。紅酒則頗為柔和可口。

Joblot (DO)

· HA: 13.5 PC: Givry Clos du Cellier des Moines, Clos de la Servoisine, Clos des Bois Chevaux, Clos Grand Marole

· Givry村內的明星酒莊，由Jean-Marc和Vincent兩兄弟共同經營，並開始有第二代女兒加入，這是一家特立獨行、認真耕作、非常有個性的葡萄農酒莊。Joblot以獨特的還原法釀製黑皮諾，全部去梗，在封閉的酒槽內進行發酵，減少氧

化，酒風非常乾淨，而且細緻精巧，即使使用多達70%的新木桶培養，卻常能精確地表現各葡萄園的特色，不為新桶所影響，而且具有極佳的陳年潛力。白酒雖然不多，但亦相當優雅均衡。

Michel Juillot (DO)

· HA: 32.5 GC: Corton-Charlemagne(0.8), Corton(Perrières 1.2) PC: Mercurey Les Champs Martin, Clos des Barraults, Les Combins, Clos Tonnerre, Sazenay

· Mercurey村內的大型名莊，現由兒子Laurent Juillot負責經營。紅酒全部去梗，經五天低溫泡皮，約三週釀成，紅酒頗為濃厚，但稍帶一些粗獷氣，頗典型的Mercurey。白酒亦濃，酸味較為柔和。

Bruno Lorenzon (DO)

· HA: 5.28 PC: Mercurey Les Champs Martin, Les Crochots

· Mercurey村內相當獨特的精英酒莊，莊主曾與村內的Mercurey木桶廠合作，在南半球與西班牙的產區擔任顧問。現接手父親的酒莊，釀造相當具有企圖心，風格新潮的葡萄酒。雖說要回到十九世紀的農耕法以及傳統釀法，以可喝性高、多礦石與純粹的酒風為目標，不過仍使用許多新式技術，如葡萄先經過冷凍庫低溫保存二十四小時再進酒槽。釀成的紅、白酒都頗優雅精緻，如Les Champs Martin。除了一般的一級園，也產單桶的一級園紅酒Piéce 13跟白酒Piéce 15。

François Lumpp (DO)

· HA: 6.5 PC: Givry Clos Jus, Clos du Cras Long, Petit Marole, Crausot

· Givry村的精英酒莊，葡萄園全在村內，釀造的Givry紅酒大多優雅迷人，新鮮多酸，而且果香充沛，非常可口，相當細緻，幾乎是Givry村紅酒風格的典型極致表現。黑皮諾全部去梗，發酵前五到十天的低溫泡皮，少踩皮，亦可能代以淋汁。紅酒採70%新桶培養一年，但幾乎喝不出木桶的影響。村內的Vincent Lumpp為其弟弟的酒莊，亦釀造頗可口的Givry紅酒，但不及François的Givry那麼迷人與可口多汁。

Gérard Mouton (DO)

· HA: 10 PC: Givry Clos Jus, Clos Charlé, La Grande Berge, Les Grands Prétans

· Givry村的酒莊，現逐漸由第二代Laurent接手，酒風也漸趨現代，釀成的黑皮諾紅酒有相當多的果味，單寧圓潤順口，也許不是特別精緻，但相當均衡鮮美。

Domaine Ragot (DO)

· HA: 8.5 PC: Givry Clos Jus, La Grande Berge, Crausot

· Givry村內的精英酒莊，現由年輕的第二代Nicolas Ragot負責經營，較其父親時期更濃縮，也稍濃澀一些，顯得更加有個性，但近年來酒風變得較為細緻，如Clos Jus紅酒，有更多果味，也更能喝出葡萄園的特色。白酒則可口多酸與多礦石。

François Raquillet (DO)

· HA: 10 PC: Mercurey Les Naugues, Les Puillets, Les Vassée, Les Velley, Clos l'Evêque

· Mercurey村內的最佳酒莊，於一九九〇年代中接手父親的葡萄園後即成為名莊。

Jean-Marc Joblot   François Raquillet   Nicolas Ragot   Laurent Cognard   Château de Charmirey

其白酒可口圓潤，紅酒則相當有個性，在Mercurey強勁多澀的風格中多一些果味與變化，也具有更優雅的單寧質地。葡萄通常全部去梗，七至十天發酵前低溫泡皮，約三週完成，只有淋汁沒有踩皮。

Theulot-Juillot (DO)

· HA: 11.5　PC: Les Champs Martin, Les Combins, La Cailloute

· Mercurey村中的精英酒莊，Jean-Claude Theulot和他的太太Nathalie繼承了Juillot家族的葡萄園，四片一級園都位在村邊最精華的背斜谷，包括獨占園 La Cailloute，此園位於面東南方的高坡，釀造較優雅的紅酒與濃厚多香的白酒。葡萄全部去梗，經四至五天的發酵前泡皮，兩個多星期的酒精發酵，踩皮與淋汁並用。酒風頗為濃厚，單寧圓熟可口。一級園的白酒採35%的新桶釀造，亦使用500公升的大桶培養。

A. et P. de Villaine (DO)

· Bouzeron村內的唯一名莊，為Domaine de la Romanée-Conti的酒莊總管Aubert de Villaine在一九七四年所創立。曾擔任村長的Aubert是推動Bouzeron成為村莊級產區的重要推手，也一直致力於保存和選育阿里哥蝶的品系。目前酒莊20.6公頃的葡萄園中有12公頃為Bouzeron，其餘也有Rully跟Mercurey釀製極佳、價格平實的葡萄酒。現在由外甥Pierre de Benoist協助管理與釀造。葡萄園採用有機種植法，有頗多阿里哥蝶老樹。Bouzeron白酒有90%在大型木槽中發酵，只有10%在不鏽鋼槽內進行。培養十二個月後才裝瓶。

釀成的Bouzeron有頗多爽口酸味，亦常有豐沛的果味與細緻的花香。

Domaine Michel Sarrazin (DO)

· HA: 35　PC: Givry Les Pièces d'Henry, Les Grands Prétants, La Grande Berge, Champs Lalot, Bois Gauthier

· Givry鎮南Charnaille的老牌大型酒莊，現由第二代Guy與Jean-Yve管理釀造。紅酒大多有奔放的櫻桃果香與爽脆的清新口感，白酒則均衡多酸，紅、白酒都釀製得相當好，可口迷人且價格平實，以一級園Champs Lalot的酒風最為細緻。

Domaine Chanzy (DN)

· HA: 38　PC: Mercurey Clos du Roy; Santenay Beaurepaire

· Bouzeron村的酒莊兼酒商，擁有村內的獨占園Clos de la Fourtune。二〇一三年老廠新生，由相當年輕的Jean-Baptiste Jessiaume負責管理與釀造。雖較為技術導向，但應用成熟，風格相當現代、細緻，均衡且清新，頗具潛力。

Clos Salomon

Cave de Buxy

Jean-Batiste Jessiaume

*Climats Côte Chalonnaise
雖然同樣具有極佳的自然條件，但相較於金丘區的高知名度，夏隆內丘區較少受到注意，也尚無超級明星酒莊。十家來自區內五個酒村的精英名莊Montagny（Aladame、Cognard）、Givry（Cellier aux Moines、de la Ferté、Ragot）、Mercurey（Ch. de Chamirey、de la Framboisiére）、Rully（Jacqueson、de la Folie）和Bouzeron（de Villaine）共同成立一非正式的聯盟：Climats Côte Chalonnaise，讓布根地酒迷有機會認識夏隆內丘區釀酒水準與酒村和葡萄園風格。

Pierre de Benoist　A. et P. de Villaine　　Champ d' Abbay　Philippe Garrey　　Bruno Lorenzon　Jean-Yve Sarrazin

chapter 5

馬貢內區
Mâconnais

往南到了馬貢內區，其實已經不再是典型的布根地酒鄉風景，葡萄園更加四散在樹林、牧場與田野之間。在酒村中，布根地北方高尖的屋頂也開始變得低平，換成鋪滿橘紅色磚瓦的南方風格，從馬貢內區開始，有了一些南法與地中海的氣氛。這裡出產的葡萄酒也跟布根地北部不同，5,000多公頃的葡萄園大多種植夏多內，釀成的白酒多一點點的甜熟，多一些溫厚的口感與奔放的香氣，自然也可口易飲一些，不須太多時間熟成，就可開瓶享用，是布根地白酒的重要酒倉。紅酒的產量只占不到一成，黑皮諾不再是主要的紅酒品種，代之以加美葡萄。葡萄酒的入手價格也從金丘區熟悉的數十，甚至數千歐元，降為平易近人的個位數，跟酒風一樣柔和親切。

這是馬貢內區最經典的風景，在Pouilly與Fuissé兩個知名酒村之後是Solutré和Vergisson彼此併連的山頂巨岩。

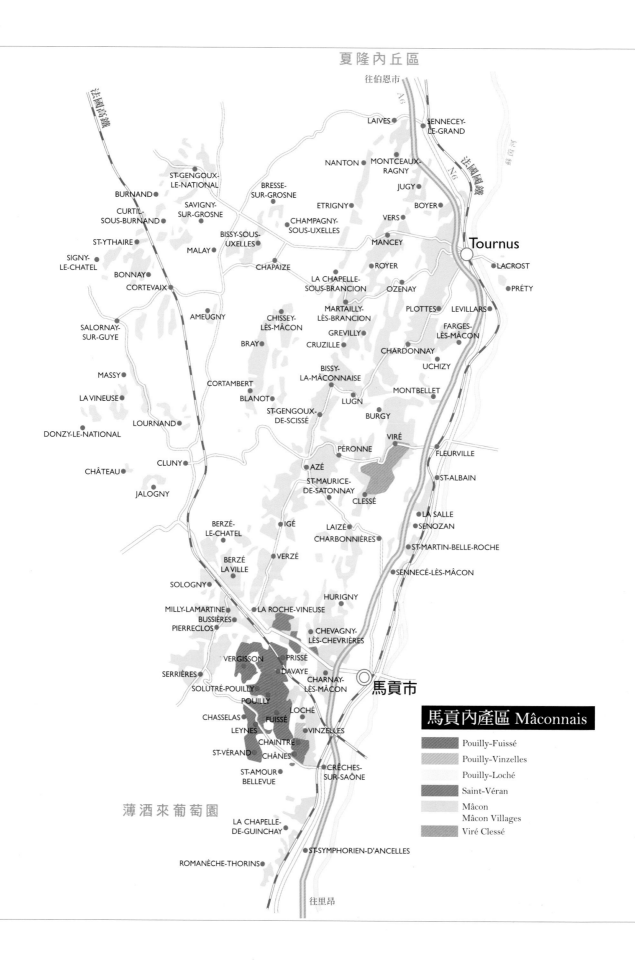

往伯恩市

法國高鐵

法國國鐵

A6

N6

隆河

LAIVES

SENNECEY-
LE-GRAND

NANTON

MONTCEAUX-
RAGNY

JUGY

ST-GENGOUX-
LE-NATIONAL

BURNAND

BRESSE-
SUR-GROSNE

ETRIGNY

BOYER

CURTIL-
SOUS-BURNAND

SAVIGNY-
SUR-GROSNE

CHAMPAGNY-
SOUS-UXELLES

VERS

ST-YTHAIRE

BISSY-SOUS-
UXELLES

MANCEY

Tournus

SIGNY-
LE-CHATEL

MALAY

ROYER

LACROST

BONNAY

CHAPAIZE

LA CHAPELLE-
SOUS-BRANCION

OZENAY

PRÉTY

CORTEVAIX

AMEUGNY

MARTAILLY-
LÈS-BRANCION

PLOTTES

LEVILLARS

SALORNAY-
SUR-GUYE

CHISSEY-
LÈS-MÂCON

GREVILLY

FARGES-
LÈS-MÂCON

BRAY

CRUZILLE

CHARDONNAY

UCHIZY

MASSY

CORTAMBERT

BISSY-
LA-MÂCONNAISE

MONTBELLET

LA VINEUSE

BLANOT

LUGN

DONZY-LE-NATIONAL

LOURNAND

ST-GENGOUX-
DE-SCISSÉ

BURGY

VIRÉ

PÉRONNE

FLEURVILLE

CHÂTEAU

CLUNY

AZÉ

ST-ALBAIN

ST-MAURICE-
DE-SATONNAY

JALOGNY

CLESSÉ

LA SALLE

SENOZAN

BERZÉ-
LE-CHATEL

IGÉ

LAIZÉ

CHARBONNIÈRES

ST-MARTIN-BELLE-ROCHE

BERZÉ
LA VILLE

VERZÉ

SENNECÉ-LÈS-MÂCON

SOLOGNY

HURIGNY

MILLY-LAMARTINE

LA ROCHE-VINEUSE

BUSSIÈRES

PIERRECLOS

CHEVAGNY-
LÈS-CHEVRIÈRES

VERGISSON

PRISSÉ

SERRIÈRES

DAVAYE

馬貢市

SOLUTRÉ-POUILLY

CHARNAY-
LÈS-MÂCON

POUILLY

LOCHÉ

CHASSELAS

FUISSÉ

LEYNES

VINZELLES

CHAINTRÉ

ST-VÉRAND

CHÂNES

ST-AMOUR
BELLEVUE

CRÊCHES-
SUR-SAÔNE

薄酒來葡萄園

LA CHAPELLE-
DE-GUINCHAY

ST-SYMPHORIEN-D'ANCELLES

ROMANÈCHE-THORINS

往里昂

馬貢內產區 Mâconnais

Pouilly-Fuissé
Pouilly-Vinzelles
Pouilly-Loché
Saint-Véran
Mâcon
Mâcon Villages
Viré Clessé

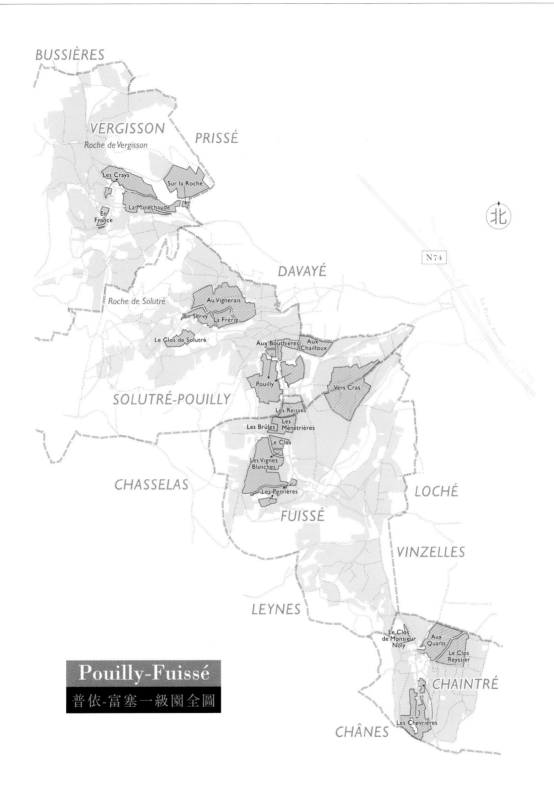

BUSSIÈRES

VERGISSON   PRISSÉ

Roche de Vergisson

Les Crays

Sur la Roche

La Maréchaude

En
France

DAVAYÉ

Roche de Solutré

Au Vignerais

En Servy   La Frérie

Le Clos de Solutré

Aux Bouthières   Aux
Chailloux

Pouilly

Vers Cras

SOLUTRÉ-POUILLY

Les Reisses

Les Brûles   Les
Ménétrières

Le Clos

Les Vignes
Blanches

CHASSELAS

Les-Perrières   LOCHÉ

FUISSÉ

VINZELLES

LEYNES

Le Clos
de Monsieur
Noly   Aux
Quarts

Le Clos
Reyssier

Pouilly-Fuissé
普依-富塞一級園全圖

CHAINTRÉ

Les Chevrières

CHÂNES

N74

北

跟大部分的法國產區一樣，馬貢內區也以區內的主要城市馬貢市（Mâcon）為名。此城位在蘇茵河畔，城內並沒有葡萄園，但便捷的水運往南50公里可直通法國第二大城里昂（Lyon），蘇茵河在此注入隆河，往南可及地中海岸。在十九世紀中，鐵路運輸興起之前，不同於以伯恩市為中心的金丘區酒商系統和更北方，以巴黎市場為主的夏布利，馬貢市曾經是吸納布根地南區以及薄酒來的重要酒業中心。但水運沒落之後，今日的馬貢市已不再有葡萄酒首府的氣氛，只在郊區留有幾家在地的酒商。

馬貢是布根地最南邊的城市，往東一跨過蘇茵河就進入隆河－阿爾卑斯區（Rhône-Alps），往南10公里即為薄酒來產區。在歷史上是法國、布根地公爵國和薩瓦公爵國的邊界城市，也是水陸運交會之處，因地緣關係商賈輻輳，多元文化交會。在地理環境上，馬貢內區也是多方交會的地帶，無論氣候和地質都是。來自南方地中海的熱風與水氣偶爾也會沿著隆河谷地北上影響本地的氣候。比布根地其他產區溫暖一些，也有較高的雨量，葡萄的成熟速度較快，在超過400公尺的高海拔處仍然可以成熟。在地質上，馬貢內區位在以沉積岩為主的布根地和以火成岩為主的中央山地的交接處，使得區內的葡萄園有全布根地最複雜交錯的地質樣貌。

馬貢內區的北界以果斯涅（Grosne）河谷與夏隆內丘的葡萄園山坡分隔開來，原本已經較為分散的葡萄園山坡在進入馬貢內區後分裂成更多道的南北向縱谷。南北長達50公里的馬貢內區在最寬的區域東西寬達25公里。另一條蘇茵河的支流La Petite Grosne在馬貢內區的南方橫切過這些多道分裂的山脈，形成一個東西向的縱谷Val Lamartinien，此河谷的南邊山區則是馬貢的最精華區域，也是布根地最南邊和薄酒來交界的地帶，主要的村莊級產區大多位在這邊。

受到阿爾卑斯造山運動的影響，南區的地層錯動更加激烈，造成海拔的高低落差更大，山勢更崎嶇陡峭。岩層的年代也更加混雜，雖然主要還是以侏羅紀的石灰岩層為主，但同時也混雜不少年代較久遠的三疊紀時期的砂岩與頁岩，也開始出現許多年代更久遠的變質岩和花崗岩，越往西邊和南邊，越加明顯，到了與薄酒來邊界的地帶，則完全轉變成花崗岩和藍色變質岩的地質環境。

從十九世紀末芽蟲病害後，除了較為知名的產區如Pouilly-Fuissé外，馬貢內區大部分的葡萄園都轉種穀物或變成牧場，直到一九二〇和一九三〇年代，因為釀酒合作社制度的興起，葡萄酒業才開始慢慢恢復規模，雖然近年來有越來越多的獨立酒莊和小型精英酒商成立，但因歷史因素，近百年來合作社仍然是馬貢內區最主要的釀酒模式，多以機器採收，大型鋼槽釀製成帶有奔放果香，柔和順口，適合年輕早喝的夏多內白酒和加美紅酒。現有的十多家合作社有上千位的葡萄農社員，生產70%的馬貢內區葡萄酒，其中，Lugny村的合作社規模最大，有超過四百位社員，葡萄園面積1,180公頃，占馬貢內區所有葡萄園的四分之一。合作社所出產的葡萄酒不僅便宜，而且產量大，除了自己裝瓶以自有品牌銷售，也有一大部分賣給酒商，不過，也有較注重品質的合作社，如Prissé村的Vignerons des Terres Secrètes或Viré村的Cave Cooperative de Viré等等。

馬貢內區的傳統酒商已經沒落，金丘區的酒商在此扮演更重要的角色，也有一些薄酒來酒商涉足，如Loron & Fils，不過，自品質提升後，一些由獨立酒莊開設的小型酒商反而有

上：Fuissé村是Pouilly-Fuissé產區的最精華地帶，村內有最多的名園。

下：雖然大部分的葡萄園都位在石灰岩地型之上，或具備石灰質黏土，但也有一些葡萄園有火成岩質的土壤，如Fuissé村東邊的藍黑色板岩。

馬貢內區的酒村樣貌如圖中的Fuissé村，與布根地北方不太一樣，屋頂更平緩，有更多粉紅磚瓦，帶有南方氣息。

更大的影響力，其中最為重要的是由Domaine Guffens-Heynen所開設的Verget、Domaine de la Soufrandière所開設的Bret Brother、Château de Beauregard所開設的Joseph Burrier以及Château Fuissé所開設的J.J. Vincent等等。

分級系統

馬貢內區的分級跟布根地其他地區有些不同，融合了跟南鄰的薄酒來產區或甚至隆河（Côtes du Rhône）產區類似的作法，在地方性法定產區部分，除了範圍更大的Bourgogne或Coteaux Bourguignons之外，馬貢內區也有專屬的地方性法定產區，分為Mâcon、Mâcon加上村名及Mâcon Villages三種模式。直接以區內的首府為名，並沒有像其他二十多個地方性產區有包含「Bourgogne」在名稱之內，總數約3,730公頃的葡萄園，是布根地最大宗的產區之一。Mâcon是最基本的等級，可釀造白酒、粉紅酒和紅酒，但紅酒反而比白酒多。主要是等級較高的Mâcon Villages只保留給白酒。不過，相較於金丘區的Côte de Beaune Villages和Côte de Nuits Villages屬於村莊級產區，一樣有「Villages」的Mâcon Villages只是地方性等級的產區。

Mâcon加上村名的模式，也一樣紅酒跟白酒有別，白酒有二十六個村子可以列名，紅酒和粉紅酒有二十個，可以將村名加在酒標上，如Mâcon-La Roche Vineuse或Mâcon-Lugny，其中也包括與夏多內葡萄同名的Chardonnay村，標示為Mâcon-Chardonnay時是指產自此村的白酒，而非品種名。其中也有只能產紅酒的村莊，如西南角落的Mâcon-Serrières。值得注意的是，在等級較高的村莊級產區村內也有一些條件稍差或較晚開發的葡萄園會被列為Mâcon Villages等級，例如Mâcon-Vergisson、Mâcon-Fuissé和Mâcon-Chaintré等等，雖然這些村子都屬於Pouilly-Fuissé村莊級產區內的名村，但標示「Mâcon」就屬於地方性等級。

馬貢內區的村莊級產區包含Pouilly-Fuissé、Pouilly-Vinzelles、Pouilly-Loché、St. Véran和Viré-Clessé共五個，全都只生產無泡的白酒。其中除了位在北區的Viré-Clessé外，其他四個村莊級產區都集中在最南邊與薄酒來交界的精華區內，且互有關連。其中，以Pouilly-Fuissé最知名也最為重要，也是馬貢內區唯一有一級園等級的產區，共有二十二片葡萄園列級，除了優異的自然環境和風味，對於葡萄的成熟度、單位公頃產量及培養的時間，都有較嚴格的要求。

相較於夏隆內丘區的酒村在二次大戰德國占領期間就搶先通過成立一級園，馬貢區內也有相當多知名的葡萄園，但Pouilly-Fuissé的一級園到二〇二〇年才正式評選列級，主要在於當時馬貢內區並不在德國占領區內，並沒有不是列級的葡萄園就會被充公的即時危險，因而失去列級的時機。不過Pouilly-Fuissé的一級園因為分級計畫耗時十多年才完成，反而是目前全布根地最為精確詳盡的一級園分級。

Mâcon Villages

雖然是地區級的法定產區，但可以添加村莊的名稱讓Mâcon Villages也有機會呈顯村莊風格，特別是在產區範圍相當廣，自然條件非常多變的馬貢內區裡。近年來在合作社之外，獨立

酒莊和精英酒商釀製出相當多高品質的單一村莊，甚至單一園的Mâcon Villages白酒，是布根地目前進步與改革最快的產區。二十六個可標示村名的白酒村莊中有八個也隸屬於村莊級產區，其餘的十八個可略分為三個區塊來理解，各有不同的特色。最靠近蘇茵河平原的村莊有最溫暖的氣候條件，有Uchizy、Montbellet和Charnay-lès-Mâcon，其中以Uchizy最為知名。

蘇茵河平原往西有多道南北向的谷地，葡萄園多位在面東或面西的山坡，各村都有不同面向和海拔高度的石灰岩山坡，在第一道谷地有Chardonnay、Burgy和Péronne三村、第二道谷地有Lugny村，第三道谷地由北往南有Mancey、Cruzille、Azé、Igé、Verzé和谷地南方出口的La Roche-Vineuse村，這是馬貢內區最重要，連綿三十多公里的葡萄園谷地，有非常多高潛力的夏多內風土，特別是一些高坡的面東石灰岩山坡，不難釀出伯恩丘水準的白酒。再往西最後到達Grosne河谷邊，有面西的Bray和朝東的Saint-Gengoux-le-National兩村。

Pouilly-Fuissé西北方的Bussières、Milly-Lamartine和Pierreclos三村是現今Mâcon Villages另一個獨特的精華區，葡萄園的海拔更高，常超過400公尺，雖混雜更多古老的岩層，但仍然有許多條件佳的侏羅紀石灰岩山坡，釀造成熟卻有強勁酸味和明亮礦石感的精采夏多內白酒。此等級的Mâcon也產一些紅酒，約只占10%，適用的村莊較少，只有二十個，如有許多花崗岩的Serrières。

在Mâcon Villages產區內也開始有明星級的酒莊，如Milly-Lamartine村的Héritiers du Comte Lafon；Verzé村的Nicolas Maillet和Domaine Leflaive；Pierreclos村的Guffens-Heynen；La Roche-Vineuse村的Merlin；Bussières村的Domaine de la Sarazinière；Cruzille村的Clos des Vignes du Maynes和Guillot-Broux；Igé村的Fiché以及Uchizy村的Alexandre Jouveaux等等。

左上：Fuissé村教堂邊的Le Plan園，是一級園Les Perrières的一部分。

右上：Bray村是位處西邊的Mâcon Villages，有非常複雜的地質岩層。

左下：Fuissé的最精華區在朝東的山坡上，村內一級園大多位在這邊，釀成的夏多內有豪華豐盛的香氣和堅實有力的酸味。

右下：Vergisson村的海拔最高，如巨岩下的一級園Les Crays，向陽卻也高冷，成熟卻帶有許多酸味。

Milly-Lamartine村內最知名的葡萄園Clos du Four。

普依－富塞（Pouilly -Fuissé）

Chaintré村北側上坡的一級園Aux Quarts。

由多個村莊所組成的Pouilly-Fuissé是馬貢區的明星產區，也是全布根地風景最秀麗的葡萄園。東起蘇茵河平原往西北連綿9公里長，斜穿過三個高低起伏的波峰，依序分屬於Chaintré、Fuissé、Pouilly、Solutré和Vergisson五個村子，無論是風土條件、地形變化和葡萄酒風格都相當多樣。葡萄園的海拔高度從220公尺爬升到超過430公尺的山頂。多道斷層土壤岩層從布根地常見的侏羅紀石灰岩上溯到年代更久遠的變質岩和花崗岩沙。雖有近800公頃的葡萄園，但跟廣及二十個村莊，有4,000多公頃葡萄園的夏布利相比，卻是更加複雜且多變，各村也都自有風格，值得被當成五個風格不同的酒村來認識。

Pouilly-Fuissé是法國第一批在一九三六年即已成立的法定產區，只生產夏多內白酒，不過晚至十八世紀，還是一個主要種植加美葡萄的紅酒產區，到十九世紀才開始以夏多內白酒聞名，二十世紀初葡萄根瘤蚜蟲災後才廣植夏多內至今。一九七〇年代因在美國市場大受歡迎而成為國際知名的產區。以產區中段，最知名的兩個村莊為名，傳統的名園主要集中在Fuissé村，如Le Clos和Les Vignes Blanches等。一九九〇年代末，海拔較高，較多酸味與礦石的Vergisson村因釀出新風格的Pouilly-Fuissé白酒，也開始受到注意，新的名園逐漸增多，現有二十二片葡萄園列級一級園，分布在五個村子內。不過，Pouilly-Fuissé雖不像其他馬貢產區常由釀酒合作社主導，但大型酒商在區內還是相當重要，主要生產混調各村，風格更均衡易飲的白酒，但單一村莊或單一園的發展趨勢已經越來越明顯。

Chaintré村

最東邊的Chaintré村位在蘇茵平原邊的第一道面東的山坡，海拔最低，坡勢平緩，也最為溫暖，夏多內常有較高的成熟度，口感比較圓厚，也有較多的熟果香氣。村內的葡萄園大多位在面朝東邊的山坡上，低坡區全部屬於Mâcon Villages，約從海拔215公尺以上的中坡處才開始進入Pouilly-Fuissé的產區，山坡在村南轉為朝南後，最後轉而朝向西邊。村莊本身位在最高處，也是村內的精華區所在，有較多的白色石灰岩層，有較多堅實的酸味，如坡頂台地上的Clos de Monsieur Noly，跟北側上坡的Aux Quarts，和中坡的Le Clos Reyssier，以及南側面南的Les Chevrières，都是村內列級的一級園，另外朝東高坡的Les Verchères也是名園。較低坡處黏土質與河泥較多，酒風稍粗獷些。Domaine Valette和Château des Quarts是村內最知名的酒莊。

Fuissé村

Chaintré村的葡萄園往西北延展翻過一個山頭與樹林後進入到Fuissé村。此村是Pouilly-Fuissé最重要的精華區，集聚最多名莊與名園，但村內的地形地勢變化和葡萄園的地層結構也是全區、甚至全布根地最多樣多變的酒村。村子本身位在由葡萄園山坡三面環繞的谷底內，有如希臘半圓型劇場般的環型坡，開口向東北方，從東邊與Loché村交界的面西山坡開始，往南慢慢轉為朝北後繼續繞到西邊的朝東山坡。

葡萄園主要分為五個區，東邊的面西山坡海拔較低，也比較狹隘，位居年代較古老的岩

Solutré村的一級園En Servy。

層，有較多藍黑色頁岩與火成矽質砂地，較少石灰岩層，酒風特別，但較不知名，Les Vernays和La Croix較為常見，釀成的Pouilly-Fuissé口感較清淡緊瘦，有時具有非常特別的礦石味。朝北的部分坡度更陡，葡萄園較少且多樹林，也稍涼爽一些，酒風高瘦多酸帶礦石氣，如Les Combettes。此區在樹林之上的多石灰岩山頂有一獨占園Le Rontets，雖略朝北，但受陽佳，亦可釀成飽滿且多酸有勁的白酒。樹林的南邊有一朝南延伸到Chaintré村的緩坡，此處開始出現火成岩，有一些花崗岩砂，酒風粗獷一些較為豐潤多質地。

村子西邊的面東山坡是Fuissé村的最精華區，酒風也最為典型，釀成的夏多內白酒有非常豪華豐盛的香氣與酒體，但也能保有堅實有力的酸味，是一級園主要的集中區。葡萄園從村邊250公尺爬升到坡頂的375公尺，整片正面朝東的山坡主要為侏羅紀中期的石灰岩，有極佳的日照，葡萄容易成熟，也常能保有酸味。由南往北往Pouilly村的方向共有六片一級園相連排列，最南邊的Les Perrières較冷涼多石，以緊實酸味和礦石感聞名；Les Vignes Blanches本園酒風高雅均衡，有強勁卻精緻的酸味，但一級園列級時將鄰近多片山坡中段的葡萄園也一併納入；Les Vignes Blanches下坡的Le Clos是Château Fuissé的獨占園，有較深厚的黏土層堆積，常有Fuissé村經典的宏偉酒體。

再往北有一小型的背斜谷切過山坡，上坡的Les Brûlés全面朝南，特別甜熟奔放，下坡的Les Ménétrières經常釀成全村風格最強烈也最華麗的白酒。Les Reisses位在最北側，原稱為Vers Pouilly，地勢平緩多土少石，略為朝北，雖豐盛但也均衡內斂。在Pouilly村的谷底區地勢平坦，有較多的黏土堆積，往北到了與Pouilly村交界處，又再度升起成為橫跨兩村的石灰岩台地，土少石多，亦是精華區，稱為Vers Cras，也是一級園，有一部分跨進Pouilly村內。

Fuissé村內以Château Fuissé和J.A. Ferret-Lorton兩家老牌名廠最為知名，此外還包括Château de Beauregard、Robert-Denogent、Château de Rontets、La Soufrandise、Domaine Cordier和Domaine Thibert等精英酒莊。

Solutré-Pouilly村

在名稱上，Pouilly村是馬貢區最知名的酒村，除了Pouilly-Fuissé外，另兩個村莊級產區Pouilly-Loché和Pouilly-Vinzelles也都是借用Pouilly的名稱。不過Pouilly村與葡萄園卻都相當迷你，在行政區的劃分上被併入隔鄰的Solutré村，常被概稱為Solutré-Pouilly。村內葡萄園條件優異，有最高比例的葡萄園列為一級，最常見是位在村子周邊，跟村名相同，由三片園組成的一級園Pouilly，多為面東的石灰岩山坡葡萄園，風格細緻均衡；村子北側開始轉為朝南的向陽山坡，風味較為奔放，上坡為Aux Bouthières，下坡的Aux Chailloux，少石多黏土有較深厚的酒體。村內酒莊不多，以Domaine de la Chapelle、Château du Clos和Château de Pouilly較為知名。

Pouilly村西北邊跨過一個小山谷，就進入以秀麗石灰岩巨岩山峰和史前遺址聞名的Solutré村。此村的海拔更高，葡萄園山坡主要朝向東南邊，大部分都位在石灰岩層上，較少泥灰岩質與黏土，酒體較輕巧，也有較多的酸味，不過因村內較少名莊，大部分的葡萄酒都賣給酒商混調裝瓶，較少單獨裝瓶的單一園白酒。村內有四片一級園，都位在朝東南的石灰岩山坡，由東往西分別為Au Vignerais、La Frérie、En Servy和Le Clos de Solutré。

Vergisson村

往北翻過海拔493公尺的Solutré岩峰之後，進到最北邊，也最封閉獨立，自成一區的Vergisson。村子北側有海拔483公尺的Vergisson岩峰，也是由石灰岩斷崖所構成的險峻山峰，夾在兩峰之間的Vergisson村海拔更高，山崖蔽日，又遠離蘇茵平原的溫暖影響，常有寒冷山風吹拂，比起其他四村，常有更強硬多酸的礦石風味，早年因葡萄成熟不易，酒體酸瘦留下不好的名聲。但隨著地球暖化，以及高酸具礦石感的夏多內的風行，加上村內有最多勤奮耕耘的酒莊，如Domaine Guffens-Heynen、Domaine Barraud、Domaine Saumaize、Saumaize-Michelin、Domaine Forest和Roger Lassarat等等，讓Vergisson和Fuissé村並列為馬貢區最受矚目的酒村。

流經Vergisson村的小溪La Denante將村內的葡萄園切分成南北兩片山坡，北側大多為朝南的山坡，地形起伏變化相當大，葡萄園環繞在Vergisson岩峰的四周，村內的四片一級園也都位在這邊。岩峰西側和南側為岩石外露的斷崖，東邊較為和緩，村內最知名的一級園Sur la Roche就直接位在這片石灰硬岩陡坡上，雖然高處海拔達400公尺，但面向東南，日照充足，是豐盛與礦石兼具的精采名園，坡頂的葡萄園可達430公尺，是全區最高，但已經不在一級園的範圍。岩峰南側斷崖下有兩片上下相疊，全面朝南的一級園：Les Crays和La Maréchaude，是在冷涼村中最炎熱多陽的地段，常是村內最早採收的葡萄園，上坡的Les Crays雖然成熟，但仍保有活潑酸味和精緻質地。

Vergisson村子位在岩峰下比較平緩的地帶，往La Denante慢慢沉降，葡萄園的岩層開始在石灰岩中混入比侏羅紀更古老的三疊紀泥灰岩和砂岩，越往下坡越明顯，黏密的藍色泥灰質土壤配上濕冷的環境，是Pouilly-Fuissé產區最冷調的白酒地段，區內的一級園En France部分位在這一區，是極為少見，含有非侏羅紀岩層的一級園。周邊的村莊園En Ronchevat和Aux Charmes也都有近似風格，較深沉與多重質地，以及帶鹹味感的海水氣息。La Denante溪的南邊是Solutré山下的朝北坡，雖主要為斜陡的石灰岩山坡，但因陽光遮蔽，日照時間短，生長季較長也較晚成熟，以En Buland和Les Courtelongs較知名。

普依－凡列爾（Pouilly-Vinzelles）與普依－洛榭（Pouilly-Loché）

Vinzelles和Loché這兩個小型的酒村彼此南北相鄰，葡萄園的自然條件、酒風以及酒業發展歷史也都相當類似。在法定產區制度成立之前，此兩村所出產的白酒都以Pouilly的名義出售，在一九四○年也都各自成為在村名前加上Pouilly的村莊級法定產區。位在南邊的Vinzelles村南接Pouilly-Fuissé產區最東邊的Chaintré村，同位於最靠近蘇茵河平原的面東山坡上，但海拔不高，都不及300公尺，氣候溫暖柔和。兩村的葡萄園面積都不大，列為村莊級的更少，Pouilly-Vinzelles只有52公頃，Pouilly-Loché僅29公頃，後者甚至可以Pouilly-Vinzelles之名銷售。

Vinzelles村的葡萄園以村南鄰近Chaintré村的Longeay和Les Quarts最為知名，特別是後者有村內較少見，強而有力的酸味。Les Mures則是Loché村內的唯一名園，位在村子最南邊略為

左上：Chaintré村坡頂台地上的一級園Clos de Monsieur Noly。

右上：石牆圍繞的一級園Le Clos是Château Fuissé的獨占園，有宏偉的酒體。

左中：Fuissé村一級園Les Brûlés全面朝南，特別甜熟奔放。

右中上：因有深厚的黏土層，Les Ménétrières經常釀成Fuissé村風格最強烈也最華麗的白酒。

右中下：Fuissé村和Pouilly村交界處的石灰岩台地，土少石多，稱為Vers Cras，是橫跨兩村的一級園。

左下上：Pouilly村的一級園都位在村子周邊，由左至右分別是Pouilly和Aux Bouthières。

左下下：Vergisson村的教堂左側是一級園En France的所在。

中下：Solutré村的一級園La Frérie。

右下上：Solutré村的一級園En Servy。

右下下：Vergisson村最知名的一級園Sur La Roche就直接位在這片石灰硬岩之上。

朝南的低緩坡上，一般而言，Loché村的風格較為柔和易飲。Vinzelles村內的合作社Cave des Grands Crus Blanc是區內最大的生產者，占了大部分的產量，不過亦有精英酒莊Domaine de la Soufrandière和其所開設的酒商Bret Brother，以及城堡酒莊Château des Vinzelles，其Les Petaux為百年老樹獨占園，極為多酸有勁。Loché村較知名的則有Clos des Rocs和Domaine Tripoz。

聖維宏（St . Véran）

環繞在Pouilly-Fuissé產區南北兩側的St. Véran是一九七一年才成立的產區，也一樣只產白酒，是由多個村莊所聯合組成的村莊級法定產區。葡萄園的範圍達680公頃，甚至跨越七個村莊，在南邊靠近薄酒來邊界上有四個村子，由東往西有Chânes、St. Vérand、Leynes和Chasselas，北邊主要有Davayé和Prissé，以及一小塊6公頃在Solutré村內。最早是由南區的四個村子開始發起聯合升級的計畫，北方的村子後來才加入，成為布根地唯一被分切開來的村莊級產區。在這些酒村中以Davayé村產的夏多內白酒最為知名，不過，為了名稱響亮，將St. Vérand村名改為St. Véran做為產區的名字。

南半部的四個村子其實已經進入薄酒來產區，更精確地說，是馬貢內區與薄酒來重疊交錯的區域，雖有適合種植夏多內的石灰岩層，但也參雜著適合種植加美葡萄的花崗岩區。在這些村中的葡萄園，如果是種植加美則可釀成薄酒來紅酒Beaujolais Village，如果種植夏多內就成為Mâcon Villages或是St. Véran，當然，也可能釀成稱為Beaujolais Blanc的薄酒來白酒。屬於St. Véran法定產區的葡萄園，條件最佳，面積也最小，在St. Véran村本身甚至只有25公頃列級，其餘大多都種植加美。

北面的Davayé和Prissé，自然條件比較一致，主要是侏羅紀中期、晚期的石灰岩和泥灰岩，和Pouilly-Fuissé的葡萄園通常只是以村界相隔，並非有自然條件上的差異，特別是有相當多的Pouilly-Fuissé酒莊也生產釀造Davayé村的葡萄酒，更加提升了St. Véran北區的產酒水準。釀成的白酒風格也無太多差別。此區有較多的葡萄園名出現在標籤上，如Davayé村的Les Cras、En Crèches、Les Rochats、La Côte Rôtie和Prissé村的Le Grand Bussière等等。St. Véran的名莊主要集中在Davayé，如Domaine des Deux Roches、Domaine de la Croix Sénaillet和Davayé葡萄酒業高職（Lycée Viticole de Davayé）附設酒莊Domaine des Poncetys。Pressé村則有布根地南區釀造品質最佳的合作社Vignerons des Terres Secrètes。南邊的名莊在Leynes村有Domaine Rijckaert，在Chasselas村則有大型的城堡酒莊Château de Chasselas和自然派先鋒Philippe Jambon。

維列－克雷樹（Viré-Clessé）

這亦是由多個村莊所組成的村莊級產區，主要由Viré和Clessé等四個南北相鄰的酒村所組成。一九九八年才由Mâcon-Viré和Mâcon-Clessé升級，不同於其他村莊級產區，Viré-Clessé獨自位在馬貢區北部，有400多公頃的葡萄園。雖有一些獨立酒莊，但跟Mâcon Villages的村莊一

左、右：Viré-Clessé產區靠近
Quintaine區，以出產遲摘甚至貴
腐的夏多內白酒聞名。

樣，合作社扮演相當重要的角色，Viré村的合作社Cave Cooperative de Viré是全馬貢內區最重要
的生產者，年產數千萬公升的葡萄酒。

　　Viré-Clessé位在蘇茵河平原邊的第一道面東山坡，離河岸只有3公里。大部分的葡萄園都
位在海拔200到300公尺的緩坡上，多為石灰岩和泥灰岩質的山坡，不過近平原區有深厚的黏
土地形。葡萄園多陽且受益於河流的調劑，溫暖的氣候讓夏多內相當容易成熟，釀成的夏多
內白酒不須加糖就能達到13%以上的酒精度，常有非常圓潤肥美的酒體，香味更有濃郁的甜熟
果香，特別是在南邊的Clessé。不過區內仍有一些高坡多石灰岩的葡萄園可釀成較多酸味的白
酒。

　　夏多內葡萄並不特別適合釀製成晚摘或貴腐甜酒，Viré-Clessé是少數出產夏多內甜酒的
地方。主要產自Clessé村北邊稱為Quintaine的區域，釀造此類型的過熟夏多內葡萄在當地稱為
Levrouté，葡萄通常轉成棕色後才採，糖分較高，有時甚至會長一些貴腐黴，讓葡萄產生濃郁
的香氣。釀成的白酒常帶有一些殘糖。在特殊年分，甚至可以釀成濃甜的貴腐甜酒，不過生產
的酒莊並不多，以Domaine de la Bongran最老牌知名，Jean-Pierre Michel則有更現代新鮮的表
現。🍷

上：St. Vérant南區的Leynes村雖
較不知名，但也出產不錯的夏多
內白酒，不過村內也有一些適合
種植加美的火成岩地。

左下上：St. Vérant北側的
Davayé村是產區內的精華區。

左下下、中下：Chasselas村有斜
陡的向陽坡，也是夏多內與加美
皆佳。

右下：Leynes村內的品酒中心。

Julien Barraud (DO/Vergisson)

- HA: 11 PC: Pouilly-Fuissé Les Crays, Sur la Roche, En France
- 已經由第二代Julien經營的Vergisson葡萄農酒莊，他的父親Daniel在一九五〇年代就自己裝瓶。葡萄園採有機種植，主要位在Vergisson跟Davayé村。採用較大型的橡木桶發酵培養，釀成的夏多內，酒帶勁道，非常有活力，且精確地表現葡萄園特性，同時，又都非常美味可口，是馬貢內區的最佳酒莊之一。在Vergisson村有五款單一園，除了朝南向陽的一級園Les Crays和Sur la Roche外，在村南朝北坡的La Verchère和En Buland甚至有更精彩的表現。

Château de Beauregard (DN/Fuissé)

- HA: 43 PC: Pouilly-Fuissé Vignes Blanches, Vers Cras, Les Ménétrières (Les Insarts), Les Reisses(Vers Pouilly), Maréchaude
- 位在Fuissé村北的歷史名莊，自十九世紀中即為Burrier家族所有，現在負責經營的是第六代Frédéric-Marc，在二十世紀初就已經自行裝瓶，是布根地南部的獨立酒莊先趨。自擁有43公頃的葡萄園，包括許多Pouilly-Fuissé的名園，如酒莊所在的Vers Cras。在薄酒來的Fleurie也設有一家酒莊，也經營一家酒商Maison Joseph Burrier。因擔任公會主席，Frédéric-Marc是Pouilly-Fuissé一級園分級最重要的推動者。採用舊式的機械榨汁機，釀成的

Pouilly-Fuissé帶有一點咬感，加上較成熟的果味，濃厚有個性也相當耐久。

Domaine de la Bongran (DN/Clessé)

- Thévenet家族的Bongran酒莊是布根地高成熟度夏多內白酒專家，亦是甜熟的Levrouté風格，馬貢內區的珍貴傳統，及最重要的守護者。Quintaine村的特殊環境以低產量與有機的方式種植，透過晚採收而釀成獨特的Thévenet甜熟風格，以圓潤的口感與豐盛的糖漬水果與蜂蜜香氣為招牌。家族還有另一家酒莊Emilian Gillet，共有15公頃的葡萄園。大多使用不鏽鋼桶，以14℃長時間低溫發酵，常耗時六個月以上，有時甚至超過一年半。即使是釀造干白酒，也常留有一點甜味，久存潛力驚人，常能熟成出白松露般的香氣。一般干型酒稱為Cuvée Tradition。甜酒分為一般遲摘的Levrouté和最濃郁的貴腐甜酒Botrytis兩種，後者只有特殊年分才生產，甜度與酸味均高。

Bret Brother (NE Vinzelle, 見Domaine de la Soufrandière)

Château du Clos (DO/Pouilly)

- HA: 3 PC: Pouilly-Fuissé Pouilly
- 位在Pouilly村內有石牆環繞的獨占園，屬一級園Pouilly的一部分，自十八世紀以來由Combier家族所有，現交由酒商Joseph Burrier釀造。葡萄園位在村子下坡處，多黏土，酒質相當濃縮深厚。

Domaine de la Chapelle (DO/Pouilly)

- HA: 7.65 PC: Pouilly-Fuissé Aux

Bouthières, Pouilly

- 由Pascal Rollet在二〇〇五年買下這家位在Pouilly村小教堂邊的酒莊，連同旁邊的小片獨占園Clos de la Chapelle，屬一級園Pouilly的一部分。有頗多老樹園，採用無添加二氧化硫釀法，白酒的風格頗精緻優雅。

Domaine du Clos des Rocs (DO/Loché)

- 由Olivier Giroux在二〇〇二年創立的酒莊，有10公頃的葡萄園，其中以位在Loché村的名園Les Mûres中的獨占園Clos des Rocs最為珍貴，八十年的老樹雖然質地飽滿厚實，但仍保有均衡。Olivier釀造七款Pouilly-Loché白酒，精確地呈現這個迷你產區的迷人風貌。

Domaine Cordier (DN/Fuissé)

- HA: 30 PC: Pouilly-Fuissé Vignes Blanches, Vers Cras, Les Ménétrières (Les Insarts), Les Reisses (Vers Pouilly)
- 酒莊在馬貢內區八個村莊裡擁有一百多片的葡萄園，包含酒莊所在Fuissé村內的多片珍貴一級園。第二代Christoph Cordier充滿企圖心，且竭盡所能添置潛力葡萄園和酒窖設備。從一般的Mâcon村莊到一級園都頗具水準，特別是酒中經常保有頗具活力的酸味。Christoph也用採買的精選葡萄以自己的名字生產一小部分的酒商酒。

Domaine de la Croix Senaillet (DO/Davayé)

- 主要生產St. Véran白酒的精英酒莊，現由第二代的Stéphane和Richard Martin兄弟共同經營，目前已採有機種植。擁有20公

Julien Barraud   Martine Barraud   Fréderic-Marc Burrier   Stephanie Martin   Olivier Giroux   Christoph Cordier

頃的葡萄園，主要在Davayé村內。雖然大多以不鏽鋼桶釀造，以機器採收，但仍保有葡萄園風格，在Davayé村內的St. Véran有釀造五片單一園白酒，包括朝北的Les Rochats和酒莊邊的Les Buis等。

Robert-Denogent (DO/Fuissé)

- HA: 10 PC: Pouilly-Fuissé Le Clos Reyssié、Les Reisses、Vers Cras (Les Cras)
- Fuissé村內小型的自然派精英酒莊，葡萄園面積不大，但在馬貢內區和薄酒來有十多片葡萄園，且多為老樹園，如百年的一級園Vers Cras，讓酒莊的酒常顯濃縮卻又自然均衡。在釀造上除了葡萄完全無其他添加物，木桶培養的時間相當長，有時超過二年，沒有攪桶也很少換桶。

Domaine des Deux Roches (DN/Davayé)

- HA: 36 PC: Pouilly-Fuissé Les Crays
- 位在Davayé村，生產價格實惠的可口白酒。葡萄園大多機械採收，除了單一園外多採不鏽鋼槽發酵培養，擁有不少Davayé村的名園，如Les Cras和Côte-Rôtie等。

Domaine J. A. Ferret-Lorton (DO/Fuissé)

- HA: 18.5 PC: Pouilly-Fuissé Les Ménétrières、Les Perrières、Les Reisses(Tournant de Pouilly)
- Pouilly-Fuissé區內最重要，風格最宏偉的歷史名莊，現為Louis Jadot的產業，由Audrey Braccini釀造，延續酒莊由女生主導的傳統。葡萄園多在Fuissé村內，在村子西邊最精華的面東山坡上，有稱為Hors Classes等級的Les Ménétrières和

Tournant de Pouilly，是酒莊的典範，都非常濃厚豐潤且具堅強酸味。稱為Têtes de Cru等級的Les Perrières和Le Clos，較為優雅靈巧，後者在酒莊邊，屬一級園Les Perrières的一部分。在Vergisson村有鋒利剔透的白酒，是Louis Jadot入主之後的新作。

Eric Forest (DO/Vergisson)

- HA: 7.5 PC: Pouilly-Fuissé Les Crays
- Eric承繼爺爺在Vergisson村的葡萄園，包括位在海拔400公尺以上沒被列級的Sur la Roche，也擁有屬Saint Veran的名園Côte Rôtie，自然動力法種植，全採木桶發酵，雖然木桶的影響稍多，但都能釀出葡萄園特色且兼具礦石感。

Château Fuissé (DN/Fuissé)

- HA: 40 PC: Pouilly-Fuissé Les Brûlés, Le Clos
- Pouilly-Fuissé最具代表的歷史酒莊。自一八五二年創立至今仍由Vincent家族第五代Antoine經營，在Pouilly-Fuissé擁有25公頃的葡萄園，包含Le Clos、Les Brûlés兩片一級園，前者是一片珍稀的獨占園。但更精彩的是位在朝北坡，充滿活力的Les Combettes。除了單一園，以精選多園釀成的Tête de Cuvée是酒莊最均衡協調的酒。另經營酒商J.J. Vincent釀造馬貢內區的白酒。

Domaine Guffens-Heynen (DO/Vergisson)

- HA: 5.3 PC: Pouilly-Fuissé Sur la Roche, Les Crays
- 由來自比利時的Jean-Marie Guffens於一九七九年創立，擁有包括Vergisson跟

Davayé兩村的最佳葡萄園，Guffens讓Vergisson這個當時海拔較高也較不知名的村莊開始被受注意。不過酒莊在Pierreclos村高冷的Le Chavigne卻是其成名作，當年因太過斜陡而沒有人想買，透過冷涼葡萄園和晚採收的葡萄創造出獨特的風格，也影響許多馬貢內區的酒莊。一九九〇年繼續成立專精於布根地白酒的酒商Verget，生產北起夏布利，南至馬貢內區的布根地白酒。現今馬貢內區的名莊主如Olivier Merlin、Jean Rijckaert都是這裡的前任釀酒師。

Guillot-Broux (DO/Cruzille)

- 專精於Mâcon Cruzille的酒莊，馬貢內區有機種植的先驅，紅、白酒皆佳。單一葡萄園的白酒如Les Combettes和Les Genievrières有非常強勁的清新酸味。以整串加美釀造的Beaumont紅酒則較淡雅細緻。

Domaine des Héritiers du Comtes Lafon (DO/Milly-Lamartine)

- 由Meursault村的明星酒莊Domaine des Comtes Lafon於一九九九年在馬貢內區所建立的酒莊，自有26公頃的葡萄園並代釀Château de Viré。酒莊的種植和釀造全交由Caroline Gon負責。葡萄園主要位在西南邊的Milly-Lamartine與北邊的Uchizy兩村及鄰近地區，主產Mâcon Villages和Viré-Clessé的白酒，也有一些Pouilly-Fuissé大多在不鏽鋼桶或大型橡木桶中發酵和培養，風格純淨，相當有活力。有相當多Mâcon村莊的精彩單一園酒款，包括風格非常優雅的Mâcon Milly-Lamartine Clos du Four。

Ferret-Lorton酒莊　　Audrey Braccini　　Eric Forest　　Château Fuissé　　Jean-Marie Guffens　　Verget

Philippe Jambon (DN/Chasselas)

· 一九九七年成立的自然派酒莊，僅有3.5公頃的葡萄園，包含加美和夏多內，採用近似自然農法耕作，釀造時也完全不添加，產量非常少，經非常多年的培養才會裝瓶。酒風帶有野性，非常有生命力，如以加美老樹釀成的Les Baltailles或色深質地多變的Jambon Blanc。因風格太獨特，未免麻煩，全部以Vin de France銷售。除了使用自有葡萄園釀造外，還成立酒商，以Une Tranche系列推出朋友酒莊的酒款。

Alexandre Jouveaux (DO/Uchizy)

· 由攝影師轉任釀酒的自然派手造酒莊，葡萄園不到3公頃，但都是老樹園，如種植於一九一〇年的Cuvée O，年產常不到6千瓶。採用無添加釀法，注重生命力而不以精緻為目標，常帶香料與海水氣息。

Nicolas Maillet (DO/Verzé)

· Verzé村內的精英酒莊，7公頃的葡萄園都位在村內與北鄰的Igé村，全部採有機種植，只使用原生酵母，不鏽鋼桶發酵培養，不使用木桶。酒風優雅有勁，非常獨特有個性，Nicolas相信村內的葡萄園絕對可以媲美伯恩丘的頂級葡萄園，其以八十年老樹釀成的Le Chemin Blanc質地精緻輕巧即為實證。

Merlin (DN/La Roche-Vineuse)

· HA: 23 PC: Pouilly-Fuissé Les Chevrières, Le Quart (Clos des Quarts)
· 由Olivier Merlin所創立的精英酒莊，亦有

部分為酒商酒。雖然也產薄酒來Moulin á Vent的紅酒與多款非常精彩的Pouilly-Fuissé白酒，但在Mâcon Villages的La Roche-Vineuse村內的白酒卻是招牌，如Vielles Vignes和高坡的Les Cras，以成熟的葡萄釀出重擊味蕾的華麗酸味。二〇一一年與Dominique Lafon合資買下擁有2.65公頃Clos des Quarts獨占園的Château des Quarts。

Jean-Pierre Michel (DO/Clessé)

· 位處Quintaine的新銳酒莊，擁有Quintaine與Clessé村8.5公頃的葡萄園，但卻分散達八十片，釀造頗多樣的酒款。採用原生酵母，培養一年以上，大多經木桶培養。酒風較為圓熟濃縮，但同時都有極佳的酸味與均衡感，相當討喜易懂。除了不甜的白酒，也生產晚熟，帶一點甜味的夏多內白酒，如Terroir Quintaine和Cuvée Melle等，是現代版的Levrouté。

Domaine Rijckaert (DN/Leynes)

· Jean Rijckaert曾為Jean-Marie Guffens的助手，自己獨立在St. Véran南區的Leynes成立酒莊，同時也採買葡萄釀造馬貢內各區的酒商酒，甚至在Jura產區內也有另一家酒莊，無論酒商酒或酒莊酒都頗具水準，相當濃但又多酸均衡。他認為在St. Véran南區也有不錯的葡萄園，只因較少名莊到此開發才較少受注意。在釀造上採緩慢榨汁，但快速除渣，全在橡木桶長時間發酵培養，通常十五個月或更久。

Château des Rontets (DO/Fuissé)

· 位處Fuissé村山頂的城堡酒莊，莊主

Claire和Fabio Gazeau-Montrasi夫婦都是建築師出身，一九九四年才開始重整家族酒莊，6公頃的獨占園Le Rontets位在城堡旁的樹林間，高海拔且略朝北。葡萄整串壓榨，木桶發酵，熟成十二至二十二個月裝瓶。同一園中分兩區釀造，Clos Varambon多酸有勁，帶海水氣息，老樹釀成的Birbette則厚實飽滿，另有產自花崗岩區的Pierre Folle充滿熱帶水果。

Domaine Saumaize-Michelin (DO/Vergisson)

· HA: 11 PC: Pouilly-Fuissé Sur la Roche, Les Crays, Les Maréchaudes, Vers Cras
· 採自然動力法的名莊，由莊主Roger Saumaize在一九七〇年創立，第二代已加入種植和釀造，葡萄園主要在Vergisson和Davayé村，有相當多片一級園，以獨占園Clos Sur la Roche最為珍貴。雖採橡木桶發酵培養，但新桶比例低，酒風清新潔淨多礦石感。

Domaine de la Soufrandière (DN/Vinzelles)

· 由Jean-Philippe Bret和弟弟Jean-Guillaume回鄉接手家族葡萄園後創立的精英酒莊，擁有11.5公頃葡萄園，採自然動力法耕作，包括Vinzelles村內最知名的Les Quarts，自二〇〇〇年開始自釀，是村內最精彩酒莊。另開設精英酒莊Bret Brother，小量精釀馬貢內區的白酒。其Les Quarts相當濃厚有勁，且精緻多變帶礦石氣，為酒莊招牌。

Domaine de Thalie (DO/Bray)

· 由Peter Gierszewski在二〇〇九年創立只

Caroline Gon　　Philippe Jambon　　Philippe Jambon的培養酒窖　　Alexandre Jouveaux　　Nicolas Maillet

有4.5公頃的個性酒莊，位處較偏遠的Bray，當地有非常多樣的風土條件，如藍色泥灰岩的Les Pierre Levée 釀成內斂豐厚的夏多內白酒和有細緻香氣的加美紅酒，也有種黑皮諾和Syrah，讓Peter可以釀成相當多樣的葡萄酒風格。

Domaine Thibert (DO/Fuissé)

· HA: 30 PC: Pouilly-Fuissé Vignes Blanches, Les Ménétrieres, Vers Cras

· 位在Fussé村內的大型酒莊，由家族二代Christoph負責釀造。在馬貢內多區都擁有葡萄園，在Fuissé村內有三片一級園，其中以Vignes Blanches最為重要，位處擴充前居上坡多石灰岩塊的本園，常釀成非常優雅精緻的夏多內風味。

Céline & Laurent Tripoz (DO/Loché)

· Loché村內以自然動力法種植的葡萄農酒莊，有非常均衡可口的Mâcon Loché和Pouilly-Loché，以及更有個性的Mâcon Vinzelles。自產氣泡酒，手工除渣不加糖，均衡可口且多果香。

Domaine Valette (DO/Chaintré)

· HA: 12 PC: Pouilly-Fuissé Clos de Monsieur Noly, Clos Reyssié

· 布根地自然派的先鋒酒莊，莊主Philippe不僅在釀造時無添加，而且木桶培養常達三年或更久。釀成的白酒濃厚多酸，相當有力量，非常耐飲多變，且有驚人的耐久潛力，是Chaintré村內最偉大的名莊，即使是Mâcon村莊白酒都有一樣精彩的表現。

Verget (NE Sologny, 見Guffens-Heynen)

Clos des Vignes du Maynes (DN/Cruzilles)

· 擁有曾為克里尼修道院（Abbaye de Cluny）所有的同名7公頃葡萄園，自一九五〇年代Guillot家族買下酒莊後一直採有機種植，現在以自然動力法耕種，無添加的自然派釀法。現由第三代Julien管理。Clos des Vignes du Maynes主要以紅酒聞名，占產量的三分之二，風格頗為優雅，以加美釀成的Mâcon Cruzille Manganite質地緊緻更勝黑皮諾。為紀念克呂尼修道院一千一百週年慶，以園中三個品種混釀Cuvée 910淡紅酒，也是酒莊另一傳奇酒款。

Jean-Philippe（左）和 Jean-Guillaume Bret　Domaine de la Soufrandière

Domaine de Thalie　Christoph Thibert

Tripoz酒莊　Château de Vinzelle

Julien Guillot　Philippe Valette

Château Fuissé的名園Le Clos

Mâcon Verzé　Mâcon La Roche-Vineuse

Olivier Merlin　Jean-Pierre Michel

Jean Rijckaert　Fabio Gazeau-Montrasi

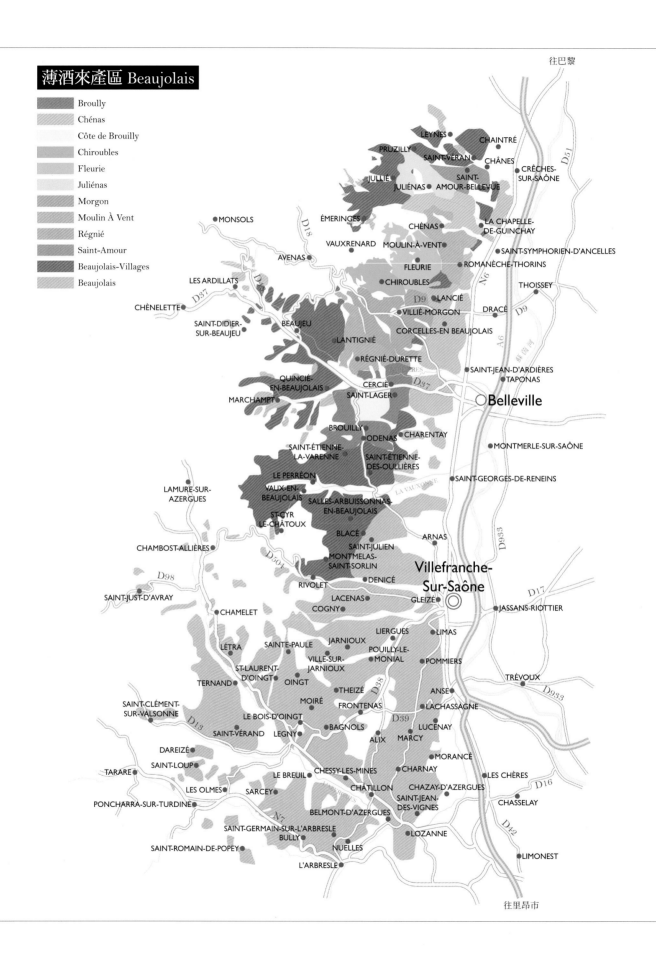

薄酒來產區 Beaujolais

- Brouilly
- Chénas
- Côte de Brouilly
- Chiroubles
- Fleurie
- Juliénas
- Morgon
- Moulin À Vent
- Régnié
- Saint-Amour
- Beaujolais-Villages
- Beaujolais

往巴黎

往里昂市

chapter 6

薄酒來
Beaujolais

薄酒來是否該成為布根地的一部分？雖是肯定的，但並非沒有爭議。無論如何，薄酒來都屬於大布根地產區（Grande Bourgogne）的一分子，但許多布根地酒商稱薄酒來是堂兄弟而非真正的至親家人。

因為薄酒來新酒而漸失名聲讓這個非常獨特，而且相當迷人的葡萄酒產區承受誤解與惡名。身為一個薄酒來葡萄酒的愛好者，希望透過這一個新增的章節，讓讀者可以更進一步認識這個全然奉獻給加美葡萄的法國酒鄉。

不只是酒，薄酒來酒鄉的風景與人情也跟那裡產的酒一樣，容易親近又非常迷人。

　　薄酒來雖然在法國葡萄酒分區上屬於布根地的一部分，但大部分談布根地葡萄酒的專書都直接略過薄酒來，在開始談論這個迷人的葡萄酒產區之前，也許該先說明為何薄酒來會出現在這裡。確實，無論從文化、歷史或葡萄酒風格上來看，薄酒來都自成一區，不過，也並非全然沒有關聯，如薄酒來跟布根地南部的馬貢內區曾屬於同一個酒商系統，也有一部分的薄酒來葡萄園位在布根地境內，又如許多薄酒來區內的葡萄園也可以生產Bourgogne等級的葡萄酒。無論如何，薄酒來自有法國法定產區制度以來，即屬於大布根地（Grand Bourgogne）的一部分，這個名詞雖是新近才被特別強調，但卻頗為合用，因為薄酒來與布根地之間其實是一個若即若離的關係。實際的情況有些複雜，感興趣的人可以參考篇末附加的解釋。

　　薄酒來南北長達55公里，東西寬亦達20公里，種植高達2萬公頃的葡萄，和布根地合起來成為一個將近5萬公頃葡萄園的大型產區。相較於布根地，薄酒來最獨特的地方在於這是一個全然屬於加美葡萄（見Part I第二章）的國度，布根地雖然也種加美，但只種在條件最佳的葡萄園，因最佳的山坡全都種植黑皮諾。但在薄酒來，所有最好的土地全都保留給加美。這個口味特別柔和的品種其實也是黑皮諾的後代，有著一半的黑皮諾基因，甚至很有可能也是原產自布根地的品種，最後才引進薄酒來種植。

　　因為只種植加美，讓薄酒來紅酒向來就是以清淡易飲聞名，常散發著新鮮的紅色漿果與芍藥花香。因價格平實，是親切可口的法國國民酒，在法國兩大城巴黎或里昂的老式小酒館裡點杯紅酒，大多數時候喝的都是薄酒來。是日常紅酒中首選的佐餐酒，無論是海鮮或肉類的料理都頗合適。也許年輕時太鮮美，太平易近人了，薄酒來很少被視為精緻的頂級珍釀，其陳年潛力更完全被忽視，其實，口味均衡多酸的加美，除了是完美的日常佐餐酒，亦具有久藏的潛力，經過一些時日的瓶中培養，也能發展出豐富多變的陳年酒香，甚至接近陳年布根地紅酒的風味。

　　不過，適合年輕早喝的特性讓薄酒來發展出頗獨特的新酒商機。法國的法定產區法令規定，每年生產的葡萄酒必須在當年十一月的第三個星期四才能開始販售，一九五一年，薄酒來開始在這一天推出標榜當年新釀成的新酒，一開始，只在里昂市的酒吧間形成風潮，因頗為新奇，一九七〇年代之後陸續在巴黎、倫敦、紐約和東京等國際大城流行起來，到了一九八五年時，已經有超過一半的薄酒來葡萄酒全都釀成新酒。因為生產新酒，薄酒來成為葡萄酒世界中相當知名的名字，僅次於波爾多和香檳，甚至超過布根地。不過，新酒的成功也帶來新的負擔，純粹只為好玩和應景而存在的新酒，為了趕早上市，少有釀成風味細緻的佳釀，大部分的時候都流於商業，缺乏真誠與靈魂，讓葡萄酒迷們對薄酒來日漸失去尊重之心，也更常讓人忘記及忽略了薄酒來也產一般的可口紅酒，與更複雜多變，且具耐久潛力的精緻紅酒。

　　因為流行，自然就會有過時不流行的時候，新酒市場的高低起伏也許正是最好的明證，一些不產新酒的薄酒來酒業，也因此常受央及，這確實頗為可惜，畢竟，現在能生產柔和可口卻又精緻耐久，同時還充滿著地方特色甚至價格平實的葡萄酒產區已經越來越少見了。薄酒來的主要葡萄園一直都還是採用傳統的杯形式引枝法，葡萄像小樹一樣生長，必須仰賴人工種植和採收，是相當傳統且手工藝式生產的產區，如此辛苦種植的葡萄卻用來釀成新酒，似乎有些不值，特別是新酒的釀造常運用一些特殊技術，讓酒更具短暫的好賣相，卻也常常扭曲葡萄原本

的特性。也許，必須先忘記新酒才能看見薄酒來最迷人的一面。

　　薄酒來接續在馬貢內區南邊，同樣位於蘇茵河右岸的山區，不過自然條件卻和布根地各區不同，比馬貢內區受到更多地中海的影響，天氣更為溫暖，葡萄園可以從海拔200公尺爬升到450公尺以上，這裡的雨量也比較高。最特別的是，薄酒來的北部山丘因新生代第三紀的造山運動將地底的岩層抬升，開始出現堅硬的花崗岩與頁岩等年代更久遠的火成岩層。雖然在離布根地較遠的薄酒來南部又轉為跟布根地相同的石灰岩山丘，但是這一段的花崗岩區已經成就了全世界最精華的加美紅酒產區。這些花崗岩山坡大多覆蓋著風化崩裂的粉紅色粗砂，混合著長石和雲母的砂中也混合一些黏土，構成非常貧瘠但排水性佳的土壤，特別適合種植加美葡萄，可種出產量低、皮更厚的加美葡萄，釀成有更多澀味，更具個性的薄酒來紅酒。

　　薄酒來的名字源自山區的Beaujeu鎮，但最大城市卻是位在蘇茵河畔的Villefranche-sur-Saône市，大約從此城市北邊開始，花崗岩層開始消失，往南的山丘又回復成以侏羅紀沉積岩層為主，葡萄園多由石灰質黏土所構成，土多石少，較肥沃一些，也具有較佳的保水性，種在這邊的加美比較容易生長，產量也恢復正常，皮也薄一些，較多汁，釀成的紅酒比較柔和可口。不過南區的岩層變動比較複雜，也有一些頁岩或火成岩區，其實也可以釀成水準頗佳的加美紅酒（見Part I第一章）。

　　除了加美葡萄與自然環境的影響，薄酒來的酒風也跟本地獨特的二氧化碳泡皮法有關（見Part II第四章），採用整串葡萄在密閉的酒槽中釀造，因皮與汁少接觸，讓皮中的單寧更少釋出，釀成的酒質地更加柔和，而葡萄果粒保持完整的泡皮過程也常能讓加美散發出非常奔放的果香。雖然黑皮諾也常採用整串的葡萄釀造，不過卻很少在封閉式的酒槽進行，泡皮的時間也比較長，同時葡萄粒也常因後來的踩皮過程而破裂，釋出葡萄汁，和薄酒來更封閉的酒槽與較少踩皮的釀法不同。不過，現在薄酒來的釀造也變得越來越多樣，全部去梗也越來越常見，許多布根地的黑皮諾釀酒法也逐漸引進。薄酒來是不添加二氧化硫釀造的自然酒重要的發源地，此法後來也成為薄酒來的特色，二氧化碳泡皮法本身也讓這種較具風險的釀法更容易達成，區內自然酒酒莊的比例較法國其他地方還高。

薄酒來的分級

　　薄酒來區內除了跟布根地相關的法定產區如Bourgogne Gamay、Bourgogne Chardonnay和Coteaux Bourguignons外，自有十二個法定產區，依據產酒的條件，共分為三個等級，跟布根地馬貢內區有些類似，但也有不同的地方，其中最關鍵的是，只有兩個法定產區可以生產新酒。最低等級的產區直接稱為Beaujolais，主要位在南部的石灰岩區和較肥沃的低坡區，產區的範圍最廣，超過7,600公頃，40%的葡萄園屬此等級，也是生產最多新酒的區域。在這一區的石灰質黏土也頗適合種植夏多內葡萄，可釀造少見的薄酒來白酒（Beaujolais Blanc），有些條件較佳的村莊所產的白酒甚至可以貼上Bourgogne白酒銷售。

　　在北部的精華區內，有三十八個村莊5,300公頃的葡萄園被列級為「薄酒來村莊」（Beaujolais Villages），約占全區28%的葡萄園面積，此等級的薄酒來主要產自較貧瘠的

上：位於薄酒來北部的特級村莊Régnié村。

左中：Moulin à Vent產區最常見的白長石及藍灰色與粉紅色花崗岩。

中中：薄酒來採用與地中海產區一樣的Goblet引枝法，耕作上大多憑藉手工。

左下：加美葡萄雖然果粒大，但在貧瘠的花崗岩沙地也能長出顏色深的厚皮。

右下：薄酒來是香檳以外唯一只能以手工採收的葡萄酒產區。

花崗岩區，酒風通常較一般的Beaujolais濃厚一些，也多一些澀味和個性。此等級的酒也可產新酒，但大約只占四分之一而已。最高等級的薄酒來稱為薄酒來特級村莊（Crus de Beaujolais），一共有十個村莊屬此等級，總數6,100公頃的葡萄園全都位在北部的精華區內，由北往南分別為St. Amour、Juliénas、Chénas、Moulin à Vent、Fleurie、Chiroubles、Morgon、Régnié、Brouilly和Côte de Brouilly。他們各自成為獨立的法定產區，其葡萄園面積總合約占全薄酒來的三分之一。

薄酒來並沒有一級園，而且也較少保留單一葡萄園名，較常見的是分成較大範圍，稱為lieu-dit的區域，如Morgon村的Côte du Py區或Fleurie村的Grille-Midi等等。薄酒來酒業公會已經開始進行葡萄園列級的計畫，不過只在最初步的分析葡萄園自然條件的階段。Antoine Budker在一八七四年曾經針對薄酒來、馬貢內和夏隆內三個產區的葡萄園進行分級，後亦為馬貢市的酒商公會與公商會做為參考指標，此份名單以lieu-dit為單位，共分為五級，最高為一級。在薄酒來有八十多個村莊，共兩百多個lieu-dit列級，其中只有二十二個被列為一級，分屬七個村莊，以Fleurie村最多，共有包括Les Moriers、Le Point du Jour、La Riolette、Chapelle du Bois、Le Vivier、Le Garrand和Poncié等七個之多，全都位在村子北邊靠近Moulin à Vent產區附近。第二多的是Chénas村，有四個列為一級，包括Roch-Gré、Les Caves、La Rochelle和Les Vériats等，此四園現也都屬於Moulin à Vent的產區。這一份分級雖然不完全與今日的情況相合，但也頗為接近，具參考價值。

跟布根地一樣，薄酒來也有非常多的葡萄農莊園，總數多達3,000家，但不同的是，其中有一半的葡萄農直接將葡萄賣給合作社，不自己釀酒，即使是自己釀造的酒莊也大多局部或全數賣給酒商，由酒莊獨立裝瓶上市的薄酒來反而比較少，僅有四分之一，主要集中在薄酒來特級村莊區內。近年來，薄酒來區內也開始出現酒莊聯盟，透過集體的方式來推展銷售獨立酒莊的葡萄酒，如有二十六家酒莊結盟的Terroirs Originels、有十三家酒莊的Terroir et Talents和十家酒莊組成的Signature et Domaines。至於釀酒合作社現在有十六家，每年釀造全區三分之一的葡萄酒，比較知名的包括規模最大，位在南部的Cave de Vigneron de Bully，在北部有St. Jean d'Ardières村內的Cave de Bel-Air、Fleurie村的Cave de Fleurie，以及Chénas村的Cave du Château de Chénas等，後者因為規模較小且位處最精華區，是薄酒來區內釀酒水準最高的一家。

不過，最常見到的薄酒來葡萄酒，主要還是來自酒商、酒莊和合作社產的，薄酒來自行裝瓶的比例並不高，大多還是桶裝賣給總數約一百八十一家的酒商，其中除了薄酒來當地的酒商外，也有相當多的布根地酒商。位在Romanèche-Thorins村的Georges Duboeuf是薄酒來最大也最具影響力的酒商，其他較知名的包括Belleville鎮上的P. Ferraud & Fils以及在La Chapelle-de-Guinchay村的Loron & Fils等。也有一些本地的酒商成為布根地酒商的產業，如Louis Latour所擁有的Henry Fessy以及Boisset所擁有的Mommessin。另外也有小型的精英酒商如Trenel跟Maison Coquard。

薄酒來特級村莊（Crus de Beaujolais）

在法國法定產區創立初期的一九三六與一九三八年間，薄酒來就將八個最知名的產區獨立設置為村莊級法定產區，統稱為Crus de Beaujolais，一九四六年又新增了St. Amour，一九八八年又增加Régnié成為十個。這些產區大多是以區內最知名的酒村為名，不過也有一些例外，如Côte de Brouilly是以一個圓型山丘為名。

聖艾姆（St. Amour）

位在最北邊的St. Amour已是火成岩區的盡頭，村北跨過L'Arlois河谷馬上進入馬貢區的白酒產區。因較靠近平原區，葡萄園的坡度比較平緩，也稍肥沃一些，主要位在300公尺高的小台地與朝南緩坡，多位於矽質黏土上。St. Amour村的Amour一字有愛情的意思，常被用來當做情人節的禮物，特別是村內有幾片名字頗特殊的葡萄園，如天堂園（En Paradis）和瘋迷園（La Folie）。不過，也因為光靠村名就相當容易銷售，有322公頃葡萄園的St. Amour村內並沒有太多名莊，釀成的精緻酒款也比較少見。

朱里耶納（Juliénas）

偏西側的Juliénas村位處L'Arlois河谷更上游的兩側，有595公頃的葡萄園，西邊是精華區，位在Bessay山下整片朝東南的山坡上，布滿貧瘠粗獷的花崗岩地，也有一些頁岩，葡萄園甚至爬升到將近470公尺的山頂，是薄酒來最北邊的精華區，酒風結實也頗優雅。在十九世紀的分級中有三片一級園Les Chières、Les Mouilles和Les Capitains，後兩者位在村子往St. Amour的方向。東邊稍低平，為中生代的沉積岩層，表土淺，帶黏土質。雖然自然條件極佳，但村內的名莊不多，讓Juliénas較少受到注意，較知名的有老牌的Domaine du Clos du Fief和新進的Domaine David-Beaupère，另外Georges Duboeuf在區內擁有Château des Capitains，經常釀成均衡細膩的精緻酒款。

薛納（Chénas）

Chénas村子本身以及村內最精華的葡萄園都歸入Moulin à Vent產區，而屬於Chénas產區的葡萄園反而是偏處村子的北邊，L'Arlois河谷南北兩側的台地上，其中大部分的葡萄園其實是位在La Chapelle-de-Guinchay村內。因大多併入Moulin à Vent，Chénas的葡萄園面積只有242公頃，是薄酒來最小的法定產區。主要位處Moulin à Vent北邊的緩坡台地，有一部分甚至略為朝北。西邊的海拔較高，有較多的花崗岩砂，酒風類似Moulin à Vent有時甚至有更強的澀味，東邊海拔低處則多矽質黏土，產口感較柔順的紅酒。因鄰近薄酒來最知名產區，區內的名莊較多，如Pascal Aufranc、Hubert Lapierre、Domaine des Rosiers和來自夜丘的Thibault Liger-Belair等，村內的Cave du Château de Chénas是薄酒來全區水準最高的釀酒合作社，不過，主要生產的卻是Moulin à Vent紅酒。

左上、中上、右上：僅只是因為名字太浪漫，St. Amour成為最容易銷售，價格也最高的薄酒來，不過品質卻不一定相符。

左中、中中、右中：Juliénas是薄酒來北部的最精華區。

左下、右下：Chénas的酒風嚴謹結實，其實村內的精華區幾乎都劃入Moulin à Vent的產區內，兩區的酒風頗為神似。

風車磨坊（Moulin à Vent）

薄酒來區內最知名的產區，以最為結實多澀，也最耐久的加美紅酒聞名。共有644公頃的葡萄園位在Chénas和Romanèche-Thorins兩村內。Romanèche-Thorins村是一個由位在低坡的Romanèche村和中坡的Thorin村組合而成，Thorin村以產酒聞名，在十九世紀時被列為一級，在山坡稍低一點的葡萄園中有一風車矗立，稱為風車園，亦為一級，一九三六年成立法定產區時捨村名而採此園名做為全區的名字。在風車所在的鄰近區域確實是薄酒來的最精華區，南鄰的Le Carquelin也同樣曾列一級園，在這片面東與向南的山坡上到處都是粉紅色的花崗岩粗砂，非常貧瘠，釀成的加美紅酒特別濃厚強勁，有相當嚴謹的單寧結構。

在Romanèche-Thorins村稍下坡一點的區域有比較多的黏土，表土也較深，釀成的加美紅酒則較為柔和圓潤一些。Romanèche-Thorins村曾是法國重要的錳礦產區，許多人相信此區的葡萄園中含有許多錳礦才造就加美在村內的獨特風格，不過根據地質專家的看法，認為錳礦在地底80公尺深處，並不會對葡萄園產生太多的影響。

而Chénas村的Moulin à Vent葡萄園則位在Thorin村西側海拔較高的山坡上，葡萄園一直爬升到400公尺，也一樣是朝東，但在南邊靠近Fleurie村一側轉而朝東南，此區整片山坡都是純粹的粉紅色花崗岩層，表土淺，貧瘠多石，乾燥又全面向陽，亦是精華區，包括Roch-Gré、Les Caves和La Rochelle等名園都位在這一區。此區的酒莊在釀造加美時，泡皮的時間比較長，也常在酒槽內放置木造的格架，強迫葡萄皮跟葡萄汁完全地泡在一起以萃取出更多的單寧。而較多的澀味，也讓Moulin à Vent紅酒更適合進行橡木桶培養，讓加美紅酒有更複雜的香氣變化。

因是名產區，Moulin à Vent區內有最多的知名lieu-dit或葡萄園，酒莊也較常釀造單一葡萄園的紅酒，並在標籤上標示葡萄園名，如Thorin和Le Carquelin等。有相當多名廠集聚在Romanèche-Thorins村內，如規模最大也最知名的酒商Georges Duboeuf便位在Romanèche村鄰近鐵路邊，並設有法國規模最大的葡萄酒博物館Harmeau du Vin。Château des Jacques是薄酒來的第一名莊，現由伯恩酒商Louis Jadot所擁有，也位在村內相隔不遠的地方。其他較知名的酒莊還包括Paul et Eric Janin、Richard Rottiers和Domaine Labruyère等。

弗勒莉（Fleurie）

位居所有薄酒來特級村莊的中心，Fleurie和北鄰的Molin à Vent以及南鄰的Morgon共同組成一片全球最精華的加美紅酒產區。Fleurie村產的紅酒風格似乎介於強硬堅實的Moulin à Vent與豐厚飽滿的Morgon之間，以均衡與精緻為特長，也可能更加優雅一些。Fleurie的紅酒在十九世紀時曾經相當知名，村內也有最多被評為一級的葡萄園。酒價與葡萄園的價格曾經接近布根地夜丘區的名園，如一八八九年伯恩酒商Bouchard P. & F.曾用接近Clos de Vougeot的價格買下Fleurie村的Château Poncié，此園當時即為村內六片一級園之一。

不同於其他產區大多聯結數個村莊而成，Fleurie的862公頃葡萄園全都位在同名的村內，即使葡萄園相當廣闊，但同質性卻相當高，特別是在地下岩層與土壤結構上，村子周邊一直到山頂的葡萄園，全都是帶白色長石與黑色雲母的粉紅色花崗岩與其風化成的花崗岩砂，但也有

左上：Moulin à Vent極為貧瘠的粉紅色花崗岩沙地，讓加美葡萄常能結成皮厚多單寧的葡萄。

右上：Clos du Moulin是Moulin à Vent的最精華區。

左中：Moulin à Vent產區以釀造最堅固結實的加美紅酒聞名。

中中、右中：La Madone教堂是Fleurie村山頂上的地標。

左下：Poncié是Fleurie村北的精華區。

些例外，如與Moulin à Vent相鄰的La Riolette，主要為混合著石塊的砂質黏土。村內葡萄園大多朝東，但村子南、北各有較深的河谷切過，出現一些朝南的山坡，如南邊的Les Raclets和北邊的Poncié與Les Garants。因位置偏西，Fleurie的海拔高度稍高一些，而且有多達250公尺的垂直差距，從最低處Le Vivier的220公尺，爬升到將近470公尺的山頂處。

Fleurie村內有十三個知名的lieu-dit會標示在酒標上，如村北與Moulin à Vent產區交界的Poncié、Les Moriers、Les Garrand、Le Point du Jour、La Riolette和Le Vivier，也有村南的La Chapelle des Bois、村子東邊低坡處的Champagne、山頂高處的Les Labourons等等，不過，也有不在名單內的一些名園，如位在村子上方聖母小教堂周邊極為陡峭的葡萄園La Madone。村內也有頗多酒莊，較知名的包括Domaine Chignard、Clos de la Roilette、Domaine Métrat et Fils、Domaine de la Madone、Clos de Mez、Domaine de la Grand Cours和Villa Ponciago。

希露柏勒（Chiroubles）

偏處西邊的Chiroubles村有山間小村的幽靜氣氛，村內只有七十多位葡萄農和359公頃的葡萄園。此村亦是海拔最高的Cru de Beaujolais之一，葡萄園從250公尺爬升到450公尺，氣候比較冷涼一點，加美成熟較慢，釀成的紅酒特別地輕巧新鮮，是所有產區中酒體最清淡，口感最柔和的一個。稱得上是最典型的薄酒來酒風，很少出現過於濃厚結實的紅酒風格。知名的酒莊有Emile Cheysson。

摩恭（Morgon）

這是一個有1,108公頃的廣闊產區，這裡產的加美紅酒常被認為口感較豐厚，有不錯的單寧，常帶櫻桃香氣，有近似黑皮諾的風味。有一些Morgon的紅酒確實有這樣的風格，如知名的Côte du Py區所產的加美。不過Morgon區內各角落的自然環境各有特色，酒風也有所不同，Morgon在一九八五年將村內的葡萄園約略分為六區，以方便辨識不同的風格，分別為Grand Cras、Les Charmes、Côte du Py、Corcelette、Les Micouds和Douby。

區內的主要村莊為Villié-Morgon村，而Morgon村反而只是一個位處區內東南角落的小集村，因位處在一個稱為Côte du Py的南側山邊，還分為上下兩村，往西則進入地勢低平的台地區Grand Cras。在十九世紀時，這裡是全區最精華的區域，當時Villié-Morgon村內被列為一級的lieu-dit只有Morgon、Le Py和Grand Cras三處。現在最知名的要屬Côte du Py，也最常出現在標籤上，這是一個隆起的圓丘，海拔約350公尺，由熔岩和火山灰在熔漿壓力與高溫作用下所形成的變質岩，岩石的顏色為偏藍的灰黑色，在當地稱為roche purrie，意為腐爛的石頭，跟南邊的Côte de Brouilly頗為類似。種在這種岩層上的加美葡萄常表現成熟的黑櫻桃香氣與香料香，也常有更厚實龐大的酒體。

位在Côte du Py下方的Grand Cras則有較多的頁岩，釀成的紅酒口感圓潤，亦常有野櫻桃香。其他較常出現的還有東邊的Corcelette區，主要為粉紅色的花崗岩砂，位在海拔300到400公尺的山坡，酒風較為均衡精緻一些，南邊的Les Charmes與Régnié村的葡萄園連成一片，亦多花崗岩砂，多紅色小漿果香氣，較為柔和可口。Morgon區內有全薄酒來最密集的精英酒莊，

包括自然酒名莊Marcel Lapierre、Jean Foillard和Jean-Paul Thévenet、Daniel Bouland及Raymond Bouland兩家兄弟酒莊，以及Louis-Claude Desvignes、Jean-Marc Burgaud、Domaine Piron和Château Pizay等等。

黑尼耶（Régnié）

最晚成立的特級村莊，也是最不知名的一個，位在Morgon西側多粉紅色花崗岩層的平緩台地上，約有369公頃的葡萄園，表土主要為砂質土，酒風類似Morgon村西南的Les Charmes區，常可釀成柔和多果味的可口紅酒，因較不知名，常降級成為Beaujolais Village。

布依（Brouilly）

這是十個特級村莊中位置最南邊，範圍最廣的產區，1,300公頃的葡萄園分佈在六個村莊內，不過，主要位在St. Lager和Odena兩個南北相連的村內。在Bouilly產區的中央有一高起的圓錐型山稱為Côte de Brouilly，因為自然條件和葡萄酒風格都不相同，獨立成為另一個薄酒來特級村莊。至於Brouilly本身是一個相當小的村子，只有數戶人家，位在圓錐型山的西南側山坡上，其實是屬於Côte de Brouilly的一部分，在十九世紀末是區內唯一的一級園。Bouilly的海拔較低，所處的低緩丘陵以粉紅花崗岩砂為主，但在低坡或東邊也有一些泥灰岩和細黏土等土壤，釀成的酒也各有特色，不過，大部分的Bouilly紅酒都屬柔和多果味的可口型紅酒，很適合新鮮早喝，是巴黎家常小餐廳最常見的酒種之一。因範圍大，有相當多酒莊，如大型的城堡酒莊Château de la Chaize、Château de Pierreux和Château de Terrière，也有精英名廠Laurent Matray，以及葡萄農酒莊Domaine de St. Ennemond和自然酒莊Christophe Pacalet等等。

布依丘（Côte de Brouilly）

在Bouilly產區中孤立高起的Côte de Brouilly有如一個隆起的火山椎，不過，這個海拔480公尺的山丘並非火山，而是一個由變質閃長岩所構成的巨大岩塊，這種質地非常堅硬的火成岩，因顏色呈藍灰色，在當地稱為Pierre bleue，整個Côte de Brouilly共316公頃的葡萄園大多位在此獨特的岩層上，只有西側山坡有一些本地較常見的粉紅花崗岩。除了山頂的小片樹林，四面的山坡上都布滿葡萄園，是鄰近區域最優異且獨特的產區。山上產的加美紅酒顏色特別深，酒體厚實，在果香外常帶有一點煙燻與礦石氣，常有不錯的單寧結構，也頗能耐久，在南坡的葡萄園，口感特別圓潤甜熟，北坡稍清爽一些，但在炎熱的年分有均衡的表現。山上的酒莊不多，最知名的為Château Thivin和Domaine Les Roches Bleues兩家。

大布根地與薄酒來

布根地南邊的馬貢內區在歷史上跟薄酒來隸屬於同一個酒商系統，同時銷售薄酒來紅酒與馬貢白酒，如一八二〇年創立的Loron & Fils，至今都還是同時專精於薄酒來與馬貢內區。即使馬貢的酒商後來逐漸由伯恩市的酒商所取代，但許多布根地酒商仍然持續地銷售薄酒來

Régnié是最近升格的特級村莊，酒風大多柔和多果味。

上：位在Côte de Brouilly東北山腳的Cercié村。

左中：Brouilly區內位居Côte de Brouilly東邊山腳的St. Lager村。

右中：Brouilly產區環繞在Côte de Brouilly的四周，釀成的酒比較柔和可口。

左下：Côte de Brouilly雖似火山錐，但其實是一個由變質閃長岩所構成的巨大岩塊。

右下：Côte de Brouilly南坡山頂的葡萄園有極佳的受陽效果。

的葡萄酒。在行政區上，薄酒來大多屬隆河－阿爾卑斯區（Rhône-Alps）內的隆河縣（Rhône），跟隆河區北部的Côte Rôtie和Hermitage位在同一縣內。不過，在薄酒來最北部還是有一部分的葡萄園隸屬於布根地最南邊的蘇茵－羅亞爾縣，其中還包括許多薄酒來最知名的葡萄園，如Moulin à Vent和St. Amour，薄酒來最北邊的葡萄園甚至和馬貢內區最南端的St. Véran村莊級法定產區重疊，交錯分布於Chsselas、Leynes和St. Vérand等村內。

一九三〇年四月二十九日第戎市的民事法庭判決薄酒來屬於布根地葡萄園的一部分，這個判決在一九三七年也為Bourgogne地區性法定產區所採納，至今薄酒來都仍然可以生產屬於Bourgogne等級的葡萄酒，除了可混入添加加美葡萄的法定產區，如Bourgogne Passe-Tout-Grains和Bourgogne Grand Ordinare外，薄酒來特級村莊的紅酒還曾經可以依法降級成Bourgogne銷售。除此之外，有一部分薄酒來產的夏多內白酒也可以直接以Bourgogne Chardonnay銷售，而許多布根地氣泡酒Crémant de Bourgogne中也常混合薄酒來產的夏多內，或甚至加美釀成的白酒當基酒。布根地酒商提出的大布根地概念，指的就是包含薄酒來在內的布根地產區。

薄酒來是否為布根地葡萄酒產區的一部分？在業界一直有不同的觀點，大部分酒莊的看法比較負面，但酒商卻頗為歡迎。自二〇〇九年開始，布根地和薄酒來酒業公會與法國法定產區管理局透過漫長的協議，在二〇一一年讓布根地與薄酒來的關係有了新的定義。原本薄酒來區內可以生產Bourgogne白酒的村莊從原本的九十六個限縮成四十二個，同時成立了新的Bourgogne Gamay，讓薄酒來特級村莊的紅酒可以用Bourgogne的名稱銷售，加註Gamay後就不會造成品種的混淆。另外，也透過將Bourgogne Grand Ordinare改名成Coteaux Bourguignons，讓以加美釀造的薄酒來也能夠成為布根地最低價的入門酒。🍷

在薄酒來，比較少見橡木桶，較常用大型的木造酒槽來培養加美紅酒。

主要酒莊

Louis-Claude Desvignes (DO, Villié-Morgon)

· Morgon區的老牌精英酒莊，現由Desvignes家族第八代一起經營。13公頃的葡萄園都在Morgon，其中有5公頃的Côte du Py，其他則在靠近Fleurie村的Douby區。葡萄60－80%去梗，不進行低溫泡皮馬上開始發酵，約二週泡皮釀成，酒風相當經典。入門款稱為La Voûte St. Vincent，採Douby區葡萄，較為柔和一些，其Côte du Py分成兩款，一般款完全無木桶培養，特別款產自山腳下的Javenières，因為是六十五歲以上的老樹，且較多黏土質，酒更濃也更緊實細緻。

Georges Duboeuf (NE, Romanèche-Thorins)

· 全薄酒來地區最著名的酒商，是教父級的大廠，雖年產3千萬瓶，但卻保有不錯的釀酒水準，價格也相當合理，花系列的十二款薄酒來與薄酒來特級村莊是全球最常見的薄酒來。雖然是酒商，但Duboeuf仍生產三十多款更有個性，由獨立酒莊與城堡酒莊生產的薄酒來，其中包括其在Juliéna村自有的Château des Capitains。另外亦有最高級的Préstige系列。除了釀酒，在酒廠旁設立的葡萄酒博物館Harmeau du Vin，則位在一座原本以運送葡萄酒為主的火車站裡，是全法國規模最大，也最值得參觀的葡萄酒主題公園，也是觀光客必訪之地。

Louis-Benoit Desvignes Frank Duboeuf

Jean Paul Dubost (DO, Lantignié)

· 位在薄酒來村莊Latignié，21公頃的葡萄園中包括了5個特級村莊，如Moulin à Vent和Fleurie等，甚至也產一點Viognier。在釀酒上頗具企圖，使用整串葡萄，也有酒款不用二氧化硫釀造，亦使用較多的橡木桶培養，釀成的薄酒來紅酒強勁，多一些變化，頗具個性。

Pierre Ferraud (NE, Belleville)

· 一八八二年創立的老牌酒商，自有34公頃的葡萄園，和二十多家獨立酒莊合作買酒，如Brouilly區的Domaine Rolland，由Ferraud裝瓶已經超過一百年。自有的莊園都以整串葡萄釀造，酒風傳統平實。

Henry Fessy (NE, St. Jean d'Ardières)

· 一八八八年創立的酒商，二〇〇八年成為伯恩酒商Louis Latour的產業，由Laurent Chevalier負責經營，並增添自有葡萄園至70公頃，除Chiroubles外，在每一產區都有葡萄園。Henry Fessy的風格柔和易飲，Louis Latour入主後亦保留此酒風，但釀製得更精確，有更細緻的表現，酒風乾淨新鮮，20%整串葡萄，其餘去梗，淋汁，泡皮六至七天，全部鋼桶培養無採用橡木桶。

Jean Foillard (DO, Villié-Morgon)

· Morgon區的精英酒莊，14公頃葡萄園採有機種植，除了Fleurie外都在Morgon區內，主要位在Côte du Py和Corcelette兩區。亦採自然酒釀造法，100%整串葡萄，經過嚴格挑選，進冷藏室降溫，水泥和木槽發酵，加二氧化碳保護，完全

不用二氧化硫，二十五至三十天泡皮，榨汁後低溫發酵。其所釀製的Morgon常有非常迷人的加美果味，口感圓潤均衡。而產自Côte du Py老樹的3.14在橡木桶與木槽培養七至八個月後裝瓶，三年之後才上市，是最神似頂級黑皮諾紅酒的薄酒來。

Domaine de la Grand Cour (DO, Fleurie)

· 位在村南同名葡萄園中的新銳酒莊，由莊主Jean-Louis Dutraive自己管理與釀造，10公頃的葡萄園採有機種植和不加二氧化硫的自然酒釀法，葡萄不去梗，小心釀造成非常細緻的Fleurie紅酒，其老樹特釀的酒款全在橡木桶培養並且使用25%的新桶，有非常優雅迷人的香氣與如絲般滑細的質地。

Château des Jacques (DO, Romanèche-Thorins)

· Louis Jadot在一九九六年買入這家Moulin à Vent區的歷史名莊，聘任Guillaume de Castelnau負責管理，不同於布根地的母廠，Château des Jacques獨自採自然動力法種植。二〇〇一年購入Morgon區的Château des Lumières，自二〇〇八年起併入Château des Jacques，成為一家擁有70公頃葡萄園的地標酒莊。在Moulin à Vent擁有許多名園，包括Grand Clos de Rochegrès、Clos du Grand Carquelin、Champ de Cour、La Roche和Clos des Thorins，在Morgon則有Côte du Py和Roche Noire，在Chénas區也有en Papellet。葡萄全部去梗，經三週泡皮釀造完成，Guillaume de Castelnau認為這是十八和十九世紀時的薄酒來傳統釀法。

釀成後經九個月的橡木桶培養裝瓶。釀成的加美紅酒相當強勁堅實。在Moulin à Vent的幾片單一園中，以近Fleurie村的Grand Clos de Rochegrès結構最為嚴密堅實，Clos des Thorins有較為圓潤柔和的質地，在東南坡的Grand Clos de Rochegrès甚至更加精緻均衡。

Domaine Labruyère (DO, Romanèche-Thorins)

· 擁有布根地Jacques Prieur和Pomerol兩家名莊的Labruyère家族，在二〇〇七年買下Moulin à Vent最知名的獨占園Clos du Moulin。13公頃的葡萄園都在Moulin à Vent，原由Georges Duboeuf釀造裝瓶，二〇〇八年後跟Jacques Prieur一樣由女釀酒師Nadine Gublin負責釀製，採用的亦是布根地的釀法，葡萄全部去梗，發酵前泡皮四天，踩皮與淋汁兼用，約十八天釀成，經一年的橡木桶培養。酒風相當精緻多酸，特別是單一葡萄園Le Clos du Moulin，有非常有力卻細緻的酒體架構。

Hubert Lapierre (DO, Chénas)

· 已經釀造半個世紀的年分，Hubert Lapierre已半退休，保留最佳的3公頃葡萄園繼續釀造優雅風味的Chénas和Moulin à Vent紅酒。採80%去梗，十天加木架泡皮，經橡木桶培養而成。

Marcel Lapierre (DO, Villié-Morgon)

· 二〇一〇年過世的Marcel Lapierre用現代釀酒學興起之前的古式方法釀酒，以盡可能不干擾葡萄的手工藝式釀造Morgon村內的葡萄酒。他證明了這樣的釀法行

Jean Paul Dubost　Jean Foillard　　　Jean-Louis Dutraive　Guillaume de Castelnau　Nadin Gublin　　Mathieu Lapierre

得通，同時也可以釀出非常可口的葡萄酒。今日不用二氧化硫釀酒在薄酒來形成風潮，很多酒莊願意嘗試，大多是受到Marcel的啟發。布根地的自然派釀酒名師Philippe Pacalet正是Marcel Lapierre的外甥。現在酒莊由兒子Mathieu接手經營，同時還兼管另一家酒莊Château Cambon。Marcel Lapierre一共有13公頃的葡萄園，全都在Morgon區內，其中有2公頃位在Côte du Py，有非常多的老樹，平均樹齡達60年以上，自一九八二年即採用有機法耕作。其釀法頗為獨特，手工採收的葡萄，嚴格汰選後放入小型的塑膠盒內，先置放於低溫冷藏櫃中保存。挑掉的葡萄並沒有丟棄，而是直接榨汁發酵，釀成有如新鮮葡萄汁般可口的Raisins Gaulois淡紅酒。經冷藏的葡萄整個放入封閉的木造酒槽中，完全不加二氧化硫，只偶爾添加二氧化碳保護。酒槽仍然維持低溫，酵母幾乎無法運作，發酵前低溫泡皮的過程維持二到三個星期，之後以老式的垂直木造榨汁機壓榨，葡萄汁最後在橡木桶中完成發酵和培養。釀成的Morgon紅酒非常圓熟新鮮，美味多汁，在優異年分還會釀造特別濃縮的Cuvée Marcel Lapierre。跟其他自然酒一樣，須特別留意保存的條件。

Loron & Fils (La Chapelle-de-Guinchay)

· 擁有多家重要酒莊的大型酒商，如Morgon村的Château Bellevue，Fleurie村的Château de Fleurie，Juliénas村的Domaine de la Vieille Eglise等六家，葡萄園面積多達120公頃。現由Grégorie Barbet負責經營，在酒商的部分除了薄酒來紅酒外，也專精於馬貢白酒，和布

根地酒商Louis Jadot亦有合作關係。此外，Loron亦是薄酒來地區最重要的葡萄酒顧問中心，提供葡萄酒的檢驗和釀造建議。法國的自然酒運動之父，薄酒來的釀酒學家Jules Chauvet也曾在此進行研究。Loron的每一家酒莊都由不同的釀酒師獨立釀造，有如多家獨立酒莊聯盟，如二〇〇九年新購入的Château Bellevue為Louis Jadot先前的Château des Lumières，聘任Claire Forestier擔任釀酒師，酒風濃厚堅實。在Régnié村的Château La Pierre甚至生產兩款不加二氧化硫的自然酒。

Domaine de la Madone (DO, Fleurie)

· 位在Fleurie村子上方的陡斜山坡，以山頂的聖母教堂為名，有18公頃的葡萄園，由Jean-Marc Déprés和兒子一起經營釀造，在村內還擁有Domaine du Niagara酒莊，位在村子西邊海拔更高的區域。葡萄園的位置稍高，但較晚收，葡萄相當成熟，一般的Fleurie整串釀造，多新鮮花果香，口感圓潤可口，但其稱為Vieilles Vignes的老樹紅酒採用七十到一百年的老樹釀造，全部去梗，泡皮二十三天，有頗為驚人的濃縮口感與奔放香氣。

Laurent Martray (DO, Odenas)

· Brouilly區的新銳酒莊，有10公頃的葡萄園，主要租用Château de Chaize位在Combiaty及鄰近的葡萄園，此區位處花崗岩床，有沙質與河泥表土。另外在Côte de Brouilly也有小片的葡萄園，位居藍色板岩陡坡上。Laurent的釀法採中庸之道，一半去梗一半整串葡萄釀造，約十二至十三天泡皮，多踩皮少淋汁，大

多在大型舊橡木酒槽培養，但也有採用一些小橡木桶。其Brouilly頗可口多酸，但Côte de Brouilly則相當典型精緻，單寧強勁，酒體飽滿厚實，帶黑櫻桃與礦石香氣，亦具耐久潛力。

Clos de Mez (DO, Fleurie)

· 由Marie-Elodie Zighera接手家族葡萄園後所創立的新酒莊，擁有包括Fleurie的Bel-Air和Morgon的Château Gaillard兩片葡萄園，以釀造傳統耐久的老式薄酒來為目標。以整串葡萄釀造，但是泡皮的時間長達三週。因產量低，葡萄梗較成熟，即使連梗一起釀也不會有太粗獷的單寧。釀成後經橡木桶培養才裝瓶。釀成的加美紅酒顏色深，帶有黑皮諾的櫻桃與香料香氣，年輕時單寧緊一些，但細緻均衡，非常有個性，應該可以經得起數十年的瓶中熟成。

Domaine des Nugues (DO, Lancié)

· 位在頗知名的薄酒來村莊Lancié村內，是一家有27.8公頃葡萄園的中型精英酒莊，現由第二代Gilles Gelin經營與釀造，在鄰近的Fleurie和Morgon也有葡萄園。相當具企圖心的釀造方式，有一部分去梗，泡皮的時間也較長，釀成的加美紅酒濃厚多澀，非常有個性，且有二十年以上的耐久潛力。其全部去梗延長泡皮的Quentessence du Gamay則釀出精緻的黑皮諾風味。亦產獨特的氣泡加美紅酒。

Richard Rottiers (DO, Romanèche-Thorins)

· 來自夏布利釀酒家族的年輕釀酒師，自二〇〇三年開始自創酒莊，僅有4公頃在

Gilles Gelin　　　Grégorie Barbet　　　Jean-Marc Déprés　　　Henry Fessy　　　Laurant Matray　　　Marie-Elodie Zighera

Moulin à Vent的葡萄園，其中包括一片位置極佳的老樹葡萄園Champs de Cour。釀造時葡萄先去梗，泡皮十五天並經大型木槽培養八個月，釀成的酒風格相當濃厚堅實，特別是Champs de Cour。

Château de Pizay (DO, Morgon)

· 豪華城堡渡假酒店所附屬的酒莊，但相當具規模，擁有60公頃的葡萄園，包括19公頃的Morgon，主要位在Grand Cras跟Côte du Py兩區，酒風頗自然均衡。

Château de Poncié (DO, Fleurie)

· Fleurie甚至全薄酒來的重要酒莊，位處Fleurie北方和Moulin à Vent交界的高海拔區域，有120公頃土地，有一整片廣及49公頃的葡萄園，Poncié在十九世紀曾是知名的一級產區。二〇〇八年曾為布根地酒商Bouchard P. & F.的產業並改名為Villa Ponciago。二〇二〇年由Jean-Loup Rogé入主，酒莊改回原名並改採有機種植，由Marion Fessy管理。因葡萄園地勢起伏多變，有各種不同坡度和朝向，釀製多款單一園，如海拔最高的Les Hauts du Py都有著絲滑的質地和有勁的酸味，細緻高雅卻又相當可口多汁。位處朝北高坡面向Moulin à Vent的Les Muriers則相當強勁內斂，有極佳潛力。

Clos de la Roilette (DO, Fleurie)

· 位在Fleurie與Moulin à Vent交界處的面東山坡，擁有9公頃的La Riolette葡萄園，Alain Coudert為現任莊主，在Bouilly另有Domaine Coudert酒莊。採整串釀造不去梗，泡皮十到十五天。因環境較近似Moulin à Vent，酒風亦頗結實有勁，但質

地相當細緻，其特釀的Cuvée tardive則更為內斂，需更長的時間熟成。

Domaine de la Terre Dorées (DO, Charnay-en-Beaujolais)

· 薄酒來南區最知名的精英酒莊，由Jean-Paul Brun所創立，40公頃的葡萄園除了南區的Beaujolais外，也釀造北部薄酒來特級村莊和以Bourgogne銷售的黑皮諾與夏多內。其稱為L'Ancient的薄酒來以古法一個月長泡皮釀造，濃厚且多櫻桃果香，有非常類似黑皮諾的細緻風格。其單一葡萄園如Fleurie的Grille-Midi、Moulin à Vent的La Tout de Bief等都同時結合了均衡、嚴謹與優雅，有薄酒來少見的內斂精英風味。

Château Thivin (DO, Odenas)

· Côte Brouilly區的第一名莊，亦是薄酒來的精英歷史名莊，酒莊所在的十四世紀城堡就位在布依山的西側山腰，由莊主Claude Geoffray和兒子一起經營。有24公頃的葡萄園，除了Côte de Brouilly也產非常鮮美可口的Brouilly紅酒。大部分的葡萄都整串釀造，也有一部分去梗，約十二天完成，之後大多在大型木槽熟成，也有一部分在小型木桶培養。目前釀造七款的Côte de Brouilly，以七片葡萄園混成的Les Sept Vignes為基本款，是最典型的Côte de Brouilly，濃厚卻均衡多酸，熟果香混合礦石與香料香氣。Les Griottes在南向低坡多黏土地，酒風較為甜熟圓厚，Zaccharie則有薄酒來少見的強勁與堅實，是非常耐久的頂尖酒款，位在朝西南高坡的La Chapelle甚至更為均衡精緻。

Domaine du Vissoux (DO, St. Véran)

· 位處薄酒來南區的精英酒莊，由莊主Pierre Chermette釀造與管理，雖在Fleurie跟Moulin à Vent也有葡萄園，但是酒莊附近的加美老樹甚至可釀出更精緻有個性的紅酒。酒莊所在的St. Véran村，有不少深灰色的花崗岩，石灰質黏土反而少一些。有採用年輕葡萄樹釀成鮮美多汁的Les Griottes紅酒，也有以四十至八十年老樹釀成深厚結實的Cuvée Traditionelle紅酒，而百年老樹釀成的Cuvée Coeur de Vendanges，則強勁緊實，連許多Moulin à Vent紅酒都無法企及。

Julie Balagny (DO, Fleurie)

· 二〇〇九年在Yvon Métras的協助下，Julie Balagny在Fleurie找到一片珍貴的葡萄園Remont，位處鄰近森林的小谷地，海拔超越400公尺，滿布粉紅花崗岩、石英和玄武岩組成的向陽陡坡上，以傳統法種植三十到近百年老樹，完全以自然動力農法手工耕作。除了Remont也有一片高海拔百年老樹的Moulin à Vent。葡萄整串沒有去梗，任其自然發酵兩、三周，無添加，也無淋汁或踩皮就進行榨汁，後在舊桶中培養。葡萄園太精彩，用最簡單的釀造方式就能釀成輕巧細緻的加美紅酒，非常美味。

Yanne Bertrand (DN, Fleurie)

· 傳承三代，越來越自然派的精采酒莊，從祖父Louis 買下Fleurie村的Château de Grand-Pré建立基業，二〇一二年第三代Yann接手酒莊開始，採有機和自然動力法耕作，以減少干預的自然釀法，開始全新的風格。通常以低溫長時間的二

Pascal Dufaitre　　Château de Poncié　　Hubert Lapierre　　Jean-Paul Brun　　Claude Geoffray　　Richard Rottiers

氧化碳浸泡法發酵，以老舊木桶進行培養，釀成鮮美多汁、細緻柔順，卻又相當綿長有活力的薄酒來精髓。

Guy Breton (DO, Morgon)

· Morgon自然派先鋒四人幫之一，從一九八六年開始投身自然派釀造，但不同於其他三位，Guy Breton的酒風最為輕柔淡雅，也最新鮮美味，但卻同樣有驚人的耐久潛力。他的葡萄園大多位在海拔較高處也較早採收，葡萄降溫冷藏後以二氧化碳泡皮法釀造，在舊桶完成發酵，培養成輕巧多變的優雅風味。最知名的P'iti Max以Morgon Charme區一百二十年老樹釀成，酒體雖然較為厚實雄偉，但仍有Breton式的清新與多汁。

Domaine Les Capréoles (DO, Régnié)

· 年輕釀酒師Cédric Lecareux二〇一四年在Régnié創立的新銳酒莊，7公頃的葡萄園多位在多花崗岩砂的La Paline區，也有一些位在海拔較高的Lantignié。釀法較新派，部分去梗，也採用較新的木桶進行培養。以Sous la Croix最具潛力。

Domaine Chignard (DO, Fleurie)

· Fleurie村北的精英酒莊，在知名的Les Moriers區擁有8公頃、平均七十年的老樹園。現由第五代Cédric Chignard經營和釀造，釀法傳統且自然，以整串葡萄釀造，在大型木槽和水泥槽培養，酒的風格較為結實深厚、古典耐久，但也均衡緊緻如夜丘黑皮諾。

Anne-Sophie Dubois (DO, Fleurie)

· 香檳出身的南漂新世代葡萄農，8公頃的葡萄園全位在Fleurie海拔最高的Les Labourons區，全部採用有機耕作，原本去梗釀造，但越來越多整串葡萄，以布根地舊木桶培養，雖然釀造時無添加二氧化硫，但酒純淨新鮮，將加美葡萄釀造成風格優雅的金丘區布根地紅酒。

Laurence et Rémi Dufaitre (DO, Brouilly)

· Rémi和前妻Laurence自二〇〇六年開始在Brouilly鄰近地區購買葡萄園成立自己的酒莊，全部改採有機種植，但直到二〇一〇年品質穩定後才開始自己裝瓶。11公頃的葡萄園主要位在Brouilly和Côte de Brouilly。採用傳統的二氧化碳浸漬法，不過沒有溫控，大多在水泥槽內釀造和培養，除了葡萄完全無添加，酒風自然帶一些野性，因受Jean Foillard賞識而晉身自然派新銳名莊。

Lafarge-Vial (DO, Fleurie)

· 不同於大部分的布根地酒莊選擇Moulin à Vent，Volnay村的Frédéric Lafarge在二〇一四年選擇落腳酒風更優雅精緻的Fleurie成立酒莊，5.5公頃的葡萄園除了多片Fleurie單一園，還有Chirouble和Côte de Brouilly。他將自然動力農法帶過來，但在釀造上採用去梗的釀法，經布根地舊桶培養，小心萃取，質地相當絲滑細膩。專注於葡萄園的風土特性，保留各園特性，以村北高海拔的Clos Vernay最具律動和能量。

Jean-Claude Lapalu (DO, Brouilly)

· Brouilly的三代葡萄農，Jean-Claude Lapalu在一九九六年決定不再賣成酒給酒商，開始自己裝瓶。受到Jules Chauvet影響開始有機耕作和自然派釀造，12公頃葡萄園主要在Brouilly和Côte de Brouilly。不同於區內其他自然派酒莊較為輕巧的風格，Jean-Claude Lapalu常有較多的結構，也較為強勁，二〇〇八年開始使用陶罐釀造，如Alma Mater，是濃縮且力道強勁的加美紅酒。

Yvon Métras (DO, Fleurie)

· 自然派的元老級酒莊，位在Fleurie西邊的Vauxrenard村內，一九八八年受到Jules Chauvet影響，Yvon Métras開始在家族酒莊採用自然派無添加的方式釀造。5公頃的葡萄園主要在Fleurie，包括在Grille midi和La Madone等區，多為老樹園，其中包含一八九八年種植的百年古園，通常用來釀造酒莊最稀有的Fleurie l'Ultime。Métras的酒不只年輕時鮮美可口，同時也相當耐久，常能媲美成熟的黑皮諾珍釀。兒子Jules也開始釀造自己的酒。

Château du Moulin à Vent (DO, Moulin à Vent)

· 起源自薄酒來的Parinet家族在資訊業致富後，二〇〇九年返鄉投資這家擁有33公頃Moulin à Vent精華葡萄園的城堡酒莊。酒莊位在Les Thorins村內，採用布根地式的釀造法，大多去梗，發酵泡皮時進行踩皮，後段則進行淋汁，採用布根地較新的舊桶培養一年以上的時間。釀成的酒有現代簡潔的優雅風格，雖有多一些萃取，但單寧質地緊緻，有非常細膩的表現，推出多款單一園的Moulin à Vent，有相當精細的風土詮釋。在Pouilly-Fuissé產區也開設另一家酒莊Roc des Boutires，

Pierre Chermette

Château Thivin

Julie Balagny

Guy Breton

擁有Pouilly村內的一級園。

Christophe Pacalet (DN, Morgon)

· 廚師出生的Christophe會在一九九九年成為薄酒來酒商，全是因為舅舅Marcel Lapierre的鼓勵，還為他找到一部歷史悠遠的木造垂直榨汁機。他的釀造技術則大多習自表哥Mathieu Lapierre。他的哥哥則是伯恩市的自然派酒商Pillippe Pacalet。因身處自然派核心家族，Christophe可固定採買到相當優質的葡萄，釀造則是接近Marcel Lapierre的釀法，在布根地舊桶或水泥槽中培養。二〇一八年新添一片在Fleurie西邊高海拔區域的Les Labourons葡萄園，成為有自有葡萄園的酒商，也馬上成為Christophe最具潛力的酒款。

Dominique Piron (DN, Morgon)

· 二〇一三年Julien Revillon和Dominique開始合作經營這家由傳統酒莊轉型的酒商，兩人共擁32公頃的葡萄園，但卻釀造和裝瓶銷售90公頃的薄酒來，成為一家大型的生產者。自有的葡萄園以Morgon為主，包含大片的Côte du Py，酒的風格較為扎實，也很少進桶培養。酒莊跟三星餐廳Lameloise在Chénas合資擁有10公頃葡萄園釀造知名的Chénas Quartz和Moulin à Vent。也與里昂的主廚在Régnié合資擁有Croix Penet。

Domaine Saint Cyr (DO, Anse)

· 位在薄酒來南部的酒莊，擁有28公頃的葡萄園，但在北邊的特級村莊也有Moulin-à-Vent、Morgon等等。Raphaël Saint Cyr自二〇〇八年接手酒莊後，轉

為有機耕作，受Jean-Louis Dutraive的影響，在釀造上也越來越自然，輕巧美味，也有更多自由創意的酒款。

Julien Sunier (DO, Morgon)

· 布根地的工作經驗把Julien帶到薄酒來，在二〇〇八年開始建立自己的酒莊，目前有7.5公頃有機耕作的葡萄園，主要在Fleurie、Régnié和Morgon。雖有釀酒師文憑，但採用自然派少干擾的釀法，酒頗均衡多酸，相當有活力。弟弟Antoine也跟進在附近成立酒莊，兄弟的酒有近似的風格。

Domaine des Thillardons (DO, Chénas)

· Paul-Henri Thillardon源自薄酒來南部的葡萄農家庭，二〇〇八年北上成立自己的酒莊，在二〇一二年買下Chénas村的Chassignol酒莊，現有12公頃葡萄園，主要在Chénas，也有一小片Moulin à Vent，全部採用有機耕作，甚至用馬犁田，葡萄園裡有雞舍，像是理想的自然動力法農莊。早期採去梗的布根地釀法，受到Jean-Louis Dutraive和Yvon Métras的影響，現為低干擾、少添加的二氧化碳泡皮法。在五款Chénas中，以Chassignol最為獨特，略朝北的老樹園常有深厚豐腴卻細膩活潑的精采表現。

Château du Moulin à Vent　　Christophe Pacalet

Julien Revillon　　Julien Sunier

Paul-Henri Thillardon　　Tillardons 的新酒

Lafarge-Vial

Lapalu是用陶罐釀造薄酒來的先鋒

Cédric Lecareux　　Cédric Chignard

Anne-Sophie Dubois　　Rémi Dufaitre

Frédéric Lafarge　　Jean-Claude Lapalu

附錄

附錄一

布根地最近半個世紀的年分特色

★★★★★：完美且獨特的世紀年分
★★★★：品質優異的年分
★★★：不錯的好年分
★★：須謹慎挑選的年分
★：品質堪慮的年分

二〇二〇

紅：★★★★ 白：★★★★

溫暖的冬季，發芽早，加上非常乾熱的生長季，使得二〇二〇成為非常早熟，甚至破紀錄的年分，在八月十三日即開採。普遍有缺水的乾旱問題，有些葡萄乾掉或灼傷，果串和果粒小，皮厚少汁，產量再度降低，特別是紅酒，但也同時降低病害，讓逃過災害的葡萄都頗為健康，葡萄相當濃縮，因缺水讓成熟中斷，糖分提升，但酸味沒有掉，甚至被濃縮。無論紅酒或白酒都較二〇一九與二〇一八來得經典和均衡，也更能表現葡萄園的特色和耐久潛力。

二〇一九

紅：★★★★ 白：★★★

再度是相當炎熱的一年，特別在六和七月，黑皮諾有很好的成熟度，單寧成熟，酒精度相當高，常達14％，所幸還保有一些酸味，口感圓潤適合早飲，葡萄園的風味差異較不明顯。白酒受霜害、落花和缺水影響，產量低，較多甜熟果香，礦石風味比較少見，也是一個不需太多等待的易飲年分。表現最好的再度是那些較不知名的冷涼村莊和葡萄園。

二〇一八

紅：★★★~★★★★★ 白：★★★

雖然生長季因濕冷的冬季和春季稍晚啟動，但避過霜害，開花順利，天氣炎熱且乾燥少雨，造就一個葡萄相當成熟，甚至一不小心就過熟的奇特年分，但更意外的是產量還出奇的高，特別是夏多內。但少見的高糖分甚至讓一些酒無法順利完成發酵，也讓許多酒超過14％酒精度，甚至15％，添加酒石酸也成為一些酒莊的選項。白酒偏甜熟風格，紅酒則偏甜潤，易飲但少一些爽脆活力。表現最好的再度是較不知名的冷涼村莊和葡萄園。

二〇一七

紅：★★★★ 白：★★★★~★★★★★

提早發芽的年分，雖有春霜威脅，但僅夏布利受害較嚴重，減產20％，之後的天氣溫暖多日照，適當的時候下雨，開花結果順利，無明顯災害威脅，歷經二〇一六的艱難減產，

葡萄奮力生長，布根地整體的產量佳。葡萄成熟早，八月底即開始採收，但葡萄維持相當好的均衡感，白酒普遍兼具成熟果味和活潑酸味，可早飲也具陳年潛力。紅酒風格較為輕巧精緻，不會過度濃縮或粗獷。

二〇一六

紅：★★★~★★★★ 白：★★★★

對葡萄農來說，這是一個多災難的凶險之年，歷經嚴重的霜害之後又遇上嚴重的黴菌感染，潮濕多雨的六月也讓開花不順，只有到夏天才開始出現乾熱多陽的好天氣，葡萄比往年晚熟，到十月才完成採收。採收季的好天氣和夜間的低溫，讓二〇一六年分在最後得到一些正面的補償。因為多重的災害讓葡萄大量減產，但倖存的葡萄釀成頗佳的水準，難得的冷系年分，讓紅、白酒都有明亮、新鮮的優雅與輕巧風格。

二〇一五

紅：★★★★ 白：★★★

這是一個傳統型的好年分，至少，在天氣的型態變化上是如此，比較接近葡萄農對於好年分的期待，較布根地的平均值更加多太陽，日照時間更長，生長季也特別溫暖，甚至極為炎熱，有破紀錄的高溫，同時生長季的雨量少，相當乾燥，甚至接近缺水的邊緣，但採收季較為多雨一些，也較為涼爽。葡萄普遍有非常好的成熟度，無論糖度或是酚類物質的成熟度都非常高，而且都健康無病害，幾乎沒有太多汰選的必要。乾燥的環境造成果串較小，葡萄的皮相當厚，汁少皮多，讓單位公頃產量變低。葡萄頗為早熟，從八月底到九月底，布根地各區的採收都全部完成。

釀成的白酒酸味較前幾個年分低，也普遍較為甜熟，口感柔和，圓潤豐滿，頗為美味，即使有不少酒莊仍保有均衡與力道，但布根地南、北各區的白酒普遍較無硬挺的勁道，也較難精確反映葡萄園風格，在馬貢區更為明顯，夏布利常保有均衡，但仍有不少酒顯得甜潤，是適合早飲的可口年分。紅酒則相當濃縮、酒精度稍高，多酚類物質，色深且多澀，在甜潤的果味下可能有較堅硬的單寧質地，類似於一樣有些乾旱的二〇〇五年，

二〇一五的紅酒頗有緊實的結構，可能需要經過較長時間的瓶中培養才會適飲，但是否能優雅地成熟則有待時間考驗。在稍冷涼的朝北園常保有較多的均衡。

薄酒萊的採收季更早，早熟健康的葡萄被認為是完美的夢幻年分，也釀成頗多精彩的濃郁型酒款。但酸味較低，糖度高，皮厚的特性也常釀成較近似希哈風格的紅酒，酒體較深厚，也多一些澀味和結構，是一較難體現加美葡萄鮮美爽脆特性的偉大型年分。

二〇一四
紅：★★★★ 白：★★★★★

艱困的氣候條件在布根地逐漸成為常態，二〇一四也不例外；例如六月底在伯恩丘中段的Meursault、Volnay和Pommard再度遭受嚴重的冰雹災害，或如夏季異常地寒冷多雨，也有鈴木氏果蠅的攻擊讓葡萄酸敗變質；從一九七四年以來，以四結尾的年分彷如受詛咒都相當艱辛，二〇一四似乎也沒逃過，但最後釀成的酒卻是相當精彩，二〇一四的白酒是過去二十年來最完美、好壞差異最小的世紀年分，很接近或甚至超越二〇〇二。紅酒的酒體苗條勻稱，伴著鮮美果味相當迷人。是奇蹟嗎？或許是運氣，但也因布根地的葡萄農越來越習於與自然共存而不是對抗，反而能在逆境中顯出價值。

雖然發芽較早，但因為關鍵的夏季相當冷涼，特別是八月分前半非常多雨，延遲了成熟的速度，八月下旬才開始轉晴，但九月卻又變得相當炎熱，間有較冷的北風，葡萄緩慢成熟，但持續保有酸味，也較少病菌，葡萄比過去幾個年分更為健康一些，產量也較為正常。夏秋季逆轉的天氣讓葡萄在成熟時，卻沒有過高的酒精度，也保有清新有勁的酸味。夏多內白酒有非常巧妙的均衡，除了有些太早採收的夏布利較偏酸瘦外，各區的白酒都有非常高的水準，豐潤優雅卻非常有活力，也頗具耐久潛力。黑皮諾有類似二〇〇八年的純粹果香，但酸味和單寧都比〇八年柔和一些，酒體中等，不如二〇一二或二〇一〇那麼厚實，但卻頗能反映每片葡萄園的風土特色，在年輕時就非常均衡可口。薄酒萊有非常多的鮮美果香，圓潤可口且有不錯的酸味，是相當能表現加美葡萄特長的

年分。

二〇一三
紅：★★★ 白：★★★★

連續第三年的艱困年分，非常多雨潮濕的一年，半世紀以來最寒冷多雨的春季，讓生長季延遲兩周，開花季遇雨，結果不佳，且多無籽小果，產量仍低。夏季雖溫暖多陽，但伯恩丘在七月連續第三年遭遇嚴重的冰雹災害，九月寒冷多雨，晚熟的葡萄遭受黴菌威脅，酸味一直相當高，許多葡萄到十月才勉強成熟，酒精度普遍較低，許多酒莊需靠加糖提升至少0.5%的度數。但出乎意料，釀成的黑皮諾在裝瓶時，普遍多新鮮乾淨的果香，淡雅可口，帶有清新酸味，雖少見深厚酒體，但亦無粗獷單寧，甚至比二〇一一和二〇一二還精緻迷人，而且非常美味，是一個較早適飲，具中等久存潛力的年分。白酒則普遍有極佳酸味，成熟度佳，均衡感相當好，比二〇一一年有個性，也較二〇一二年更清新有活力，有接近二〇一〇年的水準，應頗具耐久潛力。

二〇一二
紅：★★★★ 白：★★★

多風雨災禍之年，產量銳減，紅酒甚至比平均少40%，但出乎意料，葡萄的成熟度佳，均衡且可口，品質頗為優異。春霜害，開花季大雨造成落花與結無籽小果，伯恩丘遭多次冰雹損害，也有部分葡萄被夏季炎陽灼傷，但亦摻雜未轉色成熟的果實，採收季也出現大雨，是近二十年來天候條件最差的年分。因產量大減且多小果讓葡萄進入成熟季後得以加速成熟，採收季溫較低讓染病壓力大的葡萄健康狀況比想像佳，而且保有足夠的酸味，葡萄的皮較厚，亦有助抗菌並釀成較濃縮多果香的風格。紅酒普遍柔和濃縮且多果香，單寧較軟不是特別硬實，但卻頗深厚，果味多且酸味佳，雖不及二〇一〇但比二〇一一年更為厚實性感，卻又同樣早熟，美味易飲。夜丘區的整體表現較佳，產量也較穩定，伯恩丘受雹害較為嚴重。白酒因葡萄成熟度佳，頗濃厚圓潤，但也有不錯的酸味，熟果香氣外放直接，較少內斂的礦石與細緻漂亮的酸味，但均衡濃縮，應該也有一

些潛力。

二〇一一
紅：★★★ 白：★★★

氣候狀況頗多極端，多意外與困境之年，但沒想到之後的二〇一二年甚至更加艱困。因發芽與開花較早，為葡萄非常早熟的年分，有些地區甚至比二〇〇三年還要早採收。但無論是紅酒或是白酒，伯恩丘或是夜丘，都不像其他早熟的年分，酒風並不特別粗獷濃縮，反而是稍微淡一點，也柔和易飲一些，最特別的是，即使葡萄已經成熟，但酒精度都較往常低。有較多的果香，稍瘦一些，但白酒的酸味比二〇〇八和二〇一〇柔和許多，特別是在夏布利產區。紅酒的單寧少，澀味較低，但頗為均衡，很適合早喝，有些人會對其耐久潛力感到些許疑慮，不過許多精英酒莊還是釀出相當多精巧優雅、頗具潛力的紅酒與白酒。相較於酒風古典且格局雄偉的二〇一〇年，二〇一一年顯得比較平易近人一些，但也比可口易飲的二〇〇七年多一點個性和厚實感，但因為產量不高，酒價仍頗居高檔，並非如二〇〇一和二〇〇四為平價可得的友善年分。地方級和村莊級的酒與一級和特級園間的差距較不明顯，無久存需要，也許是不錯的採買方向。

二〇一〇
紅：★★★★~★★★★★ 白：★★★★~★★★★★

進入二十一世紀後最偉大的年分，雖然低產量，但紅、白酒都表現了布根地的經典風味，均衡內斂，充滿潛力。不過，天氣的條件並非完美，前一年的十二月就出現-20℃的低溫，有頗多葡萄被凍死。春季較為溫暖，發芽較早，但馬上遇到五月的低溫和多雨的天氣。開花季持續出現忽冷忽熱的多變現象，不僅落果多，許多葡萄都結出無籽的小果。八月的天氣較為涼爽，葡萄緩慢成熟，且保有許多酸味。在夏布利、Santenay和馬貢內區有多處葡萄園遭受冰雹災害，有些地區葡萄的健康狀況也不太佳。九月的天氣好一些，但仍有幾波雨勢，間雜著一些晴天。在此天氣條件中，無論黑皮諾或夏多內在緩慢且常中斷的成熟過程裡，都發展出極佳的酸甜比例，沒有二〇〇九年的過熟，也比二

○○八年有更佳的成熟度，單寧也不像二○○五年那麼堅硬多澀。釀成的紅酒有相當古典的高雅風格、均衡協調，嚴謹內斂的架構配上新鮮乾淨的果香。白酒保有非常漂亮的活潑酸味，因低產量而保有的濃縮度與成熟度，讓白酒一樣非常均衡，骨肉勻稱，跟紅酒一樣有著極佳的耐久潛力。產量小是唯一的缺點，較二○○九年減少了三分之一。

二○○九

紅：★★★★~★★★★★ 白：★★★

風調雨順的完美年分。葡萄成熟度佳，無論紅、白酒都果味充沛，口感濃厚圓潤，美味外放。在需要熱的時候出現溫暖的天氣；在葡萄需要水分的時候下雨，是二○○九年的最佳寫照，葡萄在沒有太多威脅和壓力的情況下成熟，不只成熟度佳，單寧等酚類物質也大多完全成熟，也沒有太多病菌威脅葡萄，產量亦相當穩定，因沒有太多須汰除的葡萄，算是豐產的極佳年分，特別是在經過二○○七跟二○○八兩個年分，葡萄都須在困苦中掙扎地成熟。幾乎所有的黑皮諾釀成非常美味可口的風格，但背後有著相當多成熟且圓熟的單寧，口感厚實飽滿，伴隨豐沛果味，可早喝也具有久存潛力。白酒亦相當豐盛且圓潤，酸味稍低一些，很適合早喝。跟紅酒一樣，在一些較為寒冷的葡萄園和村莊，有極佳的表現，但耐久潛力上可能不及二○一○跟二○○八年。

二○○八

紅：★★★ 白：★★★

酒風純淨新鮮與多酸精巧的寒涼年分。類似二○○四與二○○七年分，二○○八年的天氣也相當多雨且冷涼，開花遲緩，葡萄的成熟狀況不佳，高酸少糖，也有頗多病菌，採收季較二○○七年甚至晚了近一個月。九月中開始吹北風，寒冷卻乾燥多陽的天氣讓葡萄的糖分增加，但仍保有非常高的酸味，特別是有極多的蘋果酸。有時甚至經過長達一年的漫長乳酸發酵後，天氣狀況看似不佳的二○○八年分卻有較樂觀的轉變，在認真汰除不佳葡萄的酒莊中，不少黑皮諾展現頗迷人的純粹清新果香，雖較酸瘦，但仍均衡，頗具個性。白酒甚至更佳，受益於九月的北

風效應，有相當漂亮的酸味，也比二○○四和二○○七年分多一點圓潤，喝起來更加均衡，具有不錯的潛力。

二○○七

紅：★★~★★★ 白：★★★

天氣條件不佳的年分，紅酒早熟易飲，白酒酸瘦有勁。較溫暖的春天，發芽與開花提前，但夏季卻相當多雨，也有相當多的冰雹，葡萄的成熟狀況不佳，也不太平均，黴菌亦相當多，健康狀況堪虞，特別是黑皮諾。採收季相當早，有酒莊在八月底即開採，雖然九月有極佳的乾冷天氣，不過很多葡萄都在此之前完採。紅酒大多柔和易飲，有非常奔放的果香，但少了深厚結實的酒體，屬早喝較不耐久的風格。夏多內的健康狀況較佳，糖分不高但有非常多的酸味，有蒼勁有力的獨特高瘦風格，年輕時較不討喜，但頗具久存潛力。

二○○六

紅：★★★ 白：★★~★★★

較為柔和易飲的簡單年分，紅、白酒皆然。天氣狀況有些奇特，七月相當炎熱，出現接近二○○三年的超高溫，而且也相當乾燥，但八月又轉而非常寒冷潮濕，九月才又轉溫暖且乾燥一些。整體而言，不論夏多內或是黑皮諾都有不錯的成熟度，多熟果香氣，但酸味少一些。紅酒柔和多果味，也許沒有二○○七年那麼奔放的果香，但口感較厚實一些，有比較多的架構，但比起二○○五年卻又是相當柔和易飲，只有在夜丘區有較佳的結構。白酒的風格近似，也圓熟易飲，沒有二○○七年那麼多酸有勁，有時甚至過於柔軟無力。

二○○五

紅：★★★★★ 白：★★★~★★★★★

一個相當堅實耐久的偉大紅酒年分，但不是太容易親近的風格。白酒亦佳，較可口一些。由南到北各區，各品種都相當成功，有類似的具主宰性，頗堅實有力的風格。因開花不是很均勻，產量略少一些，且有相當多的無籽小果。主要的生長季為七、八兩個月，雨量相當低，許多葡萄都承受乾旱的威

脅，受此壓力，葡萄皮轉厚，甚至暫時停止成熟。九月初的雨稍解乾旱，葡萄繼續成熟，也讓單寧不再變得更粗獷。少雨的一年讓葡萄非常健康，少有病菌，採收季的天氣也相當好。無論黑皮諾或夏多內都有絕佳的成熟度，也保有不錯的酸味，皮也相當厚，有非常多酚類物質。釀成的紅酒顏色相當深，頗為豐厚且濃縮，而且結構嚴謹結實，澀味較重，是典型的耐久型偉大年分，但在年輕時常顯封閉。白酒因成熟度佳，特別飽滿多果味，因皮厚，即使直接榨汁後微帶一些單寧，是質地較明顯的白酒年分。因葡萄成熟且同時具酸味，亦可能是一耐久年分，但較於二○○四年，則為厚實少酸一些。

二○○四

紅：★★~★★★ 白：★★★~★★★★

產量稍多且較為寒冷潮濕的年分，即使採收季前轉晴，但葡萄的成熟度普遍不佳。最好的酒款清新多果味，有極佳的酸味，輕盈精巧，但也有相當多的紅、白酒因為成熟度不足而帶有青草味與偏瘦的酒體。整體而言，夏多內的成熟度甚至比黑皮諾差一些，但白酒還是比紅酒更值得期待，大多苗條高瘦，多酸有勁，有些草味成熟後甚至轉為蘆筍味。夏布利比較晚採收，情況比其他區好一點，但產量高，口味偏清淡。黑皮諾的表現以夜丘較佳，伯恩丘受冰雹影響較嚴重，品質較不穩定。

二○○三

紅：★★★ 白：★★~★★★

二○○三年夏季歐洲的極端酷熱與乾燥天氣，在布根地成就了一個獨一無二的奇特年分。在熱浪之下，水分蒸發，糖分非常高，馬貢內區創下於八月十三日就開始採收的紀錄。春天的霜害加上酷熱與乾燥讓產量銳減三分之一。黑皮諾帶有許多甜熟濃郁的果味，口感非常的圓潤豐滿，但背後卻有非常濃澀的單寧。整體而言，酒精度高，酸味低，粗壯而不是特別細膩，原本較晚熟的葡萄園如Irancy、Chorey-lès-Beaune和St. Aubin等等，反而有優於平時的精彩表現。白酒則相當圓潤，但酸味偏低，頗濃厚常有膏滑質地，雖不輕巧，但亦具耐久潛力。

二〇〇二

紅：★★★★~★★★★★ 白：★★★★~★★★★★

紅、白酒皆佳的經典年分。產量中等，八月略乾旱，九月初葡萄還不是很熟，但是溫暖的氣團北上帶來水氣，十一號之後，來自北方乾冷的風讓天氣變冷轉晴，葡萄既濃縮成熟卻又有強勁的酸味。因為乾旱缺水，葡萄承受生長壓力，葡萄皮變得相當厚，黑皮諾有相當多的單寧，雖類似二〇〇五年，但較為細緻一些。釀成的葡萄酒經培養後，成為紅酒或白酒都有極佳表現的優異年分。採收季的天氣變化和一九九六年很類似，酒風相像，但二〇〇二年產量較低，口感更加豐滿，酸味稍低，可以早喝，無論紅、白酒都有耐久的潛力。紅酒以夜丘區最突出，特別是晚採收的酒莊都有非常好的表現，伯恩丘和夏隆內丘也有不錯的品質。白酒則以夏布利和伯恩丘的表現最突出，夏布利因為採收晚，得利較多於九月中之後的優異天氣條件，伯恩丘的白酒則以南段的Puligny和Chassagne水準最高。Mâcon地區因較多雨，採收較早，葡萄的狀況不是很好。

二〇〇一

紅：★★★ 白：★★★

雖有八月的超高溫，但九月天氣條件差，有持續的陰雨和寒冷天氣，葡萄的成熟狀況普遍不佳，條件不是很好的葡萄園很難達到應有的成熟度。開花季結果不均也攙雜一些較不成熟的葡萄。採收季普遍比二〇〇〇年延後一到兩週。在伯恩丘靠近Volnay村附近有嚴重的冰雹損害。和二〇〇〇年一樣，夜丘區的紅酒狀況較佳，但酒風比二〇〇〇年來得有個性，有較嚴謹的單寧質地，不錯的酸味，顏色亦較深，成熟後較顯細緻，頗具個性。白酒的情況較預期好一些，成熟度比黑皮諾好，因為溫度較低，葡萄保有不錯的酸味與均衡感。夏布利的情況較不理想，成熟度低，且感染黴菌。

二〇〇〇

紅：★★~★★★ 白：★★★★

二〇〇〇年是早熟而且產量大的年分，七、八月的連綿大雨讓葡萄的健康情況不是很好，特別是黑皮諾的情況最為嚴重，有很多葡萄感染灰黴病，以伯恩丘最嚴重。伯恩丘雖然黑皮諾葡萄的成熟度不差，但因為灰黴病的關係許多葡萄的酸味低也難萃取出顏色，夜丘情況較佳一些。白酒稍微好一點，染病的情況不多，夏多內的皮厚，成熟度也佳，酸味也沒有過低。以夏布利的表現最好，整個九月分都很晴朗，成熟度不差，釀成的酒均衡協調，有相當好的酸味，是耐久又可早喝的年分。二〇〇〇年的紅酒普遍酸味較低，而且顯得清淡細瘦一些，不適太長的陳年，大多在十年之後就已經相當成熟適飲。

一九九九

紅：★★★★ 白：★★★★

是布根地自一九八二年以來產量最大的年分，但黑皮諾卻意外地有相當好的表現，是少見的高產量亦高品質的紅酒年分，白酒亦佳。除了一些產量過高的酒莊無法完全成熟外，黑皮諾大多都有相當好的成熟度，單寧也較為圓熟柔和一些，而且有非常多的迷人果味。即使有一部分因為產量偏高而略顯清淡一些，但經過十年的瓶中熟成後，也都保有相當好的均衡感，風格細緻，頗具潛力。夏多內成熟與健康的狀況亦佳，產量也相當高，不過仍然有很好的成熟度。釀成的白酒，均衡飽滿，有些酸味略偏柔和一些，較早熟適飲，但亦具潛力。

一九九八

紅：★★★ 白：★★

這是一個相當困難的年分，聖嬰現象發威，接連有霜害、冰雹、多病、酷寒、暴雨、八月高達40℃的酷熱、九月初的綿綿細雨與低溫，以及採收季後期的連續大雨。過熱的八月讓一部分葡萄有曬傷的問題，九月大雨後吹北風有寒冷多陽的天氣，夏多內受霜害與冰雹的影響較嚴重，也有較多黴菌的問題。黑皮諾的成熟度普遍還算不錯，但單寧頗多，且帶一點粗獷風格，不過，卻也有不錯的潛力，雖然整體不是很平均，但仍有許多不錯的紅酒，特別是在夜丘區，顏色深，結構紮實也有可口果味。白酒則普遍不佳。

一九九七

紅：★★~★★★ 白：★★~★★★

偏炎熱的氣候促成了一個甜美可口、果味成熟豐郁、單寧圓熟但酸味少一些的年分，不論紅、白酒，剛上市就已經相當好喝、美味，直接，非常可口。九七年紅酒的顏色普遍相當深，有不少酒莊釀出黑皮諾少見的深黑色澤，酒的味道濃厚，幾乎掩蓋單寧的澀味，但較少精巧細緻的表現，不過卻不一定無法久存。白酒也一樣顯得圓厚，有甜美的成熟果味，亦常缺一點清新酸味，有不少酒莊須添加酸味以求平衡，濃郁有餘而細膩不足。

一九九六

紅：★★★★~★★★★★ 白：★★★★

一個產量頗高，且多酸味的年分，南起馬貢，北至夏布利都有相似的年分特性，應該是一個紅、白酒皆佳的偉大年分，但也有一些疑慮。一九九六年沒有霜害、開花順利，九月進入成熟季後，開始吹起寒冷乾燥多陽的La Bize北風，不只讓葡萄達到不錯的成熟度，同時也非常健康沒有病害，而且保留相當高的酸味，特別是還保有高比例的蘋果酸，有些酒莊超過一年才完成乳酸發酵。不論是紅酒或白酒，一九九六年都曾經是九〇年代中最受期待的年分，特別是在耐久度上。不過在不到十年間，一九九六年的白酒相較於其他年分出現相當多提早氧化的現象，雖然原因不明，但都讓人懷疑一九九六年白酒的耐久力，不過仍然有不少白酒至今仍相當健康均衡。吹北風的年分如〇八和七八，通常最能表現黑皮諾最細緻的新鮮果香，一九九六年確實也有此潛力，不過因為酸味相當高，常會讓酒有些失衡，甚至讓單寧顯得更粗獷、酸緊，不太適合在年輕時就品嚐，未來也還需要不少時日。

一九九五

紅：★★★★ 白：★★★★

是一個產量小，紅、白酒皆優的好年分，但也許還不算是酒風強烈的獨特年分。初夏的寒冷天氣影響葡萄的結果，除了結果率低，也結了許多無籽小果。七、八月溫度炎熱，九月前半個月下了兩週的雨，延緩葡萄的成熟，但下半個月的採收季有極佳的晴朗天氣，葡萄無論黑皮諾或夏多內都普遍有相當

好的成熟度，葡萄健康的狀況也不錯，酸味亦佳，黑皮諾因皮較厚且多無籽小果，單寧澀味較重一些，但仍相當均衡。白酒普遍濃郁厚實，酸味佳。紅酒有不錯的架構，也頗豐厚，且具耐久潛力。

一九九四

紅：★★~★★★ 白：★★★

一九九四年的天氣條件原本相當優異，但大雨自九月十日下了一個多星期，直到十九日才結束。白酒方面，葡萄在大雨前已有不錯的成熟度，不過酸味較低或有感染黴菌的問題。除了受冰雹影響的Puligny外，白酒的表現還算不差，有偏柔和易飲風格，也有一部分酸味不足。紅酒方面，由於夜丘區採收較晚，在大雨過後還有一點機會彌補一些成熟度，比伯恩丘紅酒普遍來得好一些，柔和易飲，但是整體而言還是略顯乾瘦，欠缺一點豐潤的口感。

一九九三

紅：★★★★ 白：★★★

七月多雨潮濕讓葡萄容易染病，但八月酷熱乾燥卻又讓葡萄，特別是黑皮諾，因稍缺水而長出厚皮，而採收季卻相當多雨。白酒的酸度高，伯恩丘Meursault精華區受冰雹災損嚴重，夏布利整體表現較佳。黑皮諾因採收遇雨，成熟度稍不足，但皮厚顏色深，特別在夜丘區，有頗多單寧，酒體稍瘦一點，不過架構嚴謹，是一個耐久的堅實年分，現已陸續開始成熟。

一九九二

紅：★★~★★★ 白：★★★★

沒有霜害及冰雹的年分，發芽、開花順利，產量非常高。收成季節一度有大雨出現，但好天氣居多，夏多內的成熟度相當好，白酒較為柔和早熟，酸味低一些，不過均衡、豐富及圓熟，雖不特別強勁耐久，但白酒豐沛的果味在年輕時就頗迷人。因產量高，黑皮諾常釀成較偏清淡柔和的風格，但口感細膩，相當可口易飲。

一九九一

紅：★★★★ 白：★★

春天的霜害、晚夏的冰雹，毀掉不少葡萄，產量是九〇年代最低的一年，跟在超級年分一九九〇年之後，又加上遇到經濟蕭條，讓一九九一年一開始並沒有特別受到注意，偏乾熱的八月讓釀成的紅酒少了九〇年分的豐厚口感，有較為緊澀，帶一些粗獷的單寧，但逐漸成熟後，現在卻開始有相當好的表現，有極佳的均衡與非常多變的香氣，特別是夜丘區，有相當多傑出的佳釀，而且還相當健康年輕。白酒的表現並沒有超出預期，酸味較不足，多數柔和早飲類型。

一九九〇

紅：★★★★★ 白：★★★

在法國各地，一九九〇年都是數十年少見的世紀年分，在布根地也不例外，全區不論紅、白酒都相當好，而且是質與量皆備。九〇年的特殊天氣條件從緩冬開始，早來的春天使得生長季提前開始，加上乾熱的夏季與溫暖但不過熱的收成，讓葡萄稍有一些缺水的壓力，但又不會過度，最後大多有非常好的成熟度，也維持完美的酸味。無論發芽、開花都很順利，九〇年的產量相當高，比八九、九一年都高出甚多。白酒因為受到高產量的拖累，比不上八九年來得濃厚，但平衡感和成熟度俱佳，在夏布利更是大放異彩。紅酒則是九〇年代最精彩的年分，濃厚堅實，架勢十足，同時有成熟圓潤的迷人口感，難得的是，還兼顧了黑皮諾的細緻風味，耐久的潛力更是無可限量。

一九八九

紅：★★★ 白：★★★★

炎熱少雨的年分，葡萄的成熟度很高，在當時相當受到矚目。但黑皮諾的表現似乎不如預期，也許因為過熱，八九年的紅酒剛裝瓶時非常圓潤豐滿，但因酸味低，許多紅酒無法經得起時間考驗就有些失衡。但白酒的品質卻頗優異，高成熟度釀成濃厚型的夏多內白酒，由於同時保留了較多的酸味，足以均衡肥厚豐郁的口感，比紅酒更有久存潛力，各區都有高水準的演出。

一九八八

紅：★★★~★★★★ 白：★★~★★★

天氣條件極佳的年分，但酒風有點出人意料，紅酒的單寧澀味非常重，有許多紅酒的澀味仍然相當具主宰性。因少一些果香與圓潤口感，一開始較不討喜，近年來已逐漸開始柔化，且仍相當健康均衡。夏隆內丘和金丘區的水準都不差。比起紅酒，白酒較不如預期，有不錯的酸味，但是偏柔和清淡的類型，濃厚不足。馬貢內區和夏隆內區普遍表現稍好一點。

一九八七

紅：★★ 白：★★★

小產量，柔和易飲的小年分。雖然九月分相當多陽，但整體而言卻是一個極多雨的年分，即使因開花季下雨產量相當低，但葡萄仍很難成熟，採收季即使後延至十月熟度仍不佳。釀成的黑皮諾紅酒顏色淺，口感也較清淡，酒體輕巧，甚至有些脆弱，年輕時已適飲，柔和多果味。白酒因為保有頗多酸味，較紅酒可以多一些期待，不過最耐久的也都已到了適飲期。

一九八六

紅：★★ 白：★★★

多病菌的紅酒年分，但有頗具潛力的白酒。春季相當冷，雖然晚發芽，但之後皆相當順利，為一頗多產的年分。不過採收季下大雨，且有相當多的葡萄感染病菌，須認真挑選葡萄才能釀成較佳的葡萄酒。紅酒大多相當多酸，偏瘦。夏多內因為染病較不嚴重而有較佳的水準，年輕時頗可口多熟果香，但現多已經失去新鮮。

一九八五

紅：★★★★ 白：★★★★

一個非常炎熱乾燥的極優異年分，但年初的嚴酷冬季卻凍死許多葡萄。雖然春季稍冷，晚發芽，開花季寒冷多雨，但之後的天氣條件極佳，溫暖多陽的好天氣從夏季一直延續到十月底，葡萄的產量不高，無論黑皮諾或夏多內都有非常好的成熟度。黑皮諾有相當多的成熟果香，口感極為濃縮圓潤，年輕時即頗可口，雖華麗外放，但亦頗具久存潛力。白酒也有極佳表現，相當濃縮豐厚，果味豐沛。酸味雖然不是特別強而有力，但有

一些因葡萄皮較厚而有的微澀單寧質地，讓酒仍保有均衡，而且頗有耐久的潛力。

一九八四

紅：★～★★ 白：★★

非常晚熟且濕冷的年分，雖然產量小，但黑皮諾大多沒有達到應有的成熟度，釀成的紅酒相當酸瘦清淡。白酒的情況較佳，即使葡萄不熟，但偏酸瘦的酒體卻有利久存。

一九八三

紅：★★★～★★★★ 白：★★★

頗多災的年分，冰雹與乾燥的夏季之後接連綿延的大雨，葡萄因缺水而長出厚皮，但又因遇雨而感染黴菌。釀成的紅酒濃縮堅固，風格頗為粗獷，有相當多的單寧澀味，口感堅硬，雖頗能耐久，但少一些溫柔與細膩。白酒酒精度相當高，口感圓潤濃縮，但缺乏優雅的酸味，較不均衡。

一九八二

紅：★★★ 白：★★★★

氣候條件佳，開花相當順利，葡萄盛產，產量非常高。夏季與採收季都相當溫暖多陽，即使多產，葡萄仍能有不錯的成熟度，而且有極佳的健康條件，少有染病。不過，黑皮諾對產量較敏感，釀成相當豐潤可口，中等耐久的紅酒。夏多內的表現更佳，圓潤豐滿，又均衡豐盛，不過，已經過了最佳的時候。

一九八一

紅：★★ 白：★★

頗潮濕多雨的寒涼年分，且春天有霜害，夏布利受災嚴重，夏季亦有多處冰雹災害，葡萄的產量較小，但成熟度仍不足，品質不佳。七月與九月都相當多雨寒冷，九月採收季甚至出現超大雨，使得釀成的紅酒和白酒都相當清淡細瘦。

一九八〇

紅：★★★ 白：★★

仍然是潮濕多雨的寒涼年分，加上開花季長，產量亦高，葡萄的成熟度不佳而且不均勻。釀成的紅酒顏色與酒體皆偏清淡風格，不過雖看似脆弱，但即使過了數十年仍有一

部分酒款可以保有果香與均衡。白酒的情況似乎較不理想，不過也許因為有較多酸味，雖極清淡，仍出乎意料地有一部分在數十年後還保有果香，且發展出多變的香氣。

一九七九

紅：★★★ 白：★★★★

發芽晚，開花順利，有頗多大雨與冰雹災害的年分，產量極高，葡萄晚熟，釀成的紅酒偏清淡，多果香，適合早飲。夏多內對高產量較不敏感，白酒大多有清新酸味，均衡有勁，即使是看似早熟的年分，但因為不錯的酸味與均衡感，有不少一九七九年的白酒，甚至是紅酒，都能常保鮮美果味。

一九七八

紅：★★★★★ 白：★★★★～★★★★★

真正的世紀年分，至少，對黑皮諾是如此，而且是一個非常布根地的偉大年分。大部分的好年分都有炎熱乾燥的天氣，但一九七八年卻是寒冷而晚熟。開花季延遲，不是很順利，有不少落果，也結了許多無籽小果，低產且極為晚熟，幾乎較其他年分晚了一個月。夏季頗冷涼，到了八月底無論黑皮諾和夏多內的成熟狀況都不佳，但自九月一日開始吹北風，乾陽但寒涼的天氣一直延續到十月，葡萄緩慢地成熟，直到十月才開採。低溫抑制病菌，葡萄的健康狀態佳，而且保有許多酸味與新鮮乾淨的果香，即使數十年之後仍常保年輕時的鮮美。酒體也不特別濃厚濃縮，非常均衡精緻，且輕盈多變。布根地各區無論紅、白酒都有此特性，且大部分的酒款都非常耐久，且常保新鮮。

一九七七

紅：★～★★ 白：★★

一九七〇年代天氣條件最差的年分之一，非常多雨，葡萄相當晚熟，採收季雨勢甚至更大，無論黑皮諾或夏多內大多都沒有成熟，須添加許多糖才能達基本的酒精度。釀成的酒顏色很淡，年輕時相當清淡且酸瘦，並不特別可口，但有不少還能保持新鮮達數十年之久，甚至較年輕時美味均衡一些，白酒似乎比瘦弱的黑皮諾好一些。

一九七六

紅：★★★～★★★★★ 白：★★～★★★

因乾旱而非常粗獷堅硬的奇特年分。經數十年後大部分的酒款都還很硬挺，但是也並不一定變好或變柔和。七、八月幾乎沒有下任何雨，葡萄開始因乾旱而長出硬皮，甚至停止成熟，但靠著水分蒸發而讓糖度增加，不過單寧並沒有真正成熟，質地顯得非常粗獷。釀成的黑皮諾濃厚且極為多澀，年輕時幾乎完全無法入口，有些可能須要半世紀的熟成才可能真正適飲。白酒亦相當厚實粗獷，有較多的萃取物，甚至帶一點咬感。

一九七五

紅：★ 白：★★

原本可能是絕佳年分，但因為九月連續下了二十五天的雨而完全被摧毀。葡萄的健康狀況不佳，感染黴菌的葡萄比例相當高，無論黑皮諾或夏多內都很難釀成健康耐久的葡萄酒。白酒稍微好一些，特別是夏布利因為採收較晚，有較佳的水準。

一九七四

紅：★ 白：★～★★

天氣狀況不佳的年分，從八月底到十月初大部分的時間都在下雨，葡萄相當晚熟或甚至沒熟，釀成的葡萄酒無論紅、白酒都相當清淡脆弱。

一九七三

紅：★★ 白：★★★

因開花季天氣佳，產量非常高，但七月之後經常下雨，葡萄的成熟度受影響，特別是黑皮諾，但已經比七四與七五年好一些，風格較輕巧清淡一些。夏多內對高產量較不敏感，雖然不是特別濃厚，但相當均衡多酸，有些亦具耐久潛力。

一九七二

紅：★★★ 白：★★★

發芽早，但因為夏季普遍低溫少陽，直到九月才開始轉晴，是一個相當寒冷晚收的年分，延至十月才開始採收。較不成熟的葡萄釀成偏酸瘦但頗硬挺的紅、白酒，有些還帶一點草味。年輕時也許有些粗獷，但高酸味

讓酒長保新鮮，熟成後相當均衡。

一九七一

紅：★★★★~★★★★★ 白：★★★~★★★★

因為開花季濕冷的天氣，葡萄落果嚴重，也結了相當多的無籽小果，產量超低，幾近平時的一半。採收季相當炎熱多陽，低產的葡萄相當健康，而且成熟快速。釀成的葡萄酒相當濃縮，無論紅、白酒皆佳，但白酒有些過熟，較難耐久。黑皮諾因低產與小果，有相當多成熟的單寧，多澀但細緻均衡，仍有相當長遠的未來。

一九七〇

紅：★★★ 白：★★★

頗多產的年分，雖然天氣狀況佳，但有些葡萄還是無法完全成熟，較偏清淡，卻仍頗為均衡。進行產量控制的酒莊可以釀成相當優雅細緻的紅酒，可惜當時這樣的酒莊並不多見。白酒受高產的影響較少，也許不是特別濃厚，但相當均衡。

一九六九

紅：★★★★★ 白：★★★★

稍晚發芽與開花，產量低一些，有不少無籽小果，夏季炎熱乾燥，葡萄承受缺水壓力，有較厚的皮與較多的單寧，採收季前略有雨，為葡萄解旱，採收稍晚，天氣狀況佳。葡萄健康且有極佳的成熟度，釀成相當豐厚且結實有力的酒體，無論紅、白酒都有相當多的果味，紅酒年輕時頗多澀味，略粗獷一些，但現多已柔化成熟，是一九六〇年代最佳的年分。

一九六八

紅：★ 白：★

是一九六〇年代天氣條件最差的年分，夏季相當寒冷陰沉，九月甚至有多場連綿大雨，不熟的葡萄大多感染黴菌，因酒的品質太差，伯恩濟貧醫院甚至取消當年的拍賣會。

一九六七

紅：★★ 白：★★★

因春天的霜害，早發芽的夏多內受到影響，產量低，夏季溫暖，但近採收季頗多雨，葡萄遭受黴菌的威脅，黑皮諾多釀成清淡早飲的紅酒，夏多內因低產有較佳表現。

一九六六

紅：★★★★ 白：★★★★

紅、白酒皆佳的年分。六月開花順利，產量頗豐，但夏季濕冷，九月才開始放晴，靠著季末的好天氣讓葡萄達到不錯的成熟度。釀成的酒頗均衡細緻，也有不錯的單寧結構，亦具耐久潛力。

一九六五

紅：★ 白：★

天氣條件極糟的奇特年分，春天非常酷寒，發芽與開花延遲，六至九月連綿多雨，葡萄大多染病，非常晚熟，直到十月才開採。無論紅、白酒都脆弱酸瘦。

一九六四

紅：★★★★ 白：★★★★

開花順利，產量多，天氣條件佳，夏季相當炎熱，也有適量的雨水，自八月底到九月中以及採收季，都有相當晴朗的天氣。雖然產量稍多，但葡萄皮厚、健康且成熟度佳，無論紅、白酒都有極佳的表現，濃縮、厚實且堅固，相當耐久。

一九六三

紅：★ 白：★~★★

冬季即相當嚴寒，發芽晚，夏季非常潮濕多雨，葡萄成熟遲緩，直到十月才開採，許多葡萄到十一月都還沒有採收。黑皮諾染病情況嚴重，色淡酸味高，白酒稍佳，但仍相當削瘦。

一九六二

紅：★★★★~★★★★★ 白：★★★★~★★★★★

春天寒冷，發芽相當晚，開花也有延遲，但頗順利，之後有相當炎熱多陽的夏季與適量的雨水，九月亦佳，十月初開採，葡萄的品質極佳。釀成的黑皮諾非常均衡，而且柔和可口，相當細緻迷人，頗為多變，即使沒有太多堅固的單寧，但至今仍保有果味，相當耐久。夏多內的產量稍低，釀成頗濃郁飽滿且均衡細緻的完美風格，為一九六〇年代最佳的白酒年分。

一九六一

紅：★★★~★★★★ 白：★★★~★★★★

早發芽但開花遇冷不順，落果多，也有不少無籽小果，為一低產年分。夏季乾熱，葡萄較早熟，九月底開採，葡萄狀況頗佳。釀成的黑皮諾頗有架勢，較一九六二年濃厚硬挺一些，但少一些精巧的細節變化，也沒有那麼均衡，不過一樣相當耐久。因低產量，夏多內也有相當濃縮厚實的風格。

一九六〇

紅：★ 白：★

相當寒冷的年分，夏布利有嚴重的霜害，從春天到採收季都下相當多雨，夏季更是多雨且冷涼，葡萄大多感染黴菌。開花雖順利卻不均勻，產量大卻有很多不熟的染病葡萄，釀成的紅、白酒大多相當酸瘦。

一九五九

紅：★★★★★ 白：★★★★

一個相當耐久，且迷人可口的世紀年分，紅、白酒均佳。六月的天氣溫和穩定，開花順利均勻，夏季非常炎熱多陽，乾燥少雨，葡萄遭受乾旱壓力，九月初適時降雨解旱，順利成熟，為一產量佳且早熟的年分。夏多內雖然非常成熟濃厚，但亦具均衡與酸味，香氣奔放多果香，口感豐盛華麗。紅酒甚至更佳，酒體格局龐大厚實，飽滿圓潤，同時亦具均衡與細節變化，而且大部分的時候都相當可口美味。至今都還相當均衡健康，仍具久存潛力。

照片出處：

本書照片除下列之外，其餘皆作者所攝。
Bouchard P. & F.：P91中
Chanson P. & F.：P129左上、P125 左下、P163下、P164上、P316左、P322、P324-325
Joseph Drouhin：P72、P118右、P229左中、P248、P316右下、P353上
A. F. Gros：P259
Michel Laroche：P20右、P77左下、P139右上
Bruno Lorenzon：P383左下上、P392左下
Château Thivin：P83 左下、P83右下
莊志民：P75下

布根地 AOC 名單

產區名	副產區	等級	品種與顏色	葡萄園與產量		
				紅酒、白酒（百公升）	總產量（百公升）	葡萄園面積（公頃）
Aloxe-Corton 阿羅斯－高登	Côte de Beaune	村莊與一級園	Pinot noir Chardonnay	4361 88	4449	118,87
Auxey-Duresses 歐榭－都赫斯	Côte de Beaune	村莊與一級園	Pinot noir Chardonnay	3319 1787	5106	132,87
Bâtard-Montrachet 巴達－蒙哈榭	Côte de Beaune	特級園	Chardonnay	486	486	11,73
Beaune 伯恩	Côte de Beaune	村莊與一級園	Pinot noir Chardonnay	12146 2195	14341	416,23
Bienvenues-Bâtard-Montrachet 彼揚維呂－巴達－蒙哈榭	Côte de Beaune	特級園	Chardonnay	165	165	3,58
Blagny 布拉尼	Côte de Beaune	村莊與一級園	Pinot noir	142	142	4,31
Bonnes-Mares 邦－馬爾	Côte de Nuits	特級園	Pinot noir	453	453	14,71
Bourgogne 布根地	布根地全區	地方性等級	Pinot noir Gamay Chardonnay	82661 41173	123834	2623,33
Bourgogne aligoté 布根地阿里哥蝶	布根地全區	地方性等級	Aligoté	92530	92530	1655,57
Bourgogne Chitry 布根地希替利	Auxerrois	地方性等級	Pinot noir Chardonnay	1333 1823	3156	61,77
Bourgogne Côte Chalonnaise 布根地夏隆丘	Côte Chalonnaise	地方性等級	Pinot noir Chardonnay	15138 6867	22005	463,42
Bourgogne Côte Saint-Jacques 布根地聖賈克丘	Auxerrois	地方性等級	Pinot noir Chardonnay	733 12	745	12,76
Bourgogne Côtes d'Auxerre 布根地歐歇爾丘	Auxerrois	地方性等級	Pinot noir Chardonnay	5928 3845	9773	192,92

Bourgogne Côtes du Couchois 布根地古舒瓦丘	Couchois	地方性等級	Pinot noir	387	387	8,36
Bourgogne Coulanges-la-Vineuse 布根地古隆吉－維諾茲	Auxerrois	地方性等級	Pinot noir Chardonnay	4637 922	5559	103.33
Bourgogne Epineuil 布根地埃皮諾依	Auxerrois	地方性等級	Pinot noir Chardonnay	3415 0	3415	65,89
Bourgogne Gamay 布根地加美	布根地全區與 Crus de Beaujolais	地方性等級	Gamay	新產區尚無資料		
Coteaux Bourguignons/ Bourgogne grand ordinaire ou Bourgogne ordinaire	布根地全區	地方性等級	Pinot noir Gamay Chardonnay Aligoté	10389 1704	12093	246,27
Bourgogne Hautes Côtes de Beaune 布根地上伯恩丘	Hautes-Côtes de Beaune	地方性等級	Pinot noir Chardonnay	29115 6047	35162	803,54
Bourgogne Hautes Côtes de Nuits 布根地上夜丘	Hautes-Côtes de Nuits	地方性等級	Pinot noir Chardonnay	23588 5271	28859	701.88
Bourgogne Mousseux 布根地非傳統法氣泡酒	Bourgogne	地方性等級	Pinot noir & Gamay	產量極少	產量極少	—
Bourgogne Passe-tout-grains 布根地多品種	布根地全區	地方性等級	Pinot noir & Gamay	21502	21502	457,75
Bourgogne Tonnerre 布根地多內爾	Auxerrois	地方性等級	Chardonnay	3097	3097	56,30
Bourgogne Vézelay 布根地維日雷	Auxerrois	地方性等級	Chardonnay	1957	1957	64,88
Bouzeron 布哲宏	Côte Chalonnaise	村莊級	Aligoté	2112	2112	52.17
Chablis 和 Chablis 1er cru 夏布利和夏布利一級園	Chablisien	村莊與一級園	Chardonnay	225599	225599	4096,53
Chablis Grand Cru 夏布利特級園	Chablisien	特級園	Chardonnay	4589	4589	104,08
Chambertin 香貝丹	Côte de Nuits	特級園	Pinot noir	368	368	13,57
Chambertin-Clos de Bèze 香貝丹－貝日園	Côte de Nuits	特級園	Pinot noir	465	465	15,78
Chambolle-Musigny 香波－蜜思妮	Côte de Nuits	村莊與一級園	Pinot noir	5322	5322	152,23
Chapelle-Chambertin 夏貝爾－香貝丹	Côte de Nuits	特級園	Pinot noir	151	151	5,48
Charlemagne 查理曼	Côte de Beaune	特級園	Chardonnay	0	0	0
Charmes-Chambertin 夏姆－香貝丹	Côte de Nuits	特級園	Pinot noir	916	916	29,57
Chassagne-Montrachet 夏山－蒙哈榭	Côte de Beaune	村莊與一級園	Pinot noir Chardonnay	3906 9346	13252	307,52

Chevalier-Montrachet 歐瓦里耶－蒙哈榭	Côte de Beaune	特級園	Chardonnay	287	287	7,47
Chorey-lès-Beaune 修瑞－伯恩	Côte de Beaune	村莊級	Pinot noir Chardonnay	4712 425	5137	126,28
Clos de la Roche 羅希園	Côte de Nuits	特級園	Pinot noir	530	530	16,62
Clos de Tart 大德園	Côte de Nuits	特級園	Pinot noir	161	161	7,30
Clos de Vougeot 梧玖園	Côte de Nuits	特級園	Pinot noir	1391	1391	49,43
Clos des Lambrays 蘭貝園	Côte de Nuits	特級園	Pinot noir	217	217	8,52
Clos Saint-Denis 聖丹尼園	Côte de Nuits	特級園	Pinot noir	198	198	6,24
Corton 高登	Côte de Beaune	特級園	Pinot noir Chardonnay	2789 151	2 940	97,53
Corton-Charlemagne 高登－查理曼	Côte de Beaune	特級園	Chardonnay	1929	1929	52,08
Côte de Beaune 伯恩丘	Côte de Beaune	村莊級	Pinot noir Chardonnay	680 269	949	31,76
Côte de Beaune-Villages 伯恩丘村莊	Côte de Beaune	村莊級	Pinot noir	178	178	4,66
Cote de Nuits-Villages 夜丘村莊	Côte de Nuits	村莊級	Pinot noir Chardonnay	5818 370	6188	170,92
Crémant de Bourgogne 布根地傳統法氣泡酒	布根地全區	地方性等級	Chardonnay & Pinot Noir	112670	112670	1847,97
Criots-Bâtard-Montrachet 克利歐－巴達－蒙哈榭	Côte de Beaune	特級園	Chardonnay	67	67	1,57
Echezeaux 艾雪索	Côte de Nuits	特級園	Pinot noir	1065	1065	35,77
Fixin 菲尚	Côte de Nuits	村莊與一級園	Pinot noir Chardonnay	3452 151	3603	103,22
Gevrey-Chambertin 哲維瑞－香貝丹	Côte de Nuits	村莊與一級園	Pinot noir	13968	13968	411,75
Givry 吉弗里	Côte Chalonnaise	村莊與一級園	Pinot noir Chardonnay	9222 2172	11394	271,53
Grands Echezeaux 大艾雪索	Côte de Nuits	特級園	Pinot noir	269	269	8,78
Griotte-Chambertin 吉歐特－香貝丹	Côte de Nuits	特級園	Pinot noir	93	93	2,63
Irancy 依宏希	Auxerrois	村莊級	Pinot noir	7023	7023	154,24
La Grande Rue 大道園	Côte de Nuits	特級園	Pinot noir	55	55	1,65
La Romanée 侯瑪內園	Côte de Nuits	特級園	Pinot noir	31	31	0,84
La Tâche 塔須園	Côte de Nuits	特級園	Pinot noir	129	129	5,08

Ladoix 拉朵瓦	Côte de Beaune	村莊與一級園	Pinot noir Chardonnay	2478 952	3430	98,13
Latricières-Chambertin 拉堤歐爾－香貝丹	Côte de Nuits	特級園	Pinot noir	218	218	7,31
Mâcon 馬貢	Mâconnais	地方性等級	Pinot noir Gamay、Chardonnay	16735 4843	21578	384,86
Mâcon (+ village) 馬貢（＋村莊）	Mâconnais	地方性等級	Pinot noir Gamay、Chardonnay	9198 86106	95304	1571,9
Mâcon-Villages 馬貢村莊	Mâconnais	地方性等級	Chardonnay	119998	119998	1876,31
Maranges 馬宏吉	Côte de Beaune	村莊與一級園	Pinot noir Chardonnay	5390 357	5747	160,84
Marsannay 馬沙內	Côte de Nuits	村莊級	Pinot noir Chardonnay	5615 1496	7111	202,7
Marsannay rosé 馬沙內粉紅酒	Côte de Nuits	村莊級	Pinot noir	1139	1139	33,01
Mazis-Chambertin 馬利－香貝丹	Côte de Nuits	特級園	Pinot noir	281	281	8,95
Mazoyères-Chambertin 馬索耶爾－香貝丹	Côte de Nuits	特級園	Pinot noir	54	54	1,82
Mercurey 梅克雷	Côte Chalonnaise	村莊與一級園	Pinot noir Chardonnay	19879 3196	23075	645,49
Meursault 梅索	Côte de Beaune	村莊與一級園	Pinot noir Chardonnay	458 16563	17021	399,87
Montagny 蒙塔尼	Côte Chalonnaise	村莊與一級園	Chardonnay	17314	17314	327,17
Monthélie 蒙蝶利	Côte de Beaune	村莊與一級園	Pinot noir Chardonnay	3783 591	4374	121,6
Montrachet 蒙哈榭	Côte de Beaune	特級園	Chardonnay	271	271	8,00
Morey-Saint-Denis 莫瑞－聖丹尼	Côte de Nuits	村莊與一級園	Pinot noir Chardonnay	2890 162	3052	93,92
Musigny 蜜思妮	Côte de Nuits	特級園	Pinot noir Chardonnay	269 19	288	10,67
Nuits-Saint-Georges ou Nuits 夜－聖喬治	Côte de Nuits	村莊與一級園	Pinot noir Chardonnay	10457 344	10801	308,69
Pernand-Vergelesses 佩南－維哲雷斯	Côte de Beaune	村莊與一級園	Pinot noir Chardonnay	2644 2373	5017	138,45
Petit Chablis 小夏布利	Chablisien	村莊級	Chardonnay	48856	48856	843,32
Pommard 玻瑪	Côte de Beaune	村莊與一級園	Pinot noir	12014	12014	325,65
Pouilly-Fuissé 普依－富塞	Mâconnais	村莊級	Chardonnay	38794	38794	760,62
Pouilly-Loché 普依－洛榭	Mâconnais	村莊級	Chardonnay	1533	1533	31,95

Pouilly-Vinzelles 普依－凡列爾	Mâconnais	村莊級	Chardonnay		1944	1944	54,25
Puligny-Montrachet 普里尼－蒙哈榭	Côte de Beaune	村莊與一級園	Pinot noir Chardonnay	26 10066	10092	205,72
Richebourg 李其堡	Côte de Nuits	特級園	Pinot noir	217	217	7,89
Romanée-Conti 侯瑪內－康地	Côte de Nuits	特級園	Pinot noir	38	38	1,76
Romanée-Saint-Vivant 侯瑪內－聖維望	Côte de Nuits	特級園	Pinot noir	242	242	8,45
Ruchottes-Chambertin 胡修特－香貝丹	Côte de Nuits	特級園	Pinot noir	106	106	3,25
Rully 胡利	Côte Chalonnaise	村莊與一級園	Pinot noir Chardonnay	4703 10047	14750	270,97
Saint-Aubin 聖歐班	Côte de Beaune	村莊與一級園	Pinot noir Chardonnay	1493 5054	6547	154,01
Saint-Bris 聖布利	Auxerrois	村莊級	Sauvignon	8155	8155	137,67
Saint-Romain 聖侯曼	Côte de Beaune	村莊級	Pinot noir Chardonnay	1409 2259	3668	92,26
Saint-Véran 聖維宏	Mâconnais	村莊級	Chardonnay	40283	40283	696,55
Santenay 松特內	Côte de Beaune	村莊與一級園	Pinot noir Chardonnay	8742 2102	10843	321,87
Savigny-lès-Beaune 薩維尼－伯恩或薩維尼	Côte de Beaune	村莊與一級園	Pinot noir Chardonnay	11413 1620	13033	354,73
Viré-Clessé 維列－克雷榭	Mâconnais	村莊級	Chardonnay	23224	23224	403,26
Volnay 渥爾內	Côte de Beaune	村莊與一級園	Pinot noir	7587	7587	220,39
Vosne-Romanée 馮內－侯瑪內	Côte de Nuits	村莊與一級園	Pinot noir	5182	5182	154,04
Vougeot 梧玖	Côte de Nuits	村莊與一級園	Pinot noir Chardonnay	273 108	381	15,47
					總面積	27626

資料來源：B.I.V.B./Service viticulture des Douanes

Les climats du vignoble de Bourgogne

經過多年的努力，金丘區的歷史葡萄園在二〇一五年以「布根地葡萄園的克里瑪」（Les climats du vignoble de Bourgogne）之名，正式由聯合國教科文組織（UNESCO）登錄成為世界遺產。加入葡萄牙生產波特酒的多羅（Douro）河谷、波爾多的聖愛美濃（St. Emilion）、匈牙利的多凱（Tokaj），義大利的皮蒙區（Piemonte）和奧地利的Wachau產區，同為葡萄酒世界中世界遺產級的文化景觀。

Climat是布根地葡萄酒業特有的用語，雖然通常此字在法文中為氣候的意思，但在布根地climat另有其意，指的是一片有特定範圍的葡萄園，擁有特殊的條件，可生產風格特殊的葡萄酒，和其他的climat有所差異。這些葡萄園都有自己的名字，也常常會在周圍築起石牆界分各園。此種有石牆環繞的葡萄園另有其名稱為clos。此climat和clos的傳統一直延續至今，仍然是布根地酒業最核心的精神所在，每個climat的葡萄大都分開釀造，單獨裝瓶，並以climat當作酒名。

此概念源自中世紀的修院，如於七世紀創園的Clos de Bèze，是布根地最早的climat。這個概念跟晚近法國非常盛行的「terroir」（風土）一詞相當接近，常被認為是terroir的起源和最佳的典範。但不同的是，climat指的是更小範圍的葡萄園，而非像terroir可以用來指涉較大範圍的產區，以及葡萄酒以外產品的產地。例如登錄成為世界遺產的，是位在伯恩丘和夜丘山坡上共一二四七片獨立的climat，這些園最小的不及1公頃，最大的也只有100公頃，而且全部用來種植葡萄釀酒。

在法文中，也有另一類似的名詞：lieu-dit（地塊），指的是在地形上或歷史上擁有獨特性的一塊地，常會跟climat產生混淆。確實，地塊也都有名稱和範圍，甚至也可能有特別的自然環境，但其跟climat的差別在於地塊的概念主要著重在空間，並不一定是一片可以生產獨特葡萄酒的土地，也不一定是葡萄園。這樣的比較正可以顯示出climat的珍貴處與文化意涵，是要經過人的努力與經營，才能透過釀成的葡萄酒形塑出一片葡萄園的潛力與特色。

有一些面積較大的葡萄園，在climat中還分成很多面積較小的climat，如有37.7公頃的特級園Echézeaux就是由以下的十一個climats所構成：Echézeaux du Dessus（3.55ha）、Orveaux（5.04ha）、Les Rouges du Bas（3.99 ha）、Les Poulaillères（5.21 ha）、Les Champs Traversins（3.59 ha）、Les Beaux Monts Bas（1.27 ha）、Les Loachausses（2.49 ha）、Les Treux（4.9 ha）、Les Quartier de Nuits（1.13 ha）、Les Cruots／Vignes Blanches（3.29 ha）、Clos St. Denis（1.8 ha）。屬於climat中的climat，但也有人將這些都視為地塊。也有人主張必須是列級的葡萄園才有資格成為climat，一般的地區等級或村莊級的葡萄園，因為獨特性較弱，除非是歷史古園，不然只是地塊而不是climat。

無論定義如何劃分，地塊都只有空間的意涵，climat才是跟葡萄酒有關連，有美味意涵的名字。

一般索引

酒莊、酒商、合作社索引

葡萄園索引

飲饌風流 109 ｜ YuSen 訪味集 06

2022年全新修訂版
布根地葡萄酒——酒瓶裡的風景【三版‧含全區海報】

VINS DE BOURGOGNE

作者／林裕森

校對／林裕森、洪淑暖、魏嘉儀

總 編 輯　王秀婷
責任編輯　洪淑暖
美術編輯　于　靖
版　　權　徐昉驊
行銷業務　黃明雪

發 行 人　涂玉雲
出　　版　積木文化
　　　　　104台北市民生東路二段141號5樓
　　　　　電話：(02) 2500-7696｜傳真：(02) 2500-1953
　　　　　官方部落格：www.cubepress.com.tw
　　　　　讀者服務信箱：service_cube@hmg.com.tw
發　　行　英屬蓋曼群島商家庭傳媒股份有限公司城邦分公司
　　　　　台北市民生東路二段141號2樓
　　　　　讀者服務專線：(02)25007718-9｜24小時傳真專線：(02)25001990-1
　　　　　服務時間：週一至週五09:30-12:00、13:30-17:00
　　　　　郵撥：19863813｜戶名：書虫股份有限公司
　　　　　網站：城邦讀書花園｜網址：www.cite.com.tw
香港發行所　城邦（香港）出版集團有限公司
　　　　　香港灣仔駱克道193號東超商業中心1樓
　　　　　電話：+852-25086231｜傳真：+852-25789337
　　　　　電子信箱：hkcite@biznetvigator.com
馬新發行所　城邦（馬新）出版集團 Cite（M）Sdn Bhd
　　　　　41, Jalan Radin Anum, Bandar Baru Sri Petaling, 57000 Kuala Lumpur, Malaysia.
　　　　　電話：(603) 90578822｜傳真：(603) 90576622
　　　　　電子信箱：cite@cite.com.my

美術設計／楊啟巽工作室
地圖繪製／郭家振
製　版／上晴彩色印刷製版有限公司
印　刷／東海印刷事業股份有限公司

城邦讀書花園
www.cite.com.tw

【印刷版】
2012年10月3日 初版一刷
2015年8月20日 二版一刷
2022年5月26日 三版一刷
售價／2500元
ISBN 978-986-459-404-7（精裝）
Printed in Taiwan.

【電子版】
ISBN 978-986-459-405-4（EPUB）
版權所有‧翻印必究

國家圖書館出版品預行編目(CIP)資料

布根地葡萄酒：酒瓶裡的風景/林裕森著. -- 三版. -- 臺北市：積木文化出版：英屬蓋曼群島商家庭傳媒股份有限公司城邦分公司發行, 2022.05　面；　公分. -- (飲饌風流；109)ISBN 978-986-459-404-7(精裝)
1.CST: 葡萄酒
111004857　　　　　　　　　　　　　463.814

Yusen 訪味集

CUBE PRESS Online Catalogue
積木文化 · 書目網

cubepress.com.tw/books

LIGHT HANDS art school 遊藝館 五感生活 飲饌風流 食之華 五味坊 漫繪系 deSIGN+ wellness

VINS DE
BOURGOGNE